走进移动建筑：历史、思想与实践

Inside Mobile Architecture: History, Thought and Practice

欧雄全　著

中国建筑工业出版社

图书在版编目（CIP）数据

走进移动建筑：历史、思想与实践 = Inside Mobile Architecture：History，Thought and Practice / 欧雄全著 . —北京：中国建筑工业出版社，2023.12
ISBN 978-7-112-29246-2

Ⅰ . ①走…　Ⅱ . ①欧…　Ⅲ . ①移动式—建筑设计
Ⅳ . ① TU2

中国国家版本馆 CIP 数据核字（2023）第 184324 号

* 出版资助信息：本书出版受到中国博士后科学基金面上项目（编号：2022M722401）、上海高峰高原学科建设 - 城乡规划学科建设项目资助。

责任编辑：陈夕涛　徐昌强　李　东
责任校对：李欣慰

走进移动建筑：历史、思想与实践
Inside Mobile Architecture: History, Thought and Practice
欧雄全　著
*
中国建筑工业出版社出版、发行（北京海淀三里河路 9 号）
各地新华书店、建筑书店经销
北京雅盈中佳图文设计公司制版
建工社（河北）印刷有限公司印刷
*
开本：787 毫米 ×1092 毫米　1/16　印张：$16^3/_4$　字数：355 千字
2024 年 10 月第一版　2024 年 10 月第一次印刷
定价：**68.00** 元
ISBN 978-7-112-29246-2
（41949）

前　言
PREFACE

移动建筑：游牧生活中的“社会建筑”史
A History of “Social Architecture” in the Nomadic Life

移动是人类自古以来的生存习性和本能，基于移动的游牧（Nomad）则是人类最早的生活方式之一。人类社会早期有很大部分时段都处于游牧生活状态，承载游牧生活的移动建筑（Mobile Architecture）自然成为人类当时的主要居所形式之一。早期人类基于生存庇护的需要，在改造和适应自然环境[1]的过程中创造了移动建筑。随着生产力的进步，人类步入定居模式并迫使移动建筑走向社会边缘，但是在世界的某些地区至今仍旧能够看到移动建筑的历史遗存以及基于传统游牧生活的文化景观。人类的迁徙游牧与社会流动推动着移动建筑不断演变更新。

移动建筑理论的建构者、法国建筑理论家尤纳·弗里德曼（Yona Friedman）① 提出移动建筑是具有移动功能、可跟随居住者愿望而改变的建筑[1]，能够被视为一套“灵活应对和抗衡社会变化的建筑架构体系”[3]，进而去塑造基于个体自由[2]的游牧生活形态。在德勒兹（Gilles Louis Rene Deleuze）的哲学世界里，游牧代表了一种自由的思考或生活方式[4]。马歇尔·麦克卢汉（Marshall McLuhan）曾认为人类未来将是一个移动的游牧世界[5]，雅克·阿塔利（Jacques Attali）则提出人类即将处于一个不断流动和获取知识信息的“数字游牧民时代”[6]。随着全球化（Globalization）和信息通信技术（ICT）对于当代社会流动与移动生活的不断推动及催化，这些预言正成为现实。在“机遇与挑战并存的移动时代”[7]，移动建筑迎来了新的发展机遇：从追求“诗与远方”的文旅热潮到快闪式的移动商业，从城市微更新中的公共服务到疫情期间的应急庇护，移动建筑深度嵌入和融入当代生活，并在智慧、太空、虚拟人居等未来场景[8]中频繁出现。

然而，移动建筑当前却表现为一种既熟悉又陌生的形象：熟悉是因为移动建筑产生于

① 尤纳·弗里德曼（Yona Friedman），国内部分出版物也曾译为“尤纳·弗莱德曼”。本书正文统一采用“尤纳·弗里德曼”的译称。

人类社会早期且留存发展至今；陌生是由于移动建筑长期位于建筑学正统体系和社会主流之外。回溯历史源头，移动建筑“从何而来”？面对新技术环境和新社会生活形态，移动建筑又“将向何处”？在如今移动建筑已成为建筑业新增长点并将塑造新生活模式的背景下，社会史和本体史相融合的认知需求变得极为凸显与迫切。

传统游牧与人工建造

Traditional Nomadism and Artificial Construction

最早的移动建筑虽已无法精确考证，但可确信其起源于上万年前人类社会早期居所的演化过程中[9]。气候环境的变化以及寻找食物的需要[10–12]驱使着早期人类“逐利而居”。其中，棚屋和兽皮帐篷等作为移动建筑的初级形式，为流动迁徙中的人类提供了生存庇护，就地取材、手工简易搭建以及对于自然形态的模仿是其主要建构特征。此后，人类逐渐能够建造适应不同季节气候的临时居所，并学会了使用工具加工建筑材料和构件。可拆卸结构以及便携材料的应用使得人类的居所开始脱离传统用完即弃的模式，可长伴于迁徙生活。随着时间的推移，社会生产方式从渔猎采集转化为畜牧业和初级农耕，人类也从居无定所转向了相对规律的生活。建筑作为庇护所，便携性成为其首要影响因素。可拆装、模块化、轻型化等现代移动建筑的技术策略原型在这一时期涌现，季节性木屋、可拆卸圆锥帐篷（Tipi）等早期移动建筑形式开始兴盛，马匹、车辆等运输工具和机械的出现则增强了人类移动运输的能力，移动居所的空间规模和迁徙距离逐步提升。

基于生产效率的优势，农业逐渐成为社会经济结构的主体，农耕社会的村庄与城镇取代游牧社会的部落成为社会基本经济文化单位[13]。尽管移动建筑就此步入漫长的低潮期，但是游牧社会并未消亡，从事游牧生活的少数民族仍然使用移动建筑作为其生活空间，并进行不断改良，进而创造了蒙古包（Yurt）、黑帐篷（Black Tent）等与现代移动建筑极为相似的结构和形式体系。随着城市成为商业和贸易的中心，交通工具发展为人们出行的主要方式，长距离迁徙和与之带来的旅途生活需求催生了建筑与交通工具的结合形式，如早期船屋、房车等。与此同时，战争、灾害在导致人类不断迁徙的同时，也推动了移动建筑在军事领域的应用[14]。此外，社会分工的细化以及地区、行业间的交流推动了移动建筑从传统的居住向生产、文化、娱乐等新功能领域拓展，在建造技术层面则出现了对于造船等其他行业领域的借鉴。

在传统社会中，游牧和农耕文明长期处于对立共存的局面。早期移动建筑产生并兴盛于人类流动迁徙的游牧生活，其演进特征更多体现为传统游牧语境下支撑生存的“功能性”（Functionality）。但是该时期的社会生产力水平较低，移动建筑只能以化整为零的模式来实现其便携与移动，运输依赖人力或畜力，建筑规模和迁徙距离受限。移动建筑作为以人工建造为主的“游牧式建筑”，虽受制于技术的发展，但游牧生活的社会塑造以及“民间智慧”的主体创造，让人类历史中仍然传承和遗留下了众多极具特色的移动建筑文化遗产与景观，并将其演化为地域、乡土文化符号和自由、浪漫生活的象征。中世纪之后，随着人类社会在思维和认知层面向现代社会转变，资本主义推动工业化以取代农耕社会中以家庭为单位的传统生产模式，人类的移动能力大幅提升，休闲旅行、对外探索等成为新的“游牧”生活方式。对外殖民扩张、宗教冲突引发的欧洲移民浪潮[15]以及臭名昭著的贩奴运动[16]带来大量海外住房需求，推动了以标准化生产、分拆运输和在地组装为特征的移动预制房产业兴盛。随着第一次工业革命爆发，机器取代手工业生产并带来了传统人工建造模式所不具备的规模效应和成本效率，移动建筑在承接新的“游牧”生活方式的同时也进入了技术革新阶段。

现代游牧与机器生产

Modern Nomadism and Machine Fabrication

在现代社会，基于机械动力的火车、汽车、轮船、飞机等新式交通工具的出现，带来了前所未有的移动能力和运载规模，使得人类的移动领域实现了对水陆空甚至地外空间的全覆盖，长距离出行甚至洲际迁徙成为常态。随着20世纪初工厂流水线生产技术的普及，以房车、游艇等移动空间产品为符号象征的休闲生活和旅行文化流行[9]，移动建筑也步入了更广泛的应用阶段：低成本、快建造的可拆卸板房被用于救灾应急；环境适应性强且可灵活部署的移动木屋变身为军人的旅宿之所；基于张拉结构的大型移动帐篷成为马戏团的经典标志……工业化预制建造成为移动建筑生产的主要技术形式，曼宁小屋（the Manning Colonial Cottage）、西尔斯（Sears）等市场化移动住宅产品相继涌现，形成了从设计、生产、销售、运输、安装到使用的全产业链体系，同时也为移动预制建筑设定了标准特征：工业化生产、标准化构造、可替换构件、轻型化结构、可重复拆装。

与此同时，快速城市化进程带来了环境污染、人口膨胀等问题，并在建筑界掀起了一股通过现代物质生产技术来解决问题的浪潮，基于新形式和新材料的工业化预制建筑体系在20世纪上半叶的现代主义运动中得到提倡。在这一过程中，让·普鲁弗（Jean Prouvé）、阿尔伯特·弗雷（Albert Frey）、巴克敏斯特·富勒（Buckminster Fuller）等建筑师开始探索兼具经济效益优势和环境适应能力的移动建筑产品，并将其视为解决当时社会居住问题的重要策略。其中，富勒提出了基于时间和效率的4D设计哲学及“少费多用”（More with Less）[17]思想理念，创造了戴马克松（Dymaxion）系列住宅、威奇托住宅（Wichita Dwelling）、网格穹顶系统等基于工业化生产、易于运输和快速部署的移动建筑形式[18-19]。此外，西方发达国家将建筑工业化作为应对第二次世界大战后城市重建和海量社会居住需求的重要策略，军工企业也开始转型并利用其在工业化生产上的技术优势，研发建造了大量预制装配的移动住宅产品。在建筑工业化进程中，欧洲发达国家和日本推动并促进了可移动社会住宅的发展，美国的商业市场主导模式则推动了房车公园、移动住宅社区的兴盛。“模块化设计”（Modular Design）概念被提出并成为后来移动建筑设计的常用策略。伴随着机器生产的普及，工业化和现代主义为移动建筑建构了有别于传统的体系和语言。移动建筑在设计层面也逐渐形成了轻型、变换、分解等技术策略思路，其自身也成为灵活应对社会问题的重要手段之一。

随着第三次技术革命的到来，社会弥漫了一股技术乐观主义浪潮：一方面富勒、弗雷·奥托（Frei Otto）、约内尔·沙因（Ionel Schein）等先锋实验者探索着基于新材料和轻量结构体系的移动建筑新形式，塑料建筑、张拉结构、气动结构、气膜建筑等不断涌现；另一方面在建筑电讯派（Archigram）、普莱斯（Cedric Price）、新陈代谢学派（Metabolism）等乌托邦畅想者的未来蓝图中，移动建筑成为其城市空间构型的重要元素。同时，对于现代主义的批判使得弗里德曼提出了“移动建筑”（Mobile Architecture）理论，并将移动建筑作为重塑社会形态的空间工具。相对于依托机器生产的移动建筑产品，弗里德曼提出的基于个体变化的移动建筑，强调了人在空间生产与房屋建造过程中自主参与和自由创造的能力及权利。随着移动建筑在如今存量时代的城市微更新场景以及人地矛盾化解层面所展现出的重要应用价值与潜力，这种带有自组织、自规划、自主建造特征的思想理念变得极具前瞻性和启发性。

进入20世纪70年代，全球化（Globalization）进程令人类的流动迁徙频率和范围不断加大，“游牧”成为一种日常的社会关系实践。现代生活的压力使得亲近自然成为一种社会时尚文化，承载户外休闲活动的个性房车、水上船屋、帐篷酒店等纷纷涌现，某些永久性建筑则通过对于传统移动建筑的形式借鉴来塑造一种游牧生活的文化意象和情境。同时，可持续发展理念兴起，绿色生态、可循环利用的集装箱建筑（Container Architecture）成为市场应用度最广的移动建筑形式，自然灾害、难民危机和重大疫情的常态化也使得移动建筑在应急庇护、灵活转换上的应用潜力和价值再度被探索与挖掘。至此，在技术、社会之外，环境成为移动建筑发展中不可回避的重要议题。

在现代社会，技术进步使得移动建筑从早期原型进化至现代体系，人类的迁徙使其摆脱了生存庇护的功能束缚，走向了生产、生活和旅行，移动建筑的演进更多地体现了现代语境下基于机器生产的“技术性”（Technicality）特征。与此同时，“游牧”在现代社会中被指向日常化的移动生活方式而非传统迫于迁徙的生存法则，对于现代城市和环境问题的应对进一步拓展了移动建筑的社会应用。进入21世纪，通信技术革命为世界打开了新的窗户，相较于交通工具所实现的“物理移动”，其带来了一种“虚拟移动”下的社会变革。在建筑师致力于将高新技术应用于移动建筑设计与建造，基于机器生产及人机协作进一步挖掘移动建筑轻量化、微型化的潜力之外，以移动建筑为空间载体、融合信息技术的移动生活实验与艺术创作也在进行。面对新技术革命的到来，在借鉴先进制造业生产技术与现代组织管理方法，以及促进产品研发流程革新和产业链协同整合的同时，数字、智能技术驱动成为移动建筑在新时代发展的主要特征。

当代游牧与数字智能
Contemporary Nomadism and Digital Intelligence

物理世界的急速移动和虚拟世界的即时连接压缩了人类对于时空的传统感知，并推动了新技术对于当代人居环境和社会形态的重塑。随着工业 4.0 和 Web3.0 技术革命的推进，“无人”“共享”“实时”“虚拟”等新经济模式和新社会关系涌现，建筑业正在走向数字化发展和智能化升级。在数字智能的新技术环境下，建筑的移动也从日常的物理空间向地外、虚拟空间拓展：一方面，太空生活空间探索再度兴起，对于轨道或星际居住平台以及基于行星表面的栖息地研究以预制集成的移动模块舱体和极端环境下的自主无人建造为技术特征；另一方面，数字技术强化了建筑的媒介作用，智能化、艺术型、交互式的移动建筑及装置在短时性的公共活动中不断涌现，生物合成材料和气动结构、超轻张拉系统与运动元素的结合塑造了具有个性化形式功能和艺术表现力的移动建筑。从野奢酒店到社区驿站，从城市中的微住宅到元宇宙中的 NFT（全称为 Non-Fungible Token，指非同质化通证），移动建筑在快速流动和虚实交织的社会空间场域不再仅仅是传统游牧生活的文化符号象征，其更以日常形式嵌入并塑造着流动社会的新生活形态，并代表了当代基于个体自由、适应多元变化的新生活态度，即新游牧主义（Neo-nomadism）的显现。

在当代社会，移动建筑的发展趋向多元化。“生存”和“技术”不再是问题，移动建筑实践成为一种对人、建筑、城市、自然等多重关系的先锋探索。“移”不是目的，“动”才是价值，移动建筑演进体现的是当代语境下面向多元多变生活的“社会性”（Sociality）特征。面对人机共生、人机互助的未来空间转型场景[20]，移动建筑必然要依托数据增强设计[21-22]等基于定量和实证的科学研究范式以推动本体创新进化，智能机器也将以一种全新的协作方式介入物质与虚拟空间耦合的设计与建造流程，在实现“智能增强设计与建造”[23]的同时，回应新技术影响下的城市空间与社会生活变化[24]。当虚拟环境中的建筑作为 NFT 自由流动于各个数字空间时，其本身就成了“移动建筑”。虚实互通的批量化柔性生产基础设施和面向个体的云智造平台，将推动和支撑当今数字游牧时代的虚拟移动人居生态形成。

流动中的“社会建筑”
The “Social Architecture” in Motion

建筑作为承载社会生活的容器，一方面反映了社会变迁的影响与作用，另一方面展现了社会形塑的过程和痕迹。从历史回溯到现实审视，移动建筑既是人类早期“逐利而居”和“与自然共生”的社会形态及生活方式的映射，又体现了当今流动社会中人类与其所处生存环境灵活共处的生活态度[25]。移动建筑的历史发展不但呈现出一定的脉络延续特征，而且体现了其作为一种流动中的“社会建筑”，与社会要素和游牧生活相互作用、相互影响的拓扑关系。

移动建筑产生的社会根源是早期社会人类在流动迁徙中的生存庇护需要。工具使用水平和移动运输能力的提升、游牧文化习俗的兴盛以及个体财产意识的增强，分别为移动建筑的产生创造了技术、文化和政治前提。社会生产力水平的提高促使人类由游牧走向定居，但是社会分工的差异和地域发展的不平衡驱动着社会流动性不断增强。移动建筑作为社会流动的产物，虽经历了兴衰起伏但从未消失，伴随着社会变迁而不断演变更新[9]。人类社会在早期的摸索过程中创造了棚屋、帐篷、房车、船屋等移动建筑原型，后续沿着建筑本体进化以及结合移动工具两条路线演进——前者发展为模块化装配建筑、现代帐篷、膜结构建筑等，后者则演变成现代房车、水上建筑、空中建筑等[9]。

在历史演变过程中，移动建筑从最初使用简易拆装结构和天然材料、基于人工建造且展现自然之美的便携式生存庇护之所逐步进化为如今基于机器生产和产业协同、面向数字智能且展现生活之美和环境适应性的日常生活建筑。社会需求影响着移动建筑功能和应用的变化，游牧生活决定其文化价值、艺术审美和形态变迁，社会生产和科学技术则推动了结构、材料、建造等本体层面的性能进步及产业体系的发展。从传统到现代、当代社会，人工建造蕴含的地域文脉和造物智慧、机器生产带来的经济效益和性能提升、数字智能指向的虚实互通和个性定制，分别反馈了移动建筑前行道路中的技术流变及其作用影响。在唯物主义视角下，移动建筑兴起留存的社会驱动力源自流动迁徙的游牧生活，其能够长存于历史的根本原因则在于人类社会中游牧生活始终存在。伴随游牧生活模式的变化，移动建筑也不断适应并影响着人类社会生活的形态变迁。游牧起初是由于人类社会的生存与生产需要，后来则发展为以移动为特征的生活实践追求。如今，游牧已不仅仅代表流动迁徙的生存或生活方式，还泛指自由、开放的生活态度，并以日常化的移动建筑为载体，给个人生活和人居营造带来了新的选择。

但是，正如移动建筑在历史中因社会趋向于稳定而被长期边缘化的境遇一样，移动建筑研究如今正处于尴尬而又定位不清的状态。定位的模糊源于移动建筑在经典建筑史学体系中的长期“失位”，历史视野中的内涵拓展则折射出社会对于移动建筑发展的推动和影响超过了本体。相较于传统建筑以坚固永恒的本体性来抗衡时空变换，移动建筑则具有即时移动、灵活应变的特性优势[26]，并基于可持续的“社会性”交互以回应环境变化。伴随社会历史进程不断流动的移动建筑可视作为一种“社会建筑”，其也在人类的生活实践和探索创造中衍生出了具有社会性特征与内涵的思想理念。

因此，移动建筑作为流动中的“社会建筑”，其发展史体现的既是建筑本体的演进过程，也是社会生活的演化图景。在当今走向“新游牧主义”的社会背景下，移动建筑既可基于快速灵活的物质空间建造来适应环境变化，满足社会需求，又能作为面向个体自由的社会塑形工具去营造新的生活方式和形态，社会环境与生活要素则将分别在客体（建筑）和主体（人）层面影响当代移动建筑的设计生成。伴随社会的流动和多元多变，移动建筑在当代理论视域下已被视作针对特定问题的创新性解决方案[9]，其理论思想层面的“社会化”特征也日渐明晰和强化。

“社会化”的理论思想

The Theoretical Idea of “Socialization”

在建筑学中，思想是指导设计的知识源头，可以衍生理论，进而形成设计思潮或手法，影响并塑造建筑师的设计观。在历史的长河里，早期先民在移动建筑的生产过程中所使用的那些便于移动的方法、策略以及伴随游牧生活的观念、认识，可视为基于传统习俗和生活经验的“民间智慧”。进入现代社会之后，城市建设的快速膨胀带来了居住、环境等诸多社会问题，建筑可移动这种灵活回应人地矛盾的早期“民间智慧”转化为一些先锋智者解决社会问题的“奇思妙想”。现代交通、通信、制造等技术的发展不仅提升了人类移动迁徙的能力，也为建筑可移动创造了新的实现条件和实施场景。移动建筑的相关研究和实践在西方发达国家开始涌现，那些从中衍生的知识若以建筑本体视角来观察，似乎是个体的、离散的、碎片化的，但置于建筑社会学视野进行宏观审视，却是“连续且关联”的。移动建筑的学术研究在与社会的“交互”过程中历经思想的萌芽和理论的生长、拓展，形成了历史发展脉络，并衍生出具有理论形态的思想。

移动建筑思想可理解为对移动建筑符合客观事实的认知，衍生的理论则是经过逻辑论证和实践检验并由一系列概念、判断与推理表达出来的关于移动建筑的知识体系，本书也因此将20世纪初以来在移动建筑学术研究中产生的各类理论知识构成统一归置在更广义的思想范畴内。通过审视社会历史进程中与移动建筑理论思想的形成和发展存在关联的现象与事件，将相应的建筑运动和社会思潮并置观察，可觅得移动建筑思想的历史发展线索与轨迹：移动建筑思想的萌芽起源于20世纪初，当时受现代主义运动影响的西方建筑师开始将移动建筑视为解决社会居住问题的可选方略，并开展对新建筑形式、新建造技术和新生活模式的探索实验。这一过程不但在技术和艺术层面推动了移动建筑的本体革新，也在意识形态层面不断产生“潜移默化”的叠加作用，并在有意无意之中使一些与移动建筑相关的思想理念偶露峥嵘；进入20世纪50–70年代，移动建筑的学术研究经历了从技术铺垫到思路转向的过程，与之相关的体系化理论开始产生并基于思想的激荡而不断生长，最终在技术乐观主义和意识形态批判的交织作用下转向了更为广泛的社会学层面探讨（情境、人、文化、技术、生态、城市等）；20世纪70年代以后，移动建筑的学术研究因游牧思想、可持续发展理念、流动空间理论的冲击与影响而产生了新的理论内涵，进而促使移动建筑以一种“新游牧主义”的文化符号和价值理念全面介入当代社会的人类日常生活。移动建筑思想在当代被拓展为涵盖建筑学、社会学、哲学、生态学等多学科内容的综合性知识体系，并在认知层面将移动建筑的本质价值指向灵活适应社会与环境变化。

正如移动建筑本体的演变更新是受社会变迁影响并推动的，移动建筑思想的历史发展在不同阶段受到了技术、社会、文化、思想、环境等多重因素的影响。因此，移动建筑思想的产生和演进并非受技术进步等单一因素的作用，整体上呈现为一种与社会多元要素交互共进的复杂关系。从技术创新驱动下的思想萌芽到社会学转向中的理论生长，最终到全球化与可持续发展背景下的理论拓展，移动建筑思想最终能够在建筑社会学视角下被黏合为一种具有社会学内涵的建筑思想体系，并由于思考移动建筑与社会关系时的切入点不同而指向不同维度下的设计方法论。基于历史溯源，移动建筑思想体系由“技术”“社会”“环境”三个维度构成，并指向三位核心学者的理论。

技术之维
Dimension of Technology

技术之维是指自现代主义兴起以来移动建筑学术研究中的技术探索，在理论层面以美国建筑大师巴克敏斯特·富勒（Richard Buckminster Fuller）的设计思想理论为代表。富勒的设计思想理论体现了一种科学范式和技术驱动下的设计观，提倡基于科学的系统性设计思维，强调通过技术创新来提升建筑自身的性能以高效地解决社会问题。移动建筑学术研究中基于新结构、新材料、移动技术的实验探索均展现了这一思想特征，此外对当代移动建筑设计有重要影响的建筑家具和产品研发理论也在技术维度下不断发展拓新。

社会之维
Dimension of Society

社会之维是指现代主义之后，移动建筑研究中出现的社会学倾向，在理论层面以尤纳·弗里德曼的“移动建筑理论”为代表。移动建筑理论是弗里德曼自20世纪50年代以来提出的一套将移动建筑作为社会塑形工具的建筑及城市规划理论[2]。该理论提倡基于人文的日常性设计思维，强调解放主体、赋予个体创造与变化的自由，并将移动建筑作为一种空间组织策略和架构体系来解决社会问题和塑造社会形态。弗里德曼的理念也影响了20

世纪60–70年代许多乌托邦团体的畅想与实践，这些实践也展现了一定的思想共性——基于空间的移动变化去突破社会、城市、建筑静态永恒的传统观念，并通过空间的动态可变去创造未来的理想社会。

环境之维

Dimension of Environment

环境之维是指当代建筑研究与设计实践中的移动变化理念及策略，在理论层面以英国学者罗伯特·克罗恩伯格（Robert Kronenburg）的“可适性建筑理论”为代表。可适性建筑理论从全生命周期视角看待建筑对于环境变化的可持续适应，移动建筑不仅是“可移动的建筑”，也是“可移动的环境”[26–27]。该理论提倡基于生态的可适性设计思维，基于移动、变换、适应、交互策略实现建筑对于不同环境的适应[27]。虽然可适性建筑理论的内涵并不局限于移动建筑，但对于当代多元多变社会背景下的移动建筑设计具有现实的指导意义。移动策略保证了建筑的“可移动”能力，变换、适应和交互策略则建构了“建筑”在使用过程中对于不同环境和需求的适应能力。当代移动建筑设计实践中所应用和展现的各类方式、方法均可指向和归类在可适性建筑理论所建构的策略范畴内。

因此，移动建筑思想在历史视野中呈现为技术、社会、环境三维融合和建构下的发展脉络与学术研究体系，并在设计实践中代表了一种动态、灵活、可变的空间架构理念与组织策略，回应于当代社会实践中的本体、社会和环境问题。在思想观念的构建层面，技术探索提供了移动建筑在面对社会问题、环境危机、场所营造时的系统支撑和创新途径，社会介入推动了移动建筑回归日常生活和个体自由的本质价值，环境回应驱使着移动建筑不断走向可持续、可适应的栖居形式。三维融合的移动建筑思想体系同时也反映和辨明了当代移动建筑的高性能（本体）、高匹配（人）、高适应（环境）的发展导向与需求。近年来的移动建筑社会实践也正展现出一些新的突破，试图通过不同于传统的设计方式来释放移动建筑的社会价值和效能，以回应更多本体之外的问题。

社会生活中的空间实践

The Spatial Practices in Social Life

在当代社会中，物质、空间、信息和人的流动愈发普遍。无论是基于高速交通连接的物理世界，还是数字和互联网技术牵引下的虚拟时空集合——元宇宙（Metaverse），愈发强烈的流动性正衍生出基于移动生活模式的社会新形态。在快速流动和虚实交织的社会空间场域，移动建筑也因移动生活的兴起而在现实和未来中展现出多元化的空间实践场景。

正如前文所述，移动建筑在实践中正走向一种“新游牧主义”，对于社会日常生活的逐渐融入促使其不断展现对于复杂社会问题、特定社会需求的灵活应对。移动建筑作为近年来在商服、文旅、救灾、防疫等民生领域得到重要应用的新兴建筑体系和嵌入式空间实践模式，为存量时代下的城市、社区微更新和乡村可持续建设提供了新思路。移动建筑具有占地小、成本低、易拆装、可定制等特性，在快速提高城市公共服务设施覆盖、辅助多层次服务体系构建、匹配多元人群服务需求等层面具有独特优势，通过科学、精准、适宜地部署于城市及社区公共空间，能够助力城市更新和公共服务的提质增效。移动建筑也具有可循环利用、与土地柔性联结、可自给自足的绿色生态特质，可为乡村人居环境的低碳营造和有机更新提供适宜的空间载体与实践模式。此外，面对近年来新冠肺炎（COVID-19）的影响，移动建筑作为一种应急空间实践模式，在不同社会生活情景和情境的转换中展现了巨大的功能价值，同时也引发了其对于平衡应急与日常的社会应用思考。

在历史视野中，以富勒、弗里德曼、克罗恩伯格为代表的三类具有不同内涵的移动建筑思想，既代表了移动建筑学术研究中的不同方向路线，也可视为基于技术、社会、环境的三个不同思考维度下的设计方法论。这些设计方法论共同构筑了移动建筑设计理论框架，并在当代社会的实践中分别指向三类策略方向：技术之维转化为面向创新的系统性策略，在社会生产中通过系统思维、新技术借鉴以及产品化理念来设计和研发移动建筑产品，以回应和满足社会需求；社会之维转化为面向主体（人）的日常性策略，强调在日常生活批判思维下激发社会主体在参与建筑、环境建造过程中的自发性、自主性、能动性和互动性，来实现建筑在移动中的场所营造与人文关怀；环境之维转化为面向生态的可适性策略，探索设计之于应对变化的可持续模式，以实现移动建筑对于社会文化和环境问题的反馈与回应。这些策略在中国当代移动建筑的设计实践中也得以展现，例如盈创（WINSUN）和一造科技（Fab Union）等企业的移动建筑产品系统研发、度态建筑（dot Architects）基于日常生活实践的社区模块微更新、先进建筑实验室（AaL）提倡的基于社会参与理念的户外移动建筑自主建构，等等。面对历史思想的持续滴灌和日常生活的不断融入，赋予了更多社会价值意义的当代移动建筑在实践中不仅形成了设计策略体系，也呈现出对于一种新设计观的探索[28]。

移动建筑思想在理论上具有社会学内涵，落实在设计上则体现为一种社会化的实践特征，如人本主义和社会公平的价值观、社会化的创新和协作、社会主体的参与和创造、社会积极效应的产生，等等。从历史到现实，移动建筑设计相较于传统建筑设计，正日益呈现出一种社会设计（Social Design）的特征。例如国内移动建筑领域最具代表性的众建筑事务所（PAO）就不断在其项目中实践了社会设计：一方面以量产建筑学理念和模块化、系统设计策略面对社会生产和解决社会问题，另一方面基于移动、灵活、可变、交互等形式介入社会生活和回应社会文化。移动建筑社会设计（Mobile Architecture Social Design）

指向一个社会过程，其重要之处在于设计行为产生和运行的过程，而非设计产出的形式或结果。其主要观念包含：运用移动建筑形式和策略来介入社会问题及回应社会变化；在设计中体现对于个体自由和环境生态的包容以及提倡跨界思维与社会协作创新；设计不仅立足于移动建筑自身的功能与个性，更应注重与环境和人的社会关系思考；设计思考既要整体性地考虑社会环境之于设计生成的影响，又要预见性地思考设计产出在未来使用时之于社会生活的作用效应。在以流动、多元、多变为特征的社会现实背景下，移动建筑与技术、社会、环境的关系将作为设计思考的起点和终点，综合三维视角、指向社会过程的社会设计观[25]将成为移动建筑思想的新理论内涵，但其含义、内容以及指向的方法、策略仍需探索，并基于社会实践的不断反馈而变得明晰。因此，在社会设计观的指引下，移动建筑的相关设计策略也将通过社会化的作用机制在实践中实现对社会与环境变化的灵活回应。

人类社会的发展脚步从未停歇，也不会停止。移动建筑的实践既回应着当下，也构想着未来。法国学者雅克·阿塔利从历史和科学视角出发，剖析并预测了人类社会的未来发展图景：环境危机及社会矛盾不断加剧，技术进步将极大地颠覆社会制度、结构及生活形态，人类可以公平地分享技术和市场所带来的利益，并基于全球智慧寻找新的生活和创造方式[29]。社会的变化也将影响移动建筑的未来：资源、环境、气候、人口等社会矛盾的加剧将放大移动建筑在人居环境营造中的优势和价值；高速交通、无人经济、在线生活、错时共享等社会现象将改变移动建筑的形态和应用模式；可持续、低碳、个性定制等社会意识将促使移动建筑的空间生产转变，低碳智能、全生命周期、自主能动、共同体等将成为移动建筑设计的主导理念；人工智能、机器人、智能建造、生物合成、虚拟现实等新技术将推动移动建筑的产业体系革新……事实上，自进入21世纪以来，移动建筑的研究与实践就已经体现了对新技术研发、新材料利用、新建造模式、新交互形式的不断探讨[30-35]。

与此同时，面对未来社会的多元多变趋势和不确定性，移动建筑正成为人类未来择居的理想选项之一。随着新技术形式、新经济形态的不断驱动，移动建筑以一种离散化空间实践模式，适应着社会生活的新发展状态并呈现出对于虚拟、地外人居空间的探索。微型居住（Micro Living）、生态巨构（Ecological Megastructure）、太空栖居（Spacious Living）、数字游牧（Digital Nomadism）等将成为移动建筑在未来人居畅想中的主要应用场景，人工智能生成、性能化建构、云智造甚至科技艺术等将促进其在虚实互通生态下的不断更新。建筑师将依托定量和实证的科学研究范式来创作和创新，并通过对新技术影响下城市空间与社会生活的本质变化分析和理解[22]未来人居环境的设计。在科学实证和技术驱动的同时，融合“空间、场所和数字”[24]的环境建构与“回归现实和日常”[36]的社会互动，对于未来移动人居的形塑同样重要。

走进移动建筑，迈向移动建筑学

Inside Mobile Architecture，Towards Mobile Architecture

伴随着现代文明在西方的率先兴起与发展，社会发展水平的巨大差异使得移动建筑的学术研究在欧美等发达国家得到了快速发展。从移动建筑研究的历史传承来看，国外是主流也是主线。国内的移动建筑研究起步较晚，理论尚未成体系，甚至对于移动建筑的概念认知也存在不同的视角和理解。但是面对中国巨大的应用市场，国内移动建筑的发展潜力不容忽视。近年来，学界也试图将这个曾经陌生和被忽视的领域打造为新兴的热点。但是，与移动建筑长期处于社会边缘的境遇相似，其在学术地位上的弱势局面尚未得到改变：一是相关研究成果不多，且大多被归类为前瞻性质，缺乏系统深入的理论化研究，对于移动建筑的实践探索也通常出现在一些较为前卫的展览及设计之中；二是专业从事移动建筑的设计者和研究者较少，思想理念和设计策略研究大多体现于非专业领域的设计者和研究者之中。与学术地位的弱势截然相反的是，移动建筑所展现的对于社会与环境变化的灵活应对，却在当今的建筑设计创作中成为一种前沿的思想理念。这种强烈的反差昭示着移动建筑的研究还有很大潜能，需要将其在学术研究中的地位与思想理念中的价值相匹配。

正如前文所述，历经成千上万年的历史演进和近百年的研究探索，移动建筑的内涵已从一种“可移动的建筑类型”[37–40]被拓展为“抗衡和适应社会与环境变化的架构体系”[3]、“具备可移动特征和能力的建筑属性”[1]、“城市和建筑空间组织策略”[41]、“社会塑形工具”[25]等，并正以一种“新游牧主义”文化符号全面介入当代人类日常生活[42]。在当代理论视域下，移动建筑的含义也跳脱于传统建筑学视角下的类型特征束缚而趋向多层次的认知和解读，既可基于物质化的空间营造来适应多元环境和满足个性需求，又可作为社会化的空间工具去影响生活方式和塑造社会形态。移动建筑不会也不致力于取代永久性建筑，其内在本质在于灵活应对和抗衡社会与环境变化，核心价值主要体现在以经济适宜的方式为解决社会问题和满足社会需求提供可持续、可灵活变化、可即时响应的方案[9]。因此，面对当代社会的多元多变和未来发展的不确定性，移动建筑的研究价值和焦点不应局限于“移”（移动的技术性与便利性），而在于“动”（移动的价值效应和因果关系）。何为动？为何动？动为何？移动建筑作为一种可移动、灵活应变的空间载体，在不断探索功能、性能、形式、建造等本体领域的优化创新的同时，其作为一种具有自主性、嵌入式特征的空间实践模式与策略，如何回应和影响人类、社会、环境，同样值得探讨。基于含义的多元拓展和价值的本质指向，移动建筑研究应致力于面向更广泛综合的“移动建筑学”（Mobile Architecture），而非仅仅是可移动的建筑（Portable Building）。

英国学者罗伯特·克罗恩伯格曾在其一系列著作中对移动建筑进行了全面探讨[9, 26–27, 43–44]，论述了移动建筑的历史文脉、哲学意义、技术价值和应用前景，认为技术发展推动了移动建筑的社会生产与本体进步。其他国内外学者也对移动建筑的当代应用和实践案例进行了综述与介绍[30-35]，游牧生活支撑了移动建筑的社会应用与类型更迭。技术发展以及伴随游牧生活所衍生的社会、环境影响与塑造成为社会整体视野下移动建筑历史研究的重要线索和途径。基于此，技术、社会、环境是移动建筑学术发展史中的三条脉络方向和研究维度，三维视角的综合则是黏合离散化的移动建筑思想理念和实践探索、审视移动建筑与社会交互发展关系的核心方法[25]，也是其面向当代实践和未来探索的核心观念指向。随着移动建筑在当代社会中的日益广泛应用，随之也带来了更多的认知和研究需求。自21世纪初以来，国内部分学者在移动建筑领域围绕概念[37]、类型[38]、内涵[41]、产品研发[39，45-46]、设计策略[40]、设计理论方法[1]等方向开展了基础研究，但对于移动建筑这一“既熟悉又陌生”的对象始终缺少一种立体的全景审视。基于数千年来移动建筑对于社会生活的不断融入，其历史研究既需要立足当下的批判审视，同时也需要往“前”溯源与向“后”展望。本书试图通过综合技术、社会、环境三维视野的“社会—空间”交互式研究，溯源移动建筑的技术变革，聚焦移动建筑的社会属性，探讨移动建筑对于社会与环境变化的回应，对移动建筑的历史演进、思想构成和当代实践进行跨越时空的审视与辩证思考。

走进“移动建筑”，也将迈向“移动建筑学”。

参考文献

[1] 韩晨平 . 可移动建筑设计理论与方法 [M]. 北京：中国建筑工业出版社，2020.

[2] 尤纳 · 弗莱德曼 . 为家园辩护 [M]. 秦屹，龚彦，译 . 上海：上海锦绣文章出版社，2007.

[3] 尤纳·弗莱德曼 . 尤纳·弗莱德曼：手稿与模型（1945–2015）[M]. 徐丹羽，钱文逸，梅方，译 . 上海：上海文化出版社，2015.

[4] 德勒兹 . 差异与重复 [M]. 安靖，译 . 上海：华东师范大学出版社，2019.

[5] 马歇尔 · 麦克卢汉 . 理解媒体 [M]. 何道宽，译 . 上海：译林出版社，2019.

[6] 雅克 · 阿塔利 .21 世纪词典 [M]. 梁志斐，周铁山，译 . 桂林：广西师范大学出版社，2004.

[7] 查尔斯 · 兰德利 . 游牧世界的市民城市 [M]. 姚孟吟，译 . 台北：马可波罗文化，2019.

[8] Philip F Yuan. Launch Editorial[J]. Architectural Intelligence，2022（1）：1.

[9] KRONEBURG R. Architecture in Motion：The history and development of portable building [M]. New York：Routledge，2014.

[10] 斯蒂芬 · 加得纳 . 人类的居所：房屋的起源和演变 [M]. 汪瑞，黄秋萌，等译 . 北京：北京大学

出版社，2006.

[11] 劳埃德·卡恩．庇护所 [M]. 梁井宇，译．北京：清华大学出版社，2012.

[12] 诺伯特·肖瑙尔．住宅 6000 年 [M]. 董献利，王海舟，孙红雨，译．北京：中国人民大学出版社，2012.

[13] 斯塔夫里阿诺斯．全球通史：从史前史到 21 世纪 [M]. 吴象婴，梁赤民，译．北京：北京大学出版社，2020.

[14] BLANCHET E，ZHURAVLYOVA S. Prefabs：A social and architectural history [M]. Swindon：Historic England，2018.

[15] 玛丽·伊万斯．现代社会的形成：1500 年以来的社会变迁 [M]. 向俊，译．北京：中信出版社，2017.

[16] 艾尔弗雷德·W. 克罗斯比．哥伦布大交换 –1492 年以后的生物影响和文化冲击 [M]. 郑明萱，译．北京：中国环境出版社，2010.

[17] KRAUSSE J，LICHTENSTEIN C. Your Private Sky：R. Buckminster Fuller —— The Art of Design Science [M]. Zurich：Lars Mueller Publishers，1999：92–93.

[18] FULLER R B. Operating Manual for Spaceship Earth（New Edition）[M]. Zurich：Lars Mueller Publishers，2013.

[19] 理查德·巴克敏斯特·富勒．关键路径 [M]. 李林，张雪杉，译．桂林：广西师范大学出版社，2020.

[20] 袁烽，许心慧，李可可．思辨人类世中的建筑数字未来 [J]. 建筑学报，2022（9）：12–18.

[21] 龙瀛，沈尧．数据增强设计——新数据环境下的规划设计回应与改变 [J]. 上海城市规划，2015（2）：81–87.

[22] 龙瀛，郝奇．数据增强设计的三种范式——框架、进展与展望 [J]. 世界建筑，2022（11）：24–25.

[23] 袁烽．建筑智能——走向后人文主义时代的建筑数字未来 [J]. 世界建筑，2022（11）：56–57.

[24] 龙瀛．颠覆性技术驱动下的未来人居——来自新城市科学和未来城市等视角 [J]. 建筑学报，2020（Z1）：34–40.

[25] 欧雄全．当代移动建筑设计的基础理论框架——概念、方法、策略 [J]. 住宅科技，2022，42（11）：8–14+21.

[26] KRONENBURG R. Transportable environments：theory，context，design and technology [M]. London：Taylor & Francis e–Library，2002.

[27] 克罗恩伯格．可适性：回应变化的建筑 [M]. 朱蓉，译．武汉：华中科技大学出版社，2012.

[28] 欧雄全．我国当代移动建筑社会生产与设计实践图谱 [C]// 中冶建筑研究总院有限公司．2022 年工业建筑学术交流会论文集（下册）. 2022：104–111.

[29] 雅克·阿塔利．未来简史 [M]. 王一平，译．上海：上海社会科学院出版社，2010.

[30] SIEGAL J. More mobile：portable architecture for today [M]. New York：Princeton Architectural Press，2008.

[31] HORDEN R. Micro architecture：lightweight，mobile，ecological buildings for the future [M]. London：Thames and Hudson Ltd，2008.

[32] JODIDIO P. Nomadic homes：architecture on the move[M]. Cologne：TASCHEN，2011.

[33] KIM S，PYO M. Mobile architecture[M]. Seoul：DAMDI Publishing Co，2011.

[34] EHMANN S，KLANTEN R，GALINDO M，et al. The New Nomads：Temporary Spaces and a Life on the Move[M]. Berlin：Gestalten，2015.

[35] ROKE R. Mobitecture：architecture on the move [M]. London：Phaidon Press Inc，2017.

[36] 童明 . 形式与时间：关于马赛克乌托邦的建筑语言 [J]. 建筑学报，2022（9）：1–11.

[37] 吴峰 . 可移动建筑物的特点及设计原则 [J]. 沈阳建筑工程学院学报（自然科学版），2001（3）：161–163.

[38] 李佳 . 可移动建筑设计研究 [D]. 南京：南京艺术学院，2015.

[39] 丛勐 . 由建造到设计 – 可移动建筑产品研发设计及过程管理方法 [M]. 南京：东南大学出版社，2017.

[40] 黄怡平 . 当代便携式可移动建筑设计策略研究 [D]. 南京：东南大学，2016.

[41] 章林富 . 可移动建筑的复杂性策略研究 [D]. 合肥：合肥工业大学，2014.

[42] 欧雄全 . 论移动建筑在未来人居场景应用中的技术观、社会观与环境观 [J]. 中外建筑,2023（2）：22–31.

[43] KRONEBURG R. Portable Architecture（Third Edition）[M]. London：Taylor & Francis，2003.

[44] KRONEBURG R. Portable Architecture：Design and Technology [M]. Berlin：Birkhauser GmbH，2008.

[45] 丛勐，张宏 . 设计与建造的转变——可移动铝合金建筑产品研发 [J]. 建筑与文化，2014（11）：143–144.

[46] 苏运升，陈戊荣，陈兆荣，等 . 应急防疫气膜系统设计研究与实践 [J]. 装饰，2022（8）：12–16.

目　录
Contents

第三章 移动建筑思想的溯源与批判

第五章 面向新社会生活形态的移动建筑

第一章

认知移动建筑

Chapter 1：Cognitive Mobile Architecture

1.1 流动性与移动建筑

2019年末爆发的新冠肺炎（COVID-19）席卷全球，给人类社会造成了广泛而深刻的影响。在全球的抗疫过程中，以帐篷、方舱医院、活动箱体房、集装箱建筑、气膜实验室、移动隔离舱、核酸采样亭等为代表的移动建筑发挥了极其重要的作用。移动建筑在这样一个特殊的时刻，以一种“既熟悉又陌生”的姿态和角色频繁地出现在人们的视野中：之所以熟悉，是因为移动建筑是人类社会最早的居住形式之一，且留存至今；之所以陌生，是因为移动建筑早已长期处于社会的边缘，成为一种“非主流”的建筑类型。

在历史的视野中，人类社会从未停止过进步，一直朝着生存条件和环境的改善方向去发展。当人类从早期的游牧逐渐步入定居状态之后，社会就不断地趋向静态和稳定。然而，现代社会的到来又重新打破了这一局面，流动性成为其相较于前现代社会的最大特征。现代社会的流动性一方面体现在社会主体在阶层上的纵向流动，进而改变了社会结构；另一方面则展现于人流、物流等在地理位置上的横向流动，最后走向了全球化。

进入当代，社会的流动性更体现在信息流、文化流等在虚拟与物理空间交织和交互的状态下自由流动，这也昭示着流动社会的到来。当代社会学家曼纽尔·卡斯特尔（Manuel Castells）提出了流动空间理论①，其认为“互联网所创造的生产与管理模式重构了人类的生活方式，进而摆脱传统物理空间的界限束缚。社会为流动所支配，城市则成为流动网络的节点与核心，全球化和信息化所带来的流动将成为各种要素功能集中再扩散的主导因素”[1]。由于经济、文化、环境等不断变化的外在因素影响，承载人类社会生活的建筑需要在全球化的流动趋向中不断地自我调整，以适应社会的变迁。在此背景下，移动建筑的可移动特质使其能够灵活、即时地应对与抗衡社会流动所带来的环境变化，并对当代流动社会中的问题矛盾、生活现象以及未来发展作出回应。

1.1.1 当代流动社会与移动建筑

当前，世界各地都面临着人口膨胀、环境恶化等问题所带来的生活空间资源紧张局面。为了追求更多的生活空间，通常的手法是扩大建筑规模，随之而来的后果就是公共空间受到挤压，高密度城市不断涌现，人类社会的生活环境品质不断下降。然而，把建筑做大做高并非唯一的解决方案，移动建筑便是一种值得探讨的可选之策。数千年以来，人类社会

① 1989年，卡斯特尔在《信息城市》中将网络引入空间研究，将信息社会对应的新空间形式（虚拟空间）称为流动空间，其认为流动空间将成为日常生活的一部分，并改变人的世界观和生活方式。1996年，卡斯特尔在《网络社会的崛起》中认为网络时代的城市空间，将逐步从社区空间向网络意识的虚拟空间转变，人际交流将摆脱传统空间束缚。此外，卡斯特尔还预示信息化在未来会导致超级城市（Mega city）和全球城市（Global city）的形成并成为流动空间网络的节点，城市研究将转变为网络和区域研究。

中的绝大部分建筑都处于静态和固定的状态，缺乏对社会与环境变化的即时、快速响应能力，从而降低了空间与土地的利用效率。此外，这种特性也使得城镇陷入拆除、废弃、重建的低效能循环中，不仅造成资源与时间浪费，也破坏生态环境。移动建筑具有可移动迁徙的特质，能够加快建设空间的循环流动，推动城镇用地尤其是闲置土地的高效利用，进而以动态灵活的方式来缓解生活空间资源紧张的不利局面。

与此同时，人类在过去很长一段时间内都盲目追求经济效益而忽略了对于生态环境的保护，进而导致了自身生存环境的不断恶化。在当代社会，海啸、地震、台风等自然灾害发生频率越来越高，从无休止的战争冲突也导致了难民危机的常态化。灾害危机的突发性和紧急性使得传统建造永久性建筑的方式显然难解灾区的燃眉之急，灵活、便捷的移动建筑成为优选。这种可快速部署的建筑体系能够即时地为受灾群众提供应急的庇护空间以及人道主义救助。在2004年的印度洋海啸、2008年的汶川大地震、2011年的日本3・11大地震以及近些年的新冠肺炎等灾害的应对过程中，活动板房、医疗方舱、帐篷等具有可移动特性的建筑发挥了至关重要的作用。

与此同时，在全球化和新信息技术革命的影响与推动下，人类社会的流动性处于不断增强的状态，城市、建筑甚至虚实空间之间流动已愈发普遍，人一辈子生活在一个地方、做一份工作的情形也将逐渐被改变。高速交通的发展使得地区之间的联系变得更为紧密而迅捷，互联网的普及也使得传统人际交往中的物理隔阂变得不再是问题。社会上的新鲜事物不断涌现，进而影响着人们对于生活方式的选择，一种基于移动的生活模式在当代逐渐兴起：远程会面、工作，甚至可以在短时间内往返于多个地方，完成多项事务。

在快速流动和虚实交织的社会空间场域中，移动的生活模式逐渐兴起，移动建筑也以一种先锋生活实践的姿态和角色涌现：比如彪马集装箱旗舰店以可移动的模块化装配形式支撑了其在全球的巡回展示；比如“香奈儿”“优衣库”等品牌概念店以及“MANNER”“M-Stand”等咖啡馆纷纷尝试了快闪式的移动商业形态（图1-1）；比如以“集装箱社区”“胶囊公寓”“微住宅”等为代表的社会移动居住实验正如火如荼展开；比如在火热的文旅、露营产业中，便携的移动建筑产品日益受到大众的追捧和青睐……[2]

伴随着工业4.0和Web3.0技术革命的推进，“无人”“共享”“实时”“虚拟”等新经济模式和新社会关系形式正大跨步地迈入这个时代。从机场的睡眠盒子到社区的“元空间”，从城市中的无人便利店到元宇宙中的NFT，移动建筑正以一种自由、灵活、可变、新潮的形式适应社会发展需求，其不再仅仅是“民俗文化”或者“诗与远方”的代表和象征，而以日常化的形式嵌入并塑造着流动社会中的新生活形态[2]。随着以方舱医院、气膜实验室、核酸采样亭等为代表的移动建筑在疫情期间展现出的重大社会价值（图1-2），其在给人们带来新奇生活体验和节约社会资源成本的同时，也灵活、有效地应对着社会危机与问题。

图 1-1 位于上海街头的“M-Stand”品牌车载式移动咖啡馆
图片来源：作者拍摄

图 1-2 疫情期间应用的可移动火眼气膜实验室
图片来源：当代好设计 . 火眼实验室（气膜版）Huo-Yan Air Laboratory[EB/OL].（2020.11.02）(2023.05.15）. https：//www.cgdaward.com/online-exhibition/index.php?show--cid-1-id-1102.html.

1.1.2 当代中国发展与移动建筑

随着中国的城镇化率不断提高，城镇建设理念逐渐趋向于提质增效。但是，在当今社会土地与空间商品化的浪潮中，消费导向下的设计使得建筑常常作为社会商品的象征而脱离了原本内涵。中国当前的建筑业整体发展水平较低，建筑寿命短、能耗高，规划与设计得不合理又导致重复建设和频繁拆建的现象时有发生，短、频、快的使用态势进一步造就了社会资源浪费和环境污染。因此，当代中国探索一种适应国情、绿色生态、以人为本的建筑体系和设计方略就显得尤为必要。灵活可变的移动建筑相较于恒久固定的传统建筑，具有对环境影响小、适应性强等诸多优势，其自身也属于绿色生态的建筑类型，能够节约资源、降低能耗以及具有全生命周期的可持续发展特征，契合当代建筑业转型升级的发展需求。从当代中国的现状来看，移动建筑在各个领域都具有广泛的应用价值，并有利于应对或缓解当前社会存在的诸多问题，且符合国家发展的现实需要：

土地高效利用的需要。当前中国许多地方一方面建设用地极度紧张，另一方面又存在着部分城市用地的闲置以及乡村农流转用地①[3]低效利用问题，因此必须探索新方法以解决问题。移动建筑能够在土地闲置和快速流转的过程中对其进行高效利用，相对于传统的拆旧建新模式可节约大量的时间和资源。

缓解住房困难的需要。中国城市当前的高昂房价令广大低收入群体“望房兴叹”。此外，国家扶贫、城市棚户区改造等工作中其实也涵盖了大量城镇贫困人员的住房问题，并存在复杂的利益纠葛，传统的建设模式显然难以在短期内解决问题。移动建筑的体系模式

① 农用地流转是指农村家庭承包的土地通过合法的形式，保留承包权，将经营权或使用权转让给其他农户或其他经济组织的行为，是农村经济发展到一定阶段的产物。通过土地流转，可开展规模化、集约化、现代化的农业经营模式。可参见李彬 . 中国农地流转及其风险防范研究 [M]. 成都：西南交通大学出版社，2015.

能够快速、廉价的提供庇护之所，并易于在城市老旧社区和历史空间中开展微更新工作。在即时解决城镇广大弱势群体的居住诉求的同时，移动建筑也能够以一种及时、快速、灵活的方式改善其生活条件与品质。

应对灾害危机的需要。中国当前的自然灾害愈发频繁，产生的破坏性也越来越大，汶川、玉树等地震带来的大量灾民安置工作尚令人记忆犹新。探索成熟的、符合中国国情的移动建筑产业体系和应用模式，对于今后及时有效、高效地应对灾害疫情等社会重大公共危机具有莫大价值。

经济新常态的需要。随着“电商经济”“共享经济”“户外经济”甚至“地摊经济”等新经济形式在中国社会的蓬勃发展，新的商业、居住、文化、旅游业态也将不断涌现，移动建筑产业在其中也有着广阔的市场前景。与此同时，中国也正处于经济转型的背景下，很多企业尤其是钢铁企业面临着产能过剩和产业转型的局面。移动建筑通常以工业化预制装配作为技术支撑，这对于钢铁企业正是充分利用自身的技术优势，借助市场需求转型于移动建筑产业的良好时机。

国家发展战略的需要。“一带一路”是中国重要的发展战略之一，将会驱动更多的企业和资金走向海外，也将产生大量的海外居住空间需求。传统的永久性建筑由于建设周期长，往往难以匹配项目的快速发展及落地需求。移动建筑具有运输便捷、搭建快速的特性优势，非常适合伴随企业进行海外部署。

1.2　本体性与移动建筑

1.2.1　移动建筑的概念思辨

1. 移动

1）移动的词义解析

“移动”一词最早源自于拉丁语“Movere”，意为移动、运动。13 世纪晚期，“Move”作为“移动”的常用英文词汇沿用至今：“作为动词有改变位置、移动、搬动、使感动、改变、进展、进行、采取行动、采取措施等含义；作为名词有位置的移动、搬迁、步骤、行动、措施等含义”[4]。此外，“Move”也是很多表达移动、运动之义的词根来源，比如“Mot”“Mov”“Mob”等。《现代汉语词典》将“移动”一词解释为：“改变原来的位置”[5]。《辞海》中则没有针对“移动”的解释，而是分别解释了“移”与“动”：“移”有两种含义，一是挪动、迁移，二是改变、动摇；“动”则包括了改变原来的位置或状态、操作、行动、使用、运用、起始、发动、感动、变动、动摇等含义。从中外文释义中可以看出，移动可理解为一种状态的变动，而这种变动既可包含物质层面又可包含非物质层面。非物质层面的变动更多的是出于感性，难以具体地量化和描述，因此对于“移动”一词通常理解为物质层面的变动，即位置的相对改变。

2）广义的移动与狭义的移动

移动的含义存在广义与狭义之分：广义的移动是指在辩证唯物主义认识论下，世间万物均处于运动状态，日常生活中看起来静止不动的事物实际一直跟随着宇宙在运动，是一种随时随地的移动；狭义的移动是指在以人类视觉所及的环境为参考物的前提下，通过外力改变了物体的相对静止状态，使物体的相对位置发生了变化，是一种有参照物的移动。广义的移动过于宽泛，狭义的移动则更容易被感知、量化和描述，与人的联系更为密切，因此本书将“移动”含义理解为狭义的移动，后文所出现的“移动”均指狭义的移动。

3）移动的方式与类型

如前文所述，“移动”是指物体位置的相对改变，这种改变所呈现出来的多样形式是由不同的移动方式实现和导致的，进而决定了移动的不同类型。

依据移动的方式和人的感知视角，可分为显性和隐性两大类型：显性移动主要采用轮移、漂游、飞行、行走等移动方式，具有明显的移动技术特征和鲜明的形态（如交通工具），是一种可被人眼立刻感知的移动，这种感知建立在人们生活中积累的集体经验上；隐性移动则采取的是轻量、变形、拆装等并非显而易见的移动技术（如手提电脑等），无法被人眼立刻察知，需要思量与提示[6]。

依据移动的动力方式，可分为便携式和驱动式两大类型：便携式移动不需要借助机动外力，单凭人力即可进行移动，以帐篷和微建筑为代表；驱动式移动需要技术含量较高的机械动力系统支持物体移动，如以房车为例的机动一体式和以牵引板房为例的外力驱动式[7]。

因此，显性移动和隐形移动的划分依据来自人们对移动形式的感知，便携式移动与驱动式移动的划分依据则来自外力的供给形式以及移动的难易程度。前一类划分标准为“改变的形式”，后一类则为“改变的方式”，两者均能够对移动的类型做出归纳性的分类，只是依据的视角有所不同。需要指出的是，显性移动是一种更为大众所熟悉和认知的移动类型，比较容易形成鲜明的形式形态，可理解为移动的常见方式；隐性移动、便携式移动、驱动式移动则更偏向于使物体可移动的方法套路，可理解为使物体可移动的策略。

2. 建筑可移动

1）建筑可移动的含义

移动是移动建筑给人的一种主观印象，也是人的一种基本行为模式。可移动是移动建筑的主要特征，也是移动建筑区别于其他类型建筑的基本特性。人们可以使用各种各样的移动方式来实现物体的移动，同样也可以通过多种策略来使物体具有可移动的特性或是优化物体被移动的便利性和可操作性。从客观上讲，所有的建筑都是可以被移动的，但是移动的难易程度和所花费的成本有所不同，且让建筑移动的必要性也是值得商讨的。因此，本书对于“建筑可移动”的含义理解限定在以下范围：“建筑可移动”指的是某类建筑具有的一种特性，即具有再次或多次被移动的能力，而非泛指建筑被移动的可能；上一条所指的“具有被移动的能力”是建立在技术可行及经济成本合理的基础上，花费超常的代价或超出经济技术限制的移动行为不在讨论范围之内；“建筑可移动”一定是建立在对社会、环境、人类、建筑、空间等因素产生积极效应的基础之上，若将会产生负面效应，建筑则不应该“可移动”；“建筑可移动”的狭义理解是指建筑和空间的整体性可移动，广义理解除了建筑的整体性可移动之外还涵盖了部件或内部空间单元的局部性可移动，本书依据的是“建筑可移动”的广义理解。

2）建筑可移动的价值

数千年以来，建筑都以一种坚固永恒的象征而屹立于大地之上，当其不再满足人类社会的需求时，就会被废弃、拆除和重建。中国当代社会的变化速度是惊人的，建筑所处的环境通常是不稳定的，这也导致了其使用寿命短暂。“短、频、快”的建筑生产和消费模式愈发普遍，进而造成了社会资源浪费与环境污染的恶性循环。追逐更好的生存环境、更好地适应环境变化是生物的本能。建筑如若能够具备像自然生物那样趋利避害的移动能力，以灵活地应对社会与环境的变化，其使用寿命自然会被延长，进而让建筑和社会的关系变得更加可持续。建筑的“可移动”使其能够脱离土地的束缚，缓解当前城市与社会中日益严峻的人地矛盾。因此，“建筑可移动”在社会层面也具有价值。

3）“建筑可移动”与“可移动建筑”

“建筑移动”是一种使建筑位置发生相对变化的行为，进而改变了建筑所处的运动状态。“建筑可移动”是指建筑具有可被移动的特性，并在设计、建造、使用中融合使其可移动的策略。在人类社会的历史进程中，“传统的固定建筑中也存在着可移动因素，而这种因素是随着技术进步而不断增加的，是一种量变的过程，可移动的建筑应视为量变到达一定程度而导致质变的结果，进而成为一种建筑类型”[6]。这种建筑类型在当前也被冠以多种称谓，如“可移动建筑”“移动建筑”等，下文也将对其概念含义进行探讨与辨析。

3. 移动建筑

1）国内外学者对于移动建筑概念的已有解释

按照移动的定义——“物体相对位置的改变”，移动建筑在字面上的意思显然就是“位置可以相对改变的建筑物”，但这种解释过于宽泛和单薄。对于移动建筑的概念认知，当前的学术界尚未有共识，也因此出现了很多称谓，中文如可移动建筑、可适建筑、便携式建筑、可变动建筑、互动建筑等，英文如 Mobile Building、Mobile Architecture、Portable

Architecture 等。此外，临时性建筑、可拆卸建筑、装配式建筑、交互建筑等也具有一定的移动特征，是否可归类为移动建筑也未有定论。法国建筑理论家尤纳·弗里德曼首次将移动建筑（Mobile Architecture）作为名词提出，其认为移动建筑是可随居住者的愿望而改变、具有移动功能的建筑，是一套“能够灵活应对和抗衡社会变化的建筑架构体系”[8]。英国利物浦大学建筑学院教授罗伯特·克罗恩伯格则认为移动建筑（Portable Building /Architecture）是“经过专门设计，使之在场所间移动，从而能更好地满足其功能的建筑物”[9]，是“一种环境影响最小、能够灵活应对各种变化和需求的建筑，具有高效的形式、轻质的材料、灵活的功能等特征”[10]。我国学者大多将移动建筑称之为“可移动建筑”，在概念表述上也未有统一口径（表 1-1），总体上认为“可移动建筑是指那些日常生活中通过移动的方式来灵活适应活动、基地可变的建筑物”[11]。

2）移动建筑的概念思辨

移动建筑的现有定义可归纳为两类观点：一类聚焦于移动建筑的可移动性和可适应性，认为移动建筑是一种可移动的、对环境具有灵活适应能力的建筑（以克罗恩伯格为代表）；另一类则认为移动建筑的立足点在于建筑与居住者之间的关系，即“移动建筑学成为移动社会的建筑学”[12]，是一种“反规划”的“自组织”策略，甚至可代表一种城市社会运动（以弗里德曼为代表）（表 1-2）。

在国内的相关研究中，“可移动建筑”一词的使用频率很高，学者也大多将“可移动建筑”作为该类建筑的称谓。如前文所述，“移动”和“可移动”两者存在词义上的微妙差别：“移动”表示物体位置的改变，“可移动”则表示物体的位置是可以改变的，代表了物体的某种特性。“可移动”与“建筑”的结合是一种“特性”与“本体”的结合，是传统建筑学语境下的结合。在当代研究不断强调多元融合的背景下，移动建筑这种“非主流”建筑更需要放在广义的建筑学语境下对其进行认知。在当代的理论体系中，对于移动建筑的理解不再局限于某种单一特性的建筑类型层面。移动建筑本身具有的社会性和复杂性使得“现代的移动建筑设计已经跳出过去几千年所从属的游牧语境，在当下上升为一种独立、新型、前沿的建筑与城市空间组织策略”[7]。因此，以“移动建筑”作为称谓相较于“可移动建筑”具有更广泛综合的意义，而非仅仅强调建筑的某种特性。

在西方历史上，人们通常用“Portable”一词来描述建筑的可移动便携，比如 1830 年出现的“曼宁便携式殖民小屋”（Manning Portable Colonial Cottage）以及 1895–1940 年在北美盛行的“希尔斯简易便携式殖民小屋”（Sears Simplex Portable Colonial Cottage）[13]。如果重新审视移动建筑的英译组合，“Mobile”一词显然相较“Portable”或者“Movable”在含义上更为综合和中性，而非局限于对移动的行为或结果的描述。此外，“Building”在作为建筑物的释义上，一般侧重于工程技术层面的内涵，“Architecture”一词则涵盖了建筑之于人类在物质与精神上的双重需求，是科学技术与文化艺术的结合，体现了建筑的矛盾性和

国内学者对移动建筑概念的表述比较　　表 1–1

学者	时期	称谓	对移动建筑的概念表述	出处
吴峰	2001 年	可移动建筑	可移动建筑是指那些日常生活中通过移动方式来灵活适应活动、基地可变的建筑物	吴峰 . 可移动建筑物的特点及设计原则 [J]. 沈阳建筑工程学院学报，2001，17（3）：161.
秦笛	2009 年	可移动建筑	可移动建筑由建造活动与场地的关系界定，带有移动性和批量建造的特征	秦笛 . 建筑的可移动性研究——工业化住宅为例 [D]. 南京：东南大学，2009：1.
郑卫卫	2010 年	可移动建筑	“可移动建筑”是可以随需要进行移动的小型、灵活式建筑	郑卫卫 . 可移动建筑形态与空间 [J]. 山西建筑，2010，36（34）：52.
章林富	2014 年	可移动建筑	可移动建筑是场地适应能力强并具有移动特性的建筑	章林富 . 可移动建筑的复杂性策略研究 [D]. 合肥：合肥工业大学，2014：8.
李佳	2015 年	可移动建筑	可移动建筑是经过设计师专门设计，具有一定的艺术特征，根据需求能够随时改变其位置并将其作为主要功能和特色的建筑艺术品（包括建筑、景观设施、装置等）	李佳 . 可移动建筑设计研究 [D]. 南京：南京艺术学院，2015：13.
黄怡平	2016 年	便携式可移动建筑	便携式可移动建筑指在工厂整体预制、在运输过程中保持完整、可多次移动的小型建筑	黄怡平 . 便携式可移动建筑的设计策略研究 [D]. 南京：东南大学，2016：3.
从勐	2017 年	可移动建筑产品	可移动建筑产品是指通过工厂预制生产，以整体移动、部分移动以及可拆卸现场装配移动的方式，改变建筑物的坐落或建造地点，以适应外部环境，满足使用需求的建筑产品类型	从勐 . 由建造到设计 – 可移动建筑产品研发设计及过程管理方法 [M]. 南京：东南大学出版社，2017：15.
韩晨平	2018 年	可移动建筑	可移动建筑是指具有可移动性的建筑	韩晨平，巩永康 . 我国可移动建筑发展现状及其应用前景研究 [J]. 华中建筑，2018，36（10）：8.
韩晨平	2020 年	可移动建筑	可以通过改变建筑的位置、内外部空间环境来满足人们多种功能与形式需求的一种建筑	韩晨平 . 可移动建筑设计理论与方法 [M]. 北京：中国建筑工业出版社，2020：16.

资料来源：作者绘制

对移动建筑定义的代表性观点比较　　表 1–2

代表人物	对移动建筑的概念表述	移动建筑的特征	观点核心	定义的出发点	理解视角
罗伯特 · 克罗恩伯格	一种具有可移动性、环境影响最小、能够灵活应对各种变化和需求的建筑	短时性； 具有移动能力； 适应不同情境或场地	建筑的可适应性	建筑与环境（自然环境与社会环境）之间的关系	建筑学本体视角
尤纳 · 弗里德曼	随居住者的愿望而改变、具有移动功能的建筑，是一套能够灵活应对和抗衡社会变化的建筑架构体系	尽可能少接触地面 能拆开和移动； 能根据居住者意愿进行改变	移动社会的建筑学	建筑与居住者之间的关系（人和社会）	城市与社会视角

资料来源：作者绘制

复杂性[①]。因此，“Mobile”和“Architecture”的结合显然更能体现和涵盖上文所阐述的对于移动建筑概念的多层次认知。

本书将移动建筑的概念定义为：“能够灵活应对和抗衡社会与环境变化的建筑架构体系，即一种以移动的方式与策略来应对和适应这些变化的建筑类型，英文为Mobile Architecture”。

3）移动建筑的类别划分

移动建筑作为一种诞生于人类社会早期的“游牧式建筑”，伴随社会的历史进程而不断演变更新，因此也呈现出了丰富多彩的形式，并可依据不同视角划分出不同类别（表1-3）。

移动建筑的基本类别划分 **表1-3**

划分视角	类别	特征及说明
建筑学视角	可移动的建筑物	具有日常印象中的建筑形式特征，以及具备建筑的使用功能及空间设施，如移动住宅、移动厕所、集装箱建筑等
	可移动的构筑物	与常规建筑相对应的构筑物，其自身具有可移动的特性，比如一些开放的可移动休息空间、展示亭、服务设施空间、艺术装置等
	其他	不具备典型的建筑物及构筑物的形式特征，却具备一定的建筑使用功能和可移动特性，且其空间的生活使用功能相较移动功能更占据主导性的物体，如房车、餐车、船屋等
移动方式视角	整体移动类别	通常为具有可移动特性的小型、微型建筑，如房车、微住宅等。空间尺寸及自重较小，可采用便携、人力、蓄力、车辆、机械吊装等较为常规、经济的移动方式进行整体性搬运，移动过程不会改变建筑的形态和结构
	构件装配类别	通常基于可拆卸和装配的移动策略，将建筑化整为零，分割或拆卸成预制构件进行移动运输，待构件移动至目的地后进行组装，组装完成后建筑仍然保持和移动前一致的形态和结构，构件还可循环利用和即时替换
	单元构成类别	由于自身的尺寸和移动技术、难度、成本的限制，不利于采用整体性的移动方式，进而采用“单元组合”的移动策略，通过将大型的移动建筑划分为相对完整的小型单元体进行组合构成，单元模块可以回收利用和替换
形态特征视角	建筑化形态	外部形态符合人类对于建筑形态的日常认知，具备传统建筑的基本形式特征
	非建筑化形态	与建筑日常印象中的形态差异较大，更偏向交通工具、产品或景观雕塑等非建筑化形式特征，但从功能使用和空间构成上仍具备建筑的基本特性
	混合形态	形态属于建筑和非建筑形式组合，如建筑与交通工具组合

① 在英语中，“建造”“建筑物”“建筑”对应的词语分别是“Construct”“Building”“Architecture”。其中，“Building”一词泛指满足人类物质功能需求的建筑物，主要侧重于工程技术方面的内涵，“Architecture”一词则将建筑视作为能够满足人类物质与精神的双重需求的复合体，是科学技术与文化艺术的结合。“Architecture”相较“Building”在含义上更为综合和全面，也契合建筑的复杂性内涵，因此通常用作为建筑学中对建筑的英文翻译用词。从本书的研究视角来看，显然是将移动建筑中的“建筑”理解为一个复杂的矛盾综合体，即研究的是“Architecture”，而非“Building”。

续表

划分视角	类别	特征及说明
功能应用视角	移动居住	从传统的帐篷、房车、船屋到现、当代的微住宅、移动住宅、移动公寓、睡眠盒子、集装箱住宅等
	移动商业	移动零售店、移动超市、无人超市、移动厕所、移动餐厅、移动办公等
	移动医疗	移动病房、移动社区诊所、移动献血站、移动实验室等
	文化艺术	移动教室、健身房、展示、艺术中心、画廊、剧场、博物馆、图书馆等
	市政服务	移动景观装置、移动休息空间、移动厕所、移动警亭、移动投票站等，也包含建设工地中的移动存储仓库、工人用房、施工用房等
	户外旅游	野外临时酒店、帐篷营地、野外旅宿产品、房车、船屋等
	救灾应急	救灾帐篷、活动板房、移动基础设施等
	其他领域	科研勘探、军事建筑、海洋建筑、太空建筑等

资料来源：作者绘制

1.2.2　移动建筑的本体知识

1. 移动建筑的基本特性

1）移动性

移动性指移动建筑所具有的可移动特征和能力，其既是移动建筑的根本属性，又是其他特性形成的前提和基础。移动建筑的移动性使其能够抗衡和应对社会与环境的变化，并在多个层面有别于传统建筑：首先，移动性赋予了建筑动态特征，并可体现在形态、功能以及心理意向的变化上；其次，移动性使建筑能够脱离土地，这不仅解除了场地对于建筑的物理限制，而且还打破了长期以来的观念束缚[①]。建筑与土地的关系从原来的静态依存转化为动态协调，并导致了人、地、建筑三者既有关系的变动。建筑的移动性可以提高土地和空间的利用效率，从而缓解了当前城市中的人地矛盾；最后，移动性使得移动建筑趋向于轻便，让建筑“随人而动”，这一方面可快速即时地满足不同情形下的功能需求，另一方面则促使了移动建筑对于自身的体量、形态和结构的限制，反向推动资源的节约和新材料技术的创新应用。此外，移动性也通常是移动建筑设计中所需要解决的首要问题：比如结构体系采用轻型系统和轻质材料以便于运输；根据运输方式对部件的规格尺寸进行专项设计，构造方式也适应于各种运输条件；设计考虑移动之后的建造方式，以满足落地后的即时使用；等等。

① 建筑的固定和永恒是人类传统的基础认知和共识，是正统、主流建筑学理论的基石，建筑与场地的二元关系始终被认为是不可打破的。然而，场地与环境不可能是一直不变的，场地潜在的多变性一直被忽视和回避。一方面，固定在场地的建筑无法快速灵活地根据需要来应对场地的变化，另一方面当建筑需要去更换场地或去适应不同场地时，由于其固定的特性需要耗费大量的资源和时间成本，移动使得建筑能够有效地化解这两方面的矛盾。

2）功能性

移动建筑的功能性除了体现在其与永久性建筑相同的日常使用功能之外，更体现在后者所不具备的灵活性和可变性上。移动建筑对于场地、环境、需求变化的即时、灵活应对优势使其可在居住、商业、旅游等诸多领域及场合中发挥永久性建筑无法或难以实现的作用。但是，移动建筑由于移动的需要，其规模尺寸一般会受到限制，这也促使了移动建筑走向多功能化，以及让功能及空间具备组合变化的能力，从而实现有限空间中的最大利用效率。

3）生态性

相较于传统建筑，移动建筑的生态性优势体现在两方面：首先，传统建筑的建造行为容易对自然环境造成长久甚至是永久性的破坏，而移动建筑不占有土地，对环境影响小，在移动迁徙之后还可让场地“休养生息”；其次，移动建筑生产建造所消耗的资源时间成本要低于传统建筑，材料、部件甚至整体都可进行循环利用设计，既节能、节材又减少了环境污染。

4）可适性

移动建筑的可适性是指其能够适应各种环境变化的特性。可适性让移动建筑包含了两层特质：一是优化协调。相较传统的固定建筑，移动建筑在整体协调方面有更大的操作空间和更快的反应能力。这种系统性的优化协调依靠建筑的自发性组织与持续反应，专注于建筑的动态发展与长期影响。二是动态灵活，主要体现在移动建筑对于空间的可灵活调整，能较好地应对矛盾。移动建筑的可适性不仅体现在对自然环境的适应能力上，也体现在满足社会不同功能需求的广泛性和应用性上。固有的建筑设计或者自上而下的长期规划通常无法完全预测日益多元和多变的社会需求，移动建筑的灵活响应则能反思和纠正即时需求与长期规划的矛盾，从而提高建设行为的合理性。

5）经济性

建筑的经济性主要包含两部分内容，一是建造行为的经济性，二是建筑使用的经济性。移动建筑在多个层面相较于传统建筑都具有明显的经济性优势：从设计生产来看，移动建筑的设计通常借鉴了先进制造和产品研发理论，强调设计流程与环节的优化管理，从而提高了建筑的生产效率并增强了建筑在生产全过程中的经济性；从建造行为来看，移动建筑不再长期占据土地，以往高昂的用地成本不复存在。同时，移动建筑还可基于大批量的工业化生产模式，进而有效降低建造成本；从建筑使用来看，移动建筑便于改变位置和更换所处环境的能力使其可以充分提高城市空间和土地的利用效率。对于当代城镇中的闲置用地、流转用地、“冗余空间”①[14] 以及废弃的“垃圾空间”，移动建筑都是一种再利用和再激

① 冗余空间源自于上海阿科米星建筑设计事务所在城市研究中所提出的“空间冗余”（Spatial Redundancy）概念。冗余一词通常作为工程信息和生物科技中的术语，意指可能造成破坏和浪费，也可以在系统出错和受损时成为有用的防线，避免系统崩溃。阿科米星将其引入到建筑学研究中，用以描述城市建筑空间的重复、多余、残留、错位等状态，可理解为城市中尚未被合理及充分利用的空间。详见庄慎，华霞虹．空间冗余 [J]. 时代建筑，2015（5）：108-111.

活的适宜策略选项。此外，移动建筑自身所具备的灵活性保证了其能够即时有效地应对环境和需求的变化，从而减少不必要的拆建和改建，从长期和宏观的层面来看，这也有效提高了建筑的经济性。

2. 移动建筑的基本建构形式

1）空间组织

移动建筑的自身特性和特定使用需求使其在空间组织层面呈现出一些基本的手法特征。基于移动方式和运输条件的限制，驱使移动建筑在设计中对于空间的高效性追求往往优先于舒适度，同时也需要满足于人体工程学的尺度要求①。空间形式通常倾向于集成化的紧凑式设计，以可变性和多功能性来提高空间使用的效率和灵活性，通过将一些建筑自身无法承载的活动或功能转移至公共区域，进而实现服务的共享。空间功能的组织一般趋向于融合性与合理性设计，前者包括了水平和竖向融合两类手法，后者则体现在家具和设施对于空间的合理分隔层面。此外，在空间情感的需求上，则必须考虑人的行为心理因素[15]，并包含有“身体活动空间”[16]和“视觉感受空间”[17]的设计内容。

2）形态界面

人们对于移动建筑的日常印象是“一个个小小的建筑”，然而移动建筑尺度较小的根本原因在于方便移动。随着技术的发展，移动建筑的形态设计走向了多元化，在形式、规模、尺度等方面与传统建筑并无差别。在设计过程中，可以通过界面的变化来使得形态与移动相契合，其手法可分为两类：“一是界面的旋转（翻转，指界面沿其边线转动），包括旋转成体或成面，旋转部位既可是局部构件（如门、窗、隔断等），也可是整体单元模块；二是界面的平移（指界面沿其法线方向移动），包括水平和竖向平移，移动的部位既可以是嵌套空间，也可以是界面上的体块。”[15]此外，移动建筑还有一种特殊的界面变化方式，比如充气结构通过充气形式实现空间和界面的扩大，比如便携式帐篷对可收纳的围合界面进行打开扩展，等等。该方式可被表述为“扩张”，也可认为是一种“多维度的平移”。

3）群体构成

当移动建筑作为单个建筑形式来建造和使用时，其在宏观空间层面的组织逻辑和构成手法上与传统建筑差异不大。但是，当移动建筑采用单元构成的模式去构建群体时，宏观的建筑群会转化为一种“内部单元的组织逻辑”。其设计手法可分为三类：“一是水平构成，包括内部串联和外部组织两种逻辑，其优点在于单元独立，可自由增减群体规模，单元之间无须复杂结构连接；二是竖向构成，包括了垂直悬挂、框架承重、垂直堆叠三种组织逻辑，其优点在于土地利用效率高，缺点在于建造的实施难度较大和经济性较差；三是多维

① 移动建筑室内空间的宽度与高度通常都不低于1.8~2m，否则将不适于人类的使用。

构成，即在三维空间内进行的构成，该模式通常没有明确的垂直分层，内部空间形式也更为自由和特殊。”[15]

4）材料结构

移动建筑的可移动性是其在设计中往往会趋向易于移动运输且轻型可变的建筑体系，并通过三种途径来实现：“一是从建筑材料出发，采用轻质高强的材料来提高结构系统的强度与重量比值；二是从建筑构件出发，优化其截面形式，以少量的材料实现较大的荷载；三是从结构系统出发，通过更合理的路径传递荷载。”[15] 随着当代建筑业的发展升级以及数字、智能建造技术的不断应用，移动建筑的材料范围已从传统的钢、木、集装箱等基础工业材料扩展到了纸、竹、塑料、碳纤维等低碳材料和复合材料，复合化、生态化、智能化的材料成为主流。依据建构系统和材料类别，移动建筑设计中常用的结构体系可归纳为轻钢结构、轻木结构、竹结构、纸结构、塑料结构和箱体结构等类型（表 1–4）。

移动建筑的常用结构体系比较　　表 1–4

类别	子类	建构系统	主要材料	部件连接方式	特点	应用度
轻钢结构体系	单元构件式 框架槅扇式 盒子组合式	轻钢框架 面板 连接件	冷轧薄壁型钢材	螺栓连接 焊接	轻质高强，抗震性好，构件截面小，便于拆装，材料科回收利用，可批量生产	高
轻木结构体系		木框架 面板 连接件	规格木材 工程木	螺栓连接 扣件连接 钉接	建造成本低，自重轻，构件标准化、可替换，结构整体性好，材料可再生	高
竹结构体系	常规体系	竹框架 竹面板 连接件	毛竹 胶合竹 竹篾、藤条	螺栓连接 扣件连接 绑接	轻质高强，易塑形，构件可替换、建造成本低，材料可再生	低
	编织体系	整体编织结构				
纸结构体系	只使用纸材	承重框架 围护结构 连接件	纸管 纸板	螺栓连接 扣件连接 绑接	轻质，可变形、塑形，须特殊工艺处理，材料可再生	低
	纸材与其他材料结合					
塑料结构体系	整体塑料结构	整体结构	合成树脂 碳纤维	螺栓连接 扣件连接	轻质，防水，透光，易塑形	低
	张拉膜结构	结构构件 膜布	高分子合成材料			
	充气膜结构	气体 膜布				

续表

类别	子类	建构系统	主要材料	部件连接方式	特点	应用度
箱体结构体系	叠箱结构体系	箱体框架 面板 连接件	集装箱 木制箱体 金属箱体 塑料箱体 复合箱体	螺栓连接 扣件连接	坚固耐久，模块化，与运输系统的契合度高，构造简单、成本低廉，构件可替换，可循环使用	高
	箱框结构体系	箱体框架 面板 连接件 承重框架				
	单箱结构体系	箱体框架 面板				

资料来源：作者绘制

3. 移动建筑设计的基本技术策略

1）移动的技术方式

移动的技术方式是指移动建筑物所采用的方法手段。移动建筑的移动方式一般可划分为整体式、构件装配式和单元构成式三类（表 1–5），但是移动建筑若没有导致其移动的动力，则无法实现建筑的可移动。这种动力既可来自内部，也可来自外部。因此，对于移动的方式进行技术层面的设计时，通常也包括了建筑与动力的衔接方式，而不是简单地将移动建筑视作为一个“能够被移动的物体”。在移动建筑设计中，移动动力与建筑通常存在独立分离、直接连接和融合衔接三种结合形式（表 1–6）。

2）可移动的技术策略

可移动的技术策略是指在技术层面使建筑可移动、便于被移动的方法策略。在移动建筑设计中，存在轻型、变换和分解三种应用最为普遍的可移动技术策略，而这三种策略都来源于对工业制造和产品设计的借鉴。

移动建筑的移动方式比较　　表 1–5

方式	特点	移动性质	移动的动力来源	移动动力形式	适用范围	移动后是否改变建筑外形和结构
整体式	整体性移动	主动性移动 被动性移动	内部动力 外部动力	人力 畜力 机械动力	小型移动建筑（如帐篷、房车、船屋、微型住宅等）	不改变
构件装配式	构件划分后拆装移动	被动性移动	外部动力	机械动力	大中型移动建筑（如移动展示馆、移动体育场馆等）	不改变
单元构成式	单元划分后拆装移动	主动性移动 被动性移动	内部动力 外部动力	机械动力	大中型移动建筑（如集装箱建筑、单元组合住宅等）	可以改变

资料来源：作者绘制

移动动力与建筑的结合形式 **表 1-6**

结合方式	概念描述	特征与说明
独立分离	建筑部分和动力部分处于独立分离的状态	移动动力部分不属于移动建筑的一部分； 建筑可以选择不同的外部动力实现移动的目的
直接连接	建筑部分和动力部分进行组合连接，同时又保持相互独立	建筑部分和动力部分在建筑的移动和使用过程中都互相联系，但是形态和系统的整体融合性较弱
融合衔接	建筑部分与动力部分两个系统合二为一，建筑空间形态与移动结构相互融合	一种理想的结合关系； 空间的利用率相对较低； 实施的技术难度和成本相对较高

资料来源：作者绘制

轻型策略源于产品设计中的轻量化策略①。移动房屋最为简单的方法是使其变得更小和更轻，通过压缩内部空间，在有限的体量下维持必要的使用功能。然而，移动建筑并非都是小体量的形式，因此一般通过优化体系以及提高空间利用效率来使建筑的移动变得更加方便。移动建筑设计的轻型策略②主要体现在两方面："首先是结构和材料的轻量化，采用密度较小的合金材料、高分子复合材料、竹木等生态材料代替密度较大的传统建材，从形式、加工和节点搭接等方面优化结构体系，降低建筑用材和重量；其次是采用可变、紧凑、集成的内部设施来形成多功能的空间，避免不必要的空间浪费。"[6] 总之，移动建筑不是"为了小而做小"，同时也不能引发建筑规模的不必要扩大，导致移动成本增加。

变换策略来源于产品设计中的可变形策略③。移动建筑设计中的变换策略是以主动的方式让建筑外形发生改变，使其转换为便于移动的形态。变换策略一般分为范性形变和弹性形变两种形式："当移动建筑受到外力作用发生形变，若停止受力后，建筑的形态不再变化，则视其采用了范性形变策略（如折叠、伸缩、旋转等手段），建筑通常会包含可变部分，并可通过其位置的变动来生成空间的变化；当外力撤出后，建筑的形态恢复到变形之前，则视其采用的是弹性形变策略（如充气结构）。"[6] 简而言之，变换策略一方面使得移动建筑能够便于移动，另一方面赋予建筑空间在功能和形态上的可变性。

分解策略来源于产品设计中的可拆装策略④。移动建筑设计对于可拆装策略的借鉴重点不在于"拆"和"装"的行为，而在于其中所蕴含的"化整为零"的问题解决之道——建

① 轻量化策略是指通过减轻建筑的体积和重量达到更快捷、高效移动的策略，主要包含两个方面内容：一是体量的小型化，二是重量的轻便化。

② 将移动建筑轻便化所采用的策略归纳为"轻型策略"而非沿用"轻量化策略"一词，是因为结构、材料的轻质化和空间利用的效率化其实都是建筑建构层面的内容，目标是建立一套合理的、适应移动特性的建构体系，具有类型特征，更符合建筑学语义的理解。

③ 变形的情形常见于生物界，而产品设计中可变形策略正是源自于生物界的灵感，通过形态或形式的变化使产品便于运输、存放或者携带。

④ 可拆装策略主要为了方便产品的包装和运输，将需要移动的产品拆解成若干部件，使用时候则对产品进行再次组装，通常包含拆和装两个过程。

筑被分解为组件或单元进行移动，并可在目的地进行组装。移动建筑设计中的分解策略可基于两类形式：“一是空间的分解，将建筑空间按照形态或者功能，分解成小体量的单元模块，每个模块通常都具有完整的要素和相对独立的功能，并在移动后重新组合成整体；二是部件的分解，指建筑按照不同性质、要素拆解成方便运输和后续装配的零部件，零部件之间通常都需要设有相应的插接口，并保证重组后建筑空间及功能的完整性。”[6]分解策略大多应用于规模较大、形态复杂或者多功能的移动建筑，也多基于构件装配和单元构成的移动方式。

1.3 社会性与移动建筑

1.3.1 移动建筑研究的社会性涌现

近年来，社会需求的不断变化使得以往研究中的一些真空领域被重新挖掘和关注，以往被人忽视的移动建筑也成为其中之一。但是，移动建筑长期处于一种尴尬而又定位不清的状态，或以一种“小众”“冷门”的姿态被排斥于建筑学的正统体系之外，或在风景园林学中以一种环境小品和艺术装置的角色而存在，或在人类学中作为一种乡土建筑的类型被挖掘，或在艺术学中作为一种特殊的设计思潮被解读[18]。因此对于移动建筑，不仅要重新审视和挖掘建筑自身的价值所在，更需要重新校准其在学术研究上的位置与角色。

移动建筑不是小品、不是装置、不是产品，也不是构筑物，而是一种建筑。相较于小品和装置，移动建筑具有其所不具备的实用性；相较于产品，移动建筑具有其所不具备的场所感；相较于构筑物，移动建筑具有其所不具备的复杂性。因此，面对当前移动建筑以一种碎片化的状态游离于各个学科之间的尴尬局面，其应作为一种建筑重新回归于相关的知识研究体系。

移动建筑又不仅仅是“建筑”。在建筑学的正统体系形成之初，建筑便被赋予了承载人类精神文化的至高与永恒意义，静态、稳定、恒久成为数千年以来建筑的主流趋向。移动建筑的可移动所带来的不确定性和不稳定性使其被排斥在主流之外，但是动态与灵活的优势让移动建筑相较于传统的永久性建筑，更能适应变化，也更具可持续性。同时，不同传统建筑以坚固永恒的本体性来抗衡社会与环境的变化，移动建筑以移动适应的姿态来应对，这使其与社会和环境关系更为密切，在设计中也更为考虑本体之外因素（人、社会、文化、环境、习俗等）的影响，即社会性特征的涌现。

移动建筑的社会性可基于几个层面来理解与认知：首先，移动建筑的发展变化与技术、文化、经济等社会因素直接关联，其自身的复杂性也充分展示了社会的作用影响，任何从单方面的因素和角度来认知移动建筑都是片面的；其次，移动建筑可成为应对城市、社会问题与满足需求的方案选项之一，其思想理念也具有“反规划”、“自组织”的社会学内涵；最后，移动建筑如今正重新进入日常生活，也逐渐展现着对于社会生活形态的改变。因此，移动建筑作为一种与社会多重因素有着广泛联系的建筑类型，要想达到深入认知往往会超出建筑专业的范围，对其研究也不应仅仅是常规意义和本体层面上的“建筑研究”，而应从社会中去重新认识移动建筑。

1.3.2 移动建筑作为流动的社会建筑

对于当代社会，移动建筑是一个新兴但非全新的事物，也是历史的遗存。移动建筑在人类社会早期便已出现，伴随社会发展而留存至今，即“源自于社会发展又影响社会发展”。在人类数百万年的历史中，只有数十万年是定居，其他大部分的时期都处于不断“移动”的游牧生活状态。早期的人类社会生产力水平低下，人们只能“逐利而居”，迁徙至环境和资源良好的地区，在迁徙过程中常用的帐篷、大篷车、船屋等则成为移动建筑的早期原型。如今，世界上的一些地区，仍旧可以看到这些建筑遗存以及基于传统游牧文化的生活形态，比如非洲的水上之城“MAKOKO”[①]以及印度在大壶节（Kumbh Mela）[②]期间建造的“帐篷之城”等（图 1-3、图 1-4）。后来随着社会生产力水平的提高，人类征服自然的能力不断增强，建设了城镇与乡村，社会生活也逐渐趋向于定居模式。但是，移动建筑并未消亡，在一些社会领域由于职业特性也依然保持着游牧的生活方式，如商人、水手、军人等。进入现代，全球化引发了社会生活方式的再度转变，经济与社会发展的不平衡导致人们为了追求更好的生活条件而再度“逐利而居”，进而推动了“现代游牧”这种移动生活模式的发展。

简而言之，在人类社会的历史进程中，生产力水平的从低到高促使了人类从游牧走向定居，当生产力水平达到了一定高度的时候，又催生了“现代游牧”现象。同时，社会分工的差异性和地域发展的不平衡也不断驱动着社会的流动，移动建筑作为社会流动迁徙的产物，其始终伴随人类社会而存在，并在社会的变迁过程中不断演变更新。因此从历史视野来观察，移动建筑是一种流动中的“社会建筑”。在社会不同的发展时期，人们对于移动建筑的认识和探索也处于不同的阶段。移动建筑产生的社会根源、发展的社会驱动力、与社会的关联影响等都是探讨和审视移动建筑与社会关系的重要线索。

---

① MAKOKO 是尼日利亚拉各斯的一个水上漂浮的贫民窟，居民基本上都生活在船屋上，也被称作为“非洲威尼斯”。

② 大壶节（Kumbh Mela）是印度教每十二年举行一次的宗教活动，轮流在印度四个城市中举办，其中以在恒河畔的安拉阿巴德举办的最为出名，参与人数常常达 1 亿以上，号称全世界最大的人类聚会。大壶节的节日起源传说是天上打翻了个大壶，有四滴长生药滴在四个城市，所以每隔 12 年选择在一个城市里进行庆祝，每次过节时间近两个月，联合国教科文组织也已将其列入人类非物质文化遗产。在节日期间，印度人会建造一座“临时之城”，在恒河两侧搭建各种大小、色彩丰富的帐篷，为了让恒河两侧的往来更便捷，还会用钢板造一些可漂浮的胶囊状舱体，然后在上面搭建浮桥。

图 1-3　“水上之城”MAKOKO

图片来源：BBC News. Nigeria housing：‘I live in a floating slum’ in Lagos [EB/OL].（2020.03.05）（2023.05.15）. https：//www.bbc.com/news/world-africa-51677371.

图 1-4　“帐篷之城”

图片来源：Siddhartha Joshi. HOW TO PLAN A TRIP TO A MAHA KUMBH MELA IN PRAYAGRAJ（ALLAHABAD）IN 2019![EB/OL].（2019.06.22）（2023.05.15）. https：//www.sid-thewanderer.com/2015/06/nashik-maha-kumbh-mela-2015-plan-trip.html.

参考文献

[1]　吴晓，魏羽力 . 城市规划社会学 [M]. 南京：东南大学出版社，2010.

[2]　欧雄全 . 论移动建筑在未来人居场景应用中的技术观、社会观与环境观 [J]. 中外建筑，2023（2）：22-31.

[3]　李彬 . 中国农地流转及其风险防范研究 [M]. 成都：西南交通大学出版社，2015.

[4]　WEHMEIER S. 牛津中阶英汉双解词典（新版）[M]. 陈文浩，朱伟光，洪涛，译 . 北京：商务印书馆，2001.

[5]　中国社科院语言研究所词典编辑室 . 现代汉语词典（第七版）[M]. 北京：商务印书馆，2016.

[6]　李佳 . 可移动建筑设计研究 [D]. 南京：南京艺术学院，2015.

[7]　章林富 . 可移动建筑的复杂性策略研究 [D]. 合肥：合肥工业大学，2014.

[8]　尤纳·弗莱德曼 . 尤纳·弗莱德曼：手稿与模型（1945-2015）[M]. 徐丹羽，钱文逸，梅方，译 . 上海：上海文化出版社，2015.

[9]　克罗恩伯格 . 可适性：回应变化的建筑 [M]. 朱蓉，译 . 武汉：华中科技大学出版社，2012.

[10]　KRONENBURG R. Transportable environments：theory，context，design and technology [M]. London：Taylor & Francis e-Library，2002.

[11]　吴峰 . 可移动建筑物的特点及设计原则 [J]. 沈阳建筑工程学院学报（自然科学版），2001（3）：161-163.

[12]　方振宁 . 弗里德曼：颠覆由建筑师主宰的建筑设计传统 [J]. 艺术家，2007（5）.

[13]　KRONEBURG R. Portable Architecture：Design and Technology [M]. Berlin：Birkhauser GmbH，2008.

[14] 庄慎，华霞虹 . 空间冗余 [J]. 时代建筑，2015（5）：108-111.

[15] 黄怡平 . 当代便携式可移动建筑设计策略研究 [D]. 南京：东南大学，2016.

[16] 郭雪婷 . 集装箱改造建筑设计研究 [D]. 南京：南京工业大学，2013.

[17] 袁海贝贝 . 当代微住宅设计与建造研究 [D]. 大连：大连理工大学，2015.

[18] 欧雄全 . 当代移动建筑设计的基础理论框架——概念、方法、策略 [J]. 住宅科技，2022，42（11）：8-14+21.

第二章

社会历史进程中的移动建筑

Chapter 2: Mobile Architecture in the Socio-Historical Process

2.1　移动建筑的历史起源与早期原型

2.1.1　移动建筑起源的历史考证

1. 移动建筑的起源追溯

移动建筑作为一种人类在社会生活中创造的建筑类型究竟诞生于何处，学者们多有探讨并形成了一定共识，即移动建筑的起源要追溯至人类社会早期（尤其是史前社会）。在经典建筑史上，人类社会早期的居所经常被忽略。随着考古技术的发展，这些居所被分析和揭示出更多的细节，从而能够更完整、准确地理解人们当时的日常生活。克罗恩伯格教授在《移动中的建筑》一书中认为，人类社会在早期生活方式的变化过程中衍生了具有移动性和便携性的庇护所。他在书中如此描述了该过程（图 2–1）：800 万到 500 万年前，人类的祖先由类人猿进化而来。200 万年到 100 万年前，随着对气候变化的适应以及制造工具能力的掌握，人类逐渐能够通过狩猎采集获得更多的食物，进而脱离了穴居模式。70 万至 12 万年前，人类以动物的毛皮、骨头等作为材料建造了原始的居所，即临时的庇护所。10 万年前，人类进化为智人，并于 3 万至 1 万年前之间开始建立定居点和社区，并出现具有特定功能的大型木构建筑。尽管有了定居点，以渔猎和放牧为生的人类还是需要不断地迁徙和转换栖息地去搜寻食物，便于移动的便携式庇护所成为当时最主要建筑形式，例如在住宅考古过程中发现的以木杆和兽皮制成的轻便帐篷。大约在 1 万年前，社会的生产方式和

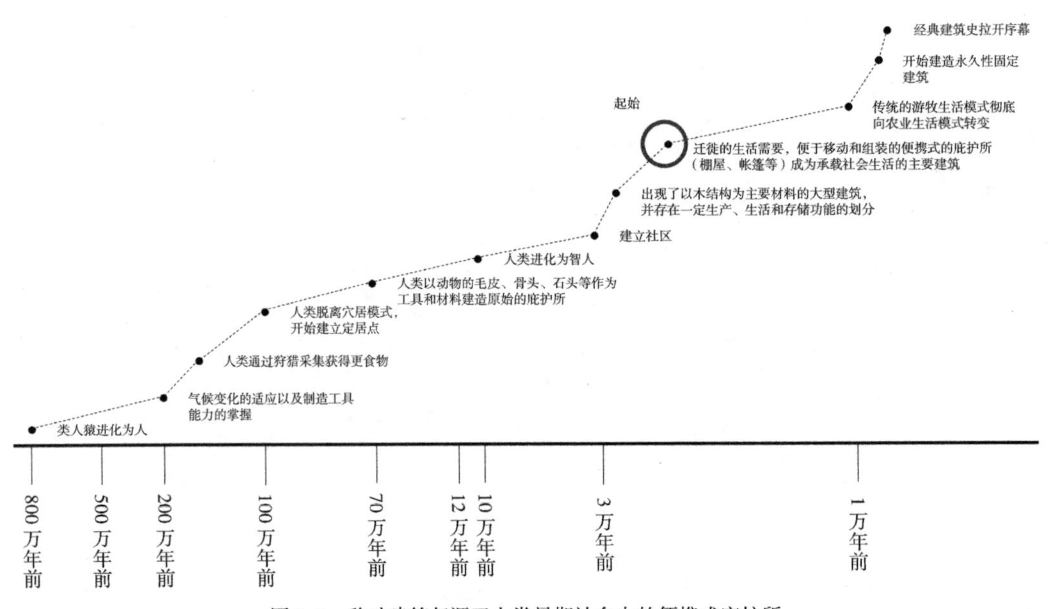

图 2–1　移动建筑起源于人类早期社会中的便携式庇护所

图片来源：作者绘制，资料参考《Architecture in Motion：The history and development of portable building》

组织结构发生了重大变化，人类开始由游牧向农耕生活转变，其获取食物的能力增强，居住环境也就更加稳定，并开始建造永久性的建筑，经典建筑史自此拉开序幕。[1]

2. 移动建筑的早期雏形

除了便携式庇护所，移动建筑的早期雏形被认为还有“诺亚方舟”和“特洛伊木马”。“诺亚方舟”是躲避灾害的迁徙工具，“特洛伊木马”则是战争机器，但两者均存在于历史神话传说，缺乏可信的证明依据。部分学者曾对移动建筑的早期代表进行了具有史料证据的考证，例如：克罗恩伯格教授认为中国《武经总要》①中记载的宋朝至明朝时期出现的“临冲吕公车”②是一种早期的移动建筑，即“一种靠轮轴驱动、上层为载人建筑物的战争机器”[2]；合肥工业大学的章林富在其硕士论文《可移动建筑的复杂性策略研究》中考证隋炀帝北征夸耀于戎狄时所乘坐和生活的“观风行殿”③是一种靠人或畜力拉动的轮载建筑物，相当于“中国古代版的房车”[3]；中国矿业大学的韩晨平教授在《可移动建筑设计理论与方法》一书中考证了中国古代的抬轿、帷幔等作为移动建筑早期原型之一[4]……在笔者看来，最早的移动建筑已无法去精确考证，但可以确信的是移动建筑发源于人类社会早期的居所，产生并存在于当时的游牧迁徙生活之中。

2.1.2　移动建筑产生的社会过程

建筑是容纳人类社会生活的容器，不同的环境孕育了不同的生产生活方式。建筑在不断适应环境的同时，也带有其所处环境的历史特征和痕迹。在人类社会早期，建筑主要呈现出一种短暂而临时的特征，其类型也并非如今天这般丰富多彩，建筑的庇护与居住功能在当时恶劣的生存环境下显得尤为突出和重要。评论家方振宁认为，“居住，不一定就需要建筑，可以是建造，即将材料堆砌围合出需要的空间。人类根据自身需要，用自然材料对环境稍加修改成庇护所，这种方式一般是手工的、就近取材的、生态的和充满生活智慧的。”[5]在建筑体系并未成型的人类社会早期，替人遮风挡雨的庇护所衍生为移动建筑的早期原型，这一过程必然是来自社会等外部因素的作用与推动，产生于人类社会早期居所演化的过程中。

---

① 《武经总要》是北宋官修的一部军事著作，作者为宋仁宗时的文臣曾公亮和丁度。该书是中国第一部规模宏大的官修综合性军事著作，含军事理论与军事技术两大部分，其中大篇幅介绍了武器的制造。该书后又将《孙子》等七部兵书汇编为《武经七书》。

② 临冲吕公车是中国古代的一种巨型攻城战车，最早成型于宋代，应用于明代。车高数丈，长数十丈，车内分上下五层，每层有梯子可供上下，车中可载几百名武士，配有机弩毒矢等兵器和破坏城墙设施的器械。“临冲”，指的是古代的战车，而“吕公”，指的是姜尚姜太公，相传此车由他发明。

③ “观风行殿”是隋代工官宇文恺设计的为隋炀帝北巡时乘坐的可折叠式移动宫殿。古文曾描述观风行殿“离合为之，下施轮轴，倏忽推移”。宫殿可容纳数百人，内部设有机关，能开能合，下面安装车轮，可移动。后来为了满足其北征时夸耀于戎狄的目的，隋炀帝又下令建造了更大的可移动城堡，称之为“行城”。“行城”周长两千步，用木板作城墙，粗布包裹，行城之上城楼完备，北方少数民族望而惊叹。古文记载“胡人惊以为神，每望御营，十里之外，屈膝稽颡，无敢乘马”。

1. 人类社会早期居所演化的学术研究

对于人类居所的演化，不少学者都有过深入研究：美国学者劳埃德·卡恩（Lloyd Kahn）在《庇护所》（*Shelter*）一书中从社会学和人类学的视角描绘了从过去到现在人类社会庇护所的演化轨迹，期望通过探寻传统的智慧和技能来启发今天；加拿大学者诺伯特·肖瑙尔（Norbert Schoenauer）在《住宅 6000 年》（*6000 Years of Housing*）一书中系统梳理了数千年以来人类住宅的演化过程，同时也展现了一部人类社会生活的演化史；英国建筑批评家斯蒂芬·加得纳（Stephen Gardiner）在《人类的居所：房屋的起源与演变》一书中以房屋演变为脉，系统探讨了人类如何在不同环境、传统、习俗和材料的约束下发现美的秩序……依据几位学者的研究成果，本书将对人类社会早期居所的考察阶段定在城市产生之前①[6]。城市的诞生标志着人类长期定居的生活模式彻底成为主流，建筑开始走向坚固永恒并构筑了经典建筑史学体系，移动建筑也因此被边缘化②。

2. 人类社会早期居所演化的过程特征

1）人类社会早期居所的演化过程

如果说人类社会早期居所考察的终点是城市的产生，那么起点自然是庇护性居所（即建筑）的出现。学术界普遍认为“天然洞穴是人类最早的居住形式，以狩猎采集为生的远古人类居住在天然洞穴里，洞穴为人类提供了安全庇护的空间”[7]。依据考古学的研究，人类自己建造的居所则可追溯至距今 1.5 万年前，例如在乌克兰境内发现的美兹里奇遗址中，就有用大量猛犸象的骨骼堆积成的庇护所。虽然当时的人类还不会使用建材搭建房屋，但把动物骨骼作为支撑框架，在一定程度上“启发了人类对空间和功能的认识”[5]。当人类从猿进化为人并开始创造文明之时，只能利用天然山洞或者挖凿洞穴作为其遮风避雨的庇护之所。随着生产力和智力水平的提高，人类对于居住条件有了更高的要求，便开始脱离天然洞穴去创造新的居所形式③[7]。生产和生活方式的改变引发了人类对居住形式的改革，洞穴转化为穴居，即从横向的洞穴居住发展为垂直的穴居形式。随着立柱支撑的半地穴式和直壁浅半地穴式庇护所的诞生与进化，人类居住的地平线开始抬高，从半穴居演变为地上房屋，并形成了质的飞跃：“房屋成为一种独立于洞穴观念的庇护所，与通过消减方式来塑造穴居空间不同的是，人类选择了将材料堆砌以围合出空间的做法，即流传至今的房屋建造方法。”[5]

---

① 城市之前的人类居所体现着一个漫长的进化阶段，当社会经济发展使得人类从生存走向了生活之后，为城市的产生和发展提供了基本先决条件，进而开始了一种新居住形式的数千年演变。

② 需要指出的是，本书对人类社会早期的理解并非单纯指原始社会，也包括了游牧和农耕社会的早期，其时间限定只是一个宽泛的概念，即城市产生以前。

③ 对于人类走出洞穴的原因，由于缺乏确切的证据，学术界普遍是进行想象和推测。斯蒂芬·加得纳在《人类的居所》一书中推测也许是气候变暖使得人类走出洞穴，冰河的消融和大型动物的灭绝使得传统狩猎不再是稳定的获取食物方式，农业的发展进一步推动人类离开洞穴去建造房屋。

此后，人类社会早期居所的整个演化过程大致可分为两个方向：一是仍然以大地为依托，建造与地相融的居所，利用土壤良好的热工性能抵抗气候环境的侵袭与变化，由该方向演化而来的窑洞民居和土坯建筑流传至今；二是在地面创造全新的居所形式，从简易的、就地取材的庇护所进化为体系化的建筑，其形态从圆变为方①、从单体集合成群体、从简易搭建发展为复杂构造②[6]、从灵活便携趋向于永恒稳定，最终演变为建筑史上的经典类型与形式。移动建筑则是在这两个演化方向中衍生出的一种特殊类型。

2）人类社会早期居所演化的社会特征

人类居所的早期形式“来自于其观察形成空间的最小结构（如以洞穴为参照物），并将之转化为不同的人工元素，其形式灵感往往来源于自然”[7]。劳埃德·卡恩在《庇护所》一书中描述：“原始猎人和渔民将看到的岩洞当作庇护所，这显然就是人类居所的最初原型；在土地上耕作的农民用树藤当作遮盖，盖起了抹灰篱笆墙的棚屋；而牧民跟随他们的牧群，躺在立杆支撑的动物皮革做成的帐篷里……”[5]诺伯特·肖瑙尔在其研究中认为，“城市出现之前的原生态住宅被视为人们在建筑学方面的一种反应，面对社会经济和物理环境中固有的一系列因素而做出的反应……这种环境决定论的观点之下，相关决定因素③导致了建筑形式的类似……住宅形式相同的可能性会在决定因素更复杂并且变化更多④时，按比例下降。”[6]在人类社会早期居所的研究过程中，“时间并非判断建筑发展的唯一或最重要的标准，地理、经济、社会方面的因素同样要纳入分析考察的范畴。”[6]因此人类早期居所的演化体现的既是建筑的演化也是社会与生活的演化，尽管其过程并非完全按照时间的线性顺序而递进，其间存在着“过渡、逆转又不断向前的漫长过程”[6]，但仍能从中窥视出明晰的

---

① 诺伯特·肖瑙尔在《住宅 6000 年》一书中论述“居所原型的进化体现在一连串的平面变化中，先是圆形，进而是椭圆形，然后是带圆角的方形，最后是有棱有角的长方形或方形”。圆形平面是一种与“直觉有关”的形式，如母亲的子宫，象征着接纳、包容和庇护，方形或长方形平面则象征了人对于自然世界的秩序建立与控制。圆形建筑平面由于对结构的考虑限制了其扩大或扩展，在只有简陋工具和简单建材的社会里很难适应累加式或添加式扩展，方形住宅相较于圆形住宅对扩展的适应性要更为经济，因此方形建筑在日后成为主流。详见诺伯特·肖瑙尔．住宅 6000 年 [M]. 董献利，王海舟，孙红雨，译．北京：中国人民大学出版社，2012：82。劳埃德·卡恩在《庇护所》一书中论述“圆形的住房形式要扩展很难，新时期的农民通过重复住宅中间的方形支撑部分来解决这个问题，创造出可以加长的长方形房屋平面”，也认为居住空间形式的由圆变方不仅是人类抽象认识的变化，更是生活发展的需要。详见劳埃德·卡恩．庇护所 [M]. 梁井宇，译．北京：清华大学出版社，2012：49。斯蒂芬·加得纳则在《人类的居所：房屋的起源和演变》一书中认为圆形来自于远古人类对洞穴空间形状的模仿，方形设计的出现体现了人类对于结构意识的出现，是建筑方法的简化。详见斯蒂芬·加得纳．人类的居所：房屋的起源和演变 [M]. 汪瑞，黄秋萌等，译．北京：北京大学出版社，2006：2–5。

② 建筑构造的复杂化也体现了居所的进化。诺伯特·肖瑙尔在《住宅 6000 年》中曾对此举例描述“像蜂窝状茅屋这样简陋的住宅，一开始其围护空间既是屋顶也是墙体，后来则出现了屋顶和墙体的分离。最初两者使用同样的材料（如木材和茅草），后来却应用了不同的建筑材料，如土坯筑墙，茅草铺屋顶。早期的门起着窗户和烟囱的作用，后来单一功能的建筑元素各自被赋予了不同功能，门专用于人的进出，窗户专用于采光，烟囱用于排烟。”

③ 诺伯特·肖瑙尔秉持的这种环境决定论不仅包括物理的、人文的地理因素，还包括源自人与文化关系的决定因素，这种决定因素是社会、经济、宗教、政治和物理因素所导致的产物。从某种意义上来看，他的这种观点类似于建筑人类学中的文化决定论，但对影响因素的范畴理解却拓展至了整个社会层面。

④ 诺伯特·肖瑙尔认为社会发展的程度越高，影响建筑的因素更多，这些因素所产生的变量会导致建筑更加多元化。当然观点的交流会导致当今建筑形式的某种趋同，但这种趋同和人类社会早期建筑形式的类似性是无法比拟和对应的。

社会特征。

人类社会早期居所的演化在整体上呈现出从临时到永久、从流动迁徙到稳定定居的过程特征，并与社会经济和生产力发展的特定阶段相协调：经济发展较差的地区，生产力水平的低下和生活条件的恶劣使得人类必须通过迁徙去获得更多的食物和寻找更好的生存环境，建筑形式功能和社会组织结构比较简单；经济发展较好的地区，生产力水平较高，物质富足加之环境适宜，建筑的功能类型也因此突破了庇护和居住，社会组织的政治化以及公共生活的常态化使得人类从颠沛流离的迁徙转向了安居乐业的定居，无须从事粮食生产的人被解放出来从事其他职业，也就此创造了后来丰富多彩的社会文化。但值得注意的是，经济发展并非意味着居所规模的同步增长，这种看上去并不一致的发展现象主要源自于社会经济结构的影响："生产方式越原始，需要的劳动者就越多，集体主义和共产主义成为生存的必要方式，大型公共居所就是对这一特定生活方式的必然反应；随着生产方式的改进，经济单元从部落缩小为家庭，居所的规模自然是与居住者的数量匹配；当社会生产力和经济水平达到一定高度，人类就会以舒适标准代替生存标准，居所的规模和复杂性又随着社会物质生产水平的提高和精神文化需求的增加而改变。"[6]

3. 人类社会早期居所演化过程中的移动建筑存在

诺伯特·肖瑙尔在《住宅 6000 年》一书中将人类社会早期居所的发展演化归纳为 6 个既具有独特的建筑特征又具有各自的社会、经济、文化特征的时期和阶段：暂时的居所、短期的临时居所、定期的临时居所、季节性居所、半永久性居所、永久性居所[6]。在这些阶段中，移动建筑主要存在和活跃于人类社会早期居所演化过程的中前期，也在其中逐步产生了一系列早期原型形式（图 2–2）。

在暂时的居所阶段，人类的居所虽然为临时性质，但却是一种临时的固定建筑。人类为了生存而迁徙，但其居所却往往被用之即弃，建筑不因居住地的改变而移动。虽然部分居所（如班布蒂人的茅棚）在其使用过程中存在一些被移动的现象，但这并不代表建筑本质上具有可移动性，而是源于文化习俗等因素的影响。

在短期的临时居所阶段，出现了几个关键的变化：一是人类能够对材料进行加工和重复利用；二是人类通过建造适应不同气候特征的建筑形式来应对季节变化。例如因纽特人①冬季的雪屋，其材料就能够被"重复使用"，夏季的"兽皮屋"则是一种可移动的帐篷，可拆卸结构以及可便携材料的应用使其成为一种真正意义上的移动建筑。

在定期的临时居所阶段，畜牧经济和游牧生活成为社会的主导，可随人迁徙的移动居所得到了快速发展，出现了如蒙古包、茅屋式帐篷、黑帐篷等形式，同时也呈现出新的发展特征：首先，建筑的规模增大，能够容纳更多的人生活，内部空间也有了进一步的功能

① 因纽特人是爱斯基摩人（The Eskimos）称呼自己的名字，其意思是"男人们"或"人们"。

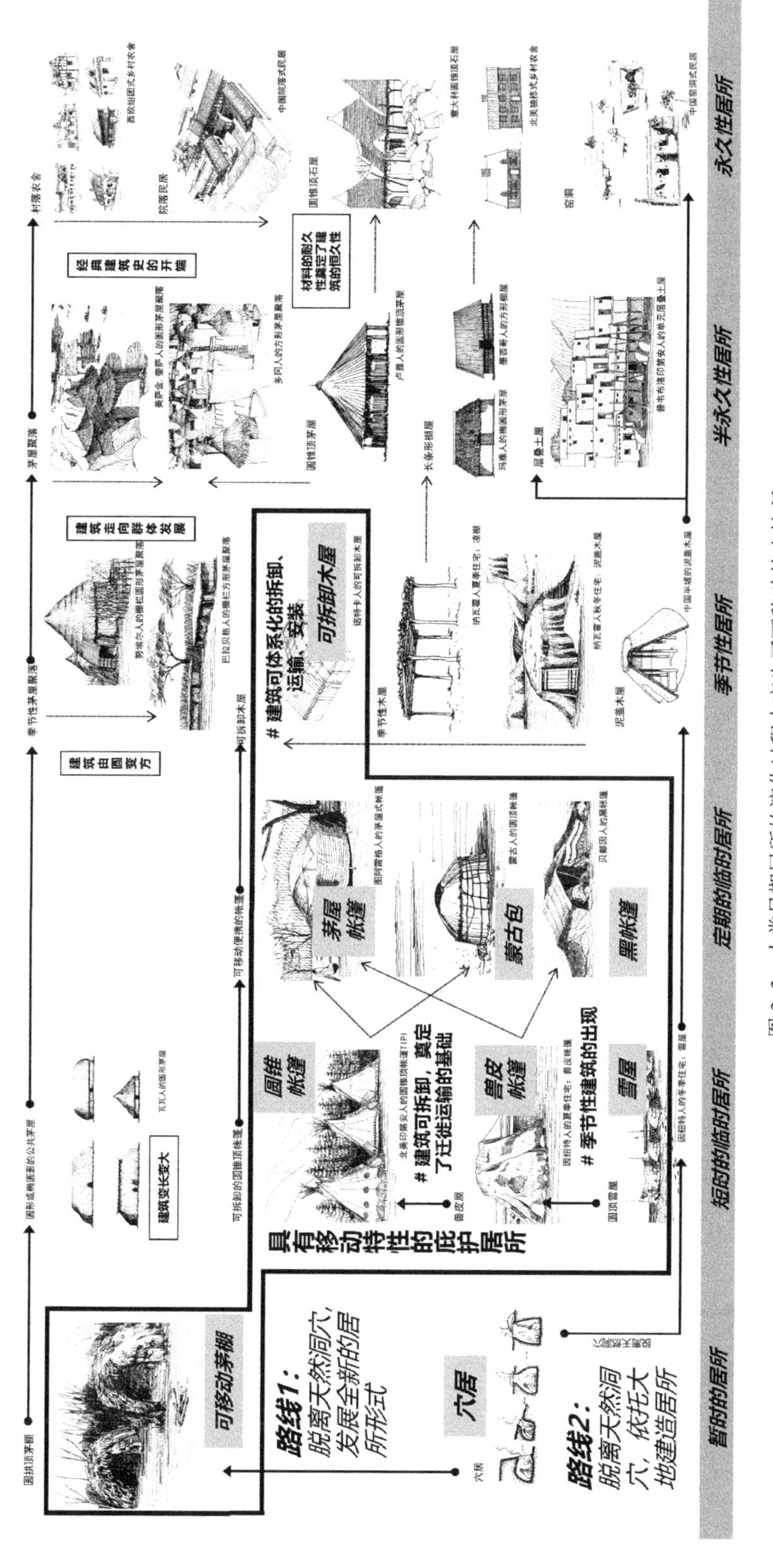

图 2-2　人类早期居所的演化过程中产生了可移动的庇护所
图片来源：作者绘制，资料参考及配图来源于《住宅6000年》

划分；其次，结构更为体系化（例如黑帐篷类似于现代的张拉膜结构），移动策略也有创新（如蒙古包体现了模块化建造策略）；最后，畜力和机械的使用提升了运输能力，使人和建筑能够迁徙至更远的距离。

在季节性居所阶段，尽管社会逐渐由游牧向定居生活模式过渡，但人类仍然基于生产的需要而保持迁徙。与前几个阶段不同的是，人类在迁徙过后的停留居住时间在增长，因此更为安全耐久的固定式建筑成为优选。移动建筑虽然不再是主流，但仍出现了一些新的建构思路，例如诺特卡人不是将房子整体拆装搬迁，而是采用围护系统和结构框架分离、部分构件携带迁徙的方式来适应自己季节性迁徙的生活模式。

4. 移动建筑产生的社会根源

移动建筑在人类社会早期居所的演化过程中，整体上展现的是一种对于游牧迁徙生活模式的适应，在一定的历史发展阶段因满足社会需求而兴起，也因社会需求的转变而被边缘化。因此，移动建筑产生的社会根源来自于社会需求，这种需求是基于人类早期对于生存庇护的安全需要：社会生产的不足使得人类不得不通过迁徙来寻找生存食物和宜居环境，移动建筑的可移动特性使得人类能够携带具有庇护功能的居所迁徙，其产生的必要条件也因此而存在。此外，如图 2–3 所示，其他几方面的社会因素对移动建筑的产生也起到了重要影响和作用：从社会生产技术层面来看，工具使用水平的提升使得人类能够对天然材料进行加工而非就地取材，这使得建筑材料具有被重复使用的可能，结构构造形式的进步也

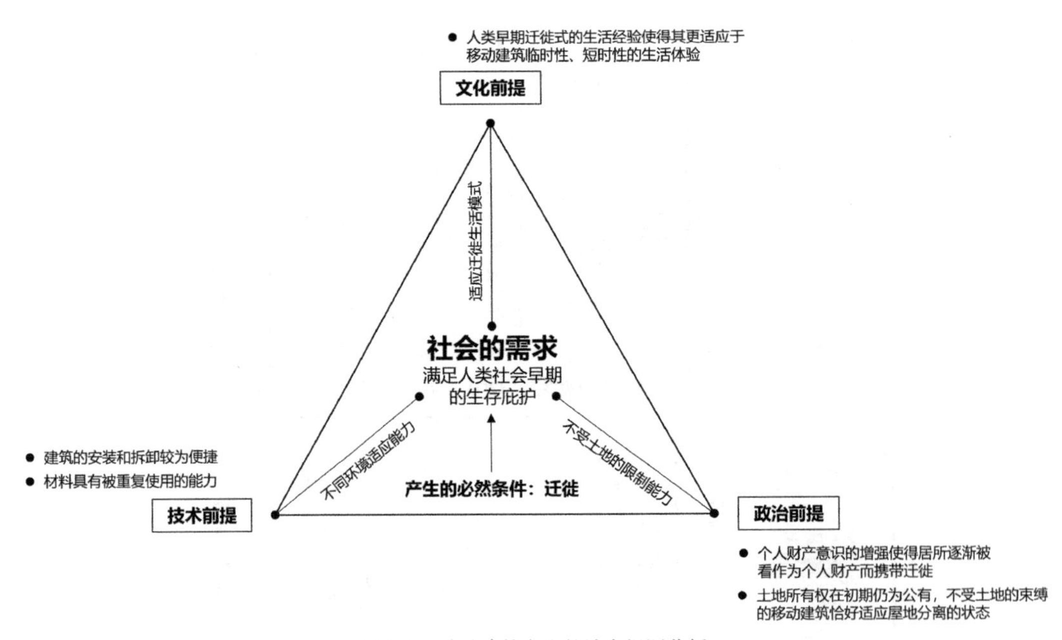

图 2–3　移动建筑产生的社会根源分析

图片来源：作者绘制

让建筑的拆装更为便捷，这为移动建筑的产生提供了技术前提；从社会意识形态层面来看，人类自古以来的迁徙式生活经验使其“相较于长期定居反而更适应于临时、短时性的生活体验”①[6]，这为移动建筑的产生提供了文化前提；从社会政治经济层面来看，个人财产意识的增强使得居所逐渐被看作个人财产而被携带迁徙，不受土地束缚的移动建筑恰好适应于屋地分离的状态，这为移动建筑的产生提供了政治前提。

2.1.3 移动建筑早期的原型考察

早期的移动建筑通常存在于游牧社会。“游牧”（Nomadism）一词用于形容因不断迁徙而无固定居所的人群，可被理解为“一种移动的生活方式，开放和自由是游牧文化的基本特征和核心理念”[8]。因此，游牧社会并不仅仅等同于游牧民族的社会，而是泛指一种以移动迁徙、短期定居为生活特征的社会。那些产生于早期游牧社会中的移动建筑由于其材料的短暂性，在漫漫历史长河中一瞬而过，虽不能如永久性建筑那般能够留下实物的痕迹而保存下来，但仍以文化传承的形式不断演变并流传至今。伴随着历史车轮的滚动，早期的移动建筑在社会因素的影响下不断地向前进化，与交通工具的结合使其又衍生出新的发展方向，它们共同构成了现代移动建筑的原型。

1. 早期的棚屋

纵观人类社会早期居所演化的历史进程，人类最初只能使用洞穴、树枝等自然资源来建造原始的庇护所，后来随着工具、材料加工及建造技术的进步，对于可便携材料和可拆卸结构的使用逐步衍生了能够跟随人迁徙的移动建筑形式。在这一过程中，早期的棚屋成为人类最早的移动建筑形式之一。

1）班布蒂人（BaMbuti）的蜂窝式茅棚

在非洲热带雨林中以家庭群为单位进行集体狩猎的班布蒂人，建造了以树枝为骨架的圆顶茅棚作为居所。这种茅棚严格意义上只是一种临时的固定建筑，其形态呈蜂窝状，外围则由树叶编织覆盖，用完之后即被废弃，并不随人迁徙，但在使用过程中却因文化习俗的影响而出现被移动的现象：“班布蒂人的茅棚位于营地边缘，中间围合出公共区域……茅棚入口会朝不同的方向……如果女主人不喜欢邻居或对面的人，她会把茅棚入口改朝另一个方向或将其搬远……因此茅棚的位置不断被调整，营地在存在期间也会一直处于变化之中。”[6]（图 2-4）这种茅棚的移动性体现在使用过程中居住单元位置的动态变化层面，若将目光转向今天，青山周平（Shuhei Aoyama）设计的“四百盒子”社区方案也展现了与之相似的建筑单元形构手法和空间自组织生活现象。

---

① 诺伯特·肖瑙尔在《住宅 6000 年》中对此观点进行了举例描述：“许多游牧部落习惯于其居所的临时特性，以至于他们在永久性建筑里反倒觉得不舒服，常常患有幽闭恐惧症，也害怕进入多层建筑……”

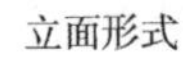

立面形式

剖面形式

营地中的茅棚位置和朝向可自由调整　　蜂窝状的圆顶形式　　圆形形式

图 2–4　班布蒂人的蜂窝式茅棚

图片来源：《住宅 6000 年》

2）因纽特人（Inuit）的冬季雪屋（Igloo）

12000 年前，北美因纽特人以需要季节性迁徙的狩猎为生，夏季居住在兽皮帐篷中，冬季则在半地下的住宅中生活。后来，圆顶雪屋取代了那些经常需要修缮甚至重建的半地下住宅，成为因纽特人在狩猎期间的临时庇护所①。雪屋建在浮冰上，被切割好的雪块呈螺旋状排列，最终堆叠成圆形屋顶②。雪屋直径一般达 4~5 米，拱顶最高达 3 米，内部有明确的功能布局，并通过隧道与外界连接，可容纳一个家庭生活，也能够组合为供几家合住的集体雪屋。总体来看，雪屋是一种易建造和就地取材的建筑形式，虽不随人迁徙，但其可拆装、模块化的建构体系近似于现代的移动建筑。隈研吾（Kengo Kuma）在 2008 年参加纽约现代艺术博物馆（MOMA）举办的“Home Delivery”展览时，设计了一个名为“Waterbranch”（水枝）的作品。该作品由模块化的聚氨酯水桶砌块如同乐高积木一样搭建而成，水的收放使得砌筑模块在安装、使用、拆卸阶段都具有轻便和灵活的特性③[9]。“水枝”可便携运输和重复使用，可视为现代版“雪屋”。

3）诺特卡人（Nootka）的季节性木屋

加拿大的诺特卡人也以季节性的迁徙生活为主，冬天在内陆狩猎，夏天则在海里捕鱼。诺特卡人并不像许多游牧部族那样将住宅用之即弃或带着一起迁徙，而是“在不同地点建立两个完全相同的永久性框架，屋顶和墙壁的围护木板被拆除，通过船舶运输到需要的地

① 因纽特人生活的冰原无法生长植物，因此他们主要以狩猎为生。海豹肉是主要的食物，海豹皮可作为衣服材料及圆顶雪屋的内衬或是夏季帐篷的盖顶，海豹油作为做饭、取暖和照明的油料，内脏用于喂食拉雪橇的狗，骨头则用来制作用具。

② 雪砖主要由骨头或金属制成的长刀切削而成，长 90 厘米、宽 50 厘米、厚 15~25 厘米，略呈斜角，以便一圈圈螺旋向上叠垒，相互依托成坡，最终形成圆顶，一般一个小时内可建造完毕。这种圆顶雪屋既具有很好的力学性能，也具有良好的空气动力学特性，能够防风抗压。雪屋内墙以毛皮覆盖来隔绝室内外温差，顶部开口既是采光照明的窗户，也是通风排烟的烟囱。

③ 建造时将空桶堆叠砌筑，然后向桶内注水，空桶因成为“水枝”而变沉，从而提高了建筑的稳定性和抗风能力，拆除时再将水放掉，“水枝”转化为空桶，拆卸便利。

点再进行安装”[1]（图 2–5）。诺特卡人通过主体和围护结构的体系分离来实现建筑的可移动，一方面通过永久性结构建立了住宅所有权的象征，另一方面则因材料的重复利用而减少了资源的消耗。这种创新的尝试，使得木屋既能适应周期性迁徙生活，又保证了其在使用过程中良好的建筑性能。

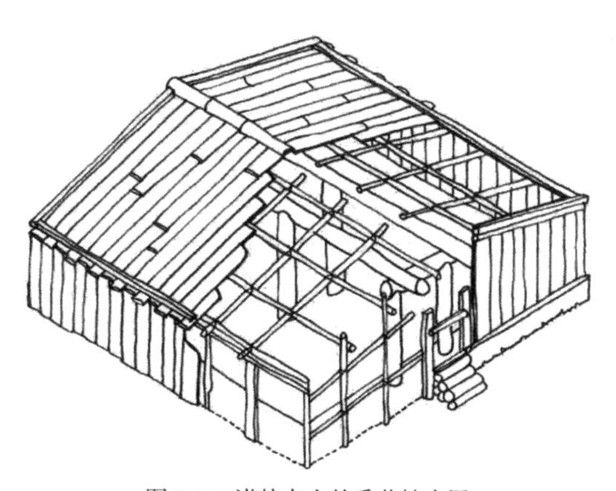

图 2–5　诺特卡人的季节性木屋
图片来源：《Architecture in Motion：The History and Development of Portable Building》

2. 早期的帐篷

帐篷是人类社会最早的移动居所之一，其至今仍被普遍使用，并因各个地域在材料使用、结构构造和气候适应性上的不同而衍生出丰富多彩的类别。这些早期的帐篷也成了现代帐篷和膜结构建筑的形式原型。

1）兽皮帐篷

兽皮帐篷是最早的帐篷形式，由人类就地取材，用兽皮、树枝等材料简易快速搭建而成。以因纽特人在夏季使用的帐篷——“兽皮屋”为例：其内部布局类似于雪屋，在入口和床边各立一对交叉顶到天花板的、由木条绑扎而成的木柱。木柱和横梁共同构成帐篷的框架，框架外覆盖海豹皮，底部边缘用石块压紧，并用海豹皮制成门帘挡风（图 2–6）。兽皮帐篷的结构和构造简易、拆装简单，因此具备了随人移动迁徙的先决条件，后来随着生产技术和经济水平的提高，也衍生了更多可移动的帐篷形式。

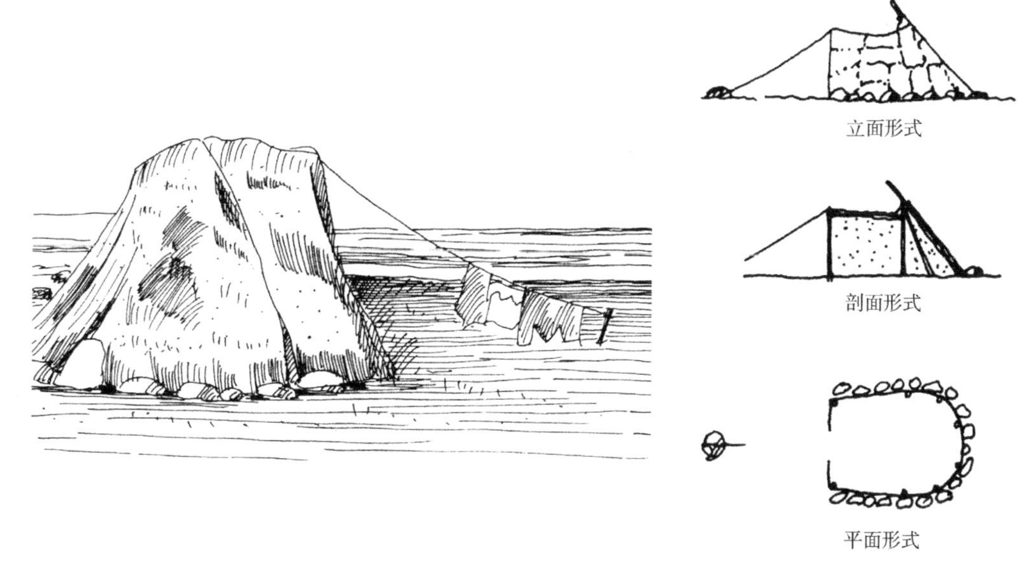

图 2–6　因纽特人使用的海豹皮帐篷
图片来源：《住宅 6000 年》

2）可拆卸的圆锥形帐篷

圆锥形帐篷的使用人群分布广泛（如北美的印第安人、东西伯利亚的通古斯人、北欧的拉普人等），不同地域的圆锥形帐篷虽然在围护材料上略有不同①，但在形式、构造甚至生活特征上都较为接近。下面以北美印第安人的圆锥形帐篷 Tipi② 为例。Tipi 的建筑形式源于森林地区的先民所建造的圆锥状茅棚，因材料（树皮、茅草等）的不可携带性，这种茅棚逐渐发展为由可携带材料（兽皮、木材等）建造而成的圆锥形帐篷。Tipi 一般为单元状布局，整体外形呈圆锥状，其形式既具有实用性，又体现象征意义③。帐篷骨架由中心柱和支撑杆件组成④，顶端相互捆扎搭接，底端则分开立于地面，骨架外围覆盖经过剪裁的野牛皮，并用木桩和绳子拉结，底端边缘则用石头压紧。野牛皮与柱子相交处预留洞口作为排烟，风拔效应使得空气可以流动起来，从而能够调节室内温度。在早期，Tipi 的运输是通过狗拉雪橇来完成的，由于狗负载的能力有限，其尺寸往往不大。后来随着具有更大负载能力的马匹的引入，帐篷的规模不断增大，居住条件也得到进一步的改善⑤。Tipi 的后续发展尽管存在一些形式、材料上的变化，但基本上延续了传统。例如，“Tipi 由部落中的妇女在一个小时内完成搭建，平面参照日出和日落而布局，大门朝东，迎着太阳，远离西风，炉膛位于入口轴线上，并处于排烟口下方，其后为供祭祀用的圣炉，儿童坐在炉膛的左侧，成年人坐在右侧。”[1]（图 2–7）如今，印第安人早已不居住在 Tipi 之中，但 Tipi 作为土著部落文化的代表仍被流传下来。这种具有仪式感的空间不但用于居住，也常被用来举办各种具有传统习俗的聚会、葬礼、展示等活动。

3）黑帐篷（Black Tent）

黑帐篷是贝都因人（Bedouin）⑥的传统居所，也曾为阿富汗、我国西藏等国家和地区的游牧民族所使用。地域与文化习俗的差异使得这些游牧民族在帐篷的形式细节和规模上各不相同，但却具有一个共同特性——便携性，即帐篷必须能快速拆装并方便骆驼运输。贝都因人之所以被称作为“游牧民族中的游牧民族”和“Ahl el beit（帐篷里的人）”[1]，一天可行走 65 公里，是因为其可携带和使用轻便的黑帐篷。贝都因人将黑帐篷称之为“Beit

① 北美印第安人的帐篷在骨架外和地面都覆盖的是野牛皮，通古斯人冬季覆盖鹿皮、夏季覆盖树皮，拉普人则是骨架外覆盖鹿皮，地面覆盖桦树皮。

② Tipi 一词源自于达科他语，意思为“他们居住的房子或者住宅”。

③ 印第安人相信世界的力量和一切都是在一个圆圈里，天空、地球、星星等，因此其帐篷如鸟窝一样呈圆锥状，这种形状同时具有一定的空气动力学特性，能够在草原的强风中保持稳定。

④ Tipi 结构的中心支撑柱为三根或四根，每个部落在选择上有所差异，比如苏人帐篷的支撑柱为三根，黑脚人的帐篷则为四根，两者的顶端形成的图案也不尽相同。

⑤ Tipi 的常规尺寸为高 3~3.6 米、直径 3.6~4.5 米，外围帐篷的剪裁缝制一般至少需要 20 张野牛皮。

⑥ 贝都因人一般是指在阿拉伯半岛、叙利亚或北非沙漠地区从事游牧的阿拉伯人，主要以饲养骆驼、绵羊、山羊等家畜为生，其营地一般设在城镇和村落附近，便于与居民交易或者从事少部分农耕。

图 2-7 圆锥形帐篷 TIPI

图片来源：《住宅 6000 年》

Sha' r"，意思为"羊毛屋"。帐篷一般是用黑色的山羊毛制成[①]，通常选择在背风地点进行搭建，篷面由条状羊毛织物编织缝合而成，并与紧固件横向连接。篷面被摊开后由里面的木撑杆和拉索进行拉结支撑（其构造类似于现代的张拉膜结构），并通过调整撑杆的高度来改变帐篷内空间的规模[②]。帐篷的内部空间也进行了灵活的划分，既可通过隔帘分成许多功能区域，也可作为一个大空间使用（图 2-8）。帐篷"装饰的差异体现在编织图案、内垫陈设以及构件形式上，家庭的富裕水平也因此可以从帐顶杆子长度和数量，以及帐帘装饰的程度上反映出来"[5]。游牧文化完全融入贝都因人的社会生活之中，像黑帐篷这样的移动居

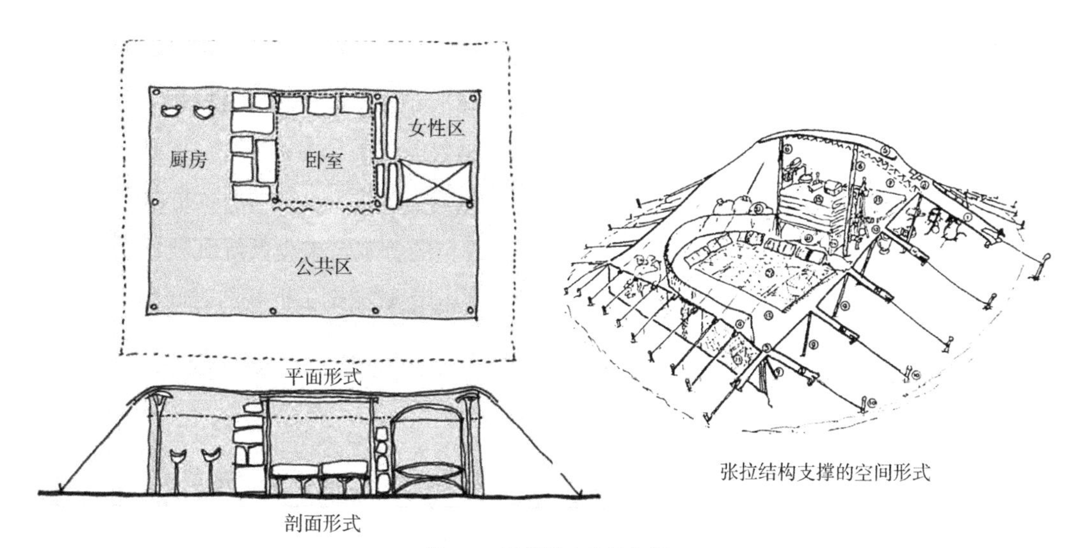

图 2-8 贝都因人的黑帐篷

图片来源：《庇护所》《Architecture in Motion：The history and development of portable building》

① 从材料使用的角度来看，由于所处地区木材稀缺，黑帐篷以羊毛篷面和绳索等轻质便携的材料为主，契合了地域现有条件，同时由于当地干旱少雨，也不用过于担心篷面防水的问题。

② 黑帐篷平均长度在 6~9 米，进深不超过 3 米，高度 1.5~2.1 米，酋长的帐篷尺寸较大，长度可达 21 米左右。

所在其眼中比永久性住所更为重要。后来，贝都因人即使建造了坚固的房屋，却仍然更喜欢帐篷的庇护，反而把房屋留给家畜使用。

4）茅屋式帐篷

生活在非洲撒哈拉沙漠边缘的游牧部落图阿雷格人（Tuareg）所在的地区比较贫瘠，生活困苦。因此，他们建造了无论是在构造还是材料层面都相对简陋的茅屋式蒲席帐篷用于居住。帐篷的骨架“由木柱和叶梗制成的板条构成，拱形木杆组成的格架用绳索绑在一起，构成可支撑屋顶的框架，棕榈叶编织成席，罩于顶上，并将其底部拴牢，墙面则由秸秆或草编成的席子进行围合”[6]。这种蒲席帐篷尽管简陋，但其结构构造简单合理且适应当地气候环境①，建筑材料轻质而生态，易于运输，也易于建造。

5）蒙古包（Yurt）

相较于北美和北非地区，亚洲的游牧民族则以放牧为生，需要根据季节变化去转换草场和进行货物交易，这也就意味着其住所、设备也要被运输迁徙，能够适应四季气候特征的便携式帐篷便成为首选。蒙古族统一了亚洲游牧民族之后，其主要的圆顶帐篷形式——蒙古包②也随之流传到各地，例如土耳其人、哈萨克人、阿尔泰人等，都使用蒙古包作为住宅。《马可・波罗行纪》将蒙古包描述为一种可以通过马车运输移动的帐篷形式，中国史籍则把蒙古包等游牧民族的帐篷称之为“穹庐”，其半球形的形态如同天穹一样，在具有良好的空气动力学特性的同时，也体现了古代游牧民族天圆地方的宇宙观。蒙古包的主要支撑体系为由柳条制成的曲面格架（哈纳），构件间为生牛皮连接的旋转接头，使得格架在运输过程中可以折叠，并在安装时重新展开。外围骨架由几片格架相互围合而成，顶部通过屋顶杆件（乌尼）绑扎连接在一个木环（套脑）上，并由几根主要的立柱（巴根）支撑，外表皮覆盖 2~3 层毛毡，地面铺地毯或者垫干草，使得室内成为一个不受天气影响的生活空间。同其他帐篷形式一样，蒙古包的内部形式通常也按照礼仪惯例来设计，并具有一定的象征意义③[1]。作为一种可拆装的组合式结构，蒙古包的骨架与表皮系统既独立又互相依附，模块化的部件提供了运输的可操作性，标准化的构造则减少了拆装的时间和难度。因此，蒙古包的建造非常经济便捷（一般 30 分钟左右），主体结构拼接完毕后覆以外表皮即

---

① 蒲席帐篷的拱形结构和圆顶形态能够很好地受压抗风，草席的屋顶和墙面则在炎热环境下能够通风纳凉。由蒲席制成的帐篷和用动物毛皮制成的帐篷各有优缺点：蒲席帐篷空间相对较高，在阳光照射下温度不会升高太多，但不如皮制帐篷防水；皮制帐篷建造速度快，防风挡雨性能好，但炎热季节室内温度高。

② 蒙古包源自于蒙古族对其的称谓，土耳其语为“yurta”，在阿富汗也被称为“kherga”，在俄罗斯被称为“kabitka”，其意为“居住”的意思。

③ 克罗恩伯格教授在《移动中的建筑》一书中对此予以描述：“蒙古包的门朝北，太阳通过烟孔进入，如同日晷。屋顶被认为是天空，屋顶上的洞是天眼，也是太阳。中央灶台是一个神圣的区域，位于烟孔的正下方，被称为大地的广场，包含有五行元素：地面（土）、灶台的木制框架（木）、灶台中的火（火）、炉栅的金属（金）以及水壶中的水（水）。灶台的西面是女位，东面是住客位，而建筑的后部是男人们坐和睡的地方。”

可，并用束丝结构①将其捆扎连接成整体。蒙古包的尺寸适中，常见规模从三个到十几个哈纳②不等，可整体也可被拆卸后运输。

3. 早期的船屋

人类自古以来便倾向于逐水而居，因此也产生了与水有关的各种社会创造。船是人类最早创造的交通工具之一，以帮助其在水上移动运输。随着航程的增加，船也在某些情况下逐渐超越了其原始的交通功能。对于以水为生的早期先民来说，船也是其谋生的工具与生活的场所，这种生活方式投射到建筑上便产生了“船屋”（Boat House），一种具有居住、工作和生活功能的水上移动空间。例如位于达尔湖的克什米尔船屋，其实就是漂浮在水面上的木构建筑，并形成了水上村落。船在人类历史上的许多社会中（尤其是靠海生存的社会）都扮演着重要的角色，具有较强的象征作用，并与建筑存在千丝万缕的联系③[1]。

根据相关古籍记载，船屋在我国具有悠久的历史。我国古代的造船技术早已能够建造规模较大的船屋（如用于帝王贵族玩乐或作战用的楼船）。若从百姓的日常生活来看，华南地区的疍民船屋④则是我国最具代表性的早期船屋形式之一，历史久远且流传至今。疍民也称“水户”，世代以捕鱼、客货运为生，生活困苦且备受陆上居民歧视⑤，至今仍沿袭了“以舟为室，视水为陆”的舟居生活方式，这也造就了其独特的建筑和生活形态⑥[10]。船屋两端窄而中间宽，生产劳动在两端甲板，中间船舱为卧室或客货舱，上层空间则为竹材、木材等编织而成的拱形篷罩。疍民船屋发展到后来，其功能变得更加多元化（如粥铺船、厨房船、理发船、摆渡船、婚嫁船、乞讨船甚至花船等），船内空间也与岸上房间无异。船屋一般选址于港湾或水流平缓的地带，并由于环境的差异而形成不同的聚落形态：内河的船屋聚落形态较为分散，布局于集市附近，船只关系松散；大城市或沿海港口的船屋聚落规模

---

① 蒙古包最具特色的结构可以说是束丝结构，通常是通过绳索、皮条或者布条把骨架每个部分之间、骨架与篷布之间通过捆扎、绑缚等做法连接，使其成为一个稳固整体。

② 哈纳，又称“围壁”，蒙古包的外围骨架，是用2.5米左右长的柳条交叉编结而成的支架。8个哈纳（8片骨架）围合而成的面积约50平方米。历史上普通百姓一般住4~5个哈纳的蒙古包，富裕人家可以用到6~8个哈纳，只有贵族和喇嘛才能住12个哈纳的蒙古包。

③ 克罗恩伯格教授在《移动中的建筑》一书中对此予以描述：“例如在印尼的苏门答腊岛上，巨大的木制住宅模仿了船的形状，象征着居民曾经的船员身份；例如在斯里兰卡，社区的仪式船在不使用的时候会被带到陆地上，由柱子支撑，作为临时的屋顶盖上茅草，成为社会的象征；例如生活在玻利维亚高地的艾马拉印第安人，在的的喀喀湖捕鱼的船由龙葵芦苇制成，住宅由支撑杆形成框架而建造在船上，龙骨状的形式是对船体设计的直接转换。”

④ 疍民分布在我国广东、广西、福建等地的沿海沿江一带，属于汉族的分支，因其终生在水上以船为家，生活漂泊不定，如蛋一样脆弱，称之为疍民。疍民船屋被称为“疍家艇”“住家船”“连家船”等。

⑤ 疍民在历史上不属于士农工商中的任一阶层，常被歧视，因其长期居于船上，身材矮小，两脚弯曲，被蔑称为“曲蹄”。福建有流传的俗语“曲蹄爬上岸，打死不见官”。清朝雍正时期的文献曾描述：“粤民视疍户为卑贱之流，不容登岸居住，疍户亦不敢与平民抗衡，畏威隐忍，跼蹐舟中，终身不获安居之乐。”

⑥ 疍民文化研究学者吴水田在其著作《话说疍民文化》中对疍民船屋的特征进行了描述：“船屋在结构功能、材料选择、空间布局上考虑水上生活，因此将生活起居充分融入船舶之中。船屋长5~6米，宽3米，由于空间的局限，除了专门的机械舱室，其他空间的功能的划分不是很明确，趋向于多功能。材料、结构和空间的布局随着时代发展而不断提高，上层空间逐步趋同于陆上建筑，一些建筑构件仍保持着象征意义。”具体研究可详见吴水田．话说疍民文化[M]. 广州：广州经济出版，2013.

庞大，船只集中且紧密相连，主要考虑避风和水产交易的需求。在船屋聚落的岸边通常会形成一些简易的干栏式棚屋作为配套设施，其既成为维系船屋与陆地关系的纽带，也作为疍民由水到陆①的过渡居住形态。

西方船屋的原型则来自于运输驳船。例如在英国历史上的运河系统中，驳船经水道运输货物并由此产生了短暂的社会组织形态：晚间船只聚集在运河边形成“村庄”，白天随着船只的离开，临时组合的“村庄”便被解散，因此每天“村庄”聚集的地点、人群、规模和形态都不尽相同。早期的驳船航行距离较短，人们下班后就上岸回家，后来随着航程的增加，越来越多的人便居住于驳船上，驳船也因此增加了可居住的船舱②。到了现代社会，驳船的运输需求急剧下降，但在许多国家和城市间的内河航道上仍然存在。它们被用作为旅游休闲资源，成为漂浮于水上的移动住宅。船屋也由此从一种交通工具演变为一种浪漫生活方式的象征符号。

4. 早期的房车

车同船一样，是人类社会最早发明的交通工具之一。从最初依靠人力的推车到后来使用畜力拉动的马车、战车，再到今天燃油、电力驱动的汽车、火车等，车在人类历史上已发展了数千年之久。尽管前文所述的“观风行殿”以及“临冲吕公车”等在车轮上建房的现象早已出现，但真正将建筑与车相融并作为日常生活使用的房车（Caravan）却是最近数百年的事情。最早将车与房系统性结合的是可以长距离移动的旅行车，例如在伦敦杜莎夫人蜡像馆（Madame Tussaud's）中展出的 17 世纪马车中，车厢内就设有卧室和书房，并配有烹饪、饮食、休息和工作设施。大型的旅行车则于 19 世纪初由马戏表演者开发，并将其作为巡回表演旅程中的移动居所[1]。除了旅行车，牧羊人小屋（Shepherd Hut）③是历史上的另一种早期车房结合形式。由于牧场通常离村庄较远，牧羊人在放牧季节都住在由马车改建的移动小屋里④，带着居所和羊群不停地转换地方。但是不同地域也存在使用差异，比如北美的牧羊人夏天使用帐篷，冬天才在马拉的羊车上建造小屋居住[1]。在人们日常印象与

① 清朝曾试图将疍民“出贱为良”，雍正帝于 1729 年下旨准许疍民上岸居住：“疍户本属良民，无可轻贱摈弃之处，且彼输纳鱼课，与民一体……着该督抚等转饬有司，通行晓谕，凡无力之疍户，听其在船自便，不必强令登岸；如有能力建造及搭棚栖身者，准其在于近水村庄居住，与齐民一同。”

② 据英国 1881 年的人口普查显示，有 4 万名男子、妇女和儿童生活、工作在内河航道上，其中 7000~9000 人除了他们驳船的船舱外没有其他住所。船舱一般长 2.5 米、宽 2.2 米、高 1.5 米，内部由可拆卸和铰接折叠的木面板构成，放置了床和存放食物、物品的储物柜，还有用于做饭和取暖的固体燃料炉，可供一个小型家庭生活。

③ 牧羊人的移动庇护所最早记载于 16 世纪早期的文献，19 世纪广泛应用于英国农场，主要由农业工程公司制造和售卖，价格相当于一个牧羊人半年的工资。

④ 马车使用铸铁车轮和车轴，确保建筑在移动中保持稳定，马车的两端加建半圆形的木山墙，山墙两侧通过木支架拓展出坐和睡的空间，墙面开有小窗，后墙设置铰链门，车厢外罩防雨帆布，有时屋顶上会带有烟囱。小屋内陈简陋，只有火炉、医药箱和装羊羔的笼子，笼子上铺稻草充当床铺。

认知中，历史上车房结合的最典型例子是吉卜赛人①的大篷车（Gypsy Caravan）。起初的大篷车只是单纯的运货工具，并没有居住功能，吉普赛商人在运货途中仍需搭建帐篷过夜。800多年前，爱尔兰游牧民族Tynkers建造的木结构住宅（Keir-vardo）巧妙地在小空间中创造了能够容纳大家庭生活的可能②。为了改善旅行居住条件，吉普赛人借鉴了Tynkers人的住宅形式，将大篷车的车厢改造为可移动的居室，并安装橱柜、桌椅、床铺、火炉等设施，可供一个小家庭的日常起居[1]。时至今日，吉普赛人仍保持着流浪生活的传统，其居所也由大篷车换成了现代的房车或拖车。虽然用马车改造而来的传统房车萌芽于19世纪初的法国，但是以汽车为载体的现代房车却是在20世纪的美国发扬光大。现代房车③，也称旅居车（Motor Caravan），兼有"车"与"住宅"的功能，通常被定义为是一种车④，但其生活属性要强于交通属性，因此也可被看作为一种移动建筑形式。

5. 移动建筑早期原型的发源和演进方向

尽管人类的生活模式由游牧迁徙转向了农耕定居，但是一些社会或出于需要或出于选择，仍然将游牧生活作为其社会文化的一部分。当静态和稳定成为社会绝对的主流之后，游牧甚至演化为一种旅行的存在，随之而来的是"相关生活方式和创造艺术的彻底转变与戏剧性变化，其中又有相当显著的特征体现在建筑层面上"[1]。如今的移动建筑，其形式丰富多彩但又存在相似之处，这种相似本质上源于早期原型的影响。原型的建构模式以及影响其构成的共同因素，是移动建筑产生相似形式和共同意义的主要原因。

克罗恩伯格在《移动中的建筑》一书中提出"移动建筑的共同特征在于便携性，其可移动性主要建立在人的运输携带能力上，可拆卸和可整体运输是早期移动建筑的两种主体形式"[1]。可运输携带应是早期移动建筑在形式语言上的主要影响因素，其应对方式有两种：一是内部进化（使建筑可便携）；二是借助外力（结合交通工具）。移动建筑的早期原型形式则主要发源于两个方向：一是从人类社会早期居所中产生和演化而来，如早期的棚屋与帐篷形式；二是由建筑和交通工具的结合发展而来，如早期的房车与船屋形式（图2-9）。这两个方向也成为移动建筑后续发展演进的两条路线：前者代表了建筑自身层面的不断进

---

① 吉普赛人（Gypsies）又称罗姆人（Rom），活跃于城镇和乡村周边，从事与流浪生活相匹配的贩卖、卜卦、表演等职业，因其没有固定居所，一生中的大部分时间都在大篷车上度过。但是，大篷车并非由吉普赛人所发明。

② Tynkers的木结构住宅楼层高度约为1.2米，从地面到屋顶的高度为3.5米，在不平坦的地面上安装特殊的支柱来稳定建筑。住宅墙壁向外延伸，宽约1.5米，屋顶通常呈弧形，中部区域凸起，增加了采光和通风，室内有一个炉子用来取暖，还放置了床、碗柜和食品柜。

③ 从移动机制上讲，现代房车可划分为拖挂式和自行式两种。拖挂式房车本身没有动力，需要拖挂在其他机动车辆上移动，各种生活设施则集中在被牵引的厢体内。自行式房则建造在机动车辆平台之上，也可以用各种汽车改装而成，自身可以被驾驶，不需要外接机动车辆来牵引，各种生活设施集成在车厢之中。

④ 依据《中华人民共和国汽车行业标准》QC/T 776—2007对旅居车定义，房车是车厢装有隔热层，车内设有桌椅、睡具（可由座具转变而来）、炊事、储藏（包括食品和物品）、卫生设施及必要的照明和空气调节等设施，用于旅游和野外工作人员宿营的专用汽车。

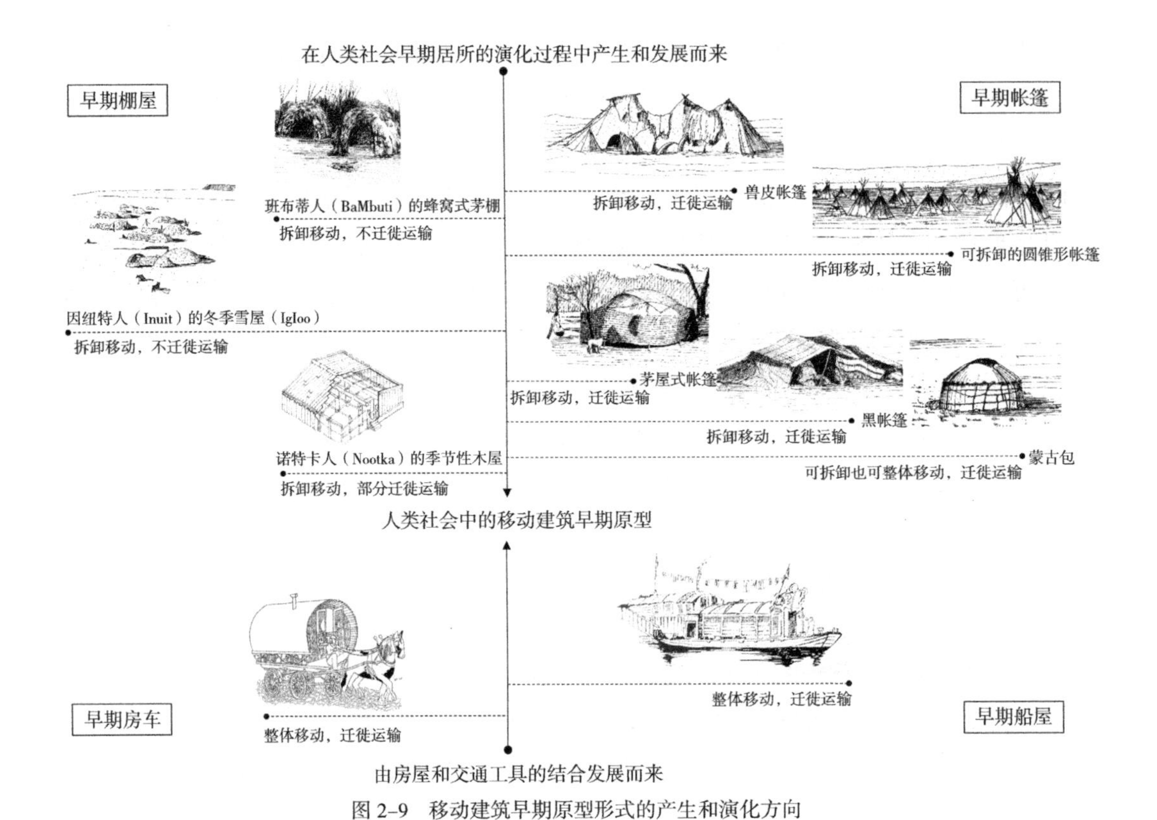

图 2–9　移动建筑早期原型形式的产生和演化方向

图片来源：作者绘制，资料参考及配图来源《住宅 6000 年》《庇护所》

化，如模块化建筑、装配式建筑、现代帐篷、膜结构建筑等；后者则代表了建筑与移动（交通）工具的结合演变，如现代房车、水上建筑、空中建筑等[11]。

2.2　游牧到农耕社会的移动建筑

2.2.1　游牧社会的早期阶段（30000 年以前）

渔猎社会时期的人类以游牧生活为主，又可称之为游牧社会。游牧是人类最早的生存方式，游牧社会因此也是最早的人类社会模式。在游牧社会早期，出于对严酷生存环境的适应，人类在脱离洞穴之后建造了多种用于居住的庇护所。尽管这些原始庇护所大多为临时的固定建筑，但也出现了像兽皮帐篷这样便于移动的居所。人类或出于气候环境的变化，或出于寻找获取食物的需求，都需要不断地移动迁徙去更换定居地点。兽皮帐篷作为移动建筑的初级形式，为迁徙过程中的人类提供了临时庇护的生存之需。随着智力与能力的进步，人类面对环境气候变化的侵袭，也从最初的躲避转向了抗衡，能够去建造适应于不同季节气候的短期临时居所。人类在这一过程中学会了使用工具将天然材料加工为建筑材料，进而发展为对可便携材料的使用，并最终衍生出了可便携的居所形式（如圆锥形棚屋转化为圆锥形帐篷）。可便携居所的出现使得人类社会早期居所脱离了传统用之即弃的模式，并可长期伴随于人类的游牧生活而存在。

2.2.2　游牧社会的兴盛时期（公元前30000年－前10000年）

随着时间的推移，社会生产力的发展推动了社会经济结构的变革。社会的生产方式从原始的渔猎采集变更为畜牧业和初级农耕，人类也从颠沛流离的流浪生活转向了相对规律的游牧生活。在变革的早期，人类虽然已逐步转向定居模式，但食物来源还不稳定，基于季节性迁徙的畜牧经济和刀耕火种的初级农业使其仍旧需要不断地迁徙以寻求更好的生产与生存环境。游牧生活成为社会的主流，与迁徙相适应的便携式移动居所开始在社会中扮演重要角色。房屋开始被看作个人的财产，需要在迁徙过程中被携带运输，其社会基本需求从以往的生存庇护上升到了日常生活，也出现了向居住之外的其他功能转化。便携性成为人类对于移动居所的首要考虑因素，马匹、车辆等运输工具和机械的出现则增强了人类移动运输的能力，居所的空间规模和迁徙距离也因此大幅提升。移动居所在这一社会背景下得到了广泛而迅速的发展，可拆装、模块化、轻型化等现代移动建筑的技术策略原型不断出现，季节性木屋、可拆卸帐篷等早期的移动建筑形式也应运而生。基于生产效率层面的优势，初级农业在后期逐渐取代了畜牧业，成为社会经济的主要组成部分，社会生产的经济单位也由集体转向了家庭，季节性的移动居所也在向半永久性居所过渡。尽管人类出于生产的需求，还是需要迁徙，但临时性居住的时间在不断变长。最终，在这一转变过程中，一部分人掌握了更高级的生产资料和技术，便停下来从事生产效率更高的农耕生活，开始建造永久性的固定建筑；另一部分人则继续保持着游牧的生活模式，并不断改进移动建筑的早期形式以适应不同的气候与环境。

2.2.3　农耕社会的形成（公元前10000年）

当初级农业逐渐发展为高级的生产模式之后，“农业由于其生产力及生产效率的优势成为社会的主流经济模式，农耕社会的村庄与城镇也因此取代了游牧社会的部落成为人类社会最基本的经济文化单位。”[12]社会结构的重大变革使得人类开始长期定居并建造永久性的固定建筑，移动建筑自此被边缘化，步入漫长的低潮期。但是，游牧社会并没有就此消亡，反而与农耕社会在很长一段历史时期内处于对立共存的状态。从事游牧生活的少数民族仍然使用移动建筑作为其生活居住的空间，并不断地进行改良，创造了蒙古包、黑帐篷等与现代移动建筑在结构体系和形构策略上极为相似的形式。随着农耕社会的深入发展，城市逐渐成为商业和贸易的中心，基于移动技术提升带来的新型交通工具（马车、张拉结构的帆船、热气球等）成为人们出行的主要方式。长距离迁徙和与之带来的高质量生活条件需求，使得人们创造了将建筑与交通工具结合的新移动建筑形式（如早期船屋、房车的出现）。此外，历史上游牧与农耕社会之间的物质生产水平差距导致了双方战争频发，社会群体之间也通过抢夺人口或生产资料以增加生产能力和保障生活空间稳定。战争、灾害等因素在迫使人类迁徙的同时，却在一定程度上推动了移动建筑在军事领域中的应用（如可移动的战车、战船），并为长期作战的军人提供了生活庇护空间。例如：我国汉代出土文物中，就有军队搭建帐篷所用的金属部件，证明了帐篷在当时就被作为移动军营使用；在古罗马帝国时期，罗马军队就经常携带预制的木构建材在各个作战领地建造可拆卸的要塞和堡垒……[13] 此外，社会分工产生了更多的职业和行业，移动建筑也在这些新的领域发挥着作用，并逐渐从居住功能缓慢拓展至其他社会功能。例如：从事贸易的商人使用帐篷作为其旅途中的栖息之所；古罗马斗兽场使用可开启的帆布作为屋顶的庇护；在 17 世纪永久性剧院出现之前，欧洲社会就普遍存在一种可拆卸的移动剧院，通过在市场或建筑中搭建舞台和摊位、两侧设置移动座位或包厢，来举办巡回演出活动……[1]

2.2.4 欧洲文艺复兴与宗教改革（14-16 世纪）

在经历了漫长的农耕经济时期后，人类社会开始发生一些变化，并首先体现在社会思想意识形态领域。中世纪之后，随着现代社会①[14]和资本主义（Capitalism）②在欧洲的萌芽，西方社会在思维方式和认知方式上开始向现代转变，其标志是文艺复兴（Renaissance）③和宗教改革运动（Protestant Reformation）④。思想的解放一方面推动了艺术的革新，另一方面则引发了科学和工业的萌芽。社会的微妙转变也同时影响和体现在了移动建筑的发展变化上。在文艺复兴时期，建筑师需要对建筑进行改造以适用于表演和举办仪式，可拆卸的舞

---

① 关于现代社会的时期划分，学术界还存在分歧：部分史学家认为直到 1789 年法国大革命欧洲才进入现代；有史学家提出现代欧洲始于文艺复兴和宗教改革；一部分史学家主张欧洲是在 20 世纪初才真正进入现代。本书采用英国学者玛丽·伊万斯在《现代社会的形成：1500 年以来的社会变迁》一书中的观点，其认为 15 世纪末欧洲发生的一些重大事件（如哥伦布发现新大陆、米开朗琪罗完成作品《大卫》、英国玫瑰战争的结束等）标志着现代历史的开端。详见玛丽·伊万斯．现代社会的形成：1500 年以来的社会变迁 [M]. 向俊，译．北京：中信出版社，2017：5.

② 资本主义（Capitalism）是资本属于个人所拥有的经济制度，以私有制为基础，以财富的积累为目的，其社会的根本特点是少数剥削阶级通过掌握生产资料来控制社会分配，使财富流入资产阶级手中。

③ 文艺复兴（Renaissance）是指发生在 14 世纪到 16 世纪的一场反映新兴资产阶级要求的欧洲思想文化运动。“文艺复兴”的概念在 14-16 世纪时已被意大利的人文主义作家和学者所使用，其认为文艺在希腊、罗马古典时代曾高度繁荣，但在中世纪“黑暗时代”却衰败湮没，直到 14 世纪后才获得“再生”与“复兴”，因此称为“文艺复兴”。文艺复兴最先在意大利各城市兴起，以后扩展到西欧各国，于 16 世纪达到顶峰，带来了科学与艺术的革命。文艺复兴与宗教改革、启蒙运动被认为是西欧近代三大思想解放运动。

④ 宗教改革运动开始于欧洲 15-16 世纪基督教自上而下的新教宗教改革运动（Protestant Reformation）。15 世纪初爆发的技术革命（印刷术）加速了欧洲天主教为主导的政教体系瓦解，推动了欧洲民众向民主和公民意识前进。到 16 世纪末，新教的产生彻底改变了人类对世界及自身行为方式的认识，为西欧资本主义发展和多元化的现代社会奠定了基础，西方史学界通常直接称之为“改革运动”（Reformation）。

台和布景成为最早具有设计特征的移动建筑空间形式。1520 年，英王亨利八世在法国加莱搭建了用于举办活动和会议的临时宴会厅，其形式借鉴了船舶中由桅杆和风帆组成的张拉结构体系，建筑形态类似大型的圆锥顶帐篷[1]（图 2-10）。该建筑可快速拆卸，并能够运输到其他地方进行重新搭建。它的出现开启了移动建筑在大型临时性活动中应用的先河，同时也成为将其他行业的技术与传统移动建筑形式相结合的典型范例。这种大型移动帐篷形式后来也被用作为如今常见的马戏团表演场所。

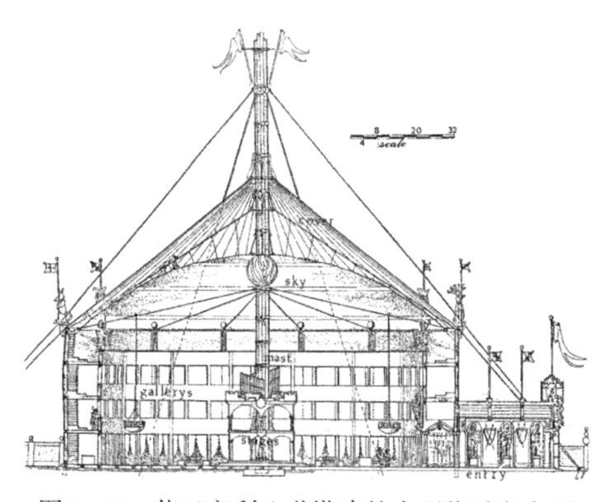

图 2-10　英王亨利八世搭建的大型临时宴会厅帐篷借鉴了造船业的结构技术

图片来源：《Architecture in Motion：The History and Development of Portable Building》

2.2.5　大航海时代与资本主义的萌芽（15-17 世纪）

思想的解放一方面使得人们开始进入现代的科学和艺术领域，另一方面也推动了人类世界观的转变。白图泰（Abu Abdallah Muhammad Ibn Battutah）在 14 世纪创作的《游记》（Travels）以及马可・波罗（Marco Polo）的行记激发了欧洲人去了解未知世界的兴趣。后来，欧洲造船技术和天文地理科学的进步推动了具备长距离迁徙能力、可载重成百上千吨的大型多桅航海帆船的出现，为人类探索世界和开辟新航线创造了条件。1500 年，克里斯托弗・哥伦布（Christopher Columbus）发现了美洲新大陆并拓展了欧洲同世界其他地方的联系，大航海时代①就此来临。在对外探索的同时，欧洲的社会制度形态也悄然发生着转变。16 世纪，劳动力作为商品出售的现代资本主义模式开始取代基于农奴制的封建模式，并标志着欧洲工商业的兴起。到 18 世纪初，欧洲全面"向商业资本主义转变并认识到资本对经济增长的核心作用，以财富和资本积累为目的资本主义逐渐成为社会的主要制度模式"[14]。工商业的兴起彻底改变了欧洲社会传统的生产方式和供求关系，也不可避免地影响到了移动建筑的发展。这种影响首先体现在移动建筑与交通工具的结合形式上，牧羊人小屋、吉普赛大篷车、英国驳船屋的出现不再是人类手工的创造，而是基于工业生产技术和商业消费需求，这也彻底影响了后来房车、船屋的发展方向。

2.2.6　欧洲殖民运动与科学技术兴起（17-18 世纪）

15 世纪开始的宗教改革不仅没有导致信仰的丢失，而且还为审视自然和世界开辟了社会与思想的空间，以启蒙运动为代表的欧洲思想变革使得科学和理性逐渐占据了这个被开

① 大航海时代，又被称作地理大发现，是 15 世纪末到 16 世纪初，由欧洲人开辟横渡大西洋到达美洲、绕道非洲南端到达印度的新航线以及第一次环球航行的成功。大航海时代是人类社会进程中重要的时期。

放的空间①。人类取得知识的进步“不单是出于好奇心或推动知识进步的愿望，还出于解决人类生产生活为目的”[14]。科学的发展创新逐步瓦解了商品生产和人类劳动之间的传统关系，工业化生产开始崛起并逐渐取代了农耕社会中以家庭为单位的传统生产模式。人类的移动运输能力也因此得到再次提升，旅行开始成为新的移动迁徙目的与形式，并带来了长距离的马拉旅行车的出现。这种以休闲旅行为目的的游牧生活方式也在后来引发了以汽车为载体的现代房车发展浪潮。

与此同时，移动建筑的产生与存在源自于商业市场需求，而不再是人类社会早期中的生存庇护需求。例如：牧羊人小屋的出现源自于欧洲和北美牧羊产业的兴起；吉普赛大篷车是基于贸易需求产生的移动“商业物流建筑”；英国驳船屋的出现则是源于河运产业的兴盛……在这个时期，移动建筑大量进入商业市场，其本质原因和驱动力是由于人类社会中又一次出现了大迁徙现象。资本主义形式下的社会经济关系已不单将贸易视为获取商品的方式，而是将其视为创造利润、赢得市场的一种方式。利益的驱使使得西欧发达国家期望通过对外扩张来攫取资源财富和开拓商品市场，但是“不断的对外殖民扩张以及在宗教上对异端的仇恨而导致的宗教战争和冲突，使得欧洲社会出现了相当突出的人口迁徙和再安置现象”[14]。上百万的欧洲原住民移民北美等海外殖民地，臭名昭著的贩奴运动也使得“被掳往美洲的非洲人口达 800 万 ~1050 万之多”[15]，这种大规模的人口迁徙带来了大量的海外住房需求。早在 17 世纪，英国便开始向海外殖民地运送基于轻木结构的移动预制房屋。这些房屋不需要大型工具和机械辅助就可迅速拆装，建筑构件和构造标准化、可替换，无须消耗当地的资源并能够满足紧急的居住需求。这种移动预制房屋的出现一方面导致了后来轻木活动房在北美地区的盛行，另一方面则在商业市场的需求驱动下逐渐形成了移动建筑产业。此外，工业化技术的应用和市场消费的需求也使得人类开始去建造住宅以外的大型移动建筑。例如，18 世纪中期欧美开始出现的马戏表演“并非如后来般在大型帐篷中举行，而是先在临时的环形木构建筑内举行，建筑在用完后即被拆卸，运输到下一个目的地后重新安装使用”[1]（图 2-11）。到了 18 世纪中后期，工业革命爆发，移动建筑也迎来了重要的历史发展转折。

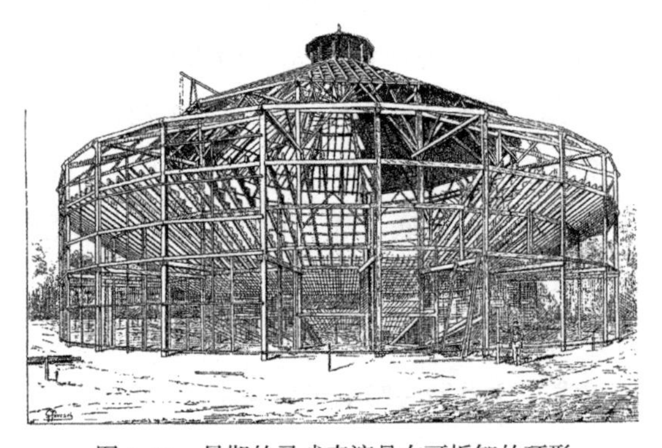

图 2-11　早期的马戏表演是在可拆卸的环形木构建筑中举行

图片来源：《Architecture in Motion: The History and Development of Portable Building》

① 从 16 世纪末至 1776 年（《独立宣言》的发表），思想的变革和启蒙运动使得欧洲形成了现代人格的认识蜕变。人们视理性为现代人的使命，要通过认识世界和控制世界实现对世界的理性统治。到 18 世纪下半叶，人类知识界已经开始区分学科划分，科学正式进入人类社会舞台。

2.3 工业社会进程中的移动建筑

2.3.1 第一次工业革命期间（18 世纪 60 年代 -19 世纪 60 年代）

人类社会从农耕转向工业社会是由工业革命（The Industrial Revolution）[①] 推动的。资本主义制度为西方国家的工业革命创造了基础，大规模的对外掠夺和国内税收制度的改革提供了技术创新的资金。工场手工业的发展一方面引发了圈地运动，迫使大量丧失土地的农民转变为工人，为工业发展提供了劳动力和市场，另一方面也为机器的发明应用创造了条件。与此同时，科学技术的创新不断为机器的产生与发展奠定理论基础。最终到了 18 世纪中期，第一次工业革命爆发并扩展至各个行业，机器生产取代工场的手工业生产，社会生产力得到极大提高，并标志着工业社会的正式到来。

1. 运输方式的革命和移动技术的创新

第一次工业革命以蒸汽时代的机器生产体系形成为主要特征。机器生产需要消耗巨大的能源，能源需求又推动了采矿、冶金业的发展，进而引发了交通运输方式的革命和移动技术的进步。1783 年，法国蒙哥尔费兄弟（Montgolfier Brothers）利用热气球在欧洲进行首次载人航空飞行实验，这也标志着"人类将移动方式从陆地和水面向着天空这一全新领域尝试"[1]。基于蒸汽机技术的火车、轮船等新式交通工具的出现则完全改变了传统以人力和畜力为主的运输模式，大大提升了移动的速度与距离，人类的长距离出行甚至洲际迁徙就此成为常态。此外，19 世纪建造的康内斯托加式宽轮篷车（Conestoga Wagon）成为美国最早的房车形式，这种运载货物的篷车因能够满足人们长距离出行期间的居住生活需要而被大量生产[1]。

随着人类出行的频率和类型越来越多元化，移动建筑也因其便携和便捷的使用特性得到了更广泛的应用。1835 年，智利康赛普西翁（Concepcion）的地震中最早记录了"将稻草覆盖的可拆卸临时板房用于应急救灾"[1]。19 世纪中期，出于部署海外殖民地的需求，英国大批量生产了可拆卸的军用棚屋，这种可便携、成本低、环境适应性强且方便扩展的可移动木屋取代了传统行军帐篷，为军人提供了条件更好的生活居所[1]。早在 18 世纪末，马戏团开始使用可拆卸的大型移动帐篷取代露天的木构建筑作为其表演场所。这种帐篷的基本形式为圆形拱顶加连续后殿，采用自承重的轻型结构体系，由可拆装的木制或金属框架与外围护的帆布构成（类似蒙古包），不受地形和风压的影响。到了 19 世纪末，马戏团

① 工业革命（the Industrial Revolution）始于 18 世纪 60 年代的英国，一般是指由于科学技术上的重大突破，使国民经济的产业结构发生重大变化，进而使经济、社会等各方面出现崭新面貌。从社会历史进程来看，公认的工业革命有三次，即以蒸汽技术革命为标志的第一次工业革命、以电力技术革命为标志的第二次工业革命、以计算机及信息技术革命为标志的第三次工业革命。近年来，学术界提出了基于生物技术、量子信息技术、虚拟现实技术等为代表的第四、第五甚至第六次工业革命的说法。总体来看，当代工业革命多基于技术的进步与创新带来的社会变革与知识经济的产生，也多以产业革命来代替工业革命的提法。

转而使用基于张拉结构的帐篷，“大型的圆锥形帐篷被挂在中心杆上，帆布则被拉紧固定在地面，建筑拆卸后通过车辆运输，各个表演的城镇变成车队的停靠点”[1]。大型移动帐篷自此成为马戏团的经典标志（图 2–12），同时也推动了后来的膜结构建筑在公共活动和娱乐表演中的广泛应用，以至于现代的巡回演出也多采用这种可拆装运输的移动建筑形式。

图 2–12　现代社会的马戏表演使用的大型移动帐篷
图片来源：《Architecture in Motion: The History and Development of Portable Building》

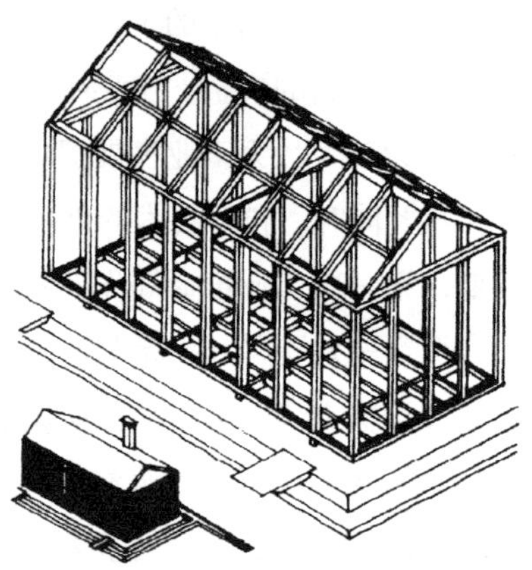

图 2–13　基于可拆装轻木结构的曼宁小屋
图片来源：《Architecture in Motion: The History and Development of Portable Building》

2. 移动预制房屋市场的兴盛

第一次工业革命快速推进了欧洲的城市化进程，也引发了人口膨胀、环境污染等社会问题。自 1820 年以来，欧洲城市面临着巨大的人口和环境压力，美洲和澳洲价廉物美的土地再度吸引了大批欧洲移民前往，人类社会史上最大规模的越洋迁徙就此展开。至 20 世纪 20 年代，从欧洲移民至美洲、澳洲的居民达 4500 万人，到 30 年代更是突破了 5000 万人。大规模洲际迁徙一方面开拓了新的居住领地和资源，另一方面也为欧洲建筑业开辟了新的市场[15]。人口的大迁徙再次带来了美洲、澳洲等新兴领地的居住问题，当地建筑的兴建已难以赶上人口增长的速度。自殖民运动以来，可移动的预制建筑在殖民地发挥了快速部署和即时居住的作用，并逐渐推动了移动建筑产业的形成，19 世纪的洲际迁徙则进一步促进了相关产业的兴盛。

1833 年，用于海外殖民地的曼宁小屋（the Manning Colonial Cottage）① 进入商业市场。这种基于轻木结构的移动住宅拆装简便，构件可打包运输至任何需要装配的地点（图 2–13）。曼宁小屋通过商业预订后可经由远洋货轮从英国本土邮寄至殖民地安装，形成了从设计、生产、销售、运输、安装到使用的全产业链体系，同时也可被认为是移动预制

① 曼宁小屋原本是英国伦敦的木匠曼宁为其移民至澳大利亚的儿子开发建造的轻木结构小屋，可拆卸的木构组件可以打包通过轮船运送至目的地后安装使用。这种小屋因其安装和使用快速便捷且经济可行，因此受到推广，并进入市场进行销售。

建筑设立了标准特征：工业化生产、标准化构造、构件可替换、结构轻便、易拆装。1844年，彼得·汤普森（Peter Thompson）在曼宁之后进一步推动了移动预制房屋的市场化，并将移动房屋的应用拓展至银行、教堂等其他非居住功能的建筑中。19世纪40–50年代兴起的加利福尼亚州淘金热和60年代开始的西部移民浪潮也催生了北美地区对移动预制房屋的大量需求。以西尔斯公司（Sears）为代表的美国本土企业也开始生产销售基于工业化预制的移动木屋，并利用当时兴起的铁路进行运输。其既可通过将木屋组件拆卸后打包运送，也能够将木屋进行整体搬运。到了20世纪初，美国的移动预制房屋产业体系逐渐形成，"从1908年至1940年，西尔斯·罗巴克（Sears and Roebuck）等公司，以邮寄运输的方式向市场销售了超过十万套移动住宅"[13]。

3. 铸铁结构和预制装配技术的兴起

工业革命带来的技术革新影响了当时社会生活的方方面面，其中也包括建筑技术领域。铸铁作为全新的工程建筑材料被开发应用：1779年起，可拆卸的预制铸铁结构开始被应用于桥梁、船舶及工业建筑；1827年，世界上第一个用玻璃和铸铁建造的温室在英国约克郡（Yorkshire）出现；19世纪中期，由铸铁建造的民用建筑扩展至各种建筑类型……[1]预制建筑系统在移动建筑生产产业中作为主要技术形式，同工业化生产的结合也愈加紧密。机器生产效率高，能够大批量、快速制造高质量产品，而预制建筑系统需要连续、重复使用组件，两者恰好契合。移动预制建筑的市场需求日益增大以及出于对铸铁这种新型建筑材料的推广使用，铸铁结构加工业化预制装配成为自轻木结构以后移动建筑的又一重要技术体系。在1851年的伦敦世博会上，水晶宫（The Cristal Palace）①作为世界上第一个现代的工业化建筑，其建造过程采用了预制装配技术和铸铁、玻璃材料，成为人类迄今设计建造的最大规模可拆卸移动建筑。

2.3.2 第二次工业革命爆发（19世纪70年代-20世纪初）

19世纪70年代，第二次工业革命爆发，电力开始取代蒸汽动力成为新的能源形式，人类跨入了"电气时代"。内燃机的发明、通信和交通的革命以及化学工业的建立等科学技术领域的进步使得人类社会彻底步入了现代文明。

1. 新的移动方式与领域

第二次工业革命产生的新式交通工具不但展现了当时工业和工程中的先进技术，也带来了前所未有的移动能力和运载规模，更拓展了人类传统的移动方式和领域。在水上领域，19世纪后半叶出现的大型邮轮既是庞大的交通运输工具，也具有完善的生活空间，完全相当于某种意义上的"大型海上移动建筑"。在陆上领域，汽车的发明完全改变了人们此

---

① 水晶宫建成于1851年的伦敦世博会，是一个以钢铁为骨架、玻璃为主要建材的建筑，1852年被迁到伦敦南部，1936年毁于火灾。水晶宫因其建筑通体透明宽敞明亮的特色而得名，其形态、使用的材料和方式对后来的现代建筑影响深远。

后的出行方式。机械动力的移动能力远远超越了传统的畜力，这也导致了后来以汽车为载体的现代房车和拖车的出现与兴盛。在1906年的旧金山大地震中，当地先是建立了临时的帐篷营地用于灾后临时安置，后来则替换成可拆卸的木制板房。部分居民在其板房下安装车轮并通过汽车牵引，使之成为美国最早出现的拖车房屋。1913年，安装在福特T型车上的Earl Travel Trailer则被认为是最早的现代房车形式，“许多人开始在自家的后院里用木头制作简单的房屋，然后再将房屋固定到T型车的底盘上”[16]。在人类以往难以企及的空中领域，这个时期也实现了突破。从达·芬奇在16世纪通过对鸟类飞行和降落伞的研究到乔治·卡雷（George Cayley）于18世纪发明载人滑翔机以及奥托·利联塔尔（Otto Lilienthal）在19世纪对于轻量结构的实验[1]，这些研究奠定了人类航空探索的基础。19世纪末齐柏林发明飞艇（Zeppelin Airship Class）和20世纪初莱特兄弟（Wright Brothers）发明飞机则正式标志人类进入了航空领域。1903年，美国发明家贝尔（Alexander Graham Bell）将用于飞行器的轻量结构体系移植到建筑上，并设计了四面体框架结构（Tetrahedron Kite）[1]，这在后来奠定了建筑空间框架结构的技术基础。此外，通信技术的革命也为世界打开了一扇新的窗户。与交通工具实现的“物理移动”不同的是，新通信技术带来了“虚拟移动”方式，这一点在今天体现得更为明显。

2. 工业预制装配技术的社会推广

自19世纪后半叶开始，欧洲的物质生产方式又发生了转变，“新的生产形式和生产关系大大加速了商品生产和服务的供给，工厂生产的组织形式出现了机械化和程序化的特征”[14]。这种转变使得社会经济由轻工业转向重工业结构布局，进而带来了职业化和劳动分工的变革。与此同时，第二次工业革命以来的电气、钢铁领域的发展既提升了移动技术也革新了建筑行业：一方面体现在新材料和新结构体系，钢铁、混凝土和电梯的应用使得人们可以开始建造高大的现代化建筑；另一方面则体现在建筑工业化预制装配技术日益受到社会推广。至19世纪末，预制装配建筑的产业和市场在欧洲与北美地区基本形成。这些基于工业大批量生产的预制建筑能够经济、快速地建造并投入使用，其中大部分都具有可移动拆卸的特性、特征。此外，工业革命爆发以来的人口膨胀压力，也使得预制建筑成为解决当时社会居住问题的重要策略之一。因此，以机器和工业化生产作为住宅制造辅助工具的想法引起了设计师的浓厚兴趣。勒·柯布西耶提出“大规模的工业化技术必须应用于建筑，建筑的元素必须是基于工业化生产”[17]，这也引发了其后来的“住宅就是居住的机器”观点。到了20世纪初，英国兴起的花园城市发展理念启发了现代的城市规划思想，基于工业化生产和经济适用的预制装配房屋成为支撑该理念的主要建筑形式。1905–1907年，在英国举办的经济适用房设计展览上，“布罗迪（John Alexander Brodie）设计的预制混凝土住宅（Prefabricated House）展示了工业化预制装配技术在建筑上的巨大应用潜力和价值，也被认为是建筑工业化的先驱”[13]。

2.3.3　第一次世界大战前后（19世纪末-20世纪20年代）

1. 旅行拖车的出现和兴起

第二次工业革命中后期以工业化的大批量生产技术进步和创新为特点。科学开始大大地影响工业化生产技术，工厂流水线式的生产装配技术首先在汽车文化盛行的美国出现。20世纪初，通过工厂流水线生产的汽车、游艇等广泛出现在了美国人的日常生活中。批量化生产的方式快速提高了当时社会的物质生产水平，人们逐渐将汽车作为一种旅行休闲的消费产品，而非仅仅是出行的交通工具。到了20世纪20年代，汽车旅行产生了以休闲为目的的罐头旅行者（Tin-Can Tourists），其最初是在帐篷或车内居住，后来通过自行改装拖车单元进行生活，此后在美国形成了独特的拖车旅行文化。此时，一些生产厂家也发现了这些领域的巨大商机：1927年，飞机制造商格伦·柯蒂斯（Glen Curtiss）推出了可居住的拖车游艇居住单元（The Aerocar Land Yacht）；1936年，亚瑟·谢尔曼（Arthur Sherman）首先批量生产旅行拖车，并进行商业销售……[1]1935年，市场上出现的清风房车（Airstream Trailer）① 则成为旅行拖车的经典代表，同时也标志着现代房车正式进入历史舞台（图2-14）。

2. 从军事到社会居住领域的应用

1914年，第一次世界大战爆发，移动建筑在这次全球性的社会冲突中扮演了重要角色。飞行器不仅成为新的交通工具，也被大量用于战争，因此也产生了许多为其服务的飞艇库和飞机库。为了躲避轰炸和快速部署，这些建筑多采用可拆卸移动和易于开启关闭的轻钢结构体系。"一战"初期，由于行军帐篷不适宜冬季作战使用，传统的棚屋搭建又耗时较长，英国工程师盖·林德尔（Guy Liddell）开发了使用木面板铰链连接搭建的林德尔移动小屋（the Liddell Portable Hut）以解决军人在严寒气候下的即时居住庇护需求。1917年，加拿大工程师尼森（P. N. Nissen）发明了经典的尼森小屋（Nissen Bow Hut）②（图2-15）。除了在"一战"期间大规模使用外，尼森小屋在战后也被"开发了民用版本并作为社会住房使用"[1]。战争同时也导致了大量军工厂和工人的出现，永久性的住宅建造速度显然不能满足即时的居住需求，经济便捷的工业预制住宅便成为优选。在当时的英国，大量临时的木制棚屋和预制平房（Bungalow Kits）被修建，有些还直接从自海外进口后进行现场安装。

---

① 1935年，美国人沃利·贝姆（Wally Byam）建立了清风（Air Stream）旅行房车公司并发明了清风房车，最初只是建在T型底盘上的临时帐篷，由于其防水性能较差，设计师者将上部结构改成水滴形金属箱体，并在里面添置了炉灶和冰箱。后来70年间，清风房车随着技术的进步和人们的审美变化而不断改进，流线型、闪亮的外观，较低的重心、车头、车尾和车底的设计都充分考虑了空气动力学原理，有效减少了风阻。清风房车被认为是富有想象力、永不过时的房车品牌，在房车发展史上有着标志性的地位。

② 尼森小屋也称尼森式半筒形铁皮屋，外形为半圆形，外围材料主要使用波纹铁皮和木面板，由于其组件的可替换和构造的协调性使得小屋的生产组装和运输部署都十分便捷，并可作为多种用途使用。在此后的战争乃至今天的社会中，都能看见尼森小屋及其改良版本的应用。

图 2-14　美国 30 年代风靡社会的清风系列旅行拖车

图片来源：AIRSTREAM. Heritage 1930s Trailers boom-then bust[EB/OL].（2007.01.01）（2023.05.15）. https：//www.airstream.com/heritage/.

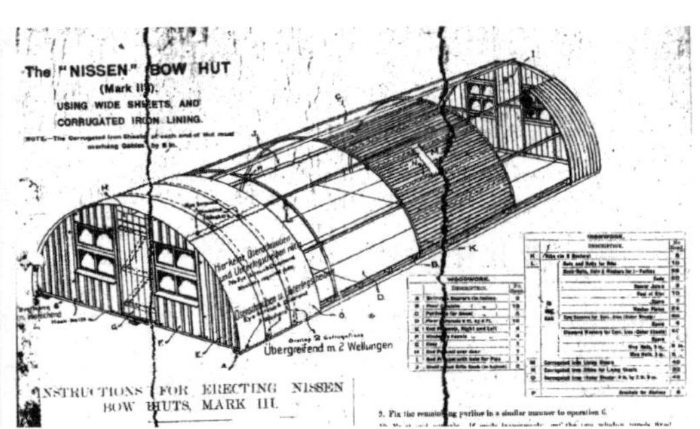

图 2-15　尼尔森小屋的设计图纸

图片来源：AOK4. The "Nissen" Bow Hut（Mark Ⅲ）[EB/OL].（2021.12.31）（2023.05.15）. https：//www.greatwarforum.org/topic/295191-the-nissen-bow-hut-mark-iii/.

"一战" 结束后，大量的退伍军人和居住在临时住房中的产业工人要求获得更好的居住条件，但是战后物资的短缺以及不断攀升的生产成本使得建筑企业难以为社会提供合适的住宅产品。英国政府开始干预并主导社会住宅和经济适用房的发展，"花园卫星城和基于大批量生产的标准化、低成本混凝土预制住宅（the Unit Voncrete Cottages）成为当时的主要解决方案" [1]。这些原本作为临时或过渡性使用的预制住宅在战后被长期使用，其中有相当一部分具有可移动特征。

2.3.4　现代主义的兴起时期（20 世纪 20-50 年代）

1. 社会住宅改良运动中的建筑工业化兴起

20 世纪初，西方世界的快速城市化现象带来了日益凸显的环境、人口等社会问题，并在社会上掀起了一股通过现代的物质生产技术来解决这些问题的浪潮。20 世纪 20 年代起，英国政府开始了城市中的贫民窟拆迁运动，利用基于工厂预制生产的轻木和铁皮住房来替换城市中的大量破旧住宅。这些预制住宅由于快速缓解了城市更新运动中的居住需要并改善了生活条件，也逐渐为大众所接受。1930 年，建筑师里维特（R. A. H. Livett）创造了轻钢框架结合预制混凝土砌块的建筑体系，并在后来成为一种流行的建筑工业化生产模式。但是，当时英国的工业化预制建筑在形式上仍然追随于传统。与之相比的是，欧洲大陆则在建筑工业化道路的选择上有别于传统材料和形式，其认为新的建筑形式和材料（如钢、铝、玻璃、混凝土）等能够使建筑更为经济，并能够解决和应对当时社会存在的问题，即以现代主义为主导进行变革。早在 1908 年，《每日邮报》上便刊登了基于现代主义思想的理想之家展览（The Ideal Home Exhibition）成果。1921 年，该展览又展示了 16 个基于最新建造技术的现代主义住宅，这些住宅均采用了轻钢结构体系和标准化的部件。

2. 现代建筑体系的形成和兴盛

早在 19 世纪中叶，欧洲便形成了基于现代性的认知。到了 19 世纪末，工艺美术运动

（The Arts & Crafts Movement）和新艺术运动（Art Nouveau）的兴起为现代主义思潮的爆发奠定了基础。随后，以未来主义（Futurism）、达达主义（Dada）、立体主义（Cubism）、表现主义（Expressionism）、超现实主义（Surrealism）等为代表的艺术先锋派运动（Artistic Avant-gardes）在20世纪上半叶进入了高潮，一方面形成了对于传统艺术和资本主义社会的批判，另一方面催生了现代主义设计思潮在建筑思想领域的革命，例如荷兰风格派（De Stijl）、维也纳分离派（Vienna Secession）、包豪斯（Bauhaus）、装饰艺术运动（ArtDeco）等。在该过程中，以现代逻辑为支撑的"现代主义"（Modernism）和"工业化"推动了建筑体系的大规模革新。

20世纪20年代，沃尔特·格罗皮乌斯（Walter Gropius）建立了包豪斯学校并大力推广基于工厂预制装配的建筑形式，其认为标准化和功能比形式的装饰更重要，建造的效率关键在于其是否基于工业化生产。早在1915年，柯布西耶便设计了基于工业化的"多米诺"混凝土结构体系，并将其作为应对城市居住危机的策略。1927年，柯布西耶在其出版的《走向新建筑》一书中进一步推崇了基于工业化生产的新建筑体系，"住宅不再笨重得好像要用多少个世纪，它就像汽车是一个工具一样，将不再是一件古董，以深深的基础重重地扎根在土地上"[17]。在柯布西耶的论述中，住宅的固定观念从思想和情感中被清除，取而代之的是基于现代主义的功能理性——满足需要、造价低、做法合理。1934年，"明日之村"（The Village of Tomorrow）展览展示了一系列国际式风格的住宅方案，并标志着现代主义正式兴起[13]。此后，格罗皮乌斯与彼得·贝伦斯（Peter Behrens）从事了工业化住宅的设计并在后来的威森霍夫（Weissenhofsiedlung）住宅博览会上展出了一系列实验性方案，柯布西耶也将其大规模集合住宅（Mass-housing）概念应用于光明城市等计划上，并在后来设计建造了具有工业化、模块化、可变性特征的马赛公寓。

2.3.5 第二次世界大战前后（20世纪30-50年代）

1.社会住宅驱动下的移动建筑研究兴起

在现代主义兴盛时期，建筑师们开始研究和发明可移动的预制建筑技术，商家企业转向于生产各种移动住宅产品，政府则逐渐把移动住宅作为社会保障房和经济适用房建设的重要组成部分。20世纪20-50年代，法国建筑大师让·普鲁弗（Jean Prouve）不但热衷于建筑中的可移动元素（隔断、门窗以及家具）研究，其间还进行了部分可移动的预制住宅研究实践。例如：在"二战"期间为军队设计移动军营；在战后创立了基于预制技术的建筑生产工厂，为市场生产预制小屋以及门窗部件；等等。1931年，曾为柯布西耶工作过的美国建筑师阿尔伯特·弗雷（Albert Frey）与纽约的《建筑实录》杂志主编劳伦斯·科切尔（Lawrence Kocher）合作设计建造了一种面向市场的可移动工业化住宅产品——铝板住宅（Aluminaire House）（图2-16、图2-17）。

图 2-16　普鲁弗设计的工业化预制建筑
图片来源：《Prefabs：A Social and Architectural History》

图 2-17　铝板住宅方案模型
图片来源：DAN SMITH. Albert Frey's Pre-fab Aluminaire follows him to California，80 years later[EB/OL].（2014.01.01）（2023.05.15）. https：//www.eichlernetwork.com/article/house-gets-its-just-desert?page=0，0.

在同一时期，美国建筑大师巴克敏斯特·富勒（Buckminster Fuller）以预制建筑技术为基础，设计了多种形式的移动住宅，也成为著名的移动建筑研究先驱者。富勒认为传统的建筑生产方式效率低下且成本昂贵，因此将目光转移至如何将工业化生产技术应用到穷人能够负担得起的社会住房上。1928 年，富勒设计了基于工业化技术制造的移动居住单元——戴马克松住宅（Dymaxion House）[18-20]，其结构类似帐篷，可经济快捷地生产、运输和使用（图 2-18）。此后，富勒继续致力于戴马克松概念产品的开发（如戴马克松汽车等），并进一步推出了戴马克松部署单元（DDU），其在“二战”期间由于搭建方便、造价低廉、便于运输的原因得到了美国军方的大批订单。1946 年，在戴马克松部署单元的基础上，富勒设计了威奇托住宅方案。该设计成为富勒在建筑轻型化和移动化研究上的标志性成果，并集中体现了其“少费多用”的建筑核心思想。“二战”后，富勒也将视线转向了网格穹顶系统研发，并将其推广为具有实用价值的轻型可拆卸建筑系统。

2.“二战”后的临时预制住宅计划

“二战”结束后，社会再次面临严重的住宅短缺问题，需要应急住房的人群十分庞大（如因无家可归者、战后返乡的退伍军人、军工生产工人、背井离乡的移民者等）。英国政府早在战争尚未结束之时，便开始制定应对战后居住问题的临时住宅计划（The Temporary Housing Program），以便尽快提供尽可能多的住宅。政府成立了专门的委员会（The Burt Committee）来管理和执行此计划，邀请相关建筑师、研究机构和生产厂家设计了超过 10 种基于工业化批量生产的临时住宅方案，并在建造方法及材料的创新层面进行积极鼓励。当时最具代表性的临时住宅生产系统为 ARCON、AIROH、Uni-Seco 和 Tarran 四种，虽然在建造材料和方法上各有不同，但其布局相似，经济适用、建造快速且配有先进的一体化厨卫及热水系统，提供了现代化的生活质量，前后花园的设置更是受到了广大居民的欢迎[13]。与此

图 2-18 戴马克松住宅方案模型
图片来源：《Your Private Sky：R. Buckminster Fuller —— The Art of Design Science》

图 2-19 英国“二战”后生产的 AIROH 产品
图片来源：《Prefabs：A Social and Architectural History》

同时，许多军工企业开始转型建筑业，并充分利用其在工业化生产上的技术优势，研发了大量基于预制装配技术的移动住宅产品，比如：1948 年，英国航空工业房屋研究组织（Aircraft Industry Research Organisation on Housing 简称 AIROH）推出了使用飞机生产流水线制造、基于单元组装的预制铝平房（图 2-19）；飞机制造企业卡尔·斯特兰德公司（Carl Strandlund）将大批量生产技术引入建筑业，开发了卢顿小屋（Luston House）、橡子屋（Acorn House）等移动住宅产品……[1] 尽管受到劳动力和材料的限制，英国还是在战后的五年中生产了 130000 多幢预制住宅，充分缓解了当时的社会住房压力。至此，建筑工业化和现代主义为移动建筑建构了有别于传统的新体系和形式语言，也形成了基于轻型、变换、分解等策略的技术思路，移动建筑自身也被当作应对社会问题的手段之一。随着“二战”后的又一次技术革命到来，已经建立现代形式体系的移动建筑又步入了新的发展时期。

2.4 信息社会时代下的移动建筑

2.4.1 第三次工业革命的爆发（20 世纪 50-60 年代）

1. 城市和居住问题的再思考

20 世纪 50 年代，以信息通信技术为代表的第三次工业革命爆发。社会物质生产水平得到了空前提高，但是两次世界大战给人类社会造成的影响广泛而深远。城市化进程不但依旧引发了诸多社会问题，战后巨大的重建工作也引发了人类对于未来的再度思考：一方面追求全新的建筑和规划形式去解决快速城市化所带来的空间问题；另一方面也要为与之引发的社会问题去寻求解决之道。在居住问题的探讨上，两极分化的现象十分明晰："一个极端是低密度的独户别墅型住宅，另一个极端则是高密度或高容积率的公寓。"[6] 在以柯布西耶"居住的机器"、"光辉城市"等理念为代表的现代主义闪耀历史舞台的同时，以弗里德曼为代表的"移动建筑"思想理念同样也展现了对于城市社会问题的积极尝试与实验。思维方向上的差异使得柯布西耶关注于理念的普及性意义，体现的是规划的极致理性，而弗里德曼关注于个体的自由和权益，提倡的是一种建造的自主性。传统规划通常被认为是政治权力的产物，虽然指导了长期发展的方向，但由于其意识形态的单向性容易导致社会运行的僵化。弗里德曼提出的"移动建筑"理论则内涵有一种"反规划"与"自组织"的理念，具有自我纠正和应对变化的能力，从而提高了规划与营造的合理性和可持续性。"移动建筑"理论的提出后来也标志着移动建筑研究的社会学转向。

2. 建筑工业化运动与住宅实验

"二战"结束后，西方发达国家掀起了建筑工业化的运动高潮，以应对因劳动力减少和战后婴儿潮爆发而带来的城市住房匮乏问题，并将传统的住宅建设方向全面向工业化生产转变。1945 年，纽约 MOMA 组织了"明日小型住宅"的展览，当时展示了包括菲利普·约翰逊（Philip Johnson）、赖特（Frank Lloyd Wright）、乔治·弗雷德·凯克（George Fred Keck）以及卡尔·科赫（Carl Koch）等建筑师的工业化建筑方案[13]。但是在建筑工业化的发展道路上，各国选择了不同的模式：欧洲和日本大多采取了国家层面引导的大规模预制装配技术普及方式（如英国的混凝土预制装配体系、瑞典的木构预制装配体系、德国的轻钢预制装配体系等），并将其应用于政府开发的社会住宅及公寓建设；美国则主要基于商业市场的推动，着重于发展独立住宅、多层住宅的工业化，同时强调住宅产品的个性化、多样化。与此同时，"模块化设计"概念在西方发达国家开始被提出并提升到理论高度来研究，其也成为建筑工业化领域中新的突破，并在后来成为移动建筑设计中的常用策略。在这个历史时期，工业化技术在移动建筑上的应用逐渐成熟和普及，并形成完整的产业链和市场生态，其中以美国和英国在"二战"后的移动住宅发展最具代表性。

3. 美国"二战"后移动住宅的发展

20 世纪 50 年代，美国经济高速发展并开始大量建设发达的公路网，这为房车的飞速发展提供了有利条件。各种房车不断进入市场，并形成了美国战后独特的房车居住文化和现象。伴随着"二战"后的社会住房短缺问题凸显，房车成为高效、快速解决居住问题的重要途径。房车虽然经济，但其空间狭小局促。随着人们对于住房性能要求的不断提高，作为临时性住宅使用的房车已不能满足市场的需求，具有更大空间体量、更好建筑性能的移动住宅（Mobile Home）① 开始出现（图 2-20）。移动住宅同样采用了工业化生产模式，一

① 移动住宅是指通过在工厂的预制装配生产，完成住宅主体或多个住宅模块，其经运输至现场后直接就位或拼接完整住宅的工业化住宅类型。

般使用轻木或轻钢框架结构，但其形态比房车更为建筑化。体量较小的移动住宅底部带有永久性的车辆底盘，可被整体拖挂运输至建造地点，体量较大的住宅则会基于模块化策略在工厂进行多个单元体的独立生产，再分别运输至现场总装。20 世纪 70 年代以后，美国的工业化住宅建设开始从数量向质量转变，“移动住宅”也被升级定义为“工厂预制住宅”（Manufactured Housing）①。“移动住宅”的形式更加丰富多元，到后来基本与日常建筑无异，但内在的建构逻辑还是基于整体汽车底盘之上的轻型结构体系。在商业运作层面，美国战后的移动住宅取得了巨大成功，如今每年可为北美地区提供大约四分之一的住房。据统计，目前在美国有超过一半的移动住宅被放置在“房车公园”、“移动住宅公园”（Mobile Home Park）等社区中，居民向社区租用放置住宅的土地，社区则向移动住宅中的居民提供生活配套设施以及公共服务 [1]。但是，体量的增大也会逐渐造成建筑可移动性的减弱以及运输成本的增加，移动住宅也因此在日常使用中并没有经常被移动 ②。

4. 英国“二战”后的移动住宅发展

20 世纪 50–60 年代，英国继预制平房之后又通过修建大量高层公寓来缓解“二战”后的住房压力，但是当时社会住房的供给和需求缺口仍旧达到了顶峰。严峻的局面迫使英国政府再次将可移动的预制住宅作为应对之策，并推出了三个方案：以混凝土单元形式运输安装的亚特兰大住宅（Atlanta）、以两个独立单元拼装的特拉宾住宅（Terrapin）以及安装在预制基础上的木制平房——帕拉丁阳光小屋（Paladin Sun Cottages）。1962 年，政府开始向各个城市提供技术上更为成熟的 LCC 移动住宅（LCC Mobile Home），其形式类似后来的集装箱活动房。（图 2–21）该住宅一般分为两个单元，外部覆盖坚硬的石棉板，地板和屋顶

图 2–20 美国“二战”后生产的车载式移动住宅
图片来源：《Architecture in Motion: The History and Development of Portable Building》

图 2–21 英国 20 世纪 60 年代生产的 LCC 移动住宅
图片来源：《Prefabs: A Social and Architectural History》

① 1976 年美国住房与城市发展部（Department of Housing and Urban Development，HUD）颁布了工厂预制住宅施工与安全标准（HUD-Code）等一系列严格的工业化住宅行业规范标准，并一直沿用至今。

② 美国实际上有 97% 的工厂预制住宅在其生命周期中，只经历了从工厂到建造地点大约 500 公里距离内的一次移动运输。尽管工厂预制住宅有着能够被重复多次运输的建筑性能，但现实情况是大部分工厂预制住宅在第一次落地后就不再继续移动。

为胶合板，单元内部则包含有客厅、厨卫、卧室等功能空间。住宅单元通过卡车运输，然后由起重机吊装，整个建造过程可在一小时以内完成。LCC 移动住宅作为临时应急住房被使用了 20 年，但由于运输成本原因，其位置基本未发生过变化[13]。

2.4.2 基于新材料与新结构的轻型体系探索（20 世纪 50–70 年代）

20 世纪 50–70 年代，以电视、计算机、卫星传播等为标志的信息技术革命不但促使社会生产力和科技水平得到了爆炸式增长，人类对于外部世界的探索也达到了全新的高度，支持这些探索任务和行为的建筑空间因此得到了飞速的发展，比如：支持航天探索的太空建筑；支持极地科研考察的极地建筑；支持研究水环境的海洋建筑……这些伴随人类探索未知世界的建筑大多位于极端的非日常环境，因此也通常采用了可移动的设计策略来使其能够灵活适应不同环境的变化。此外，这股科学探索的浪潮同时也折射出当时社会上所弥漫的技术乐观主义情绪，一些移动建筑研究领域的先锋者也因此积极地探索着新的建筑轻型化趋向。如果说移动建筑在前两次工业革命中的轻型化是来自铸铁、钢铁等轻质高强材料的应用，这个时期的轻型化则不仅仅来自于新材料的推动，也展现了结构体系的创新。

1956 年，史密森夫妇（Alison and Peter Smithson）在每日邮报理想家具展（Daily Mail Ideal Home Exhibition）中展示的未来住宅设计，使用了塑料材料来建造和形成有机连锁空间以及一体化内嵌式烹饪、洗涤和娱乐设备。与此同时，法国建筑师约内尔·沙因（Ionel Schein）及稍后的尚内亚克（Jean-Louis Chanéac）同样使用了塑料等新的合成材料来设计一系列移动建筑。在 20 世纪 50–60 年代，富勒研发了网格穹顶系统来设计建造大体量的可移动穹顶建筑，其在 1967 年蒙特利尔世博会中设计的由轻钢玻璃建造的美国馆一度引领了世界建造穹顶建筑的风潮（图 2-22）。在同时代，另一位建筑大师弗雷·奥托（Frei Otto）开始崭露头角，其对于膜结构的研究探索对于移动建筑轻型体系的发展影响重大。奥托于 1952 年开始了对于张拉膜结构形式的研究，并于 1955 年在德国卡塞尔的联邦花园博览会（Federal Garden Exhibition，Kassle）上设计了使用帆布张拉的音乐展馆。1956–1957 年，奥托又相继将张拉膜形式应用于科隆联邦花园博览会（Federal Garden Exhibition，Cologne）的入口和展厅、柏林国际银行咖啡厅以及明日之城展览（City of Tomorrow）的屋顶设计。同样在蒙特利尔世博会上，奥托设计的德国馆由 PVC 聚酯纤维薄膜取代传统的帆布，并悬挂于钢索组成的结构网上，这种薄膜不仅保证了表皮受力的连续性和一致性，还拥有较高的强度且具备不同程度的灵活性和透明度。德国馆还采用了计算机来辅助设计、生产和安装，并基于预制拆装运输的策略，使得整个建造过程只耗费了三个半星期[1]（图 2-23）。在该世博会上，奥托还设计了两个跨度达 20 米的晶格结构穹顶，可如蒙古包般折叠拆卸后运输。

图 2-22 蒙特利尔世博会“美国馆”

图片来源：《Your Private Sky：R. Buckminster Fuller——The Art of Design Science》

图 2-23 蒙特利尔世博会“德国馆”

图片来源：David Langdon（Trans. 郭嘉）. AD 经典：1967 世博会德国馆 / Frei Otto and Rolf Gutbrod [EB/OL].（2015.05.26）（2023.05.15）. https：// www.archdaily.cn/cn/767400/jing-dian-1967shi-bo-hui-de-guo-guan-frei-otto-and-rolf-gutbrod.

在奥托的推动和影响下，膜结构体系的逐渐发展成熟。伴随着后来气动结构①的兴起，移动建筑又获得了新的发展方向。在 1970 年的大阪世博会上，也出现了不少基于轻型体系和气动结构的展馆。例如：黑川纪章设计的宝冢（Takara）展馆，由模块化的钢管框架单元堆叠搭建而成；富士集团展馆是一个巨型气膜建筑；伦佐·皮亚诺（Renzo Piano）设计的意大利工业展馆则由轻钢框架和聚酯纤维薄膜构成……[1] 此外自 20 世纪 60 年代起，轻便且能够批量化生产的移动建筑在军事领域也得到了更广泛的应用，例如基于模块化和气动结构的帆布机库以及野战医院、厨房单元等。

2.4.3 后现代主义思潮的兴起（20 世纪 60-70 年代）

1. 现代主义的批判与乌托邦的畅想

第三次工业革命不但提升了社会生产力，同时也引发了社会经济结构的又一次变化——由制造经济转向服务经济，公民成为消费者。这种现象既直接体现了社会经济模式的更替，同时也作为新社会逻辑的代表，彰显了消费文化②[21]，即“一种将商品同进步理念、富裕生活、个人身份以及社会变革联系在一起的文化”[21]。物质消费主义的盛行激发

① 建筑中使用的气动结构技术应用大致有两种：一种是常见的气膜建筑，指的是用特殊的建筑膜材做外壳，配备一套智能化的机电设备在气膜建筑内部提供空气的正压，把建筑主体支撑起来的一种建筑结构系统；另一种则是对膜材制成的建筑结构构件内部提供空气的正压，使得这些构件自身膨胀起来并能够支撑起建筑的外表皮系统。

② 消费文化，是指在经济和技术发展导致的全球竞技运动中，消费本身已经成为文化的一种主导力量，因而具有文化特征。鲍德里亚认为社会“消费”不是一种附属于生产的消极行为，而是成为“生产力的一种有组织的延伸”，详见王一川. 美学教程 [M]. 上海：复旦大学出版社，2004.

了人类在思想意识层面的深度反思，经济技术和文化思想的对立成为当时社会的主要矛盾，对于现代主义的批判则引发了后现代主义运动。20 世纪 60–70 年代，一大批先锋的建筑师个体和团体掀起了运用新的技术和理念来实现对现代建筑的改良和未来城市的畅想。在这股乌托邦建筑思潮中，移动建筑的研究（尤其是在思想理论层面）迎来了高潮：一方面法国建筑理论家尤纳·弗里德曼提出了“移动建筑”（Mobile Architecture）的概念和理论，正式标志着移动建筑领域中体系化的思想理论出现，并呈现浓厚的社会学特征（图 2–24）；另一方面以英国“建筑电讯派”（Archigram）和建筑师塞德里克·普莱斯（Cedric Price）、“情境主义国际”组织（SI）及其代表人物康斯坦特（Constant）、日本“新陈代谢学派”，以及由弗里德曼领导的“移动建筑研究小组”（GEAM）和“国际建筑前瞻”组织（GIAP）等开展了对于未来城市的畅想，其中充满了通过移动建筑形式来解决社会问题的策略理念。

2. 移动建筑的先锋实验探索

20 世纪 60 年代的这些乌托邦畅想在历经广泛传播之后，影响了许多后来者的设计理念。一些建筑师开始跨越学科的界限，利用新的技术、材料和结构进行了具有实验性特征的移动建筑研究，以展示一种自由、灵活的生活理念。从 20 世纪 70 年代开始，奥托·卡芬格（Otto Kapfinger）和阿道夫·克里斯蒂尼茨（Adolf Krischanitz）成立了 Missing Link，采用机械动力、柔性和气动结构创造了一系列艺术化的移动建筑实验装置。例如：基于一次性使用的可移动住宅；基于可折叠柔性结构的“逃离之屋”（Fleder Housing）；通过在城市街道上空悬挂充气泡沫来给孩子们提供玩耍场地的“儿童云”（Children Clouds）；旨在改变邻里关系的可移动结构“维也纳金色心脏”（Golden Viennese Heart）……[1] 同时，美国的蚂蚁农场（Ant Farm）也致力于轻型和气动结构体系下的移动建筑研究，后来还专门制作了一本手册。此外，意大利的建筑伸缩派（Archizoom）、超级工作室（Super studio）、美国的 EAT（艺术与技术实验小组）、奥地利的豪斯鲁克公司（Haus-Rucker-Co）和蓝天组（Coop

图 2–24 弗里德曼的移动建筑理论指向了一种“移动社会”的构型
图片来源：《尤纳·弗莱德曼：手稿与模型（1945–2015）》

Himmelblau)、荷兰阿姆斯特丹的活动结构研究所(The Event Structures Research Group)等组织也对移动建筑开展了相关实验研究，其设计和构想也大多基于技术、艺术与移动性的结合。这些现象同时也表明艺术装置正成为一种移动建筑的新形式。

2.4.4　全球化与新游牧主义的兴起(20世纪70-80年代)

1. 基于新游牧主义的生活之变

20世纪70年代，随着经济的发展和地区之间的联系日趋紧密，全球化(Globalization)和新游牧主义(Neo-nomadism)现象逐渐出现：或出于职业的需要，或出于追求更好的生活环境，或出于地区间的发展差异，人类的流动迁徙成为一种日常现象。社会流动性的增强也引发了现代“游牧群体”的涌现。游牧成为一种“先锋的社会关系实践”[3]，时尚的房车、船屋等逐渐普及到大众的日常生活之中，并演化为一种时代风潮。以船屋为例，现代船屋的不断涌现在西欧和北美地区的河运水网及湖泊上，较高的住房成本和低迷的经济形势加上国家的政策倾斜①与船屋居住条件的改善，越来越多的人青睐于这种亲近自然的生活方式②[22]。在市场和政策的引导下，许多临水城市的居民不再依赖于房产，而只是租用场地以停靠和连接设备。各种形式新颖、空间舒适的船屋组成的“水上村落”纷纷涌现，比如北美的西雅图、温哥华都拥有完整的船屋社区(图2-25、图2-26)。

图2-25　现代社会中涌现的时尚房车生活
图片来源：《The New Nomads》

图2-26　位于加拿大温哥华的漂浮之岛社区
图片来源：《ROCK THE BOAT》

① 许多西欧国家政府通过政策手段来促进船屋的良性发展，并鼓励建造绿色低碳的船屋。例如在德国，政府通过发起建造福利船屋工程，并出台修改《建筑补贴法》《经济犯罪法》《建筑法》等法律法规和优惠的金融贷款政策来促进船屋建设，保障船屋的交易。

② 例如在荷兰阿姆斯特丹，一些负担不起城市房价房租的大学生在艾瑟尔堡湖上购买了船屋，其成本仅有3万欧元左右，从码头到市区只有20分钟的车程，在假日期间还可驾驶船屋沿着湖道漂游旅行。荷兰的船屋曾被描述为“好比陆地上房子，船屋上头也有口牌、信箱、小花园、晒衣台、停放脚踏车的地方，有些船屋甚至有共享的水上小公园或儿童游戏设施，例如位于阿姆斯特丹的船屋社区，共享有高质量的水上儿童游戏设施”。详见王志成，弗兰茨·罗丽亚．西欧“船屋时尚”新潮流[J]. 商业周刊，2014(10)：51-57.

此外，人类追求与自然亲密接触的渴望以及户外休闲产业的兴起激发了便携式移动建筑产品的社会需求，同时也吸引了简·卡普利茨基（Jan Kaplicky）等建筑师的研究兴趣。这些用于野外休闲的移动建筑产品不仅追求于工业化生产的技术唯美性，同时也强化了其轻度介入生态环境的特性优势。

2. 基于高新工程和制造技术的借鉴

进入20世纪80年代，工业化生产带来的巨大能源消耗使得人们需要不断地开采资源。海上钻井平台这种整合了大型工程和移动技术的海上生产与生活综合体成为新出现的巨型移动建筑形式，并与航母、邮轮、集装箱货船一样被看作是代表现代高新工程技术集成的“海上移动城市”。除了这种大型工程之外，移动建筑也以其经济便携、部署快捷的特性优势被广泛应用于工程建设、科研勘探等领域的生活居住配套以及短期、临时的活动需求。移动建筑对于不同环境的适应要求需要其通过不断的技术优势累积来提高自身的性能，因此建筑师们开始重视和挖掘移动建筑的潜力价值，并致力于将高新的工业生产技术和策略（尤其是先进制造业）应用于移动建筑设计，进而引发了一些新的研究实践，比如格雷姆肖（Nicholas Grimshaw）、伦佐·皮亚诺（Renzo Piano）、理查德·霍顿（Richard Horden）等之于移动建筑轻型化、微型化的研究。

2.4.5 生态环保与可持续发展理念的兴起（20世纪80-90年代）

1. 可持续发展理念的兴起

20世纪70年代，世界爆发了两次全球性的经济危机，一方面显示了全球化背景下地区间日益紧密的相互依存关系，另一方面也促进了人类生活在同一个世界的全球意识崛起。科技和经济的迅猛发展不仅引发了众多城市和社会问题，也带来了一系列环境问题，可持续发展理念（Sustainable Development）[①] 开始兴起和盛行。自20世纪90年代以来，当代移动建筑理论研究领域的代表人物罗伯特·克罗恩伯格提出了“可适性建筑理论”，其从社会整体生态的视角对移动建筑的思想理论进行了拓展和创新，移动建筑的环境适应能力和灵活可变价值也逐渐被认知和挖掘。在1992年的塞维利亚世博会上，格雷姆肖设计的英国馆具备可拆装移动和循环使用的能力，并充分展示了移动建筑在全生命周期内（设计、生产、运输、安装、使用、拆卸、重复利用、回收）的绿色低碳运行。在可持续的理念浪潮下，

---

① 可持续发展（Sustainable Development）概念的明确提出，最早可以追溯到1980年由世界自然保护联盟（IUCN）、联合国环境规划署（UNEP）、野生动物基金会（WWF）共同发表的《世界自然保护大纲》。1987年以布伦特兰夫人为首的世界环境与发展委员会（WCED）发表了《我们共同的未来》的报告。这份报告正式使用了可持续发展概念，并对之做出了比较系统的阐述，产生了广泛的影响。有关可持续发展的定义有100多种，但被广泛接受影响最大的仍是世界环境与发展委员会在《我们共同的未来》中的定义。该报告将可持续发展定义为：“能满足当代人的需要，又不对后代人满足其需要的能力构成危害的发展。它包括两个重要概念：需要的概念，尤其是世界各国人们的基本需要，应将此放在特别优先的地位来考虑；限制的概念，技术状况和社会组织对环境满足眼前和将来需要的能力施加的限制。”

绿色生态、可循环利用的集装箱建筑（Container Architecture）出现并成为后来市场上应用最为普遍的移动建筑形式。

2. 集装箱建筑的市场化应用

全球化时代的贸易和物流兴盛使得市场上生产了大量货运集装箱，一些闲置的集装箱经过围护性能、内部空间和附属设备上的建筑化升级改造后，变成具有一定使用功能的集装箱建筑。集装箱模块化、标准化空间单元及高强度的钢结构框架为其建筑化改造和利用提供了有利条件，再加上集装箱具有全球统一的制造和物流运输标准，由其改造、转换、构建而成的建筑单元更容易被移动和运输。市场需求的火热也使得原本生产集装箱的厂家纷纷转型生产与集装箱相关的房屋产品，比如今天最为常见的箱式移动房（Mobile Dwelling Unit，MDU）①。此外，集装箱通过模块化单元的组合可以构建起不同体量和形态的建筑，使用过的箱体又可作为循环使用和回收利用的材料，同时也能够彰显一种时尚的工业文化，因此被广泛运用到商业、文化、旅游、居住等多个领域。位于纽约的LOT-EK建筑事务所是如今最为知名的集装箱建筑设计公司，其作品既具有绿色生态的性能特征，又展现了个性、时尚的形式特色（图2-27）。

3. 灾害应急中的积极介入

20世纪80-90年代，自然灾害的频发和难民危机的常态化使得灾后的应急庇护以及重建过程中的生活过渡问题日益受到关注：1982年，联合国救灾协调专员办事处（UNDRO）发表的《灾后庇护所》（Shelter after Disaster）报告，认为灾后的即时庇护和居住过渡问题都应受到重视；1992年，联合国难民事务高级专员公署（UNHCR）也发布报告认为需要一种更全面的庇护所策略，要为其工业化生产制定合适的标准与规格以及时推出适宜的产品，宜家公司后来还研发了基于工业化生产的可移动难民庇护所；21世纪，联合国组织发布新版报告，阐述了灾后的适当反应模式以及管理工具包，其在《过渡性避难所指南》中将救灾建筑定义为一个过程，而不仅是一个产品……[1]可移动、可拆卸、模块化、轻型化等移动建筑设计策略在救灾应急上的应用潜力和价值很早就被建筑师所挖掘。例如日本建筑师坂茂自20世纪80年代起就开始通过“纸”“竹”“木”等可再生材料和结构形式，将移动建筑成功应用于灾后救援应急（图2-28）。

4. 文化活动中的日常应用

随着移动建筑逐渐得到社会认可，其开始被全面应用于文化、展览、娱乐、艺术等

---

① 箱式移动房是一种集装箱化的移动房屋，通过集装箱改造或按照标准集装箱规格或相近尺寸建造，并作为临时性或非永久性建筑使用。箱式移动房主体在工厂预制加工完成，结构主要由轻钢框架、木框架、铝合金框架等轻型结构构成，围护体采用轻质复合保温材料，一般以集装箱模式运输至现场安装，可单箱体独立使用也可多箱体组合使用。箱式移动房具有移动运输便捷，建造装配快速、可灵活组合、抗震性能强、建造使用成本低等优势，广泛应用于临时居住、灾后救援、工地服务、临时活动等领域，但其在居住舒适性、保温隔热等方面相对较低，建筑品质也还有待提高。详见丛勐．由建造到设计——可移动建筑产品研发设计及过程管理方法[M]．南京：东南大学出版社，2017：22-23.

图 2-27 LOT-EK 建筑事务所设计的丰富多彩的集装箱建筑

图片来源：LOT-EK. QIYUN MOUNTAIN CAMP [EB/OL].（2017.01.01）（2023.05.15）. https：//lot-ek.com/QIYUN-MOUNTAIN-CAMP.

图 2-28 由坂茂设计的位于厄瓜多尔的可移动纸管救灾住宅使用了纸、竹、草等可再生材料

图片来源：作者拍摄于建筑设计与救灾项目的共存——坂茂建筑展（2017）

日常生活中的各个领域。1979 年，阿尔多·罗西（Aldo Rossi）以 16 世纪的船屋为灵感为威尼斯双年展设计了一个建在驳船底座上的浮动剧院，并在各个城市间巡展。无独有偶，槙文彦（Fumihiko Maki）于 1996 年在荷兰格罗宁根（Groningen）同样设计了一个建在混凝土漂浮筏上的膜结构水上剧院，以满足即时的表演需求，并向传统的马戏团巡演形式致敬[1]。进入当代，漂浮在水面上的可移动表演空间成为一种将流行文化融合于自然环境的重要表现形式。自 20 世纪 90 年代起，美国建筑师马克·费舍尔（Mark Fisher）开始为流行音乐会设计基于快速拆装和运输的可移动舞台建筑，例如其为平克·弗洛伊德乐队（Pink Floyd）设计的“分频钟”舞台（The Divison Bell Stage Set，1993–1994）；为滚石乐队（The Rolling Stones）设计的“沃多休息室”（Voodo Lounge Stage Set，1994）、“通往巴比伦之桥”（Bridges to Babylon Set，1999）、“眩晕之旅”（Vertigo Tour Stage Set，2005–2006）舞台；为 U2 乐队设计的“流行市集”（Popmart Stage Set，1997–1998）、“炸裂之旅”（Bigger Bang Tour Stage Set，2005–2007）舞台等[1]（图 2–29）。基于某一特定体验或提供即时娱乐而发生的短暂事件是当代文化活动的共同特征，因此博览会、节庆活动等通常都出现了大量移动建筑的身影。大量有机形态的膜结构建筑、模块化的集装箱建筑等以可移动形式介入短时性的文化活动事件中，以满足日益增多的户外表演和公共活动需求。

5. 太空探索与街头生活

20 世纪 90 年代起至今，出于商业和军事利益，人类的太空探索事业又重新兴起，并朝着两个方向展开了对于太空生活空间的研究：一是轨道或星际居住平台（例如空间站和飞行器的居住舱），二是以行星表面为基础的栖息地（如 NASA 的太空居住示范项目和

“流行市集”舞台（Popmart Stage Set，1997–1998）

“炸裂之旅”舞台（Bigger Bang Tour Stage Set，2005–2007）

图 2–29　由马克·费舍尔设计的可移动流行音乐会舞台

图片来源：《Portable Architecture Design and Technology》《Portable Architecture》

Mars500 火星生活模拟装置等）。这些研究大多基于预制的集成模块或舱体组合，并因运输装配所处于的极端环境和技术问题而采用了在地自主建造策略：轻质高强的结构体系和弹性材料、运输体积小、部件集成度高、需要人力或机械辅助安装的工作少[1]。在探索非日常环境下的太空生活同时，无家可归者在城市中的居住问题也开始受到关注，并出现了一些用于街头生活的移动建筑形式。当代社会的游牧生活者中有很大一部分是街头流浪者，其所谓的“家”都基于非常简陋的形式，很难被认为是住宅。泰德·海耶斯（Ted Hayes）成立了“城市无家可归者”组织（Justice Ville Homeless），以社区参与共建的形式为洛杉矶的流浪者提供街头住宅。这种住宅大多为经济便携的移动建筑形式，并基于几个原则：非正式的、自主建造的、考虑公共形象的[1]。日本学者坂口恭平在其著作《东京的零元住宅和零元生活》中观察和记录了流浪于东京街头的人们的日常蜗居生活，其自主搭建的移动住宅虽然简易但具有“家”的基本生活功能（图 2–30）……[23]

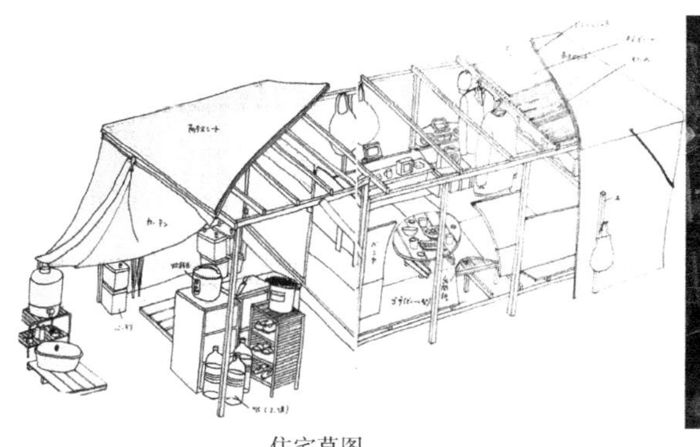

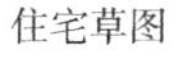

住宅草图

街头实景

图 2–30　东京街头的“零元住宅”

图片来源：《东京的零元住宅和零元生活》

2.4.6 互联网时代的到来（21 世纪）

1. 媒介化、艺术化、交互式的移动建筑装置

随着当代高速交通（航空、高铁等）的市场化发展与互联网的革命性影响，人类的出行和社交都进入了一种新的模式——物理世界的疾速移动和虚拟世界的即时连接压缩了人们对于时空的传统感知。生活的节奏加快，社会的流动增强，世界已到处充斥着信息和媒体。建筑作为一种社会媒介的作用被强化，其互动性和表现力不断地被挖掘，媒介化、艺术化、交互式的移动建筑开始在社会上涌现。如果说以 20 世纪六七十年代的奥托·卡芬格及八九十年代的勒贝乌斯·伍兹等为代表的前辈先锋设计师是以移动建筑的实验研究模糊了艺术与自由生活的界限，当代的建筑师和艺术家们则将移动建筑作为媒介语言来表达其对于社会的观察、沟通、思考和批评。例如，露西和豪尔赫·奥尔塔（Lucy and Jorge Orta）设计的“可穿戴的建筑”（Wearable Architecture）① 艺术作品，体现了其对于生存庇护、流离失所等社会公平问题的看法与关切；荷兰艺术家约普·范列肖特（Joep Van Lieshaunt）自 1994 年以来就一直致力于艺术化的移动建筑或装置创作，如“主人和奴隶之家”（Master and Slave Unit）、“好的、坏的、丑的”（The Good, the Bad and the Ugly）、“移动模块之家”（Modular House Mobile）、“独裁者的避难所”（Survival Unit Autocrat）等，这些作品通过色彩缤纷、造型挑逗、不受束缚的形式来诱使观众思考当今社会之外的可替代生活方式……[1] 自 21 世纪以来，展览和博览会中的建筑装置化和装置建筑化现象愈发明显，这些似建筑又似艺术装置的移动建筑能够灵活地被移动，与各个地方的人们互动，并作为一种新的媒介形式向外界表达创作者的文化艺术和思想观点。例如伦敦肯辛顿花园（Kensington Gardens）内的蛇形画廊（Serpentine Gallery）就是一座可重复使用的临时展览空间，每年夏季都会邀请不同的国际知名建筑师设计，并向观众传达出不同的价值观和生活理念。

2. 从建筑家具到可移动的膜结构建筑

20 世纪 90 年代后期，日本建筑师铃木敏彦（Toshihiko Suzuki）提出了“建筑家具”理论，认为建筑可像家具一样被移动，并能够基于此来灵活组织办公、餐饮、起居等生活中的日常功能。与家具这一微观尺度相对应的是，当代社会临时性或短时性的公共活动越来越多，移动建筑作为一种既绿色生态又可即时、灵活满足临时活动需要的建筑类型，有了更多的用武之地。膜结构成为移动建筑介入这些活动及事件中的最常见形式：2008 年，韩国建筑师曹敏硕（Minsuk Cho）在美国丹佛的城市公园中为民主党全国代表大会设计了一个 1400 平方米的气动膜结构活动空间——“空中森林”（Air Forest），该建筑由 9 个 4 米高的六角形半透明冠层结构模块组成；2012 年伦敦奥运会的篮球馆和射击馆、2016 年里约热

① 该项目是一个由图案化的织物围护结构，折叠起来可以供居住者作为衣服穿戴，展开以后则可转化成一个含有六个身体大小的睡眠空间的六角形圆顶帐篷。

内卢奥运会的篮球馆等都采用了可移动的膜结构形式，建筑在运动会结束后被拆卸用于其他地方；FTL 设计工程工作室（FTL Design Engineering Studio）为 1996 年亚特兰大奥运会设计了 AT&T 世界奥运村表演建筑以及用于全球商业巡回活动的哈雷·戴维森机器帐篷……此外，以英国标赫（Buro Happold）工程顾问公司、英国充气设计公司（Inflate）、特克托尼克斯有限公司（Tectoniks Ltd.）、费斯托公司（Festo）、布兰森·科茨建筑事务所（Branson Coates Architecture）、克莱恩·戴瑟姆建筑师事务所（Klein Dytham Architecture）、鲁迪·伊诺斯（Rudi Enos）等为代表的企业、事务所和个人在其实践中不断推动了膜结构建筑的发展创新，新型的合成材料和气动结构、超轻张拉系统和运动元素的结合能够塑造出各种形式、功能和艺术表现力的移动建筑，智能化的控制系统、材料、组件甚至基于 AI 的自主智能建造技术都能融入到大型移动建筑项目之中。

可移动的膜结构建筑在当代也以一种活动空间或艺术装置的形式来戏剧性介入并激活城市中的公共文化生活。例如：艾伦·帕金森（Alan Parkinson）在城市公共空间中设计的可移动膜结构空间，通过半透明的几何体形式、靓丽的色彩及戏剧化的室内空间体验，为当地市民创造了互动化的深刻记忆；西班牙艺术家莫里斯·阿吉斯（Maurice Agis）创作了大量的充气雕塑装置，其著名作品《梦幻空间》(Dreamspace）利用气膜结构塑造了可变换色彩的神奇迷宫；柏林 Plastique Fantastique 工作室利用充气膜建造出易调节、低能耗、形态柔软的“气泡建筑”，并将其作为城市公共行为活动实验室……（图 2-31、图 2-32）

3. 互联网经济和文化旅游热中的移动建筑

在互联网时代，移动建筑的灵活特性与当代社会的快速变化是相适应的，其也因此发展为一种新兴的商业空间载体。例如：建筑师洛伦佐·阿皮塞拉（Lorenzo Apicella）就设计了一系列可移动的商业和办公建筑，以满足社会中对于灵活、快速、高周转的商业空间需

图 2-31　“Dreamspace”充气式空间艺术装置

图片来源：CHRISTIAN BOVEDA（photo：by Andy Miah）. The Northern Renaissance-English courses in the north of England and Scotland [EB/OL].（2013.07.17）（2023.05.15）. https：//blog.esl-languages.com/blog/learn-languages/the-northern-renaissance/?share=facebook.

图 2-32　Plastique Fantastique 工作室设计的位于城市广场的充气膜装置

图片来源：Plastique Fantastique. AEROPOLIS Metropolis Festival [EB/OL].（2013.01.01）（2023.05.15）. https：//plastique-fantastique.de/AEROPOLIS.

求[2]。如今，互联网已融入社会生活的方方面面，“电商经济”“无人经济”“共享经济”等互联网技术主导下的新经济模式需要商业空间具备快速满足海量需求以及可灵活便捷转换的能力。移动建筑作为商业空间载体能及时、灵活、快速地应对和满足不同区域、时段的生活需求，并节约了资源和成本（图 2–33、图 2–34）。当今市场上火热的“pop–up store”（快闪店）大多是通过“互联网经济 + 移动策略”打造的短期市场商业模式，既满足了“商业 + 活动”的服务需求，又演变为社会的时尚风潮和流行文化。

与此同时，“钢筋混凝土森林”中的日常生活环境使得人们接触、融入大自然的渴望和需求比以往更为强烈。但是，拥抱自然不能等于破坏自然。移动建筑作为一种不受场地制约、可灵活适应不同环境的建筑类型，随着当代社会文旅热潮的高涨而兴起。房车营地、房车公园、水上休闲建筑、水上村落等在今天已屡见不鲜。亲近自然的移动生活成为一种时尚文化，甚至在部分项目中还出现某些永久性的建筑通过对移动建筑形式的借鉴，来塑造一种游牧生活的文化意象和情境。“野外度假酒店”“野奢民宿”等大多都以移动建筑作为空间载体，其形式也从房车、船屋、帐篷等传统民俗符号象征走向了日常（图 2–35、图 2–36）。

4. 移动建筑介入当代城市社会问题

在当今的城市化进程中，移动建筑也为化解人地矛盾提供了新的思路——通过建筑可移动的方式来提高场地的利用效率，同时摆脱土地成本的制约。随着当代城市逐渐由增量转向存量甚至减量时代，移动建筑及其相关策略也出现在了城市更新改造的过程中。例如：对城市闲置空间的重新利用；以功能模块插入的形式来解决不适宜大规模拆建的城市旧区或历史敏感环境中的生活条件改善问题；等等。西班牙建筑师圣地亚哥 · 西鲁赫达

图 2–33　位于上海北外滩滨江休闲带的可移动便利店
图片来源：作者拍摄

图 2–34　位于上海五角场商业广场的可移动展厅
图片来源：作者拍摄

图 2-35　由 ARCHIWORKSHOP 工作室设计的可移动帐篷酒店
图片来源：《The New Nomads》

图 2-36　位于内蒙古鄂尔多斯的响沙湾沙漠莲花酒店利用帐篷建筑形式去塑造游牧生活情境
图片来源：建筑学院 . 在旱地中盛放的白莲花，内蒙古响沙湾沙漠莲花酒店 [EB/OL].（2015.05.18）（2023.05.15）. http：//www.archcollege.com/archcollege/2018/5/40249.html.

（Santiago Ciregeda）就设计了大量的“伪装式”移动建筑，并将其置于城市中模棱两可的空间进行使用，当“被当局发现”时，则可以将其搬迁至其他地方进行再利用[24]。移动建筑在今天介入城市与社会问题的方式大多体现了一定的社会管理与治理思维，而非仅靠技术手段，因此通常需要考虑国家和地区间相关法律规范及管理方式的差异性。

5. 移动建筑的产业化发展趋向

进入 21 世纪，高新技术发展（如人工智能、量子通信等）飞速影响着各个行业的发展，科学技术转化为生产力的速度越来越快，科技成果商品化的周期也越来越短，社会经济结构快速由工业化向产业化转型。因此，像移动设计工作室（OMD）的詹妮弗·西格尔（Jennifer Siegel）、卡斯·奥斯特霍斯（Kas Oosterhuis）、韦斯·琼斯（Wes Jones）等当代建筑师或公司对于移动建筑的研究与实践，除了展现其自身的创新设计和理念之外，也强调了基于产业链链接的各个行业、专业团队之间的协作。当代移动建筑走向产业化发展已是大势所趋，具体体现在移动建筑产品在其全生命周期内的经济、环境和社会效益的综合优化，从策划、设计、生产到销售、服务、回收的产业链整合，对于先进制造业生产技术与现代组织管理方法的借鉴、引入，以及基于数字化和智能化技术的转型升级等方面。

2.5　移动建筑历史发展的社会关联

2.5.1　移动建筑历史发展的阶段与脉络特征

正如前文历史综述，移动建筑的发展变迁一直伴随于人类社会进程，历经兴衰起伏，并可进一步被归纳梳理为萌芽、兴起、低潮、酝酿、革新、探索、活跃和挑战 8 个阶段时期，进而勾勒出一条清晰的脉络（图 2–37）。因此，移动建筑尽管作为一种从未出现在“主流”建筑史学体系中的特殊类型，其历史发展不但具有阶段性的社会学特征，反映了生产力、科学技术、思想意识、文化传统等多方面社会因素的作用影响，更体现了一定的脉络延续感和社会关联性，最终呈现出“从功能到技术最终走向社会”的整体特征规律：

从游牧到农耕社会，游牧和农耕文明处于一种长期对立共存的稳定局面，早期的移动建筑作为一种“游牧式建筑”，建筑的移动更多体现的是游牧语境下的支撑生存“功能性”（Functionality）。

在工业社会，生产力和科学技术的进步使得移动建筑从早期原型进化到现代体系，人类的迁徙已经摆脱了生存庇护的功能束缚，走向了生活、生产和旅行，建筑的移动更多体现的是现代语境下基于生产的“技术性”（Technicality）。

在信息社会，移动建筑经历了后现代主义和互联网革命的影响，其变化和发展已趋向于多元化。“生存”和“技术”不再是问题，移动建筑似乎可视作一种对人、建筑、城市、自然等多重关系的探索。“移”不是目的，“动”才是价值，移动建筑的核心内涵已从建筑的移动层面转移到移动的建筑层面，也更多体现的是多元语境下面向生活的“社会性”（Sociality）。

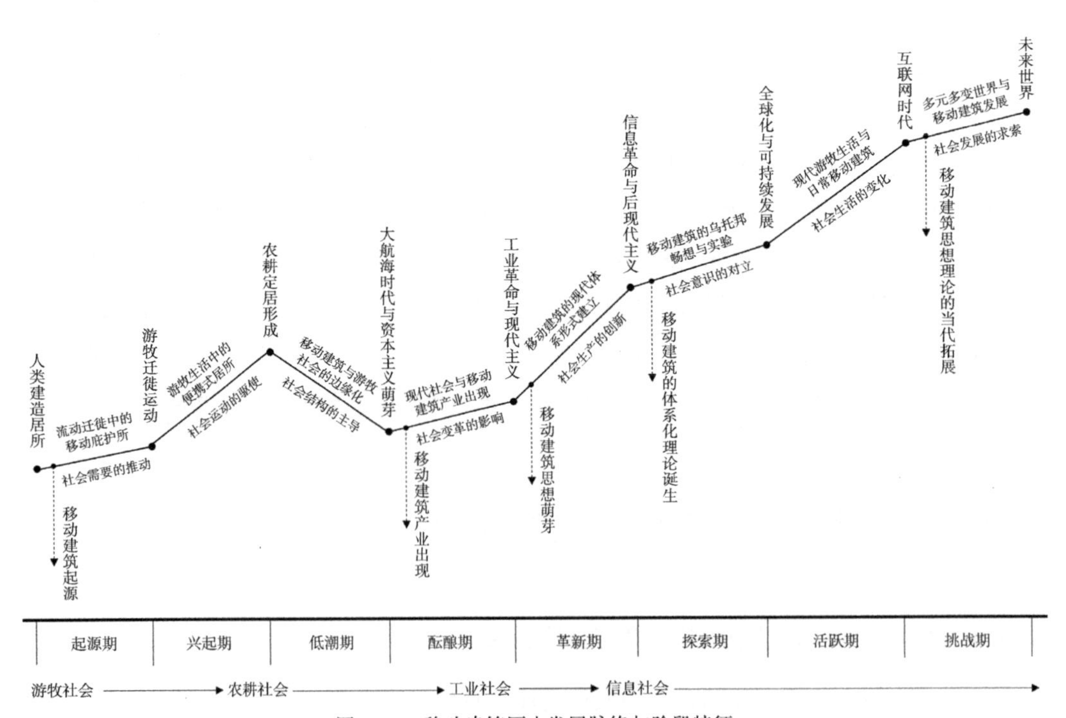

图 2–37　移动建筑历史发展脉络与阶段特征

图片来源：作者绘制

1. 社会需求推动下的萌芽期：流动迁徙中的原始移动庇护所

移动建筑的萌芽期指的是人类社会早期建造原始庇护所时期，主要体现为一种社会需求推动下的发展特征——在漫长的流动迁徙过程中开始萌芽，并最终产生了原始、便携式的移动庇护所。移动建筑出现的根源在于人类生存庇护的社会基本需求，贯穿其中的流动迁徙是促使移动建筑产生的必然条件。该阶段的流动迁徙主要指人类社会早期为了寻找食物和适宜环境而进行的栖息地迁移现象，尽管后来人类或出于躲避战争灾害，或出于职业需要也存在迁徙现象，但前者主要是出于生存的基本需要和选择。由于这个阶段较低的社会物质生产能力，加之当时的主要社会问题是生存，因此原始的移动庇护所规模小且基本为手工搭建和就地取材，其使用材料的便携性和结构构造的简易性也能够满足人类在流动迁徙过程中的生存庇护之需，这也为后来游牧生活模式的兴起和成型奠定了物质基础。

2. 社会运动驱使下的兴起期：游牧生活中的便携式移动居所

移动建筑的兴起期指的是人类开始游牧生活至定居模式形成这段时期，主要体现为一种社会运动驱使下的发展特征——移动建筑在游牧社会中兴起并形成了早期的体系化发展。社会生产方式和经济结构的变革使得人类社会从原始的渔猎采集走向了季节性迁徙的畜牧经济以及初级手工农业。游牧成为贯穿这一社会变革过程中的重要主题，游牧生活则成为移动建筑兴起的主导因素和核心推动力。与早期基于生存庇护的本能而进行迁徙不同的是，游牧是一种基于生产和生活需要的迁徙，是人类有规律、有意识地去寻找和选择居住环境的行为。常态化的游牧也促使人类进一步改良了适应周期性迁徙生活的居所形式和移动技术。此外，当时社会的生产力水平使得生存仍是最基本的社会问题，人类还不具备征服自然的能力，因此移动建筑的早期形式大多源自于对自然环境的模仿与崇敬，体现的是一种适应自然而非改变自然的价值观，并成为游牧社会的重要文化符号。

3. 社会结构主导下的低潮期：移动建筑与游牧社会的边缘化

移动建筑的低潮期指的是人类定居生活模式的形成（城市出现）至中世纪这段时期，主要体现为一种社会结构主导下的发展特征——移动建筑在以农耕定居为主的社会结构中逐渐被边缘化，并步入漫长的低潮期。随着农业逐渐成为社会主体经济结构，农耕定居正式取代游牧成为社会形态的基本构成。但是游牧文明在很长一段历史时期内仍旧与农耕文明保持着对立共存的状态，移动建筑也得以继续发展。职业分工的出现和游牧文明的留存使得社会产生了需进行移动迁徙的动机，并衍生长距离出行的需要。这种社会需要使得移动建筑一方面在游牧民族的社会中得到不断改良，另一方面也推动了建筑与交通工具的结合。新的移动建筑形式在某些特殊场合得到了应用（如军事、商贸、物流、旅行等），进而也衍生了独特的生活方式与形态。但在整体层面，移动建筑或存在于少数的游牧民族社会，或存在于备受轻视的行业领域（如贸易商人、疍民水户、流动艺人等），社会中的迁徙现象大多由战争、灾难及部分职业性质所引发，并不具有普遍性，因此社会结构的稳定使得早已被边缘化的移动建筑长期处于发展低潮。

4. 社会变革影响下的酝酿期：现代社会与移动建筑产业出现

移动建筑的酝酿期指的是从文艺复兴和资本主义萌芽至第一次工业革命爆发这段时期，主要体现为一种社会变革影响下的发展特征——资本主义引发的社会变革成为后来西方社会迁徙和技术革命的主导因素，推动了移动建筑在现代社会萌芽的过程中的工业化。思想解放构筑了科学理性的世界观，工商业的发展使得原本的农耕经济转变为以财富和资本积累为目的资本主义，社会意识和结构的双重变革推动了科学创新、工业生产技术的进步以及发达国家的对外扩张。社会大迁徙再次出现，进而提升了移动建筑的社会需求。移动建筑一方面在工业化技术的支持下转向了标准化的生产模式，另一方面在市场和商业需求的推动下形成了产业。但是，这个时期只能称为酝酿期，是因为移动建筑的工业化处于初期阶段，其在形式、技术、应用层面都处于有所突破但并未呈现出革命性变化的状态，但为后来的体系革新奠定了基础。

5. 社会生产创新下的革新期：移动建筑的现代体系形式建立

移动建筑的革新期指的是第一、二次工业革命期间，主要体现为一种社会生产创新驱动下的发展特征——移动建筑无论在技术还是在艺术层面上都产生了具有决定性意义的变革，即建立了基于工业化技术和现代主义设计的体系形式并影响至今。工业化主导下的现代文明在生产力和生产效率上拥有绝对优势，不但取代了农耕文明成为社会主流，而且迫使游牧文明只能通过自我改变来适应现代社会，从而淡出了人类社会体系①。更具决定意义的是，工业革命引发了移动建筑体系形式的革新，同时建筑工业化理念也促成了移动建筑思想的萌芽与研究的起始。传统基于乡土和手工体系的移动建筑，体现了人类在处理与自然关系时的和谐共生状态，现代移动建筑则是基于工业化和现代主义体系。预制建造和移动技术的进步一方面为移动建筑打开了新的发展窗口，功能类型和应用领域不断走向多元化②，另一方面也使得现代主义语汇近乎全面地取代了地域乡土语汇，构筑了今天常见的移动建筑形象。

6. 社会意识对立下的探索期：移动建筑的乌托邦畅想与实验

移动建筑的探索期指的是第三次工业革命爆发至20世纪70年代，主要体现为一种社会意识对立下的发展特征——移动建筑在经济技术与思想意识的对立交织中进行了不断的实验探索，并在这个过程中逐渐形成了体系化并具有社会学内涵的思想理论。自工业革命

① 这体现在几个方面：首先，移动技术的进步缩短了人类对于时空的感知，也促使旅行成为常态，产生了一种脱离了生存需要的新游牧生活模式；其次，移动技术对于时空的压缩也打破了社会形式的稳定，现代文明通过新式移动空间的介入，造成游牧社会体系的瓦解，移动建筑不再是生存所需；最后，工业技术使得现代形式的房车、船屋逐渐走进大众生活，机械动力取代了人、畜力，从而大大提升了建筑移动能力。

② 值得一提的是，除了住宅领域之外，工业社会时期的移动建筑在军事和娱乐演出领域得到了空前的发展，究其原因：一是移动建筑能很好适应军事作战和户外表演的移动化生活与工作需求，二是由于工业为其提供了强大的生产和技术支持。

以来的技术乐观主义情绪持续高涨，结构、材料的创新以及富勒、奥托、卡芬格等人在轻型和艺术取向层面的不断努力，使得移动建筑出现了更多新的形式。人类对于外部世界的探索也将移动建筑应用到了太空、科研勘探等新的领域。但是，生活富足带来的物质消费主义同时也使社会开始出现对于现代主义的批判反思，并引发了旗帜鲜明的后现代主义思潮。移动建筑在这时被视为一种解决城市与社会问题的策略，受到了尤纳・弗里德曼、建筑电讯派、塞德里克・普莱斯等人的推崇，因此产生了大量带有移动性和未来主义色彩的乌托邦畅想，并使得移动建筑在理论思想层面产生了社会学转向。这个时期的移动建筑发展主要受到社会意识形态之间的对立与碰撞影响，模块化、轻型化等移动建筑设计的方法策略不断得到实验和尝试，与之相关的探讨也从传统的功能技术层面转向了城市建筑空间的组织策略以及对于理想社会的形塑上。

7. 社会生活变化下的活跃期：现代游牧生活与日常移动建筑

移动建筑的活跃期指的是 20 世纪 70–90 年代，主要体现为一种社会生活变化状态下的发展特征——基于现代游牧的移动建筑融入了日常生活，并被应用于更广泛的领域。后现代主义思潮之后，社会主要矛盾从思想意识和经济技术的对立转向了人与环境的关系。以全球化为背景的新游牧主义为移动建筑注入新的发展动力，时尚的房车、船屋代表了一种先锋、时尚的生活文化，与自然的亲密接触也带来了移动建筑在户外休闲市场上的火热。现代游牧生活的兴起一方面反映了人们对于现代主义所塑造的枯燥人工环境的厌倦，另一方面则昭示着人与自然环境的传统关系回归。人类对于生存环境的再思考引发了可持续发展理念的兴起，以集装箱建筑为代表的移动建筑以其绿色生态的形式与特性，在商业、旅游、居住等日常领域形成了广泛应用。同时，环境适应性也成为移动建筑研究中的新认识——不仅利用其经济便捷的传统优势，更重要的是要挖掘其在应对环境变化中所展现出来的灵活可变特质。移动建筑因此成为面对社会生活变化时的一种可持续应对策略，并在救灾、公共活动等领域中得到重要应用。

8. 社会发展求索下的挑战期：多元多变世界与移动建筑发展

移动建筑的挑战期指的是现在，主要体现为一种社会发展求索下的特征——移动建筑在互联网时代中呈现出媒介化、交互化、产业化等新发展特征的同时，也在探索和塑造未来的社会形态与生活方式，并面临着机遇和困难共存的挑战。互联网彻底改变了当今世界，人类在创造前所未有的虚拟空间的同时也在解构和重构原有的生活世界，全球化与信息化带来的“流动”成为社会各种要素功能集中再扩散的主导因素。当代人类社会正处于一个剧烈变化的动态语境中，并进入了多元和多变的快速运转期。但是，移动建筑具有广阔的应用前景，尤其在互联网经济和文化旅游的热潮下具有良好的发展空间，在应对城市更新和社会问题上更具发展潜力。移动建筑同时也面临着普及性不高、品质较低、土地权属掣肘、管理政策不清等诸多现实问题，因此其发展既存在大量不确定因素，相关研究趋向多元化，同时又展现了对于未来的不断探索态势。

2.5.2 移动建筑历史变迁的社会作用影响

纵观移动建筑的历史发展进程，其变化与转折很大程度受到社会变迁的影响。基于社会学的冲突理论视角，社会变迁往往是由于社会进程中所出现的冲突和运动所引发。移动建筑历史进程中的一些重要社会运动与事件既是发展的重要转折点，也是引发变化的主导因素：在社会变革现象层面，包含了几次社会结构制度的更替、社会生产技术的革命、社会思想意识的转变以及社会问题矛盾的变化，影响时长达成百上千年；在社会运动作用层面，包括了人类社会历史上的几次大迁徙、两次世界性战争和建筑工业化运动，影响时长达数年至数十年；在社会活动事件层面，人类历史上的一些世界博览会、重要国际会议和代表性建筑师、学者的研究成为推动移动建筑前进的阶段性动力。因此，若从社会进程的整体视野来审视，社会之于移动建筑历史变迁的宏观作用机制是立体的，并具有从面到线到点的多层次特征（图 2–38）。

1. 面的影响：社会变革

社会变革不是直接作用而是通过社会整体层面的变化来推动与移动建筑相关的各项社会因素的变化，进而影响其整体发展方向。比如：社会结构制度的更替改变社会的生产关系、经济模式和组织形态，进而影响人类的生产生活方式，最终影响移动建筑的社会应用；科学和技术的革命对社会生产力产生极大提高，从而推动了移动技术和结构材料的进步，

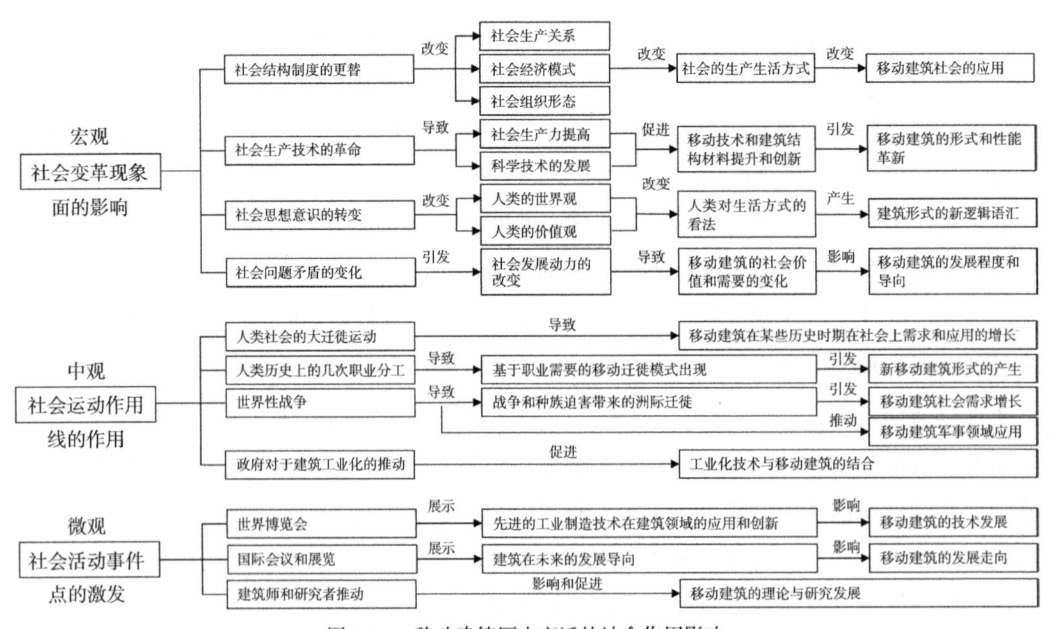

图 2–38 移动建筑历史变迁的社会作用影响

图片来源：作者绘制

进而引发移动建筑在形式和性能上的提升；社会思想意识的变化改变人类的世界观和价值观，进而改变其对于生活方式的看法，最终体现在建筑形式的逻辑语汇上；社会问题的变化导致移动建筑的社会价值和需要的变化，从而影响其发展程度和导向。总体来看，移动建筑在历史上的兴衰起伏很大程度来自于社会变革的全局性影响，既受到社会维度的作用，也需要时间维度的积累，最终体现在空间维度的变化上。

2. 线的作用：社会运动

社会运动的作用体现在具体领域和实际操作层面上，其会在一定地域和时期内直接推动和全面影响移动建筑的发展。比如：人类历史上的大迁徙，直接导致了移动建筑在某些时期的社会需求和应用增长；人类历史上的几次职业分工，衍生了许多基于职业需要的移动迁徙模式，也推动了移动建筑新的形式产生；20 世纪的两次世界性战争一方面推动了移动建筑在军事领域的应用，另一方面则引发了战争和种族迫害带来的人口迁徙；历史上几次由政府引导的建筑工业化运动，推动了工业化技术与移动建筑的结合。总体而言，社会变革影响着移动建筑的总体发展方向，社会运动的作用则是基于时间和地域的，在具体领域与历史阶段推动和影响移动建筑的发展。

3. 点的激发：社会活动

如果将社会变革和社会运动的作用与影响分别视为作用于宏观和中观层面，那么社会活动则是在微观层面通过小规模的活动和事件，在某些具体领域形成具有引导性的推动。比如：几次重要的世博会展示了工业化技术在建筑领域的创新，进而影响了移动建筑的技术发展；富勒、弗里德曼、克罗恩伯格等代表性人物，其思想和探索之于移动建筑的理论研究具有极其重要的影响；几次重要的国际会议和展览，展现了移动建筑的发展导向。总体而言，社会活动对于移动建筑历史变迁的作用机制是具有群体或个体主观能动性的，是一种局部的激发引导，实现具体领域的突破，从而推动移动建筑不断向前进步。

2.5.3　移动建筑兴起留存的社会驱动力

在不同的历史阶段，不同的社会因素影响着移动建筑的发展，移动建筑也从最初的生存功能庇护最终走向了今天的日常生活存在。从宏观视角来看，移动建筑的产生是由于社会的生存庇护需求，其兴起留存的社会驱动力则是源自于社会中的移动迁徙以及游牧生活：首先，移动建筑产生的社会根源是人类社会早期基于生存庇护的社会需求，其因游牧生活的常态化而兴起，也因人类走向农耕定居而被边缘化；其次，移动建筑在现代社会中重新兴起，一方面是因移动技术进步和社会冲突引发的人口迁徙运动，衍生了旅行等新的“迁徙”形式，另一方面也是由于全球化背景下的新游牧主义引发了“现代游牧”生活；最后，移动建筑之所以能够在历史上长期留存而从未消亡是因为人类社会中的游牧生活方式一直存在。

《庇护所》一书曾描述道："游牧是一种生活方式，要建立这种生活方式必须存在两个要素，一是在周围的环境中保持舒适和轻松，二是有一个从简单搭建到复杂高级的庇护所，即从只睡一晚的地方到一个家。"[5] 因此，游牧生活的存在包含环境适应能力和生活庇护空间两个基本前提，移动建筑正好契合于游牧生活的需要。尽管传统的游牧社会在不断消逝，但由于新的职业形式和行业领域的产生以及对于新生活方式的追求使得游牧总能在人类社会的形态构成中占据一席之地，并不断衍生出"新的游牧社会和游牧建筑"，移动建筑也随之持续发展更新。

2.5.4 移动建筑演变进化的社会关联

移动建筑的演变是从早期原型形式出发，历经了历史发展脉络中的各个阶段，并可从本体、技术策略和社会生活三个方面窥探其社会关联特征。

1. 移动建筑本体之变

1）功能应用演进：生存庇护 – 游牧生活 – 日常生活

移动建筑在功能应用上整体呈现的是从解决基本生存庇护的居住功能走向应用于社会日常生活中各个领域的演进特征。社会需求的规模和类型影响了移动建筑在功能类别与应用领域上的变化。此外，社会生活方式的变化也对移动建筑的功能应用有着不可忽视的影响，游牧生活的存在与兴衰决定着移动建筑功能应用价值的高低。

2）材料选择演进：便携化 – 轻量化 – 生态化

移动建筑在材料选择上整体呈现的是从就地取材的手工体系走向标准预制的工业体系的演进特征，社会生产力和科学技术则是推动和实现移动建筑在材料使用上创新进步的主要社会因素。

3）结构体系演进：拆装便携 – 模块装配 – 系统协同

移动建筑在结构体系上整体呈现的是从便携的简易体系走向系统的协同体系的演进特征。社会生产力和科学技术发展推动了移动建筑在结构体系上的创新和变革，社会生产的整体发展方向也往往决定了移动建筑结构体系的发展走向。

4）空间形态演进：自然模仿 – 人工创造 – 环境适应

移动建筑在空间形态上整体呈现的是从自然模仿的单一性向人工创造的多样化转变并最终走向环境适应性的演进特征。移动建筑的形态演变在某种程度上也是对于社会形态变迁的一种反映，这种变化主要是社会生产、技术革命、思想意识变革等多重社会因素共同作用下的结果。

5）艺术审美演进：自然之美 – 机械之美 – 生活之美

移动建筑在艺术审美上整体呈现的是从自然之美走向生活之美的演进特征。社会思想意识的变化在很大程度上决定了移动建筑的艺术审美观念，但是移动建筑在应用领域上的不同也会存在审美层面的特征差别，比如在军事领域讲究的是实用美学，在文化领域则更强调艺术表现力。

6）行业生产演进：手工化—工业化—产业化

移动建筑在行业生产上总体呈现的是从手工化转向工业化最终向产业化发展的演进特征。移动建筑的行业发展程度由当时社会生产力和科技水平决定，社会需求和社会结构的变化一定程度上影响了其行业生产模式的转变。

2. 移动技术策略之变

1）采用的移动策略

历史上，移动策略的变化与创新一般是由社会生产力的发展而推动。早期社会的生产力和技术水平较低，移动建筑只能采用较为简易的可拆卸模式来实现建筑的可便携。随着生产技术能力的提高，工业化使得移动建筑可以大批量使用标准化、可替换的部件来进行预制装配，既兼顾了移动运输要求，又兼顾建筑自身的性能提升。当技术发展到一定程度时，便趋向于多种策略的系统整合，如可拆装、可变换、轻型化、模块化等。

2）采用的运输方式

移动建筑的移动离不开运输技术的发展，人类历史上移动运输能力的提升往往都由技术进步推动。在早期社会，移动建筑的运输都是基于人力或者畜力，运输的规模和移动的距离有限。工业革命带来了移动运输技术的飞速发展，创造了大量基于机械动力的新式交通工具，移动的领域也实现了对于水陆空的全覆盖，可以运输至世界的任何地方。

3）技术特征及成熟程度

从移动的技术特征和成熟程度来看，早期社会的移动技术显然比较初级，也受当时运输能力的限制，只能采用化整为零的可拆卸模式。随着社会生产和技术水平的提高，一方面基于工业化生产的预制装配奠定了移动技术体系化的形成基础，运输能力的提高也促使移动建筑不再受到运输条件制约，因而更趋向于通过自身体系策略的优化和技术“累积”来提升建筑的可移动性。

3. 社会移动生活之变

1）移动生活的模式变化

移动生活在历史上呈现了一个从传统游牧向现代游牧进化的过程。社会生产力和生产方式决定了生活模式，生产力水平较低的社会迫使人类过着移动迁徙的生活，生产力水平提高使得人类走向了长期定居，当生产力水平达到一定高度时，人类又趋向于一种崇尚自由的移动生活方式，并赋予其新的文化内涵。

2）移动生活分布的社会领域变化

早期社会的游牧生活是社会主流生活模式，后来随着农耕社会的形成而逐渐被边缘化，但是随着社会生产和职业分工的影响又衍生了新的需要迁徙的行业领域。随着分工的细化和渗入，基于移动生活模式早已分布于社会中的各个领域。

3）移动生活的特征变化

游牧和迁徙的存在起初是由于早期社会人类的生存、生产和生活的需要。当人类解决了物质生产问题之后，移动则是出于对先锋生活模式的主动追求，这种生活是基于主体自由的，是回归自然的。如今，移动生活已不仅仅是指基于自由迁徙的生活模式，而是泛指当代流动社会中带有移动和变化特征的生活状态。

参考文献

[1] KRONEBURG R. Architecture in Motion：The history and development of portable building [M]. New York：Routledge，2014.

[2] KRONEBURG R. Portable Architecture（Third Edition）[M]. London：Taylor & Francis，2003.

[3] 章林富 . 可移动建筑的复杂性策略研究 [D]. 合肥：合肥工业大学，2014.

[4] 韩晨平 . 可移动建筑设计理论与方法 [M]. 北京：中国建筑工业出版社，2020.

[5] 劳埃德 · 卡恩 . 庇护所 [M]. 梁井宇，译 . 北京：清华大学出版社，2012.

[6] 诺伯特 · 肖瑙尔 . 住宅 6000 年 [M]. 董献利，王海舟，孙红雨，译 . 北京：中国人民大学出版社，2012.

[7] 斯蒂芬 · 加得纳 . 人类的居所：房屋的起源和演变 [M]. 汪瑞，黄秋萌等，译 . 北京：北京大学出版社，2006.

[8] 曹昊，张姝 . 游牧精神与建筑文化探索 [J]. 华中建筑，2012，30（4）：19.

[9] 隈研吾 . 自然的建筑 [M]. 陈菁，译 . 济南：山东人民出版社，2010.

[10] 吴水田 . 话说疍民文化 [M]. 广州：广州经济出版，2013.

[11] 欧雄全 . 论移动建筑在未来人居场景应用中的技术观、社会观与环境观 [J]. 中外建筑，2023（2）：22–31.

[12] 斯塔夫里阿诺斯 . 全球通史：从史前史到 21 世纪 [M].（第 7 版修订版）. 北京：北京大学出版社，2012.

[13] Elisabeth Blanchet，Sonia Zhuravlyova. Prefabs：A social and architectural history [M]. Swindon：Historic England，2018.

[14] 玛丽 · 伊万斯 . 现代社会的形成：1500 年以来的社会变迁 [M]. 向俊，译 . 北京：中信出版社，2017.

[15] 艾尔弗雷德 · W. 克罗斯比 . 哥伦布大交换 –1492 年以后的生物影响和文化冲击 [M]. 郑明萱，译 . 北京：中国环境出版社，2010.

[16] 沈鹏程 . 房车的艺术设计与研究 [D]. 长春：吉林大学，2008.

[17] 勒·柯布西耶.走向新建筑[M].陈志华，译.西安：陕西师范大学出版社，2004.

[18] KRAUSSE J，LICHTENSTEIN C. Your Private Sky：R. Buckminster Fuller——The Art of Design Science [M]. Zurich：Lars Mueller Publishers，1999：92–93.

[19] FULLER R B. Operating Manual for Spaceship Earth（New Edition）[M]. Zurich：Lars Mueller Publishers，2013.

[20] 理查德·巴克敏斯特·富勒.关键路径[M].李林，张雪杉，译.桂林：广西师范大学出版社，2020.

[21] 王一川.美学教程[M].上海：复旦大学出版社，2004.

[22] 王志成，弗兰茨·罗丽亚.西欧“船屋时尚”新潮流[J].资源与人居环境，2014（10）：51–57.

[23] 坂口恭平.东京的零元住宅和零元生活[M].东京：株式会社河出书房新社，2011.

[24] 克罗恩伯格.可适性：回应变化的建筑[M].朱蓉，译.武汉：华中科技大学出版社，2012.

第三章

移动建筑思想的溯源与批判

Chapter 3: The Origin and Criticism of Mobile Architecture Thought

3.1 移动建筑思想的脉络体系

尽管移动建筑在人类社会早期便已出现，但其长期被排斥在建筑学的正统体系之外。在这段漫长的时期中，早期先民在移动建筑的生产建造过程中所使用的一些便于移动和运输的方法（如轻便的材料与结构）、策略（如便携、可拆卸、模块化等）以及追求和适应更好生存环境的游牧生活方式，更多地被看作一种基于传统习俗和社会实践的“民间智慧”，而非具有学术研究特征的思想理论。从唯物主义的视角来看，这些“民间智慧”往往有其存在的合理性和必然性。随着社会的发展变迁，移动建筑在现代社会再度兴起，相关学术研究也随之产生并不断发展，最终形成了思想。

移动建筑思想发展至今，不过百年时间，虽具有一定的体系化特征但并不完善，也普遍存在理解与认知上的差异。历史上，只有为数不多的几位研究者真正提出过与移动建筑密切相关的理论，但其他领域（甚至不相关领域）的学者、建筑师、工程师、艺术家、思想家等所提出的一些零散化的理念、方法及策略也同样不容忽视，它们共同构筑了移动建筑的理论研究知识库。这些理论、理念、方法和策略若从传统的本体视角来观察，似乎是个体化的、发散的、百家争鸣的，不似传统建筑理论那样系统连续且前后传承，甚至难以发觉其内在的关联性。但是，这种“碎片化”的知识构成若以建筑社会学的整体视野来对其进行历时性的剖析审视，却是“连续且关联”的。移动建筑思想在与社会的历史“交互”过程中也形成了自身的脉络体系。

3.1.1 移动建筑思想的历史脉络

纵观移动建筑的历史发展进程，可觅得其思想演进的线索与轨迹（图 3–1）：移动建筑思想最早可追溯至工业社会发展后期，伴随着现代主义等艺术革新思潮的涌现而兴起，在信息社会到来后，逐渐产生和形成了具有理论形态的思想，其过程可梳理为思想萌芽、理论生产、理论拓展三个阶段。

1. 移动建筑的思想萌芽（19 世纪末 –20 世纪 50 年代）

移动建筑的学术研究源起于受现代主义运动影响下的西方建筑师开始将移动建筑视为解决社会居住问题的可选方略，并开展对于新建筑形式、新建造技术和新生活模式的探索实验。这一过程不但在技术和艺术层面推动了移动建筑的体系革新，也在意识形态层面不断产生“潜移默化”的叠加作用，进而在有意无意之中形成了一些与移动建筑相关的思想理念。该时期以美国建筑师理查德·巴克敏斯特·富勒（Richard Buckminster Fuller）的移动住宅实验研究为主线，其相关设计思想理念的提出标志着移动建筑思想的萌芽。

自 20 世纪初起，未来主义、装饰艺术运动等先锋艺术思潮中所散发出的对于形式运动

移动建筑学术研究中的历史现象

空间的流动性趋向

- 自20世纪初起，传统静态的建筑观念逐渐受到突破和挑战，现代主义建筑运动中逐渐兴起空间与形式的流动性。
- 20世纪20-30年代，弗雷德里克·基斯勒和保罗·尼尔森对于建筑空间流动性的研究与探索。

◆ **建筑部件的可移动变化**

- 20世纪20年代早期，让·普鲁弗创造了可移动的隔断及家具。
- 20世纪20-30年代，柯布西耶、里特维德、艾琳·格雷、扬·布林克曼、皮埃尔·夏卢、基斯勒等人对于建筑部件可移动变化研究。

◆ **移动建筑思想萌芽标志**

- 自1928年起，巴克敏斯特·富勒开展了“4D塔”和戴马克松系列等移动住宅的研究，提出了少废多用、设计科学思想。
- 1931年，美国建筑师阿尔伯特·弗雷开展了可移动的铝板住宅研究。

建筑部件与家具设计的结合

- 二战结束以后，美国家具设计师埃姆斯夫妇探索了工业化生产技术与现代主义建筑语汇之间的融合，建筑与家具在可移动的设计中被粘合。
- 20世纪40年代后期，法国建筑理论家尤纳·弗里德曼受到了工业化技术创新和建筑家具的启发，开始研究建筑可移动所能带来的变化与自由。

移动技术的研究创新

- 20世纪50年代，富勒转向了穹顶和张拉结构系统的研究，创造了易于轻质高效的结构体系。
- 20世纪50年代，弗雷·奥托开始了轻型结构技术探索，塑造了诸多大跨度膜结构建筑。
- 20世纪50-60年代，新型合成材料成为移动建筑技术实验中重要的领域。
- 20世纪50年代，尤纳·弗里德曼确立了“规则的巨型框架结构与任意的建筑个体单元相结合”的移动建筑基本技术形式。
- 20世纪60年代，荷兰建筑师约翰·哈布瑞肯开始提出“支撑体”理论。
- 20世纪60-70年代，乔·科伦坡、荣久庵宪司、黑川雅之等延续了建筑家具探索。

◆ **移动建筑概念的提出**

- 1956年，尤纳·弗里德曼首次提出了移动建筑概念。

◆ **移动建筑思想理论体系的形成**

- 1958年，弗里德曼发表了移动建筑宣言，并提出“空中城市”理论，其描绘了移动建筑的核心思想和具象图景。

◆ **移动建筑思想理论的社会学转向**

乌托邦思潮及先锋实验

- 20世纪50年代末，康斯坦特在对传统功能主义城市规划的批判过程中构想了基于情境的理想移动社会形态。
- 20世纪60-70年代，尤纳·弗里德曼 从日常生活视角探寻“可实现的乌托邦”。
- 20世纪60年代，富勒提出了带有乌托邦色彩的“建筑城”和巨构穹顶。
- 20世纪60-70年代，建筑电讯派则提倡赋予建筑在城市中的“瞬时性”和“自我性”，去描绘基于社会流行文化的“临时”建筑图像。
- 20世纪60-70年代，塞德里克·普莱斯认为动态和非永久性建筑形式是解决当时城市和社会问题的有效方法。
- 20世纪60-70年代，日本的新城代谢学派则基于生物的生长演化构想了一种动态、有机、可持续的理想城市和社会发展模式。
- 20世纪60-70年代，奥托·卡芬格、阿道夫·克里斯蒂尼茨、让·保罗·约曼、建筑伸缩派、蚂蚁农场、EAT、豪斯鲁克公司、蓝天组、超级工作室、活动结构研究所等为代表的先锋个人和团体进行基于社会与城市互动的移动建筑实验。

新游牧生活与可持续发展

- 自20世纪70年代后期起，弗里德曼也正致力于从城市和社会的视角去完善和拓展移动建筑的理论体系。
- 20世纪70-90年代，简·卡普利茨基、理查德·霍顿、尼古拉斯·格雷姆肖等人通过对于先进制造业技术的借鉴，试图轻型技术研发来进一步发挥移动建筑在可持续应用上的优势。
- 20世纪70-80年代，伦佐·皮亚诺探索了将移动建筑作为一种低度介入的方式应用于历史和环境敏感地区
- 80年代末，美国艺术家勒贝乌斯·伍兹创作了一系列基于移动性、工业技术美学的乌托邦艺术创作，试图通过建筑的移动性来回应当代社会。
- 20世纪80年代起，坂茂（Shigeru Ban）开始利用可再生材料与灵活空间转换策略去设计具有持续适应能力的移动建筑。

当代实践中的移动建筑设计策略方法

- 斯蒂文·霍尔在提出的“铰接空间”概念，提倡给予使用者改变建筑布局的能力；
- 哈布瑞肯将SAR理论发展为移动可变空间设计的开放建筑理论；
- 铃木敏彦提出“建筑家具理论”
- 伊东丰雄提出可适性设计手法，认为建筑设计应持续到使用期间，并具有可变化的能力；
- 西鲁赫达提出利用移动建筑形式灵活突破法律规则限制的“城市处方”；
- 卡斯·奥斯特霍斯和韦斯·琼斯创造了可自由选择和定制的移动建筑设计建造程序。
- 自20世纪90年代以来，克罗恩伯格对移动建筑相关的历史与理论开展持续研究。

◆ **移动建筑思想理论的当代拓展**

- 2000年以后，克罗恩伯格将其移动建筑研究成果整合为可适性建筑理论。
- 移动建筑产品设计研发理论

移动建筑的思想萌芽	**移动建筑的理论生长**	**移动建筑的理论拓展**
19世纪末20世纪初	20世纪50年代	20世纪70年代

相关联的建筑运动与社会思潮

现代主义艺术与设计思潮

- 19世纪末起，现代主义先锋艺术思潮的形式运动感。
- 20世纪初起，空间与形式的流动性成为现代主义建筑革新的重要特征

建筑工业化运动

- 工业化社会住宅实验浪潮的兴起。

对于现代主义的批判浪潮

- 技术乐观主义
- 思想批判主义

社会学的思想转向：日常生活和微观个体

- 20世纪60-70年代，与城市和建筑关系密切的空间社会学从马克思主义的宏观理性和政治经济视角转向了后现代的日常生活和微观个体视角。

新游牧主义思潮

- 1968年，德勒兹 将“游牧”作为一个哲学术语提出，并将其意义拓展为“一种自由的、积极的、具有创造力的思考或生活方式。
- 20世纪70年代，媒介理论家马歇尔·麦克卢汉在其著作《理解媒体》中预言未来的人类将以游牧的形式在世界各地移动生活。
- 法国政治经济学家雅克·阿塔利提出了“游牧思想理论，认为在当今全球化的社会背景下，游牧将成为一种常态的职业特征和生活方式。

社会学的思想转向：全球化的影响

可持续发展理念的兴起

流动社会理论

- 20世纪80-90年代，社会学家曼纽尔·卡斯特尔提出了流动空间理论，其认为信息技术将导致一个被流动支配的社会，人类的生活将摆脱物理空间界限的束缚。

图 3-1　移动建筑思想演进的历史线索与轨迹

图片来源：作者绘制

感的追求波及了建筑领域。随着现代主义运动的兴起，空间的流动性成为现代主义建筑的重要理念和形式特征之一，也成为一些先锋建筑师的重要探索方向。弗雷德里克·基斯勒（Frederick Kiesler）、保罗·尼尔森（Paul Nelson）等先锋建筑师相继在其一系列项目中探讨了空间的动态流动与变化[1–2]。如果说空间的流动性在艺术美学层面挑战了传统的静态建筑观，那么同时期建筑工业化技术的发展则在实质上推动了让·普鲁弗（Jean Prouvé）、柯布西耶（Le Corbusier）、格里特·里特维德（Gerrit Thomas Rietveld）、艾琳·格雷（Eileen Gray）、皮埃尔·夏卢（Pierre Chareau）等现代主义的追随者们在20世纪20年代去发现和发挥建筑部件在可移动变化上的潜力[3]。

与此同时，城市化进程和战后重建所引发的社会居住问题愈发严重。因此，现代主义运动致力于利用建筑工业化技术以解决社会居住问题。在建筑师纷纷去设计经济高效的工业化住宅同时，后来被视为移动建筑研究先驱者的富勒则提出赋予建筑可移动能力，以实现对社会居住问题的创新性解决：建筑除了可大规模生产，也要易于运输和部署以灵活适应不同环境与生活，最终达到高效利用人类生存资源的目的。自1928年起，富勒开展了戴马克松（Dymaxion）系列移动住宅研究，并相继提出了“4D设计哲学”“少费多用”“设计科学”等思想理念[4–6]。虽然富勒并未直接提出移动建筑的概念及理论，但其思想理念尤其是核心的“设计科学”思想所倡导的科学范式和技术驱动思路对后来的移动建筑设计影响深远，因而可视作移动建筑思想萌芽的标志。

对空间流动性和建筑部件可移动的探索逐渐突破了建筑长期以来的永恒特质，个体建筑师的努力促使移动建筑脱离了传统社会的乡土气息，并展开了在现代建筑设计理念和现代生产技术支持下的探索。数十年后，市场需求的兴盛也使得移动建筑产品和相应生产研发企业的出现顺理成章。“二战”后，家具设计师埃姆斯夫妇（Charles and Ray Eames）在其著名的案例研究住宅（Case Study House）中展现了工业化生产技术与现代主义建筑语汇之间的融合，建筑与家具设计通过部件的可移动性被结合起来，并成为移动建筑学术研究史中不可忽视的历史现象。自20世纪40年代起就致力于研究工业化社会住宅的尤纳·弗里德曼正是受到了可移动家具的启发[7]，开始研究部件及模块的可移动所能带来的空间变化，进而提出了移动建筑理论。

2. 移动建筑的理论生长（20世纪50–70年代）

在20世纪50–70年代这个历史阶段，移动建筑的学术研究经历了从技术铺垫到思路转向的过程，与移动建筑相关的体系化理论开始产生，并基于思想的激荡而不断生长，最终在技术乐观主义和意识形态批判的交织作用下转向了更为广泛的社会学层面探讨（情境、人、文化、技术、生态、城市等）。该时期以弗里德曼提出并发展移动建筑理论为主线，包含了同时代乌托邦思潮中所出现的一些具有移动性特征的理念以及部分建筑师在移动可变技术层面的探索创新。

20世纪50年代，第三次工业革命爆发令社会弥漫着一股技术乐观主义的浪潮。轻型结构体系和新型合成材料的探索应用为移动建筑技术进步创造了新的突破方向，其中以富勒的网格穹顶与张拉结构系统研发[4]、弗雷·奥托（Frei Otto）的大跨度膜结构研究以及约内尔·沙因（Ionel Schein）的塑料建筑设计为代表。与此同时，弗里德曼也在对工业化社会住宅和移动技术的研究过程中，产生了建筑像家具一样填充在结构框架上的思路，并建立了规则的巨型框架结构与任意的建筑个体单元相结合的移动建筑基本技术形式[7]。这些研究为现代移动建筑设计谱写了新的方法策略并奠定了技术基础，体系化理论的出现则源自于同时期弗里德曼在思想意识形态层面的批判。

1956年，弗里德曼在批判现代主义的过程中首次提出了移动建筑（Mobile Architecture）概念，其所阐述的“移动”是指居住者的“移动性”而非单纯的建筑本体移动性[8]，并强调人对于居住空间的自主创造和自由改变。1958年，弗里德曼发表了《移动建筑宣言》（Mobile Architecture Manifesto）并提出“空中城市”（Spatial Town）① 理论，描绘了移动建筑的思想内涵和具象技术图景[7]。弗里德曼建构了一套超越建筑本体的“移动社会学”理论，他将移动建筑作为一种传递新思想和探究新生活方式的社会塑形工具。这标志着移动建筑的研究思路发生了重大变化，即从传统的通过技术创新去提升建筑本体性能，转向基于空间工具以抗衡和应对社会多变需求，并探索新的社会形态。

随后，后现代主义运动的爆发使得与城市和建筑关系密切的空间社会学研究，在20世纪60–70年代从宏观理性与政治经济转向了日常生活和微观个体视角。这种转向与同时代的乌托邦建筑思潮共同引发了移动建筑理论探索的思想激荡：弗里德曼在深化带有未来主义色彩的“空中城市”理论同时，致力于借助“日常生活批判”视角去探索实现理想社会的可行方式，即“可实现的乌托邦”[8]；建筑电讯派（Archigram）提倡赋予建筑在城市中的“瞬时性”和“自我性”[9-10]，以描绘基于社会流行文化的“临时”建筑图像；塞德里克·普莱斯（Cedric Price）认为“动态和非永久性的建筑形式是解决城市和社会问题的有效方法”[11]；新陈代谢学派（Metabolism）通过借鉴生物生长演化规律，探讨了动态、有机、可持续的城市和社会发展模式[12]……在此背景下，部分建筑师和艺术家也通过建筑家具和移动建筑艺术装置实验，探索着动态自由的社会生活方式。自此，移动建筑的理论生长不再仅仅是建筑学体系下的自说自话，而是建筑学与社会学共同批判、作用下的结果。

3. 移动建筑的理论拓展（20世纪70年代至今）

从20世纪70年代至今，移动建筑的学术研究在经历了新游牧主义思潮、可持续发展

① 空中城市（Spatial Town，法语为The Ville Spatiale）的国内译名尚未有统一口径，也有学者将其译作“空间城市”（可能起因于弗雷德里克·基斯勒的“空间建筑”研究，两者比较近似，都使用了空间框架结构）。“Spatial”一词的字面意思为“空间的、存在于空间的、受空间条件限制的”，按字面译名应为空间城市。但从弗里德曼对该概念的描绘来看，虽然是以“巨型框架+单元空间”的构成形式出现，但更令人熟知的是其凌空于地面的形象特征。“空中城市”的译名尽管可能会与其他许多建筑师的“空中城市”提案重叠（如矶崎新），但笔者仍认为应取其实际印象特征而非字面上的意思（另外，国内多本弗里德曼著作的中文译本都将其译作空中城市）。

理念、流动空间理论的冲击与影响后，产生了新的理论内涵，并促使移动建筑以一种“新游牧主义”的文化符号和价值理念全面介入当代流动社会的日常生活。移动建筑思想在当代被拓展为涵盖了建筑学、社会学、哲学、生态学等多学科内容的综合性知识体系，在认知层面指向于移动建筑的本质价值——灵活适应社会与环境变化。该时期以英国学者罗伯特·克罗恩伯格（Robert Kronenburg）提出可适性建筑理论为主线，也包括了弗里德曼后期对于移动建筑理论的发展、当代实践中“碎片化”的移动可变设计理念策略以及移动建筑产品研发理论的出现等。

20 世纪 70–80 年代，在后现代主义余波未平的背景下，全球化带来的社会变化促使人类期望寻求新的方式来理解其与生活环境的关系，一股新游牧主义（Neo-nomadism）思潮应运而生。人类从事“游牧”不再是因为传统“趋利避害”的生存所迫而是日常需要，并衍生一种自由、开放的新生活形态，进而推动了移动建筑在“现代游牧生活”中的实践应用。在“新游牧主义”思潮推动人类追求一种新生活方式的同时，世界范围内的环境和能源危机引发了另一种影响至今的思想潮流——可持续发展理念。随着乌托邦思潮的消退，弗里德曼致力于从可持续视角去完善和拓展移动建筑的理论体系，提出了生态易行的“简单建造”理念和自给自足的理想城市发展模式[8]。与此同时，坂茂（Shigeru Ban）利用纸管等生态材料去设计具有快速响应和灵活转换使用特性的移动建筑，并用于救灾应急[13]，为移动建筑可持续设计探索了新思路。此外，建筑师对于移动建筑的技术创新探索也在持续。简·卡普利茨基（Jan Kaplicky）、理查德·霍顿（Richard Horden）等移动建筑设计师以及高技派建筑师团体通过对于当代先进制造业的技术借鉴，进一步探索了移动建筑的可持续设计方略，并促进了移动建筑产品研发理论的形成。

20 世纪 80–90 年代，社会学家曼纽尔·卡斯特尔（Manuel Castells）提出流动空间理论，并认为信息技术会导致一个被流动支配的社会到来[14]。流动空间理论在社会学层面进一步论证了基于移动的“游牧生活”将以一种有别于传统的新形式进入社会日常生活，这也为当代移动建筑设计实践提供了新的理论背景支撑。随着 21 世纪互联网时代的到来，众多建筑师基于自身实践提出了各具特色的、与移动建筑相关的设计理念，并回应了当代社会多元多变的发展需求和文化特征。长期从事移动建筑理论研究的克罗恩伯格，对当代这些“碎片化”的思想、理念、策略、方法进行了归纳，最终整合为可适性建筑理论，并以一种融合创新的视角对移动建筑思想进行理论拓展：无论是技术创新还是赋予人改变建筑的自由，其根本目的在于对社会与环境变化的灵活适应。

3.1.2 移动建筑思想的研究体系

1. 移动建筑思想的脉络特征

纵观移动建筑思想的宏观历史发展进程，整体呈现出的是一种基于技术、社会、环境

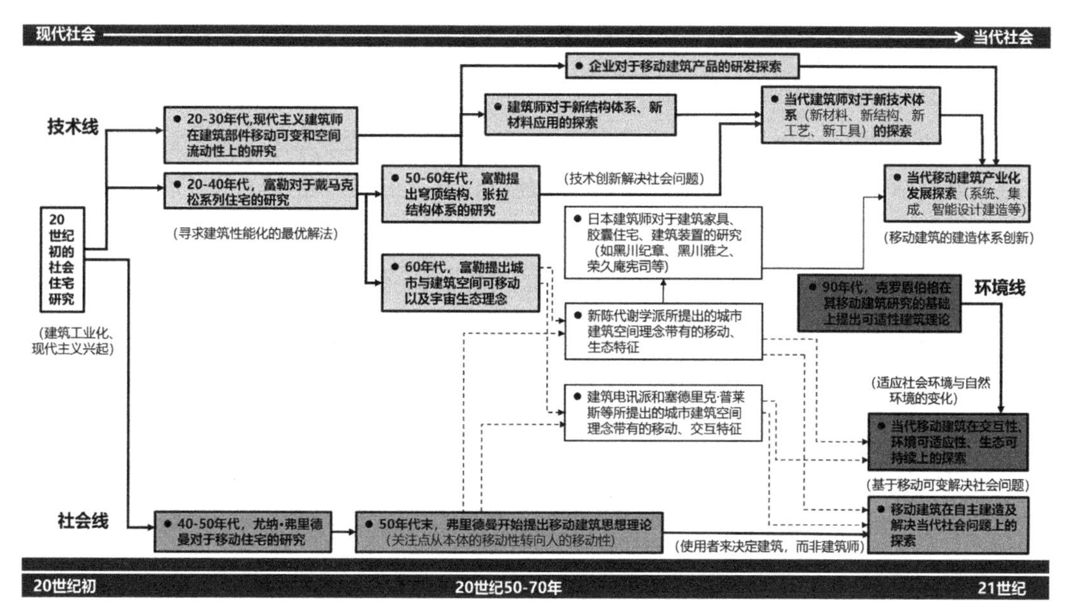

图 3–2　移动建筑思想的学术研究路线与脉络

图片来源：作者绘制

三条研究线路的脉络特征（图 3–2）：

技术线串联了移动建筑的思想萌芽和理论生长、拓展阶段，展现了自现代主义兴起以来，移动建筑学术研究中的技术发展轨迹，并衍生了一系列以技术创新为导向的设计思想、理论、方法与策略。该研究方向促进了现代移动建筑在功能、体系、形式等本体层面的进步和发展，并形成了基于技术创新以提升建筑性能与效能，进而有效解决社会问题的理念思路。在当代，新技术革命背景下的产品研发、产业发展、智能设计与建造等实践进一步丰富了该研究方向下的移动建筑思想内涵。

社会线同样贯穿了移动建筑思想的整个发展进程，展现了现代主义之后，移动建筑学术研究在社会学方向的探索，并衍生了一系列将移动建筑作为社会塑形工具的思想理论与设计策略。该研究方向促使了移动建筑理论研究跳脱了传统的本体视野，深入挖掘了移动建筑的社会价值意义并赋予了其更多的社会学内涵。面对移动建筑在当代设计实践中日益涌现的社会空间问题，该研究方向中所强调的个体自主参与创造、空间灵活可变等思想理念的价值日益凸显。

环境线起始于移动建筑思想的理论拓展阶段，展现了当代移动建筑研究与实践中所衍生的多元化理论、方法、策略。该研究方向产生于当代社会的多元多变发展背景，其回避了移动建筑思想内涵在技术创新与社会塑形之间的界限，将移动建筑对环境的适应视为本质核心，进而衍生了交互、可持续、生态等理念影响下的设计理论、方法、策略，最终导致了可适性理论对于移动建筑思想的内涵拓展创新。

2. 移动建筑思想的体系黏合

尽管移动建筑思想的历史脉络呈现出三条不同的方向思路和研究线路，但是那些“碎片化”的理论知识所具有的社会学特征及蕴含的共性社会学意义，是他们相互之间的深层关联所在，存在被整合为思想体系的可能性，并且能够对相应学术谱系进行初步描绘。基于历史进程的概览，富勒、弗里德曼和克罗恩伯格的研究可视为移动建筑思想发展中的脉络主线，不过他们彼此之间似乎难以寻觅逻辑关联，比如：富勒的设计科学思想着重于技术层面的创新，其本人甚至从未提出过移动建筑这一名词；弗里德曼的移动建筑理论似乎可看作一种社会学理论；克罗恩伯格的可适性建筑理论强调的建筑借鉴于一种生物学中的适应性，而且并非仅以移动建筑为研究对象，其对于移动建筑发展史的研究甚至没有将弗里德曼纳入其中[①]。但是，三位学者的思想却具有共同的特征，即或多或少都带有一定的社会学色彩，思想观念中所呈现出的差异性则源自于他们研究切入的思路不同：

富勒的关注点主要在建筑自身，其研究的切入点是通过技术的创新来提升移动建筑的效能，目的是更好、更有效地解决社会问题，是一种基于技术之维的思考问题方式。

弗里德曼的关注点主要在人，其研究的切入点是解放主体，赋予个体（使用者）以创造与变化的自由，目的不仅仅在于解决社会问题，更是将移动建筑作为一种空间工具去改良或塑造理想的社会形态，是一种基于社会之维的思考问题方式。

克罗恩伯格的关注点主要在于建筑和人在社会中所要共同面对的对象——环境，其研究的切入点在于移动建筑如何来应对与适应环境变化，以回应当代社会发展中的现象和问题，目的不是去改变或创造社会，而是主动、积极地去适应社会变化，是一种基于环境之维的思考问题方式。

因此，在建筑社会学视野下，三位代表性学者的思想具有共性关联，但指向不同维度。在移动建筑思想的历史发展脉络中，那些看似繁杂且孤立的理念、理论、方法、策略可以黏合为一个融合技术、社会、环境视角的综合性知识体系，并能够依据此思路来构筑其学术体系。

如同移动建筑自身的动态特质一样，视角的多元性及内涵的多样性，使得移动建筑的理论思想以及相关研究者在历史视野中呈现出一种柔性关联和非线性的间接传承，并体现为上文所述三位代表性学者思想之间存在的表层差异和深层关联现象。然而，思想内涵的社会意义共性和学术研究的方向维度共同，仍然能够将这些理论思想和研究者联结成为体

---

① 克罗恩伯格可称得上当代移动建筑研究领域中成果最多的学者，其在多本著作中探讨了移动建筑的历史发展过程，但是令人疑惑的是，其从未将提出和建构了移动建筑理论的弗里德曼纳入其中。这也许与他本人的研究视角有关，在他看来，弗里德曼的移动建筑理论可能并非主要谈论的是建筑层面，而更多的是社会学层面的内容。

系，并具有一定的分析解读价值。因此，技术、社会、环境可视作为移动建筑思想体系中的三个维度指向，并分别以富勒及其设计思想理论、弗里德曼及其移动建筑理论、克罗恩伯格及其可适性建筑理论为核心代表（图 3–3）。

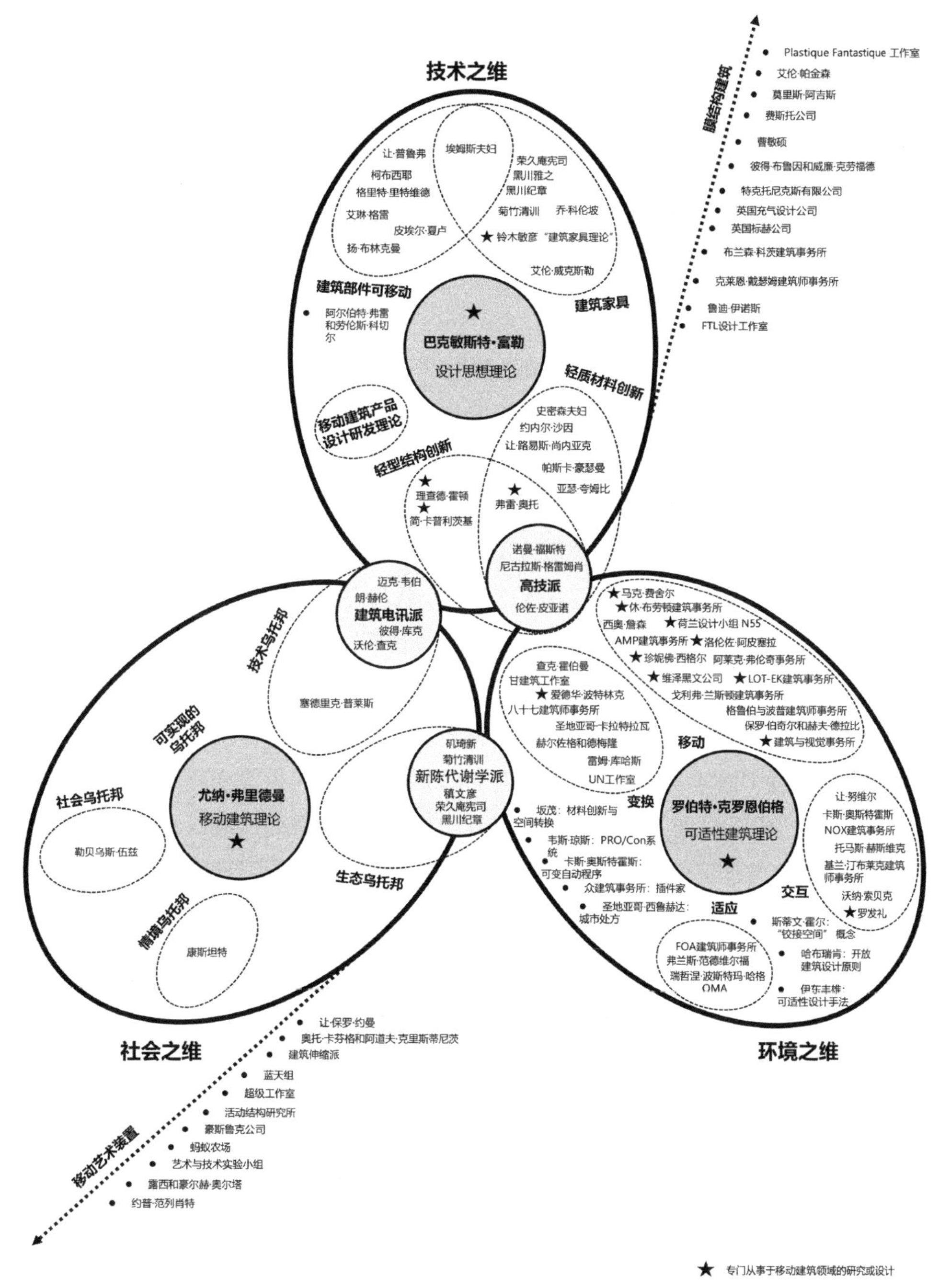

图 3–3　移动建筑思想的学术体系构成图示

图片来源：作者绘制

3.2 移动建筑思想中的技术之维

3.2.1 富勒与移动建筑实验

理查德·巴克敏斯特·富勒（Richard Buckminster Fuller，1895–1983）是美国20世纪建筑与设计领域最重要的理论家和学者之一，也是一位极具创造性和预见性的设计通才，其研究涉猎广泛（如工程学、几何学、生态学、哲学等），一生作品众多，拥有诸多发明专利，出版了30余本著作，并被多所高校授予过荣誉学位。纵观富勒的设计研究生涯与学术思想轨迹（图3–4），虽然其从未提出过移动建筑的概念和理论表述，但仍被后人视为从事现代移动建筑设计与研究的先驱者。富勒在研究和实践中的思维、理念、策略对于后来的移动建筑设计产生了深远影响。

1. 基于移动性思维特征的建筑观：流动的世界

也许是早年在海军服役期间漂泊的生活经历，富勒对于大海有着特殊的情感寄托，因此形成了漂浮流动的世界观。他认为“人类生活在如同海洋一样的宇宙世界，一切是流动和漂浮的，大陆是群岛，建筑类似飞船，生命如泉水般从地球的核心中迸发出来”[4]。第二次工业革命中的交通和通信技术发展压缩了时空，并增强了地区间的联系，这也使得富勒产生了一种基于移动和交融的社会发展观，即一个从静态到动态的历史过程：“第一阶段是分离与隔绝的；第二阶段是相互间形成基于平面的联系；第三阶段是立体的联系，人类可以自由移动”[4]。因此，在富勒眼中，世间万物是动态平衡的，人类社会最终会走向自由流动的状态。漂浮流动的世界观使得富勒在看待建筑上，均给予了一定的移动性思维。他认为建筑与自然环境（地球）不是一种二元对立的关系，建筑可以改变环境但不应当破坏环境。建筑应与大地保持柔性而灵活的联结，其作为人类的栖息之所应以一种自由高效方式去承载社会生活，并基于技术创新去有效利用资源，以此来让人类持续生存下去。

2. 前期生涯的移动住宅探索：戴马克松系列

富勒从事移动住宅研究的初衷是为了创造全新的建筑体系，来解决当时社会上日益严重的居住问题。20世纪20年代，受到勒·柯布西耶的“居住机器论”和《走向新建筑》的影响，富勒将当时的建筑分为工业建筑、公共建筑和住宅建筑（特指当时美国常见的小住宅）三类，并认为其中迫切需要革新的是住宅。因此，基于设计为全人类服务的价值观，富勒期望借助技术创新来创造一种经济高效、可移动、可大规模生产和推广的新住宅体系来满足人类的舒适居住与自由生活。

1）4D设计哲学：基于时间的设计方法论

1928年，富勒将其构想及手稿浓缩印刷为一本小册子，称之为《四维时空锁》（4D Time Lock），并赠予友人及学者讨论。《四维时空锁》中阐述的核心思想是4D设计哲学。

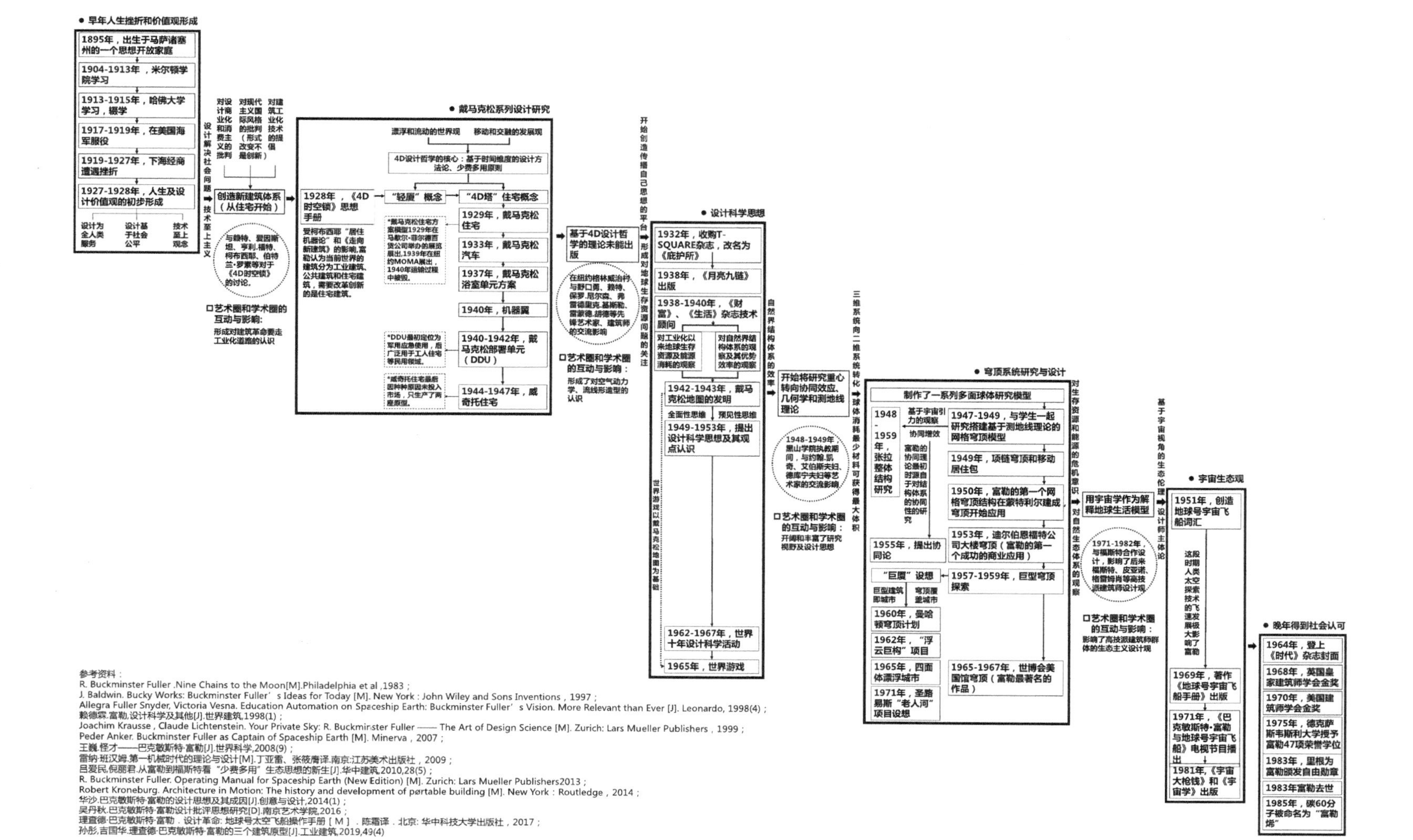

参考资料：
R. Buckminster Fuller .Nine Chains to the Moon[M].Philadelphia et al ,1983；
J. Baldwin. Bucky Works: Buckminster Fuller's Ideas for Today [M]. New York：John Wiley and Sons Inventions，1997；
Allegra Fuller Snyder, Victoria Vesna. Education Automation on Spaceship Earth: Buckminster Fuller's Vision. More Relevant than Ever [J]. Leonardo, 1998(4)；
毅德霖.富勒,设计科学及其他[J].世界建筑,1998(1)；
Joachim Krausse , Claude Lichtenstein. Your Private Sky: R. Buckminster Fuller —— The Art of Design Science [M]. Zurich: Lars Mueller Publishers，1999；
Peder Anker. Buckminster Fuller as Captain of Spaceship Earth [M]. Minerva，2007；
王巍.怪才——巴克敏斯特·富勒[J].世界科学,2008(9)；
雷纳·班汉姆.第一机械时代的理论与设计[M].丁亚雷、张筱膺译.南京:江苏美术出版社，2009；
吕爱民,倪丽君.从富勒到福斯特看"少费多用"生态思想的新生[J].华中建筑,2010,28(5)；
R. Buckminster Fuller. Operating Manual for Spaceship Earth (New Edition) [M]. Zurich: Lars Mueller Publishers2013；
Robert Kroneburg. Architecture in Motion: The history and development of portable building [M]. New York：Routledge，2014；
华沙.巴克敏斯特·富勒的设计思想及其成因[J].创意与设计,2014(1)；
吴丹秋.巴克敏斯特·富勒设计批评思想研究[D].南京艺术学院,2016；
理查德·巴克敏斯特·富勒．设计革命: 地球号太空飞船操作手册 [M]．陈霜译．北京: 华中科技大学出版社，2017；
孙彤,吉国华.理查德·巴克敏斯特·富勒的三个建筑原型[J].工业建筑,2019,49(4)

图 3–4 富勒的设计研究生涯及学术思想轨迹

图片来源：作者绘制

这是一种基于时间的设计方法论，即在建筑的三维空间认知和构成中加入时间维度，并表达了对传统建筑业及其生产方式的批判。富勒认为当时建筑的使用效率是低下的，“世界上所有的床有三分之二的时间是空的，所有的汽车一天有六分之五是空的。造成这种巨大浪费的原因之一是人们常在高峰阶段去做所有的事情，之二是人类拥有太多不常用的东西而只为了证明对其的所有权”[4]。因此，富勒提出了“Ephemeralization”一词，意思为“用越少的钱办越多的事，直到最后什么都不用做”（类似于后来提出的少费多用原则）。他认为体现4D设计哲学的最好方式是对工业化技术的运用。

2）新的住宅技术形式：从“轻厦”概念到“4D塔”住宅

基于4D设计哲学，富勒相继提出了“轻厦”（Lightful Houses）① 概念和“4D塔”住宅方案（4D Tower house）。“轻厦”是一种从功能和技术而非形式出发的全新建筑体系，展现了富勒的流动世界观：人类可以自由出行和生活，其住所是轻巧而灵活的。住宅基于中心支撑结构体系（底部架空，减少对自然环境的影响），经济便捷（一天内可建好）且可移动（基于空运）。富勒在“轻厦”的基础上设计了“4D塔”住宅方案，一个12层的六边形居住塔楼。结构同样采用中心支撑，建筑荷载由悬臂结构和拉索共同承载，三角形取代了传统的四边形元素以增强结构的稳定性。建筑采用了轻质的铝材料，由工厂预制生产并通过飞艇移动运输。为了考虑就地安装和拆卸，屋顶还设有塔吊。“4D塔”的功能都按照垂直向布局，电线管道等服务设施位于中心支柱之中，平面因此获得了自由性，内部空间可根据需要进行变化调整。

3）少费多用设计原则：戴马克松系列实验

继“4D塔”住宅之后，富勒将其设计概念以戴马克松（Dymaxion）②[15] 形式推出，同时进一步提出了“少费多用”（Doing the most with the least，也简称More with less）[4-6] 的设计口号，借助技术以最小的物耗来获得最大的效益，并将其作为戴马克松系列的主要设计原则。1929年，富勒设计了戴马克松住宅（Dymaxion House）方案，并将其制作为模型在菲尔德百货公司（Marshall Field）的展览上展出，造成了轰动效应，后来还获得了设计专利。戴马克松住宅沿用了“4D塔”基于中心支撑的六边形平面方案，但是在结构上采取了更为经济高效的悬挂体系，建筑变得更加轻盈和便于拆装运输。戴马克松住宅全面应用了工业化生产技术，卫浴、厨房等进行了单元集成，空间自由灵活且能自给自足，采用飞机吊装并可即时使用（图3-5）。

---

① 国内学者大多将其译为“轻厦”，也有学者曾将其译作“光明住宅”，从富勒的相关草图和解释来看，他提出的这个概念更多的是基于居住的自由和对他世界观的描述，而非柯布西耶的光明城市概念（尽管富勒认同柯布的居住机器理念），因此笔者认为lightful一词理解为“轻”比“光明”更为合适。

② Dymaxion是一个合成词，是由英语中的dynamic、maxium、ion三个单词构成，即动力（Dynamic）、最大最多的（Maxium）、张力（Tension）。意指用最小限获得最大限，即以最少的能源做最多的事情，以最轻的结构获得最大的强度。富勒的戴马克松住宅设计模型在芝加哥的商店展出时，广告商建议用Dymaxion一词作为富勒所设计产品的商标。

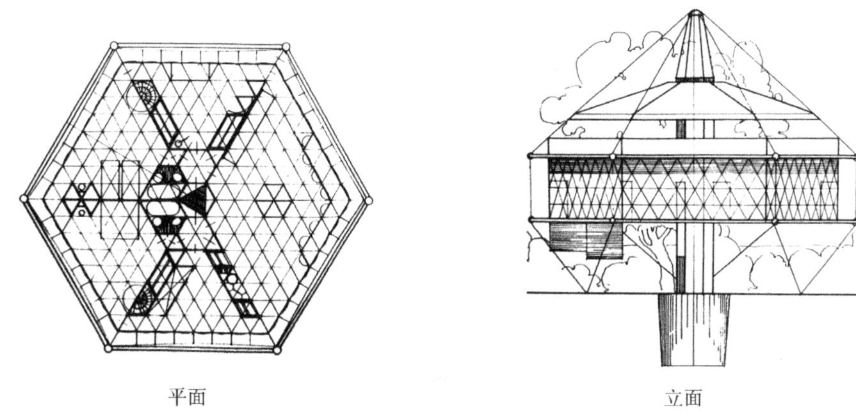

平面　　立面

图 3-5　戴马克松住宅方案图纸

图片来源：《Your Private Sky：R. Buckminster Fuller —— The Art of Design Science》

如果说“4D 塔”住宅类似于柯布西耶式的大规模集合住宅（Mass-housing）形式，戴马克松住宅则是一种更符合美国人居住习惯的独立住宅形式。但是由于设计理念的超前和建造成本的影响，该方案最后只停留在草图和模型阶段。1933 年，富勒结合汽车工业技术发明了戴马克松汽车（Dymaxion Car）。汽车采用了符合空气动力学的流线型设计（外观酷似潜艇或飞艇），可降低风阻和油耗，从而减少环境污染。后来，富勒还设计了基于节水理念的戴马克松浴室单元（Dymaxion Bathroom），这种浴室由干式马桶和喷水雾枪组成，可批量生产并配合移动住宅使用，但因过高的工艺要求也未能量产。

1940 年，富勒推出了“机器翼”（Mechanical Wing）方案，一个内部包含有全配厨房和卫浴设施的舱体空间，由汽车拖曳迁徙，并可配合野外帐篷和木屋使用。此后，富勒以北美农场的 Butler 牌谷仓为灵感，并基于“机器翼”的原型设计了可批量生产的移动预制住宅——戴马克松部署单元（Dymaxion Deployment Unit，简称 DDU）。出于空气动力学的考虑，DDU 的平面由戴马克松住宅的六边形变为圆形，其屋顶形式类似蒙古包，设有排气装置和圆形天窗。中心支撑结构为可拆卸的桅杆，外墙则采用了波纹镀锌铁皮及自承重结构体系，内部空间使布帘作为隔断进行灵活使用（图 3-6）。经济便捷的 DDU 内部配有完整的生活服务设施，最初被定位为军用，在“二战”后被用作工人住宅并推广为民用。

1946 年，富勒设计了生活设施更为完善的威奇托住宅（Wichita Dwelling），其外形与 DDU 近似，结构体系类似于自行车轮轴，全部荷载经屋顶的张拉杆传递给中心柱再传递至地面。在该住宅中，富勒还创造了威奇托居住机器单元（Wichita Dwelling Machine），即将厨卫等功能空间集成为单元并可围绕中心柱旋转，用户可根据需求对空间进行灵活变动。威奇托住宅是在飞机厂中采用轻质合金进行流水线预制生产，单个造价不到 2000 美元。住宅可通过卡车或空运吊装，一天即可完成安装。由于与生产商的理念分歧，威奇托住宅只建造了两座原型（图 3-7、图 3-8）。

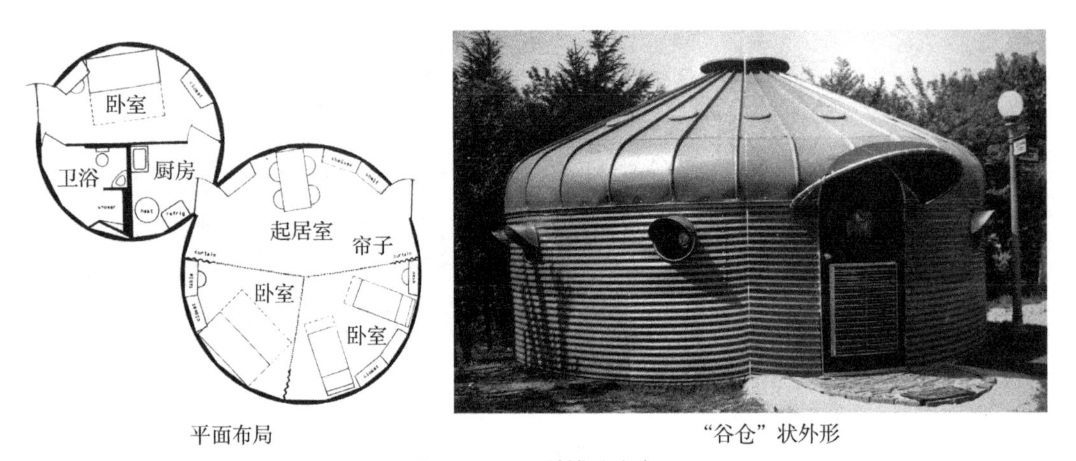

平面布局　　“谷仓”状外形

图 3-6　DDU 预制住宅方案

图片来源：《Your Private Sky：R. Buckminster Fuller —— The Art of Design Science》

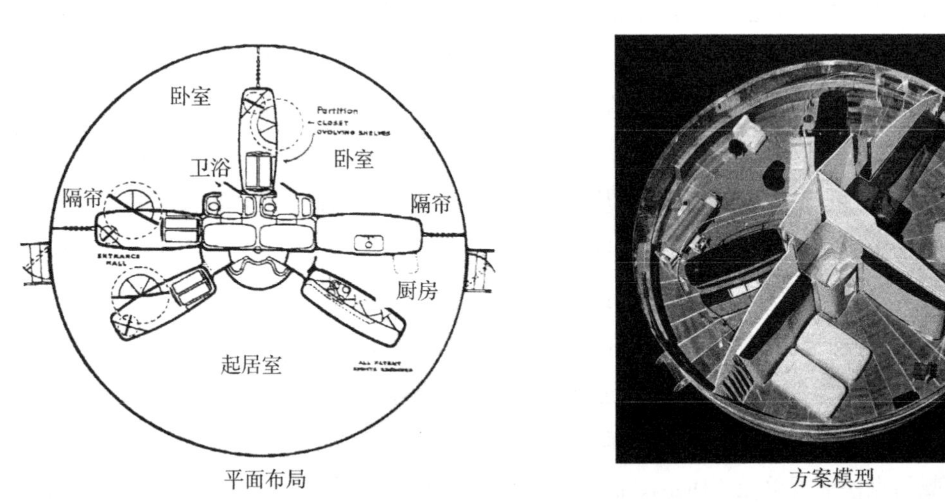

平面布局　　方案模型

图 3-7　威奇托居住机器单元方案

图片来源：《Your Private Sky：R. Buckminster Fuller —— The Art of Design Science》

图 3-8　威奇托住宅的安装过程

图片来源：《Your Private Sky：R. Buckminster Fuller —— The Art of Design Science》

图 3-8 威奇托住宅的安装过程（续）
图片来源：《Your Private Sky：R. Buckminster Fuller —— The Art of Design Science》

3. 后期生涯的移动建筑体系研究：穹顶系统

富勒在 1932 年开始经营《庇护所》杂志，1938-1940 年间担任《财富》、《生活》杂志技术顾问，并在此期间形成了对两类问题的观察：一是工业化以来地球生存资源和能源的消耗；二是自然界结构体系的优势效率。1943 年，富勒发明了戴马克松世界地图（Dymaxion Map），其将地球仪的球形地图转换成近乎没有任何失真的平面形态，每个平面所显示的图案都可作为中心被组装成不同的地图模样，以提供不同情形下的全局视角。富勒发明戴马克松地图的最初目的是军用，后来却利用该地图创造了基于整体思维来分析全球问题的世界游戏（The World Game）[①]。通过创造戴马克松地图，富勒认为只有赋予设计以全面和预见性的思维才能更好地解决问题，即一种设计科学思想。设计科学思想促使富勒受到自然界结构效率的启发，发现了结构体系之间的协同效应（Synergy）能够更大地发挥技术累积优势，从而能够更好地实现少费多用。于是，他开始转向基于协同增效的结构系统研究。

1）协同增效的轻型建筑体系：网格穹顶系统与张拉整体结构

“二战”后，富勒把精力转向了对于几何学和数学的探索，发明了一种以 60° 角为基准（通常为 90° 角）的几何向量系统。他认为自然界存在着能以最少物耗发挥最大效率的结构体系。富勒观察到自然界中的球体在相同的表面积下能够获得的体积最大，因此他开始构思基于测地线理论的网格穹顶体系（Geodesic Dome）[②]，即通过由刚性构件组成的自应力球形网格来支撑整个外壳。此后，富勒又通过对于宇宙间引力的观察，发展了基于张拉

① 世界游戏是一种模拟且能够控制全球的游戏，通常由富勒举行演讲的学校中的学生参与。参与者通过建立模型“游戏室”，在墙上挂上戴马克松地图，扮演成世界的主宰者，为全球性的危机寻找对策。经过游戏的训练，学生可以在一个既定环境中周全地考虑到不同情况，并从中选择出最有成本效益的方案。

② 基于测地线理论的网格穹顶系统是一组无限可分的三角形分面球。三角形分面的密度越高，则穹顶结构就越接近于圆球面。穹顶可以根据所要覆盖的体积确定合适的密度，从而减小构件的尺寸使得构建巨型穹顶变为可能。穹顶体系的力学性能高效，当一个节点受力时，穹顶结构能够均匀地将受力传导至基础，单个杆件的受力不会因为外力个数的增加而显著增加，受力区域内的杆件以均匀受压的方式抵消了外力。

整体结构（Tensegrity）① 的多面体杆件系统，并认为这是一种与网格穹顶类似但更具变化与效率的系统。上述两者都可应用于能够产生协同效应的轻型化建筑体系，且具有良好的性能效益：首先是采用了轻质材料，结构自承重，轻巧稳定，便于移动运输和拆装建造；其次是能够节材，即以较少的建材获得较大的空间；最后是节能，由于其形态的风阻较小，所以在相同的表面积下比传统建筑形式耗能更少。

从 1948 年在黑山学院（Black Mountain Collage）执教开始，富勒便与学生一起对网格穹顶系统进行优化改良，动手搭建了穹顶结构模型，并于 1951 年在 MOMA 展出，最终在 1954 年获得了研究专利。富勒虽不是穹顶系统的发明者和创造者②，却因在推广和应用上的杰出贡献而被认为是该领域里最具代表性的建筑师，其形象也与穹顶紧密联系在一起。与戴马克松系列主要侧重于居住不同，网格穹顶和张拉整体结构更具有普适性意义。轻质、经济、便携的特性使网格穹顶结构具有极高的实用价值，穹顶建筑也因此开始在世界各地广泛落地：1950 年，富勒的第一个网格穹顶在蒙特利尔建成；1952 年，富勒指导康奈尔大学的学生建造了天文馆的穹顶；1953 年，富勒在迪尔伯恩市福特公司的圆顶大楼中央庭院中所设计的由铝管和玻璃组成的网格穹顶，成为第一个成功的商业应用；1954 年，富勒在华盛顿大学建造了可折叠展开的网格穹顶系统，使其更便于移动运输；同年，富勒还为米兰双年展设计了用纸板材料建造的轻型穹顶展馆；1956 年，富勒设计的由铝管和尼龙橡胶表皮组成的移动贸易展馆（Trade Fair Pavilion）在世界各地巡回使用；1957 年，基于穹顶系统的夏威夷音乐厅在一天之内被建好，并在当晚就迎来了演出活动；1958 年，联合汽车公司建造了跨度达 130 米的当时世界上最大的穹顶；1959 年，富勒为美国海军陆战队设计了可通过直升机吊装的轻质金属穹顶；1960 年，富勒在卡本代尔建造了一栋穹顶自宅……最终在 1967 年的蒙特利尔世博会上，富勒设计了其最知名的穹顶建筑——美国馆，“球体建筑的直径为 76 米，由三角形的金属网格结构组成，穹顶在阳光的照射下熠熠生辉，其光芒甚至超过了作为主体展示的陈列品”[16]。（图 3-9）

2）移动的居所体系：穹顶和移动居住包

1948 年，富勒设计了可用于游牧生活的移动居住包（Standard of Living Package），其将卧室、餐厅、厨卫等基本居住功能集成整合在一个集装箱大小的空间内。住宅通过卡车或飞机进行运输，并可通过折叠伸展等方式拓展使用空间。1949 年，富勒在黑山学院开发了由铝杆和塑料薄膜组成的轻型网格穹顶——项链穹顶（Necklace Dome）。该穹顶可

---

① 张拉整体（Tensegrity）即 tensional integrity 词组的合成词，指由一组连续的拉杆和连续的或不连续的压杆组合而成的自应力、自支撑的网格杆件结构，由富勒的学生肯尼斯·斯内尔森（Kenneth Snelson）发明。富勒对宇宙系统的观察研究认为行星之间通过引力形成稳定连接而没有接触，因此张拉整体结构的受压杆之间不接触，而预先张拉的构件构成空间外形，其几何系统很好地反映了富勒的系统协同概念。张拉整体结构的高效性体现在两方面：首先，张拉整体结构只需少量杆件可以形成多面体结构，且其结构系统可延展从而形成更具雕塑感的几何形态；其次张力整体结构的构件只受到轴力，拉索的大量运用使其在创造更大刚度的同时减少了用料。

② 最早的网格穹顶是沃尔特·巴尔斯菲尔德（Walter Bauersfeld）博士于 1922 年在德国耶拿市的卡尔·蔡司（Carl Zeiss）光学工厂屋顶上建造的。这是一个由轻钢构架组成的二十面体的结构框架，上面包裹了一层轻薄的混凝土，成为一种薄壳混凝土结构。

拆装运输，能够配合移动居住包使用，并为其提供外围护，两者也因此共同形成了一套移动居所体系（图 3-10）。

3）移动的建筑城："巨厦"设想

面对现代社会城市化带来的居住和环境问题，富勒认为以低价和远离城市的方式并不能在本质上解决问题，因此提出建立一种高密度、超节能的"建筑城"来集约使用空间和资源。这就是被后来学者称之为"巨厦"的概念——一种基于生态学理念的巨构建筑（Megastructure）。1965 年，富勒畅想在海湾建造可容纳百万居民的四面体漂浮城市，住宅、学校、医院等所有城市功能都集合在一个浮动巨构建筑内。此外，富勒还设想利用巨型穹顶来覆盖城市空间，从而使得对环境的全面控制和对不利地形的经济利用成为可能。比如：

富勒与工作室中的穹顶研究模型　　　　基于张拉整体结构的穹顶实验搭建

图 3-9　富勒的穹顶结构研究探索

图片来源：《Your Private Sky：R. Buckminster Fuller —— The Art of Design Science》

图 3-10　移动居住包和项链穹顶组成的移动居所

图片来源：《Your Private Sky：R. Buckminster Fuller —— The Art of Design Science》

1960年的曼哈顿计划，将“一个直径两英里的圆球笼罩整个曼哈顿中心，内外部世界将保持不间断的联系，天空完全可见，日月交替辉映，但皮肤将隔绝外部气候、热量的变化以及灰尘影响，进而创造温度恒定的室内生活乐园”[4]；1971年的圣路易斯老人河城市项目（Old Man River’s City），则是一个直径为1500米的穹顶覆盖梯田花园式的集合住宅区，内部温度和光线可以被调节……最为天马行空的是1962年的浮云巨构（Cloud Nine）设想，由聚乙烯外壳组成的轻质球体巨构在太阳照射下，球体内的空气因受热而膨胀，促使建筑飘浮到半空中，从而摆脱了大地束缚。该设想在消除了传统建造中的土地成本之外，也使得地面的自然栖息地免受破坏。

4. 基于客体思维方式的设计思想理论

从戴马克松系列到穹顶系统，富勒的设计作品无论从结构体系还是生态特性都与移动建筑的早期原型——帐篷极为类似，并据此描绘出一种游牧化的生活场景：轻型体系、可拆装运输，空间灵活可变，能够满足人类的即时生活需求。（图3-11）富勒的思想虽不是专门面向移动建筑，但却通过技术层面的设计手法和策略赋予了建筑可移动性，并主要体现在以下几个方面：

图3-11 富勒描绘的基于戴马克松住宅的未来游牧化生活场景
图片来源：《Your Private Sky：R. Buckminster Fuller —— The Art of Design Science》

一是建筑轻型化。基于协同效应和少费多用的轻型体系设计使得建筑在效率最优、便于移动的同时还具有良好的经济和生态效益。

二是空间灵活可变。通过功能和结构的模块化、集成化以实现资源和空间的集约利用，进而使平面获得自由变化与灵活调整的可能。

三是环境柔性联结。建筑可移动且对不同的环境具有适应性，并通过摆脱地面束缚以降低建设成本，从而减少对环境的破坏。

四是工业技术创新。基于工业化技术赋予建筑可移动的基础，并在设计之初即考虑生产建造的成本和效率。

因此，从富勒设计思想理论的发展演化逻辑过程来看，其从研究到设计都遵循了一种客体层面的思维方式，即通过对事物的最优化设计来解决现实存在的问题。在基于客体的思维方式引领下，富勒的思想体系可归纳为技术至上主义、设计师主体论、设计科学思想、少费多用原则、协同效应理论和宇宙生态伦理6个具有系统关联特征的核心层面[4-6, 17-19]，并且对当代移动建筑设计具有启示意义（图3-12）。

1）技术至上主义

技术至上主义是富勒的核心价值观和设计方法论，其认为技术是有形而可靠的，是"使得整个宇宙永恒可循环再生的最有可操作性的保证"[20]。建筑评论家雷纳·班汉姆（Reyner Banham）曾如此评价富勒："与柯布为代表的将技术进步融入建筑历史躯壳的一种保守的前卫形式主义相比，富勒大胆地直接运用新技术，抛弃了所有历史或形式的既成概念，因此能毫不畏惧地迈入超越建筑本身局限的全新领域"[21]。富勒的技术至上设计观在今天看来具有一定的历史局限性和个体片面性，技术必然能提升建筑性能，但是因技术而有意忽视社会中的其他相关因素，则容易让设计走向极端和片面。因此，技术至上主义之于移动建筑设计的启示应基于批判视角来看待：一方面可利用技术创新来形成解决问题的方式；另一方面也不能忽视建筑自身的复杂内涵，高新技术与朴素智慧并举，并依据现实情况选择适宜技术。

2）设计师主体论

富勒提出设计是辅助人类发展的主要手段，应该广泛协作，但其又崇尚设计师主体论，

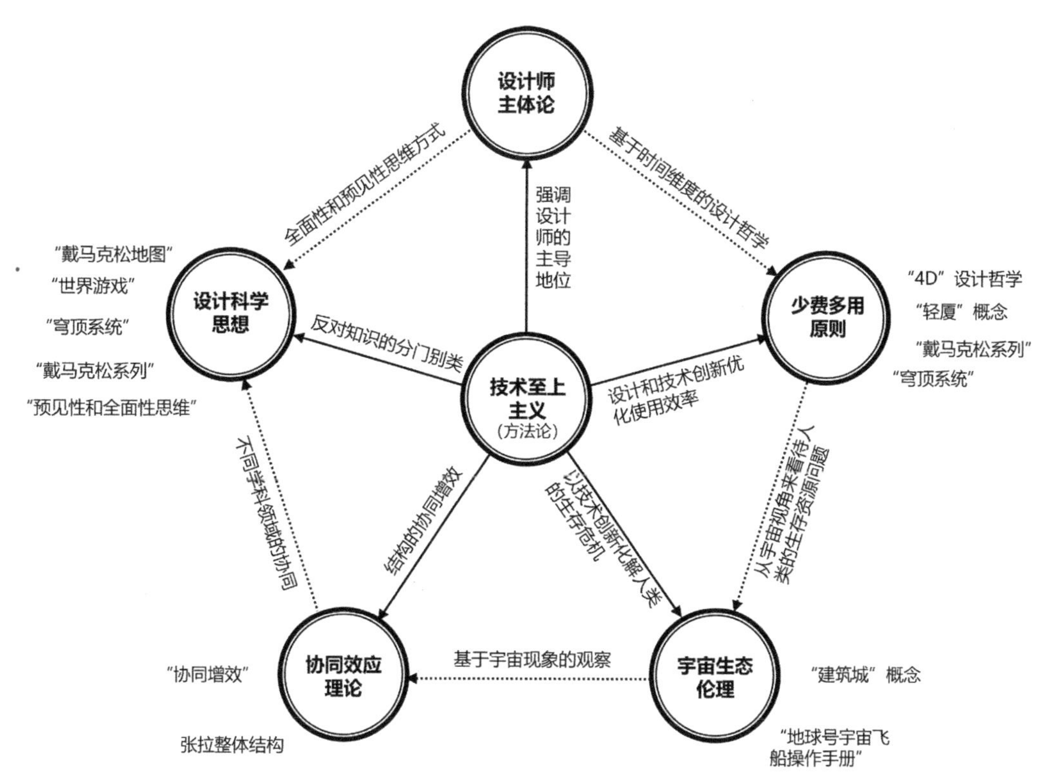

图3-12 富勒思想体系中的6个核心层面

图片来源：作者绘制

认为“规划师、建筑师和工程师应该掌握主动权并相互合作，而设计师就是集三种身份为一体的全局掌控者”[5]。1969 年，富勒在其著作《地球号宇宙飞船操作手册》中将人类社会与地球的关系比喻成对宇宙飞船的管理，认为地球号宇宙飞船需要一个指导手册（即世间所有问题都应有解决方案），而设计师就是这个制定手册（通过技术和设计解决问题）的人。对于移动建筑设计，这种思想也应辩证地来看：首先，移动建筑的产生是为了适应人类自由的生活方式，仅强调设计师自身所描绘的理想蓝图而忽视使用者的实际需求和生活状态，容易造成设计与生活的脱离；其次，设计师主体论更应该看作是对于设计师主观能动性的激发和行业角色的转变，即一种对于全局思维和整体把控的强调。

3）设计科学思想

富勒善于描绘宏大的全景图像，他认为设计科学指向于“宏观上综合全面而微观上精确确切”[5]，是涉及多学科整合的广泛研究领域。设计科学思想主要体现了全面性和预见性的思维特征：“全面性是指对潜在问题寻求普适性的解决方案，而不是只针对特例或个体进行研究；预见性是指设计要具有前瞻性，要考虑随着社会发展而可能出现的变化，以满足当前与未来的需求。”[22] 富勒认为通过设计科学研究，人类可以预见未来可能出现的危机，并针对问题以有效的应用科学准则来寻找最优的解决方案，有意识地为所处生活环境进行设计优化。设计科学思想对于移动建筑设计的启示如下：首先，设计应是一个理性思考的过程，遵循不破坏环境和损害个体利益的原则；其次，基于全面和预见性的思维方式，有利于拓展移动建筑设计的思考维度，能够创造具有普适性和可持续性的方案。

4）少费多用原则

富勒的设计中始终强调少费多用的原则。少费多用意在“通过应用协同学、系统论等科学方法和先进技术，通过整体理性的设计使建筑以低投入实现高舒适的追求，具体在实践中可理解为轻质高强的建筑体系和集约空间的灵活利用等”[19]。少费多用原则强调以最小的物耗（能耗）去获得最大的效率，这与移动建筑的特性相匹配，也应成为其核心设计策略之一。

5）协同效应理论

协同是一种“累积技术优势的体系策略”[11]。协同理论最初源于富勒对结构体系效率的研究，是对建筑几何学研究的核心归纳。富勒把“拓扑结构与矢量几何的组合”[5] 称之为协同效应，并认为“系统整体的运转，不等于系统各组成部分的运转效能简单相加的总和”[5]。富勒的协同论在某种意义上可看作设计科学思想的浓缩与升华。他提倡打破传统的专业壁垒，强调体系的协同去发挥最大的效率优势。在当代，协同增效的含义早已超越了最初结构体系的协同，拓展到通过对各个学科、行业、工种的知识融合和技术整合，形成设计过程的优化和设计结果的最大效益产出。当代的移动建筑产品设计研发理论的核心要旨就是基于协同形成对设计流程的优化改良，强调了从策划、设计到生产、使用、评估的全过程系统控制、迭代优化以及互动反馈。

6）宇宙生态伦理

富勒在晚年用宇宙生态学作为解释地球生活的模型，其认为要化解地球的生存危机就“必须重新建构地球生命保障系统，而重建的根本在于创新”[5]。该观念体现出了一种基于技术来控制和改变人类生存环境的生态伦理。尽管富勒选择技术和科学角度而放弃了更为宽泛的社会和文化价值是值得批判的，但其思想蕴含的生态主义和对自然环境的关怀却是移动建筑设计应该秉持的态度。

5. 富勒思想形成与发展的社会关联

1）社会变化的关联

社会变化之于富勒思想的关联主要体现在三个层面：

一是科学技术发展的时代影响。富勒出生于第二次工业革命时期，科技的发展催生了他对于技术的崇拜，因此逐渐形成了技术至上的设计观。

二是对于社会居住问题的持续关注。工业革命以来，社会住房长期无法匹配大量新增人口的居住需求。富勒认同马尔萨斯主义中“人口过多会带来社会问题”的论点①，但不支持其过分依赖经济学原理而忽视科技进步所带来的作用。富勒认为通过合理设计和技术创新能够解决社会中包括居住在内的一切问题，这也导致了他始终致力于如何经济高效地建造舒适的人类居所，少费多用的设计原则也因此贯穿其整个职业生涯。

三是对人类生存资源的危机意识。富勒常把地球比喻成宇宙飞船，终有一天地球的生存资源将会被耗尽。但他相信人类通过技术和设计创新能够可持续地利用现有资源，发现和创造新的资源，甚至去外太空寻找生存空间，这也构成了其宇宙生态伦理的核心观点。

2）行业发展的关联

行业发展之于富勒思想的关联体现在以下两点：

一是对设计商业化的否定。进入20世纪，美国的经济转型催生了商业设计现象和工业设计师的职业化②，进而导致了设计不仅要考虑美学需求，而且还要考虑消费需求。富勒对这种商业利益至上的设计观念给予了否定，并猛烈抨击消费主义带来的资源浪费现象。他认为设计的目的是解决社会问题，应该以最少物耗获得最大收益，这也是其少费多用原则形成的主要外因。

二是对国际风格的批判以及提倡建筑工业化技术。20世纪中期，美国建筑界对于当时

---

① 马尔萨斯主义（Malthusianism）是指产生于18世纪以马尔萨斯为代表的学派。托马斯·罗伯特·马尔萨斯（Thomas Robert Malthus，1766–1834），英国人口学家和政治经济学家。马尔萨斯人口理论的主要观点是人口增长会导致劳动生产率降低，生态环境退化，社会储蓄减少，从而阻碍经济的增长。尽管技术进步可以加速经济增长，但人口无限制地增长下去会导致技术进步的步伐最终赶不上人口增长的速度。

② 当时的美国涌现出了第一代职业工业设计师：诺曼·贝尔·格迪斯（Norman Bel Geddes）、亨利·德雷夫斯（Henry Dreyfess）、雷蒙德·罗维（Raymond Loeway）、拉塞尔·赖特（Russel Wright）等。在他们的不断努力下，工业设计成为市场竞争、经济发展的一个重要组成部分。

兴盛的现代主义设计理念几乎是全盘接受。秉持技术至上主义的富勒，对这种过于注重形式变革而缺少真正技术创新的国际风格自然是持批判态度。与之对应的是，富勒敏感地把握到大工业时代的脉搏，提倡运用工业化技术去实现经济高效的建筑生产，因此其作品常常会体现建筑工业化的技术特征——功能效率、预制装配和移动运输。

3）活动圈层的关联

在富勒的整个职业生涯中，艺术圈和学术圈之间的互动对其思想的形成发展起到了不可忽视的作用，主要可归纳为四个阶段：

第一阶段是 1928 年与科学家爱因斯坦（Albert Einstein）、建筑师柯布西耶和赖特、哲学家伯特兰·罗素（Bertrand Russell）以及企业家亨利·福特（Henry Ford）等人对于《四维时空锁》的讨论，形成了建筑革新要走工业化道路的认识。

第二阶段是 20 世纪 30 年代在纽约格林威治村与赖特、野口勇（Isamu Noguchi）、保罗·尼尔森、弗雷德里克·基斯勒等先锋艺术家、建筑师的交流互动，增加了对于自然结构、空气动力学、流线造型艺术的认识，奠定了他基于全面和预见性思维的设计科学思想基础。

第三阶段是 1948 年在黑山学院任教期间，遇到了建筑师格罗皮乌斯、作曲家约翰·凯奇（John Cage）、平面设计师约瑟夫·艾伯斯（Josef Albers）、画家德·库宁夫妇（Willem and Elaine de Kooning）等建筑家和艺术家，开阔和丰富了他的视野与思想，进而展开了穹顶系统和协同理论的研究。

第四阶段是 1971–1982 年间，与诺曼·福斯特（Norman Foster）的长期合作强化了其基于技术创新的生态设计观，少费多用的设计原则在后来深刻影响了高技派建筑师群体。

4）个人经历的关联

富勒坎坷又富有传奇色彩的个人经历也促使其形成了独特的思想，这些影响主要体现在三个方面：

一是家庭环境和教育经历影响了富勒的人生观、价值观。富勒出生于一个思想开明的家庭，对于姑祖母[①]的崇拜使其从小就不受世俗影响而养成了独立思考的习惯，童年的眼疾经历也使富勒看待世界事物的视角变得高度整体和敏感。在教育上，富勒在哈佛所遭遇的不平等经历[②]激发了其基于社会公平正义的设计价值观，同时没有受过正规建筑教育的经历反而使其在设计中摆脱了学院派的思想束缚。对于专业化的质疑使得富勒能更多地从时间

① 富勒的姑祖母玛格丽特（Margaret Fuller Ossoli）是杰出的新英格兰超验主义者（New England Transcendentalist），也是美国最早的女权主义者之一。超验主义是 19 世纪 30 年代美国思想史上一次重要的思想解放运动，宣称存在一种理想的精神实体，超越于经验和科学，通过直觉来把握。

② 个性自由的富勒不愿意承受学院派教育的约束，也因家庭变故而缺少资金无法在哈佛的精英阶层中赢得社会地位，最终由于“缺少学习的兴趣”两次被哈佛开除而辍学。在辍学期间（1914–1915 年），富勒曾在加拿大舍布鲁克（Sherbrooke）棉花厂做机械装配工的学徒，也曾在纽约肉食公司（Armour & Co.）做搬运工及助理收银员。在这段时期，富勒学会了机械制造的基础知识，为后来的设计实践奠定了技术基础。

与效率角度去思考问题。

二是海军生活经历成为富勒设计思想形成的源头。富勒年轻时参加了海军的战时服务[①]，军中的救援任务经历和奉献服务精神激发了他的社会责任感，这也成为其后来决定用技术和设计去解决社会问题的初衷之一。对军队制度的崇尚也使富勒认为设计应同军队的管理一样，要统筹全局、便捷高效且步调一致，这为其后来协同理论的形成埋下了伏笔。此外，在海军中，富勒还学习了机械、航海、通信、材料等工程领域的前沿知识，工程设计中的技术原则很大程度上影响了他后来的设计理念，比如形式效率、体系协同、资源集约和自给自足等。

三是人生挫折影响了富勒的奋斗目标和方向。富勒年轻时事业的不得意以及女儿的夭折使其人生一度跌入谷底[②]。没有被挫折击垮的他反而认为自己的奋斗目标是创造一种完美的方法来解决社会的一切问题，而这种方法来自于技术创新。这也是富勒技术至上主义的思想来源之一。

6. 富勒思想的社会价值影响与批判

1）历史地位与社会评价

从个人历史地位来看，富勒或许是美国历史上最富有创造性也是最为激进的建筑师。他的思想充满了浪漫主义色彩，又致力于解决社会现实问题，所产生的社会影响也是与日俱增的：从早期戴马克松系列出现时大众与媒体所表现出来的不解和嘲笑，再到穹顶系统逐渐得到社会的认可和接纳，最终其设计思想理论启发了大批后来的学者，并成为一些新研究领域的启蒙者。美国建筑师学会（AIA）于 1970 年授予富勒建筑师金奖并赋予高度评价[17]，1985 年发现的碳 60 分子结构后来也被命名为“富勒烯”（Buckminsterfullerene），足见其卓越的历史地位。但是富勒的研究议题宏大，其思想的超前性和局限性并存，以至于社会对他的评价至今仍然无法准确定义，且富有争议。富勒的观点和设计在某些情形下充满了矛盾。比如：他认为人能够通过自身的改变来创造美好世界，却又常说要“重塑环境，不要试图改变人”[4]；他致力于打造一个不受外界影响的完美人工世界，但这种巨构在生态环保和经济节能层面的可行性也令人质疑；让他声名鹊起的穹顶系统因在实践中出现的问题[③]而

① “一战”爆发后，富勒加入美国海军。1918-1919 年，富勒在安纳波利斯海军学院学习后成为美国大西洋舰队中的一名通讯军官及战地报纸编辑。在服役期间，富勒参与了李·德·弗雷斯特（Lee de Forest）的无线电海上通讯试验，也曾担任炮艇指挥官，还发明了一种有效搭救失事飞行员的海上救生工具。

② “一战”结束后，富勒进修工商管理课程并下海经商，短暂作为 Armour 公司贸易经理及 Kelley-Springfield 卡车公司销售经理，但这段从商经历并不成功，其间年仅 4 岁的女儿不幸死于流感导致的小儿麻痹和脑炎。1922-1926 年，富勒和其岳父创立了栅栏建筑公司（Stockade Building Company），但生意的不景气使公司于 1927 年被破产变卖。丧女之痛和穷困潦倒沉重地打击了富勒，使其一度产生了自杀想法。

③ 富勒的网格穹顶技术后来在使用过程中遇到了许多问题。比如，外壳防水渗漏（网格之间始终无法严丝密缝，后来只能用木板覆盖起来）、内部空间的划分（球体空间相对于传统方形空间难以分割，高处的空间被浪费，空间过于空旷导致声音回响）、家具的安装扩建等问题未能得到解决，穹顶系统的节材优点因此被抵消，建造成本反而大于普通建筑形式。此外，富勒在卡本代尔的房子还有福特圆顶大楼的穹顶后来都裂了，最终因工人在修补房顶时的不慎使建筑毁于大火。

一度被认为是“失败”的，并受到一些学者的批判……①[23]但是，富勒的思想大多源于对当时社会与行业现状的批判，这在如今看来又极具预见性和启示性。比如：他提倡设计中的少费多用，符合当今社会可持续发展的目标；他认为国际风格只是形式的游戏，国际风格最终在后现代思潮中受到猛烈批判；他对于商业设计风潮中的消费主义和资源浪费现象的坚定批评，也在后来资源和环境问题爆发时形成了先见之明……因此，从社会评价的争议性来看，富勒的思想在今天的视角下虽具有一定的片面性和局限性，但其伟大之处在于历史语境下所具有的批判性和预见性，所产生的社会影响也是长远而深刻的。

2）对社会生活及文化现象的影响

富勒一生都在不断地寻求新的技术来改善人类的生存环境，这在一定程度上影响了当时的社会生活，并衍生了一些独特的文化现象。以穹顶系统为例，其最大的影响不在于当时社会建造了多少座穹顶建筑，而在于穹顶所带来的对于未来发展的想象。富勒将穹顶系统视为先进高效的结构体系，当作隔绝外部影响的理想生活空间，并视为推动社会进入新纪元的工具（未来人类进入太空要依赖穹顶的保护）。同时，穹顶也被当作代表科技和未来的文化符号，在天文、军事、科研、文旅、娱乐等领域常常会出现穹顶形象，甚至在后来的科幻小说和电影中也可窥见其身影。此外，富勒反对传统并积极倡导探寻新的生活方式，其设计中也常常会基于建筑的移动来彰显对于游牧和自由生活的向往②。在富勒的启发下，美国出现了一些新的游牧生活现象，部分亚文化群体（嬉皮士）开始建造可移动的家园。比如1965年，几个受富勒影响的年轻艺术家在美国科罗拉多州建立了一个充满激进思想的“嬉皮”社区——滴落城（Drop City）。滴落城不是一个固定的社区，建筑都是用垃圾及废旧材料搭建的穹顶结构③，如同一个生态有机体自由生长，居民可随时进入或离开。

3）对行业发展及学科研究的影响

富勒始终致力于如何将人类的发展目标和需求与全球的资源和科技水平相结合，这对后来的建筑学、设计学、工程学等都产生了深远影响。

一是对当代形式科学和设计方式的影响。1995年，纽约举办了“当代设计科学的发展”展览以纪念富勒百年诞辰，并展示了其设计科学思想。设计科学其理论来源于形态学（Morphology）④，在当代发展为“内容更为宽泛的形式科学，即研究本质形式的科

① 劳埃德·卡恩在《庇护所》一书专门列了一章对穹顶系统进行了批判和反思，认为其自身在应用方面存在一定的问题，并非如富勒所言的那样是一种完美的形式。

② 富勒当年前往黑山学院执教的时候，开着装满自己研究模型的清风房车前去报到，其本人很长一段时间都是住在房车之中。

③ 滴落城的创始人在听了富勒演讲后，受到其“少费多用”思想的深刻影响。穹顶是最容易建造的结构，所以他们决定建立一个由穹顶住宅构成的社区。嬉皮士们认为在穹顶象征着天空，居住在穹顶里就像是生活在星空底下，这很符合其生态愿景。为了追随富勒倡导的循环利用资源理念，这些年轻人用其可以得到的最便宜的材料来建设独特的穹顶构造，富勒亲自写信道贺，还于1966年为其颁发了戴马克松大奖。

④ 形态学（英语 Morphology 源自希腊语 morphe）概念来自生物学，用来特指专门研究生物形式本质的学科。形态学与注重微观分析而忽略总体联系的生态解剖学不同，其要求把生命形式当作有机的系统看待。

学”[17]。设计科学起始于富勒对自然界生物结构系统的推崇，他对国际风格中形式主义的批判，促使其以科学技术等可靠手段去寻找和创造形式的本质来源与形成逻辑。这在今天则指向了“环境互动、控制论和人工智能等新兴的人机协同理论，成为一种面向过程而非形式的设计方式”[18]。当前学界中的参数化设计（Parametric Design）和数字建造（Digital Fabrication）风潮很大程度上受到了富勒的影响①，其晚年提出利用计算机技术来研究生存资源的构想如今成为现实，大数据、人工智能等新兴技术已在规划设计领域发挥重要作用。

二是对当前协同设计理念的影响。兴起于20世纪70年代的协同学目前广泛影响了物理、工程甚至语言等学科。富勒早在20世纪50年代便提出了协同概念②，他认为要通过体系的协调来累积技术优势，最终获得解决问题的最大效益。这种带有系统论、控制论和复杂性的设计理念在当代受到热捧，比如提倡专业间合作实现结构与形式创新的建筑工程学（Archi-Neering）③、基于协同的建筑策划理论以及建筑产品设计研发理论等都与富勒提出的协同理论有着不可分割的关联。

三是对当代生态建筑设计的影响。富勒总是从更广阔的宇宙视角来审视人与地球的关系，这也推动了当代生态设计的认知范畴从传统的建筑拓展至整个人居环境。正如评论家方振宁所言，“当人类把小庇护所（庇护身体的建筑）和大庇护所（庇护人类的大气层）的关系摆正时，低碳生活意识便成为一种自觉”④[23]。富勒提倡的少费多用原则也与后来的可持续发展目标高度一致，并影响了如今的生态建筑设计理念与策略：“比如借助结构力学、仿生学、空气动力学等方法科学理性地寻找最优方案；比如将被动式策略与适宜技术结合，以实现能耗的少费多用；比如设计适应未来变化，以提高建筑使用效率等。”[19]

四是对生物结构研究发展的影响。富勒的张拉整体结构在当代被应用于生物结构的研究，并可基于生物力学引入空气肌肉系统⑤来取代张力整体系统中的拉索与节点，以创造具有互动或可适应性的动态建筑结构。此外，张拉整体结构在智能技术支持下对弹性材料以及弹、刚性材料结合的结构构造进行了探索[18]。

---

① 富勒所强调的效率与动态极大影响了建筑的设计过程，从界面形态改变到结构构造创新，建筑工业化技术的升级驱动了设计与制造逻辑的融合，机械设备与建筑本体的结合也使建筑走向智能化的动态和交互。

② 建筑界的学者大多认为富勒于1955年提出了协同论，其他学科的学者认为协同学（Synergetics）作为“一门关于共同协作或合作的科学”，是20世纪70年代德国物理学家赫尔曼·哈肯创立的一种自组织动力学方法论，另有部分学者认为协同学是对复杂行为的科学思想、方法及模式进行跨学科的一种分析研究方向。本书并不界定协同学是否为富勒所创立，只探讨其基于协同观念的设计理论。

③ Archi-Neering一词是1999年美国建筑师赫尔穆特·扬（Helmut Jahn）和德国结构工程师维尔纳·索贝克（Werner Sobek）在其著作《*Archi-Neering*》中首次提出“Architecture+ Engineering=Archi-Neering”的概念，体现重新整合建筑学与工程学的意图，使之成为整体来推动设计的发展。

④ 该段论述出自于方振宁对《庇护所》（中文版）一书的推荐序。

⑤ 空气肌肉又称气动人造肌肉，是通过填充气囊的压缩空气操作的收缩式或拉伸式装置。

4）与建筑师群体及个体的关联影响

富勒的整个职业生涯都处于技术飞速发展的时代，对于技术的崇拜使其不断探索通过技术来解决问题。设计理论家维克多·帕帕奈克（Victor Papa Nek）在一定程度上认同富勒的观点，不过在解决问题的策略认识上存在差异：富勒致力于建筑问题，走的是高新技术路线；而帕帕奈克则侧重于工业设计问题，更青睐朴素的低技智慧。富勒通过技术创新来改善人类生存环境的方式与很多建筑师都产生了关联影响，其少费多用理念受到生态建筑大师保罗·索列里（Paolo Soleri）的极力推崇，也影响了以诺曼·福斯特（Norman Foster）、伦佐·皮亚诺（Renzo Piano）、尼古拉斯·格雷姆肖（Nicholas Grimshaw）等为代表的高技派建筑师群体。此外，富勒与其他移动建筑的研究者们也产生过交集。比如：对弗里德曼移动建筑口号的响应；其技术至上主义对建筑电讯派的影响……

3.2.2　技术创新驱动下的移动建筑探索

1. 基于材料和结构创新的轻型化技术

1）弗雷·奥托——轻型结构技术的探索

与富勒的经历相似，奥托作为飞行员参与了“二战”，航空领域的背景使其早就对工业生产中的轻量技术情有独钟。他认为建筑必须尽可能地轻巧、灵活以适应环境，并在技术上做到尽善尽美。因此，奥托致力于利用轻质材料与轻量技术来进行大跨度的轻型结构创作。1952 年，奥托开始了基于张拉结构的建筑研究，他在 1967 年世博会上设计的德国馆采用了近似帐篷形式的索网结构体系，成为历史经典。奥托设计的张拉膜结构赋予了建筑轻型和可灵活移动的特性，同时又具备形式层面的艺术美感，也因此成为后来移动建筑领域最受青睐的结构体系之一。除了张拉膜结构，奥托后来还在斯图加特大学成立了轻量结构研究所（Institute of Lightweight Structures），开展了气动结构（Pneumatics frames）和晶格结构（Lattice frames）研发，推动了气动结构、超轻张拉系统等在移动建筑上的技术应用。奥托的设计主要秉持形式的效率、自然的轻量化、使用的灵活性等理念，通过运用最少的资源解决更多的问题，这与富勒的少费多用原则不谋而合。

2）张拉膜和充气膜技术的兴起

帐篷是留存至今且最为常见的移动建筑形式之一，随着技术的进步和材料的创新，其性能已大为提升并演化为现代的膜结构建筑。现代的膜材料柔韧性好、强度高、不受环境干扰，并可通过计算机辅助设计制造出轻质的结构形式，同时膜材料丰富的透明度和表面处理也能创造出独特的室内空间效果。因此，在社会生活的各个领域，基于膜结构的移动建筑得到了广泛应用，主要涵盖了张拉膜和充气膜两大技术形式。

张拉膜是基于以支柱和钢索为支撑的张拉结构，可自主装配，并能围合出造型丰富的巨型空间，通常应用于户外的临时性活动和景观装置。自 20 世纪 90 年代以来，为了满足从零售、会议、展览到观演等社会中日益丰富的临时性功能需求，FTL 工作室创造出了大量基于张拉膜结构的移动建筑，如 1991 年的纽约卡洛斯·莫斯利音乐亭（Carlos Moseley Music Pavilion）、1995 年的凯迪拉克移动剧院（Cadillac Mobile Theatre）、1996 年为亚特兰大奥运会而创作的美国电话电报公司世界奥运村（AT&T Global Olympic Village）等[24]。FTL 最著名的代表作是其 2002 年设计的哈雷·戴维森机械帐篷（The Harley Davidson Machine Tent）。该项目是一个用于全球商业巡回活动、空间跨度达 50 米的大型移动建筑，其形象酷似传统马戏团帐篷，但实际上由 7 根桅杆（一主六次）来承载灯光和设备，通过金属缆绳将绞车和桅杆连接，将部件抬高即可自行完成装配[24]（图 3-13）。世界上最大的张拉膜移动建筑是工程师鲁迪·伊诺斯（Rudi Enos）于 1999 年在英国谢菲尔德为千禧年庆典而设计的瓦尔哈拉（Valhalla），建筑内部跨度达 75 米，一共使用了 20 根高 24 米的桅杆来支撑帐篷和辅助设备。与哈雷帐篷类似，瓦尔哈拉同样可自行装配，通过内置的动力绞盘和电机来提升桅杆，并支撑桁架与薄膜屋顶。该建筑由英国传动住宅结构公司（Gearhouse Structure）负责运营，部件可通过集装箱装运，用于不同的会议、典礼、展览和节日[24]。

随着技术和材料的不断进步，另一种更为轻便、易于安装且形式生动的膜结构形式——充气膜诞生。基于充气支撑的膜结构可利用气压来支撑围护结构，不需要传统的拉杆（但可结合拉索支撑），也无须繁琐的拆卸过程。充气膜移动建筑的发展首先源于充气式可穿戴系统的实验研究。1966 年，受 NASA 的太空服和生存舱的启发，建筑电讯派的迈克·韦伯（Michael Webb）创造了可适应于任何地方的便携式单人环境服（Cushicle）。后来，他将该概念发展为基于充气结构的可穿戴房屋（Suitaloon）。可穿戴房屋平时可像衣服一样穿着，能够在需要时充气膨胀为居住空间。这种气动技术能够形成灵活可变的建筑形式，因此激发了众多相关的研究实验。比如：让·保罗·约曼（Jean-Paul Yeoman）1967 年设计的实验性住宅“戴奥顿”（Dyodon），由充气板构成了一个带有整体式充气家具的多层空间；蓝天组（Coop Himmelblau）1968 年设计的罗莎别墅（Villa Rosa），一个能够用手

图 3-13　哈雷·戴维森机械帐篷

图片来源：《Architecture in Motion: The history and development of portable building》

提箱携带的充气式生活空间，并可以与其他空间组合连接……[3] 帐篷作为一种传统的移动庇护所，虽然在膜和杆件的材质层面有所改进，但其形态和结构逻辑却一直未有改变。如今，充气结构创造出了一种根本性的变革。英国充气设计公司（Inflate）在优尼派特结构（Unipart Structure）、大 M 展厅（Big M）和司木露立方（Smirnoff Cube）等项目中就利用充气结构塑造了一系列轻便经济、形象时尚的大型移动空间。2005 年，该公司还设计了个人充气帐篷（Air Camper），其理念是将气动帐篷与汽车结合，并将汽车作为充气的动力来源。这不仅改变了帐篷的传统结构概念，也塑造了全新的形象（图 3–14）。

基于充气支撑的膜结构具有轻便的特性优势，一旦进入现场，几乎可以立即投入使用，因此特别适合于展览、娱乐等临时性的公共活动。例如，由布兰森·科茨建筑事务所（Branson Coates Architecture）在 1997—1998 年为英国贸易工业部设计的“能源屋”（Powerhouse）项目中，以充气膜表皮和可拆装的轻钢结构塑造了一个快速成型的临时展览场所，更“以其独特的形象和自由的形式表现了活动的创意主题”[24]；克莱恩·戴瑟姆建筑师事务所（Klein Dytham Architecture）1998 年在东京设计的充气式节日展亭（Festival Pavilion），其结构由独立的元件组成，并可装配成不同形式……[3] 除了小型轻便的活动空间，充气膜结构还可以塑造出巨型的建筑。特克托尼克斯有限公司（Tectoniks Ltd.）2007 年设计的迪拜精神（Spirit of Dubai Building）项目是一个巨型的充气膜穹顶建筑，该建筑的部件模块在英国本土生产，然后装在两个集装箱内运至迪拜安装，通过鼓风机连接送风，空间在 40 分钟内即可成型 [25]（图 3–15）。

当前，充气膜系统分为低压和高压两类充气支撑的结构形式：低压支撑一般用于大型移动空间的塑造，需要不断向室内补充空气，此外膜的面积较大，因而运输和收纳麻烦；高压支撑则主要利用高压充气梁作为支撑结构，无须补气且易于运输，但要避免膜结构破裂造成建筑崩塌。随着科技的进步，基于 AI 技术的自主智能建造也进一步与充气膜结构

图 3–14　英国充气设计公司推出的个人充气帐篷产品（Air Camper）

图片来源：《可适性：回应变化的建筑》

图 3–15　特克托尼克斯有限公司生产的巨型充气膜建筑“迪拜精神”

图片来源：《Portable Architecture Design and Technology》

结合。比如，费斯托公司（Festo）展开了一系列充气膜与智能技术结合的建筑产品研发：1999年在德国埃斯林根（Esslingen）建造的基于高压气膜支撑的建筑——“Airtecture”展览和会议厅，能够实现建筑的自主监控和实时调节；2001年推出了更加智能的低压气膜支撑产品——充气水族馆“Airquarium”（图3-16）……

“Airtecture”

“Airquarium”

图3-16 费斯托公司生产的充气膜建筑产品

图片来源：《Portable Architecture》、《可适性：回应变化的建筑》

3）沙因与尚内亚克——轻质合成材料的应用

20世纪上半叶，一些工业化的轻质材料（如轻钢、铝合金等）逐渐进入移动建筑领域，这些新材料使建筑变得更加轻便和易于运输。随着20世纪50年代有机化学领域的技术进步，法国建筑师约内尔·沙因（Ionel Schein）开始研究利用轻质的合成材料（如塑料）来创造新的建筑形式。1955年，沙因与工程师马格朗（Yves Magnant）和建筑师库隆（R. A. Coulon）合作设计了世界第一栋“全塑料”建筑，并于1956年在巴黎家政艺术沙龙（The Salon des Arts Menagers）上展出了塑料住宅（Maison en plastique）模型，引发了社会轰动①[26]。同年，沙因设计了由铸模塑料和玻璃纤维压成的直角单体舱（Right-angled monocoque capsule）作为汽车旅馆的客房单元，每个单元配置了卫浴设施和家具系统，可以快速安置在任何地方。1957年，沙因还设计了一个蛋形的移动图书馆，以此来探索适应合成材料的最优建筑形式，即一个完全由材料来决定形式的移动空间。沙因使用塑料的原因在于其可工业化批量生产，轻质易塑形，且便于移动，进而能够赋予形式创作上的灵活性[26]。

20世纪60年代，另一位法国建筑师尚内亚克（Jean-Louis Chanéac）也利用轻质合成材料（如层压材料、树脂、玻璃纤维、增强聚酯和泡沫等）设计了一种可自由组合且方便运输的塑料胶囊住宅，并将其命名为“寄生细胞”（Cellules Parasites），以满足现代人类对

① 沙因的塑料住宅由两家法国煤矿公司赞助，他们注意到方案是对煤制塑料在广泛领域的潜力的一次绝好的宣传，有14种类型的塑料被运用到模型之中。公众对其方案十分感兴趣，超过20万观众参观了展览，超过6000份报纸和杂志作了特别报道，其中*Elle*杂志不仅跟踪了整个建造过程，组织了其室内的装饰设计，还发表了重要特写，突出宣传了由此类住宅带来的轻松生活方式。

于移动居住功能的需求。“寄生细胞”是一种有机的、可移动的轻质结构，能够根据居民的需要相互连接与调整。它作为临时性和补充性的居住空间形式，可以通过工业化大规模生产，也可由个人自发建造，并且能够在几个小时内安装在现有建筑物的外墙上。1968 年，尚内亚克成功地在日内瓦的公共住房项目上建造并悬挂了一个“寄生细胞”住宅单元。对于轻质合成材料的研究应用为移动建筑的轻型化设计开拓了新思路，有机合成材料如今也已广泛应用于建筑的各个领域。

4）高技派——建筑轻型化的设计取向

备受富勒思想影响的高技派建筑师群体于 20 世纪 70 年代起将建筑轻型化作为其主要探索方向。他们“从飞机、汽车和轮船工业中自由借用，为建筑领域注入了新思想、新材料和新方法”[27]，进而“以技术为创新驱动，积极探索建筑中的工业化和智能化，通过多学科的协同来力图突破传统、引领轻型化技术突破”[28]。建筑的轻型化同时也意味着建筑可移动的技术基础被大大提升。除了福斯特、皮亚诺等人，另一位高技派建筑师格雷姆肖作为富勒的忠实拥趸，其设计的伊甸园工程（The Eden Project）生态植物园就是一个使用了塑料等轻质材料的轻型网格穹顶系统，能够通过植物群落来调节室内微气候，以此致敬了富勒 1960 年在圣路易斯设计的人工微气候室——“伊甸园公园”（Garden of Eden）①。此外，格雷姆肖还常常将轻型技术应用于注重效率的工业建筑之中。例如：1976 年的英国赫尔曼·米勒工厂（Herman Miller）项目采用了舾装的轻质面板和结构系统；2001 年建成的德国科隆易格斯（Igus）工厂则采用了可拆装的轻型体系，建筑被分为独立的吊舱单元，吊舱被设计为气垫支撑，可以灵活放置，单元之间则通过柔性的管廊连接……

5）卡普利茨基与霍顿——基于先进制造的轻量技术策略

富勒在其设计中曾大量借鉴先进制造领域（如游艇、飞机等）的轻量技术策略，这也被后来的一些建筑师所沿袭。自 1975 年起，曾为皮亚诺、罗杰斯、福斯特等高技派大师工作过的简·卡普利茨基（Jan Kaplicky）开始探索基于轻量技术的、自给自足的、可融入自然环境的单元舱体式移动建筑，如“直升机飞行员之家”（House for a Helicopter）、“花生舱”（The Peanut House）等住宅项目。这些住宅方案大多通过结构和材料的轻型化来实现建筑的轻便移动，并且以对生态环境的低度影响作为思考基础。卡普利茨基后来成立了未来系统公司（Future Systems），专门从事移动建筑的研发，并坚持了这种设计理念。比如，1993 年的移动影像博物馆接待展厅就采用了轻型的 PTFE 框架结构，透明的表皮使建筑以一种轻盈、低限度的姿态进入场地环境又不失个性变化（图 3–17）。20 世纪 80 年代初，理查德·霍顿（Richard Horden）开始研究工业中的轻量技术在移动建筑上的一系列应用。比如：1984 年借鉴游艇

① 伊甸园公园由直径为 53 米的巨大网格穹顶覆盖，内部就是一个热带植物园。富勒的设想是通过植物来调节建筑内部的环境，但当时的技术条件还达不到，穹顶结构所用的非绝缘的材料使得室内的加热和冷却都要耗费更多的能源，这些问题在当时都无法解决。但是，新技术新材料的出现使得格雷姆肖能够在后来的实践中将富勒的设想最终实现。

制造中的轻量装配技术而设计的“游艇屋”项目（Yacht House）；1991 年设计的“滑雪住宅”（The Ski-haus）项目，采用轻量技术设计使其可通过直升机吊装①至任何地方；1993年开发的基于超轻量和移动技术的原型概念建筑“救生员瞭望塔”（Point Lookout）；为南极科考队设计的由轻钢框架、夹芯板材料以及三角支架结构建造的临时庇护所——极地实验室（Polar Lab）等。霍顿后来还探索了一些极致微居的轻型移动住所，最具代表性的是其研发的“微型盒子之家”（The Micro-Compact Home）（图 3-18）。该项目致力于为学生和单身住户提供廉价居所，因此把传统住宅的功能整合在一个面积只有 2.66m^2 和高度 1.89m 的立方体盒子单元之中。盒子可由汽车运输，在现场吊装堆叠后使用。霍顿还将这种微型居住盒子后来应用于一系列学生公寓设计中，比如 2005 年的“氧气村”（O2 Village）以及“树村”（Tree Village）项目。

图 3-17 移动影像博物馆接待展厅

图片来源：《Architecture in Motion：The history and development of portable building》

图 3-18 微型盒子之家

图片来源：《Architecture in Motion：The history and development of portable building》

2. 建筑家具系统

移动建筑的技术创新不仅体现在建筑设计层面的轻型化取向，还展现在“赋予建筑部件以可移动性，最终引发了结合设施集约和部件移动策略的建筑家具化探索，其历史甚至可追溯至早期现代主义的兴起阶段”[3]（图 3-19）。普鲁弗、柯布等先驱者的研究跨越了家具和建筑的界限，以至于弗里德曼在其研究初期也致力于探索建筑家具带来的空间移动变化可能。后来，埃姆斯夫妇（Charles and Ray Eames）、乔·科伦坡（Joe Colombo）等设计师继续了这一领域的研究。

① “滑雪住宅”作为二人使用的高山住所，同样借鉴了游艇的舾装技术。该住宅以一头牛的重量作为约束条件，这也是阿尔卑斯山区救援直升机能够携带的最重物体。

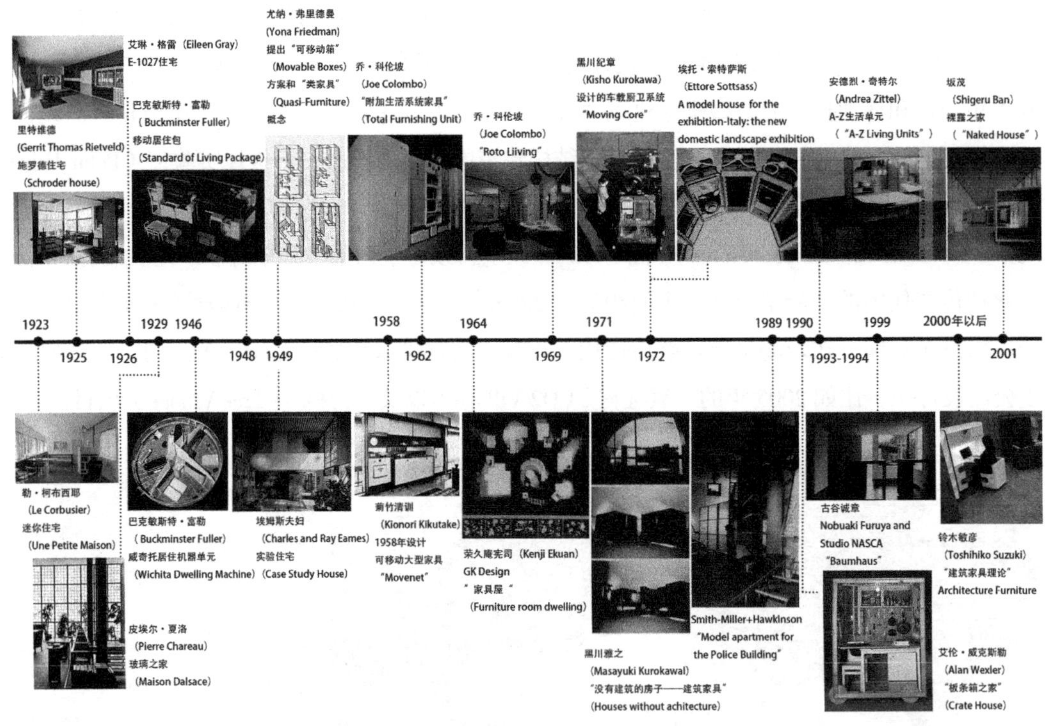

图 3-19　建筑与家具研究的历史线索溯源

图片来源：作者绘制，资料参考《MOBILE ARCHITECTURE》

1）埃姆斯——“从工业化建筑到工业化家具”

1945-1949 年间，《艺术与建筑》（*Art & Architecture*）杂志的约翰·伊坦斯（John Entenza）发起了基于工业化技术的案例研究住宅（Case Study House）计划，其中以埃姆斯夫妇与埃罗·沙里宁（Earo Saarinen）合作设计的 8 号案例研究住宅最具影响力。该住宅由工业成品构件制成，埃姆斯在简单的框架体系内通过模块化的设计，并结合蒙德里安的构成风格，实现了建筑简明轻盈的工业化技术创作表达。虽然这些设计并没有体现富勒所说的技术协同性和整合度，但其表现出来的工业设计美学相较于富勒的建筑形式更能让人接受。此后，埃姆斯逐渐将工业化技术的应用转移至现代家具设计上，模制胶合板、弯曲钢管、塑料等新型材料得到了应用，工业技术与设计美学在视觉和效率、形式和使用上取得了平衡。埃姆斯的探索实践也对后来的移动建筑设计产生了两方面的影响：“一是明确使用可选择的技术来解决建筑问题，并整合不同行业的资源，二是部件化和组装体系策略。”[11]

2）乔·科伦坡——“附加生活系统家具研究”

同前辈埃姆斯一样，乔·科伦坡以家具设计闻名。他早年曾在米兰理工学院学习建筑，并就人类基本的居住问题进行过广泛探索。科伦坡同富勒一样，相信通过技术和设计的创新能够解决社会问题。出于对工业技术的崇拜，科伦坡设计的作品充满了对新材料和新结构的探索。比如：1963 年设计的 4801 号扶手椅采用了塑料和压板形成的流线型形态；1964 年设计的 LEM 采用了锻压钢框架……科伦坡认为空间是弹性与有机的，不能因设计而使之凝固，因此家具不应是孤立的产品，而是环境和空间的有机构成之一。1962 年，科伦坡设计了“附加生活系统家具”（Total Furnishing Unit）项目，将居室中的起居、餐饮、卫浴、娱乐等功能都整合在几个集成单元内，这些单元如同家具一样可以便利地移动调整。1990 年，纽约艺术家艾伦·威克斯勒（Alan Wexler）设计的板条箱之家（Crate House）与科伦坡的理念十分近似。该项目由一些可抽拉滑行的家具化设施组成一个压缩的住宅空间，可容纳日常家庭的所有生活物品，并可转换成无明显特征的移动运输形态。

3）铃木敏彦——“建筑家具理论”

20 世纪 60 年代左右，日本也开始出现一些与建筑家具相关的研究，如菊竹清训在 1958 年的天空之宅中设计的“Movenet”可移动大型家具、荣久庵宪司（Kenji Ekuan）和 GK 设计公司 1964 年设计的“家具屋（Furniture room dwelling）”、黑川雅之（Masayuki Kurokawal）1971 年设计的“没有建筑的房子——建筑家具”、黑川纪章 1972 年设计的车载厨卫系统“Moving Core”等，荣久庵宪司甚至将建筑家具的研究内容整合在其著名的“道具论”① 中。2000 年，坂茂在其设计的“裸露之家”（Naked House）中，也展现了建筑家具理念。在一个简单的矩形空间中，内部家具化的房间能够组合或分离，具有在顷刻间重塑家庭空间的能力。在当代，最具代表性的是建筑师铃木敏彦提出的“建筑家具理论”（Architecture Furniture），其以空间划分、提供功能、灵活变动三个特性来重新诠释和划分建筑元素，最终通过元素的再度融合获得建筑家具②（图 3-20）。铃木敏彦根据对人类居住行为模式的提炼与分析，设计了“移动厨房”（Mobile Kitchen）、“折叠办公”（Foldaway Office）、“折叠卧室”（Foldaway Guestroom）三种家具，分别对应饮食、工作和休息三种人类的基本行为需求。在铃木敏彦看来，只需这三种建筑家具，就可以在室内环境中满足生活所需的必要条件，并且其易于移动的特性让室内空间的自由度得到了显著提高[29]。他在后来还致力于将建筑家具与清风房车结合使用。

图 3-20　铃木敏彦设计的“折叠办公”家具应用场景
图片来源：《MOBILE ARCHITECTURE》

① 荣久庵宪司率领的 GK 工业设计事务所自 1958 年以来就持续地进行各种自主研究，探究人类生活与文化、道具之间的关联性，并于 1964 年将研究成果归纳在一本报告书中，即道具论。

② 建筑家具的设计方法是一种基于理性分析的创作方法，注重研究对象的要素分解剖析，主要通过对建筑的骨架不断植入建筑家具的特性来生成：先分解成空间中的构成要素，然后将建筑家具的三个特性以一种“排列组合”的方式与之相结合，逐步生成建筑形态。

3. 移动建筑产品设计研发理论

当代的移动建筑正经历着建筑工业化的转型升级，通过不断吸收制造业尤其是先进制造业（Advanced Manufacturing）的理念策略，逐步产生了移动建筑产品设计研发理论。该理论主要包括如下几方面的观点：一是移动建筑要从工业化向产业化升级；二是在理念上由建筑设计转向“建筑＋产品”设计；三是由设计转向研发，将传统“从设计到建造”的分离模式转化为“从建造到设计”的融合模式；四是建立面向建造的移动建筑产品研发设计方法及策略[30]。该理论相较于传统的建筑设计存在拓展设计范畴、强调系统协同、设计建造并行、信息刺激反馈等特征，并导致了设计过程的多方面转变：“首先是建筑师角色与组织模式的转变，建筑师不仅对产品的制造、装配、建造过程展开设计，还要协调团队的并行工作；其次是设计流程的转变，研发同时面向设计与建造的上下游过程，强调在设计早期便对后期的制造、装配、建造等过程加以关注并展开一体化设计；最后是技术工具与设计方法的转变，在研发过程中对产品信息实施全过程管理，实现全生命周期信息的集成和管控。”[30]

4. 建筑工业化与移动建筑设计

20 世纪初的社会变革使得建筑古典范式的话语体系与现代工业生产的社会现状开始产生冲突，柯布西耶因此提出建筑结构、形式与功能要适应工业化的社会生产规律。在移动建筑的技术创新之路上，展现了一个共同的社会关联特征——基于建筑工业化技术的设计基因，即相关的思想、理念和设计中均带有工业化技术驱动的作用特征。富勒的思想价值在于其将设计放在时代的背景和条件下，利用工业生产效率和一体化的系统设计来解决问题。但这种价值不仅在于其本身带来的理论内涵和设计启示，更在于形成了一种基于技术视角的设计思维体系。在这种思维体系中，建筑工业化技术推动了移动建筑的设计进步，并在材料、结构与构造上带来了创新。有学者认为富勒的建筑在社会上接受度不高的原因主要在于其设计中审美和象征因素的缺乏。但这并非是由于富勒缺乏艺术素养，而是他认为形式和美学的改变并非真正的创新，这也使他过于注重技术的决定力而忽略社会其他因素影响，从而使其思想带有片面性。因此，基于技术视角的设计思维体系并不意味着移动建筑的设计创作要以建筑工业化技术为唯一主题。技术能够保障和提升建筑的性能，是实现移动建筑空间与形式的必要手段之一，但更应当作为引领创新的手段。

3.3 移动建筑思想中的社会之维

3.3.1 弗里德曼与移动建筑理论

尤纳·弗里德曼是出生于匈牙利的法国现当代著名犹太裔建筑师，也是一位充满奇思妙想的建筑理论家。他创新性地提出了“移动建筑”思想理论，并致力于通过建筑的移动性来解决人类社会中的复杂问题。“移动建筑”并不单纯是指建筑的移动，而是使用者对于空间需求的自我表达和展示。这种观点在当时建筑界引发了极大的争议与反响，并影响了20世纪60年代以来的新陈代谢学派、建筑电讯派等实验性建筑团体的建筑观。纵观弗里德曼的设计研究生涯与学术思想轨迹（图3–21），其出版了数十本著作，并有着丰富的创造和构想，相关研究从社会学、人类学视角对建筑和使用者之间的关系与角色进行了辩证思考，拓展和重构了移动建筑的传统认知。

1. 基于主体性思维特征的建筑观：个体自由

弗里德曼秉持的是以人为本的设计价值观。与许多奉行人本主义观念的设计师不同的是，弗里德曼的思维视角常常是基于主体而非客体①，强调的是个体的变化自由而非步调一致，这也使他在看待建筑乃至世界时都具有非常强烈的主体性思维特征。

1）个体创造的回归

弗里德曼认为观察事物有两种方式：“一是基于分析（Analycal，即整体由部分组成），即人类特有的理性思维方式；二是立足整体（Holistic，即整体大于部分之和），类似于动物的感性思维方式。建筑在人类视角下是两者的混合，建筑师以分析的方式看待建筑（功能、结构等），而使用者则是以整体的方式看待建筑（情感、使用等）”[8]。在传统建筑学理论体系中，建筑是科学和艺术的结合，主要由建筑师来创造。弗里德曼则认为“艺术品是由观众（使用者）创造的，艺术家（建筑师）只是触发了观众暗存的情感”[8]，即建筑源自于使用者的创造，而非建筑师独有的精英化行为。在人类社会早期，建筑的创造者和使用者是统一的，社会分工使得两者后来成为不同的群体，因此弗里德曼认为应当将创造的权力重新归还给使用者，并让其自主决定和改变生活的方式。

2）个体创造的自由

弗里德曼自小便在观察世界的过程中意识到社会环境中的建筑并非是孤立的，人们对于建筑会形成各自不同的想象和认知，因此“建筑应提供一种可能性”[8]。这种可能性就是通过建筑的可移动来实现空间的可变化，其实现基础指向于一种重过程而轻结果、强调包容变化而非清规戒律的“试错”（Trial and Error）技术。移动建筑理论正是对这种技术的追寻和探索的结果。人本主义建筑观下的主体性思维使得弗里德曼并不聚焦于建筑本身的移动，反而致力于满足个体在空间需求和创造表达上的自由。

① 主体和客体是认识论的一对基本范畴。主体指认识者，即在社会实践中认识和改造世界的人，其存在形式可分为个人主体、群体主体和人类整体主体。客体指被认识者，是与主体相对应的客观事物、外部世界，是主体认识和改造的一切对象，主要包括自然客体和社会客体。因此，人既是主体，又是客体。

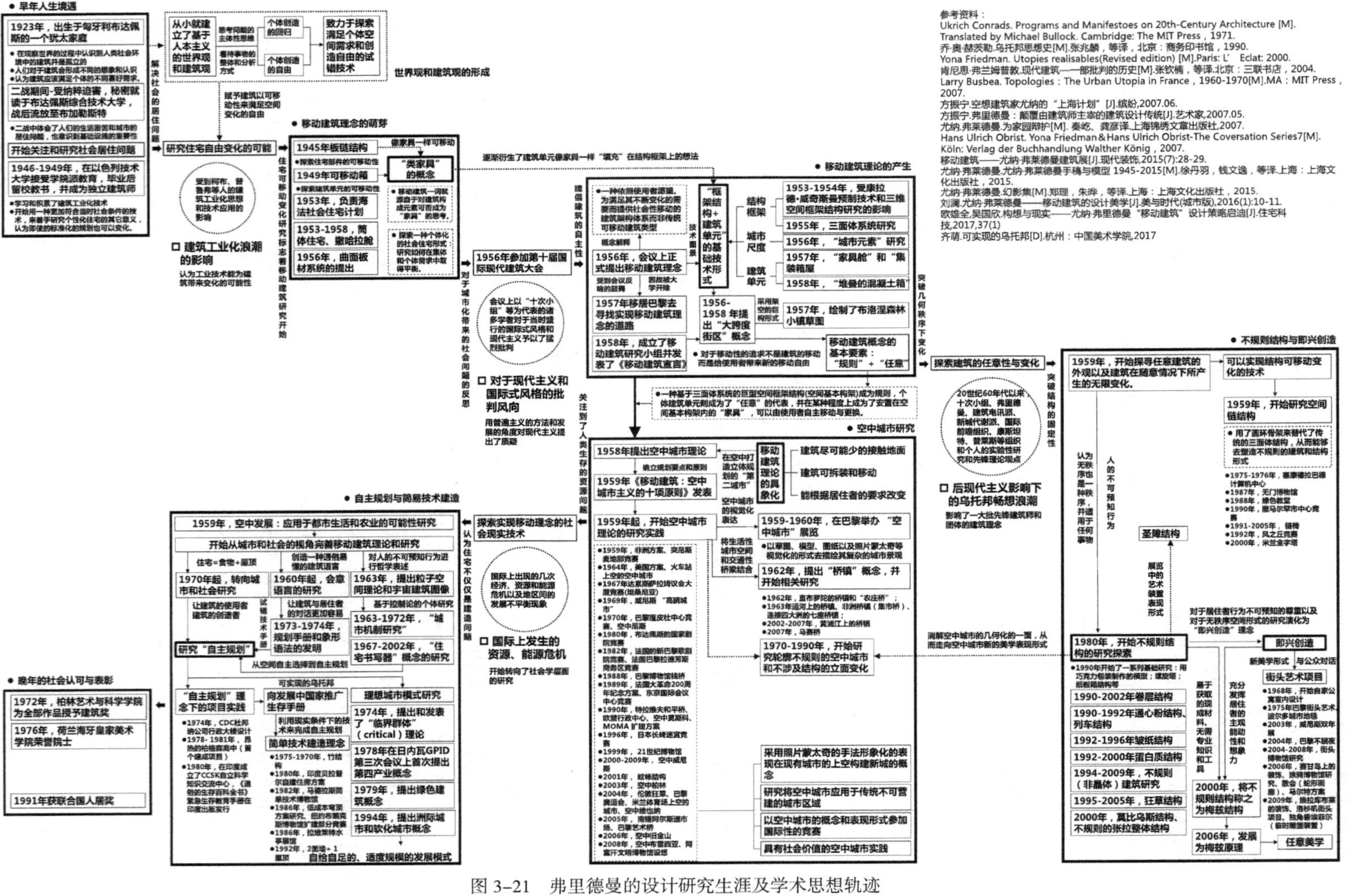

图 3-21　弗里德曼的设计研究生涯及学术思想轨迹

图片来源：作者绘制

2. 思想的萌芽：住宅的可移动变化研究

1）住宅自由变化的可能——建筑工业化技术

与柯布西耶、富勒、普鲁弗等建筑师的研究起源一样，弗里德曼的移动建筑研究也源自他早年对社会居住问题的关注。20 世纪 40 年代，弗里德曼就读于布达佩斯综合技术大学（Polytechnic School of Budapest），深受当时建筑工业化浪潮的影响并积累了一定的技术基础。“二战”后，在欧洲面临大量重建工作的社会背景下，弗里德曼萌生了通过工业化技术来解决战后居住问题的想法。同时，弗里德曼也认为人所具有的复杂性和不可预知性是社会的本质特征，因此人的居住空间也不应该是一成不变的。随着当时预制板材和装配技术开始普及，弗里德曼敏锐地捕捉到这种技术不但有利于住宅的批量化生产，同时也为变化带来可能。他也因此开始利用住宅中的可移动元素去实现空间变化的自由。

2）住宅部件可移动——板链结构

1945 年，弗里德曼在布加勒斯特流放期间提出了他的第一个技术创造——“板链结构”（Panel Chains），一种基于铰接折叠板材的预制装配体系（图 3-22）。板链结构又被称为“可折叠的屏风”（Folding Screen），其灵感来源于具有任意变化及调整能力的变形虫（Amoebic）形态。该结构能够用来对房间进行自由分隔，从而赋予了使用者自主塑造生活空间的可能。板链结构的提出意味着弗里德曼从其研究伊始就以主体性思维来处理问题，这种可移动带来的空间可变性，完全源于对个体在生活空间上的自我需求与自由创造的满足。

3）住宅单元可移动——“类家具”

1946 年，弗里德曼来到海法（Haifa），并在以色列技术大学（Technicon，Israel）学习建筑。弗里德曼虽接受的是传统学院派教育，但其并不认同当时社会上盛行的国际式风格和“居住机器论”，反而认为住宅的个性化意义和价值是不可忽视的，即使是标准化的设计也应该具有变化的可能。在此期间，弗里德曼把目光从建筑部件的可移动转向了家具，创

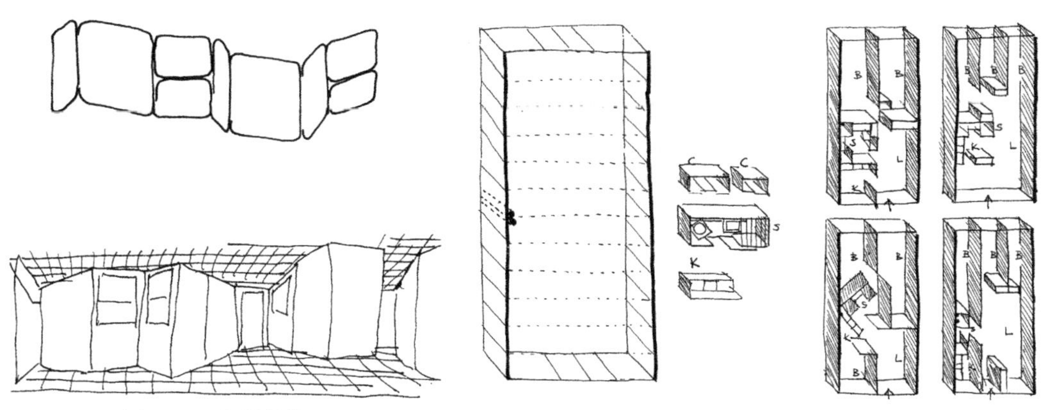

图 3-22　“板链结构”
图片来源：《尤纳·弗莱德曼：手稿与模型（1945-2015）》

图 3-23　“可移动箱”
图片来源：《尤纳·弗莱德曼：手稿与模型（1945-2015）》

造了“类家具”（Quasi–Furniture）概念，即一种家具式的功能集成单元。1949 年，弗里德曼提出“可移动箱”（Movable Boxes）方案，构思了一个由两面承重墙和两面隔墙构成的标准住宅模式，并将其划分为功能空间（浴室、厨卫等）、设备网络空间（水电）和自由使用空间（图 3–23）。功能空间被集成为“可像家具一样被移动”的箱体单元，并通过易弯曲的塑料软管与设备网络连接在一起。箱体单元能够被任意移动，使用者因而可以自主定义和改变空间布局。这种与富勒的“居住机器单元”类似的策略后来用在了筒体住宅、家具舱等方案上，弗里德曼提出移动建筑一词也源于“对房屋构成元素可否成为家具的思考，使用者无须专业辅助，也能够随意改变其位置”[7]。

4）个体化的社会住宅——可移动变化与经济建造

弗里德曼在毕业后留校任教并开始研究社会住宅。他于 1953–1954 年在负责海法的首个社会住宅计划期间，试图与当地居民一起进行自主设计住房的实验，并致力于探索如何在集体和个体需求中取得平衡，即一种个体化的社会住宅形式。1953 年，弗里德曼提出了“筒体住宅”（Cylindrical Shelters）方案。该住宅由两层直径为 2.5 米的圆筒状混凝土输水管堆叠而成，其被设想应用于临时居住设施，最终于 1958 年在法国作为廉价社会住宅而得以建造①。为了解决“二战”后北非的住房问题，弗里德曼于1958年设计了与筒体住宅相似的“撒哈拉舱”（Sahara Cabins），其采用了廉价材料加舱体单元堆叠的形式，舱体之间的空隙可导入自然风来给建筑散热降温（图 3–24、图 3–25）。弗里德曼在 1956 年创造的“曲面板材”（Curved Panel），则是一种既节材又能在形式上产生随机变化的预制装配系统。板材采

图 3–24 “筒体住宅”方案草图
图片来源：作者拍摄于 2015 年“移动建筑——尤纳 · 弗莱德曼”展览

图 3–25 “撒哈拉舱”方案草图
图片来源：作者拍摄于 2015 年“移动建筑——尤纳 · 弗莱德曼”展览

① 弗里德曼曾于 1957 年将个体住宅概念介绍给让 · 普鲁弗，普鲁弗当时很感兴趣并同意一起去实现，但最后因公司破产而放弃。后来，弗里德曼通过让 · 皮埃尔 · 帕奎特得以实现筒体住宅方案并研发其他项目。1958 年，筒体住宅在法国付诸实践，材料并非是原来的输水管，而是对波纹铁皮的粮仓进行加工，再安装地板和隔板，但其成为当时法国最为经济的预制活动房。

用相同的曲面形状并可翻转使用，因此同一规格的板材可兼做墙体和屋面，曲板较为牢固，也更容易钉装。上述这些研究和构想均展现了弗里德曼的一些早期建筑观，即空间是可移动变化的，建筑是可经济建造的，并赋予个体创造的可能。基于对社会住宅的研究经历，弗里德曼在“类家具”的概念基础上衍生出住宅能否像“家具”一样“填充”在结构框架上并且可以自由改变的想法，这同时也标志其移动建筑思想开始萌芽。

3. 理论的生成：从建筑移动到移动建筑

1）基础性研究——框架结构 + 建筑单元

20 世纪 50 年代，弗里德曼以手绘图和笔记说明的形式开始了与移动建筑相关的基础性研究，并在研究过程中逐渐奠定了在标准化的空间框架结构中去实现建筑个体单元变化的思路。这些基础性研究主要包含三个方面：

一是对于空间框架结构（Space-frame Structure）的研究。1953–1954 年间，弗里德曼深受建筑师康拉德·威奇斯曼（Konrad Wachsmann）研究的预制建筑技术和三维空间框架结构[①]的影响，并于 1955 年开展三面体系统（Trihedral System）[②]研究。1956 年，弗里德曼进一步探索了将三面体系统转化为可重复的建筑空间框架结构的方法，并以其为基础来承载个体化的生活空间。该体系后来也成为弗里德曼在移动建筑设计中最常使用的结构形式。

二是对建筑空间单元的研究。弗里德曼继续研究功能空间的“家具化”。例如 1957 年，他在德国《建筑世界》杂志上发表的“作为移动家具的厨房和浴室”方案中，浴缸可折叠、伸展、变形和翻转，从而可以满足不同情形下的使用需要。此外，弗里德曼还探讨了如何将标准的单元模块依据生活的变化组合成建筑，比如 1957 年的“集装箱屋”（Container Building）和 1958 年的“堆叠的混凝土箱（Stacked Concrete Boxes）等。

三是对城市的研究。1956 年，弗里德曼将研究视野转向了城市，并开展了“城市元素”（Elements of the City）的研究，以探讨城市中的空间灵活使用方式。弗里德曼提出了城市“栖息地”（Habitat）概念，以单元模块（家庭）创建了“露台”（Terraces）、“体块”（Block）和“外壳”（Crust）三种空间组合形式，并根据加入的功能构建不同的生活场景：“可汗”（Khan，家庭 + 公共空间）、“体育场”（Stadium，家庭 + 娱乐）和“集市”（Bazaar，家庭 + 物品）。

2）概念的提出——CIAM X

1956 年，弗里德曼参加了在杜布罗夫尼克（Dubrovnik）举办的第十届国际现代建筑

① 空间框架结构最早是由贝尔（Alexander Graham Bell）在 20 世纪初发明，威奇斯曼将其推广应用，弗雷德里克·基斯勒也曾研究过空间框架结构。

② 三面体系统源于在立方体中求得稳定的四面体（Tetrahedron）。三面体系统可简单理解为在传统的立方体框架的每个面加斜向支撑，这样每个框架方格中的斜撑构成了一个稳定的四面体结构，从而保证了结构框架的整体稳定和强度。在这种情况下，斜撑组成的四面体结构成为主要的承重体系，而原有立方体的框架结构则可灵活变化与增减。富勒也推崇四面体结构，认为它是自然界最稳定的结构系统，立方体的六面系统并不稳定，会出现变形。

协会会议（CIAM X），并首次提出了“移动建筑”（Mobile Architecture）概念。他认为“移动建筑需要一个可变化的社会，建筑师必须允许人们自发性建造，同时这种建造尽可能可变”[8]。弗里德曼所提出的“移动”概念并不单指建筑自身的位置移动，而是强调建筑、社区和城市中所发生的缓慢变化，体现的是一种无限变化的可能。尽管弗里德曼的移动建筑理念在会议上并未得到主流圈层的支持，但引起了大批年轻建筑师的关注，这也坚定了他继续往下研究的决心。1957 年，尤纳·弗里德曼从以色列返回欧洲①，并正式提出了移动建筑理论。

3）概念的理论化——《移动建筑宣言》

1958 年，弗里德曼成立了“移动建筑研究小组”（GEAM），成员包括埃梅里希（David Georges Emmerich）、让·皮埃尔·帕奎特（Jean-Pierre Paquet）、耶日·索尔坦（Jerzy Soltan）等人，奥斯卡·汉森（Oskar Nikolai Hansen）、卡米尔·弗里登（Camille Frieden）、维尔纳·鲁纳（Werner Ruhnau）、保罗·迈蒙（Paul Maymont）、舒尔策·菲利茨（Eckhard Schulze Fielitz）和弗雷·奥托后来也相继加入。该小组成立的目的是研究建筑之于社会生活变化的适应性，旨在引入移动性和可变性来修正现代主义中的功能主义僵化思想，并利用工业化技术来提升建筑的经济性和空间的灵活性，其口号当时还得到了柯布和富勒的积极响应[31]。

同年，弗里德曼发表了《移动建筑宣言》（图 3-26），其思想理念也随着宣言的不断出版而得以完善②。弗里德曼认为“对于移动性的追求不是建筑的移动而是给使用者带来新的移动自由”③[32]，传统的建筑师创造了“普通人”（即个性的丧失），其所设计的项目是为了满足虚假的实体而非居住者的实际需要（可理解为建筑师的自我想象和偏爱）。移动建筑应是一种任何使用者都可能或可以移动的建筑（即社会化的移动），是一种由居住者自主决定、人人易于理解的“社

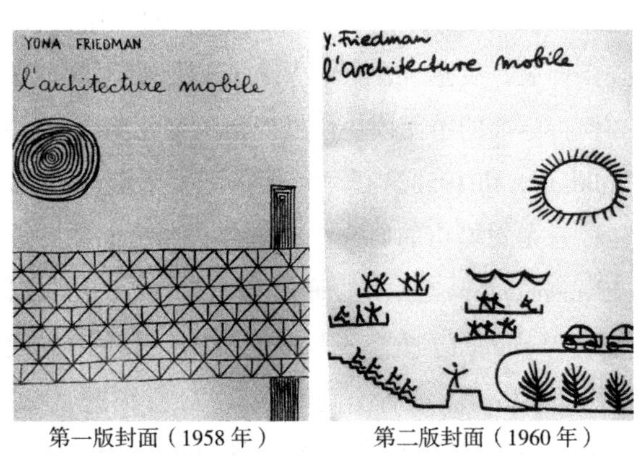

第一版封面（1958 年）　第二版封面（1960 年）

图 3-26 《移动建筑宣言》封面

图片来源：《尤纳·弗莱德曼：手稿与模型（1945-2015）》

---

① 弗里德曼离开以色列的原因是因为他在 1957 年误了新学期开学时间而被以色列技术大学开除，因此他决定赴欧洲寻找实现其建筑规划理念的道路。弗里德曼最终定居于巴黎，并获得了柯布西耶和普鲁弗的支持。

② 《移动建筑宣言》最先是弗里德曼在 1956 年建协会议上提出的概念，后来宣言以手册的形式出版，包括了其在会议上阐述的内容。1958 年，《移动建筑宣言》的第一版出版，共 300 册。1960 年，《移动建筑宣言》的第二版出版，增加了“移动建筑的十大原则”（Ten Principles of L' Architecture Mobile），共 1000 册。1963 年，《移动建筑宣言》的第三版增加了“易理解系统”（Comprehensible Systems）理论，该理论同时发表于法国国家科学研究中心的工业科学杂志上。

③ 英文表述为“The mobility in question is not the mobility of the building, but the mobility of the user, who is given a new freedom”。

会建筑”。弗里德曼自然也选择了更具社会学含义的“Mobile Architecture”而非“Portable Building”一词来代表移动建筑，其眼中的移动建筑并非用一个单纯描绘移动性的词汇就能足以表达，而是具有复杂的内涵：“房屋由居住者规划而非建筑师，并能根据其生活方式的变化而改变；构件元素和建造工艺要让这种改变更加便利；移动建筑原则也适用于城市规划。”[7] 从可移动的建筑元素探索，到移动建筑可能的形态，再到社会的意义及内在的哲学关联，移动建筑理论最终形成。

4. 理论的具象表现：空中城市

1）大跨度街区——“规则”与“任意”

弗里德曼在 CIAM X 会议上提出移动建筑概念的同时，也以手绘草图的形式对其进行了描绘：采用巨型的架空结构使建筑减少对地面的依赖，从而让其变得“可移动”。会议后，弗里德曼进一步发展了“大跨度街区”（Span Over Blocks）概念来展示这一技术图景①，1957 年创作的巴黎布洛涅森林小镇（Ville du Bois de Boulogne）方案便是其中的典型代表。大跨度街区所采用的“巨型框架结构 + 个体建筑单元”的技术形式正好对应了弗里德曼世界观中的两个基本要素——“规则”与“任意”。对个体的强调使弗里德曼肯定了世间万物中存在的任意性，但任意不等于无序和混乱，任意意味着要去打破规则，而规则必须事先存在。因此，弗里德曼认为首先要建立一种“规则”，从而给予“任意”以清晰的界定。在大跨度街区中，这种“规则”被称为“空间基本构架（Spatial Infrastructure）”——一种基于三面体系统的巨型空间框架结构凌空于地面并整合了水电、通信等服务设施。个体建筑单元则成为“任意”的代表，如同放置在框架结构内的“家具”，可由使用者自主移动与更换。大跨度街区在整体上呈现出一幅充满了任意性和动态变化的居住景观，唯一不变的是空间基本构架这种“规则”，而个体建筑单元则始终保持着流动和变化的“任意”状态。

2）空中城市——自发生长的空中“第二城市”

移动建筑概念既立足于建筑设计也可面向城市规划，因此弗里德曼于 1958 年提出了“空中城市”构想（图 3-27）。空中城市可看作移动建筑理论的综合集成和具象表现：建筑尽可能少地接触地面、可拆装和移动、能根据居住者的要求进行改变等。空中城市将大跨度街区概念扩展至城市范畴，构想了一种在巨型空间框架内建设新城而不破坏原有城市结构的开发模式，因此可将其应用于某些传统意义上不可能也不容许建设的地点（如水域、沼泽、农田等）。与通过提升建筑开发强度以增加空间资源的传统思路（即提高建筑容积率或密度等）不同的是，空中城市创新性地从城市尺度的建设基面入手（即地面），以架空的方式在空中规划了层层堆叠的独立建设基面（多个地面）以提高城市的可建设区域，并构

① 建筑采用底层架空的巨型框架结构形式，并由 60 米间隔的垂直交通核支撑，建筑顶部还设有“电缆 – 地铁”（Cable–Metro）式的交通连接系统。

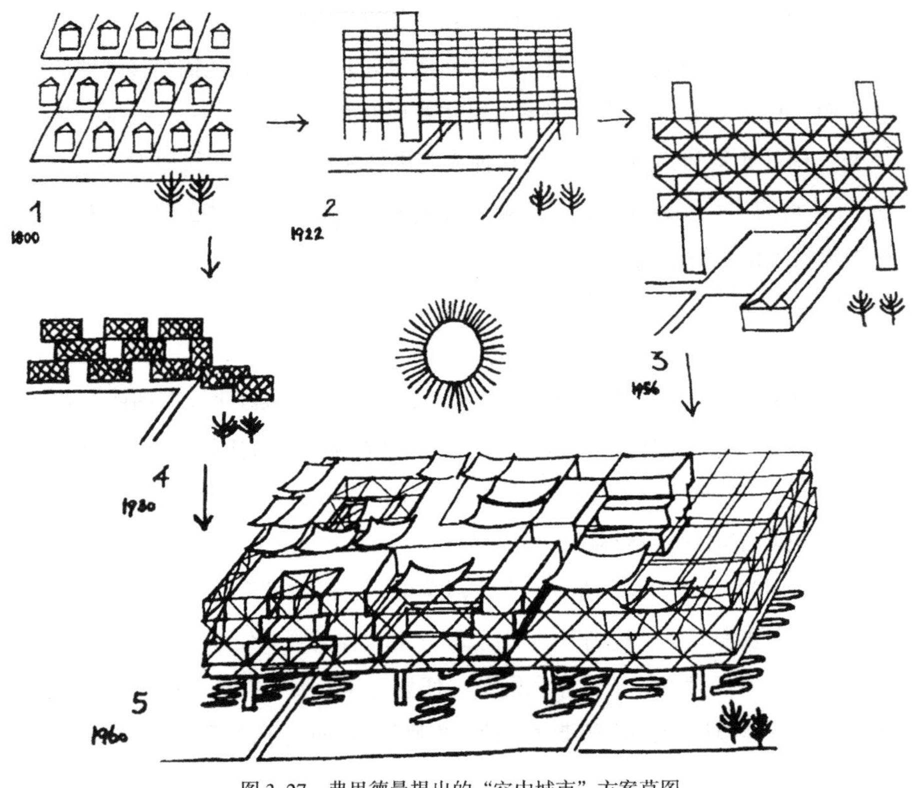

图 3–27　弗里德曼提出的“空中城市”方案草图
图片来源：作者拍摄于 2015 年“移动建筑——尤纳 · 弗莱德曼”展览

建了空中“第二城市”①[33] 的立体规划思路：下层架空可以用于公共生活、步行空间、社区服务和公园用地；上层空间可以建设一个包含有居住、商业、工业甚至农业② 的完整城市；两者通过建筑自带的垂直交通工具连接；新城空间被规则而固定的立体网格框架划分为均质的单元空间，自由地分布在单元空间中的住宅建造体积和形式则完全由使用者来决定。1959 年，弗里德曼发表了《移动建筑：空中城市主义的十项原则》③[8]，并收录在《移动建筑宣言》的第二版中。该原则是弗里德曼结合此前的移动建筑理念和空中城市构想而总结

① 在空中建造的“第二城市”源自于评论家方振宁在《空想建筑家尤纳的“上海计划”》一文中对于空中城市理念的理解表述。详见方振宁 . 空想建筑家尤纳的“上海计划”[J]. 缤纷，2007（6）：105.

② 1959 年，弗里德曼研究了在空中城市中引入农业的可能性（Spatial Developments：Possibilities for Urban Life and Agriculture），他认为空中城市也应该包括农田花园，甚至可以在空间网格框架中安置一些种植圃，尽可能地扩大种植农业的土地面积。因此，弗里德曼还开展了将农业用途纳入空中城市项目的相关技术性研究，比如 1 万人规模的种植和居住空间的组织构成，自然光线照射下来的空隙和密度研究等。

③ 空中城市主义的十项原则如下：城市未来将是休闲中心；新的城市社会必须摆脱规划师的束缚；城市中的农业将成为社会需求；城市要能适应气候条件；构成城市的建筑必须遵从技术标准；新城必须强化现有城市；三维的城市规划技术允许邻里之间的交融与重叠；建筑结构必须是可任意填充的框架；300 万居民的城市是得到实验证明的最适宜规模；欧洲全部人口分布在 120 个 300 万居民的城市中。

出来的城市发展观念与思路，并制定了相应的建设公理①[8]。

空中城市是“一个自然发生和生长的城市概念”[33]，空间的容量和结构主要由居住者个体的自由意志来决定，人们可根据自己的生活需要带着移动居所在不同的空中城市中迁徙，其形态可以很像人们所熟悉的城市，也可以与任何一座城市都不相同。居民住宅作为空间网格中的“任意填充物”，其布局和形态是灵活可变的，并可借助无限增长、同源生成的空中网络去勾画出一系列个性化的“人造地形图”。因此在弗里德曼的构想中，空中城市“不是一个凝固的形态，而是一个经历长期和不确定的过程而诞生的临时图像”[8]。

3）空中城市的视觉化表达

由于空中城市建构的是一套充满随机和任意的系统，弗里德曼也尝试使用视觉化的语言去描绘复杂的城市景观。1959 年，弗里德曼在巴黎举办了“空中城市”展览，通过草图、模型、图纸及图像蒙太奇（Photomontages）② 等视觉表达的形式来展现他对于空中城市的复杂性幻想—— 一个不断处于变化中的城市临时状态，没有“建筑立面”，只有“内部空间”，并随着建筑内部不断叠加而产生了一种超乎想象的极致复杂（图 3-28）。因此，弗里德曼在图纸和模型的表现上都有意弱化了立面，建筑的外观结构往往是一种虚构的透明，有意突出了内部体量空间的变化。此外，弗里德曼在表达方式上往往强调自由和意象，而非精确与写实，因此他偏爱以手绘草图和图像蒙太奇的手法去表现其构想。空中城市也常以一种“天外来客”的形象嵌入现实的城市图景之中，既神秘又充满浪漫主义色彩。

4）空中城市的理论实践

空中城市以一种跨越式技术把现代城市引向了新的发展方向——可以建在任何地方并能适应各种气候条件。弗里德曼认为空中城市理论可应用于任何领域，因而在几个方向持续性地进行了研究实践（图 3-29）：

一是以空中城市探索城市的未来发展。弗里德曼以图像蒙太奇的手法相继针对巴黎、摩纳哥、纽约、柏林、维也纳、伦敦、威尼斯等世界各大城市，进行了建造空中“第二城市”的表现，以此证明空中城市可以应用于任何地域。

二是将空中城市应用于传统上不可营建的城市区域。早在 1959 年，弗里德曼便畅想

---

① 空中城市的规划公理如下：建筑的原材料是虚空；人们只能通过建筑的表面来感受虚空；城市空间是城市已建单元之间的虚空；新城市空间所包容的体量将是城市的一切；建筑在新城市空间中的单元错综复杂；新城市空间的地面被最大限度地保留下来，供公众使用；新城市空间的气候条件更容易控制；新城市空间没有立面；构成新城市空间的建筑单元可以根据居民的喜好和意向不断改动；在新城市空间中，自然无处不在。详见尤纳・弗里德曼 . 为家园辩护 [M]. 秦屹，龚彦，译 . 上海：上海锦绣文章出版社，2007：68–69.

② 图像蒙太奇，是弗里德曼独创的一种视觉化表达形式，主要通过在城市空间的照片和明信片上勾勒草图（或者将手绘草图剪切拼贴）来展现其构想，以类似于电影蒙太奇的手法将虚拟场景定格为图像进行展示（有点类似如今在电脑上使用的图像拼贴技术，只是弗里德曼喜欢手工这种更为感性的表达方式）。弗里德曼的不少照片蒙太奇创作和草图后来也被 MOMA、蓬皮杜中心、盖蒂中心等机构收藏。

图 3-28 “空中城市”概念在视觉表达中有意弱化外立面而突出内部体量空间的变化
图片来源：《为家园辩护》

图 3-29 基于“空中城市”理念的巴黎蓬皮杜中心改造方案畅想
图片来源：《尤纳·弗莱德曼：手稿与模型（1945–2015）》

在铁路上方的空间进行建造，后来进一步发展为“城市虚空”（Urban voids）[①] 概念。1964–2006 年期间，弗里德曼不断深化了这一构思，将空间框架插入铁路站场或车站大厅上方，以及在高架桥下和地下通道的空间中插入楼板以实现新的空间利用。“城市虚空”概念后来甚至被拓展至历史空间中。比如：1969 年的巴黎“雷阿尔地区的雨伞”（Umbrella for Les Halles）方案，便是将一座空中城市如雨伞般罩在一个建于 19 世纪的大市场上空；1989 年在巴黎维尔酒店前广场设计了一个架空的多面体结构来庆祝法国大革命二百周年。此外，1990 年在莱茵河上空的欧盟行政中心、米兰体育场上空的城市等方案都展现了在“城市虚空”中构建空中城市的理念。

三是以空中城市的理念和形式参加国际竞赛。1959 年，弗里德曼在参加突尼斯的麦地那（Medina，Tunis）老城中心竞赛中，提出了一个名为“空中的香榭丽舍”（Spatial Champs Elysees）的方案。该方案的商业主轴如同一座新建的大桥跨越在麦地那的上空，从而不破坏老城原有的肌理结构。1970 年，弗里德曼在巴黎蓬皮杜中心竞赛中基于空中城市的形式提出了一个建筑立面和体量可不断变化的提案，2008 年还畅想以空中城市覆盖现有广场的方式来实现扩建。此外，弗里德曼在后来的布达佩斯国家剧院、巴黎拉德芳斯商务区、东京国际会议中心等竞赛项目中也都采用了相似的设计手法：架空的巨型框架结构，自由变化的内部空间以及空中城市覆盖下的地面广场花园。

四是具有社会意义的空中城市实践。弗里德曼认为空中城市也适用于乡土（地域）建筑的营造。他在 1959 年提出的非洲方案（African Projects）中就利用空间框架作为基础，内部分隔则采用了传统工艺的屏风，俨然就是一种地域化的空中城市变体。此外，弗里德曼还在部分实践中加入了社会意义。比如：1990 年的特拉维夫和平桥，他畅想利用空中城

① “城市虚空”泛指建筑实体之外的城市空间，实际上是指传统意义上无法进行（或从未意识）开发建设的城市空间，火车站的上空便是一种“虚空”。

市将加沙地带的疆域拓展至海上，以创造一个“平行国家”（Parallel-country）的方式来化解政治难题；他在美国“9・11”事件后提出了蚊帐结构（Mosquito Net）概念，构想在建筑外部搭建立体框架来减少飞机袭击带来的损伤；在巴黎申办2008年奥运会期间，他提出采用空中城市手法将巴黎的地标空间改造为临时的体育场馆……

5）“桥镇”——交通化的空中城市

早在突尼斯方案中，弗里德曼就基于空中城市形式衍生了将城市的生活性空间和交通性桥梁相结合的构想。1962年，弗里德曼正式提出了“桥镇”（Bridge-Town）概念，并以视觉表达和技术试验的形式开展了一系列研究。桥镇通过在水域上空建设空中城市，同时解决城市的交通问题①。2002-2007年，弗里德曼在上海举办了展览之后，提出了其最为知名的桥镇方案——“黄浦江上的桥镇”（Huangpu River Centre）。该方案将浦西历史区与浦东金融区连接起来，并建议在桥镇上设置活动人行道以改变上海不能步行过江的历史。此外，弗里德曼还畅想将桥镇手法用于城市内河上空以建设文化空间。比如在1999年的21世纪博物馆项目中，弗里德曼构想在塞纳河上利用“移动建筑”理念来构建空中的居住生活场景。他认为这种自我构建的动态空间生活场景正是21世纪所应展示的东西。

5. 理论的社会学转向：自主规划与简单技术建造

1）不可预知行为的哲学表述——宇宙建筑图像与粒子空间

空中城市之后，弗里德曼将移动建筑的理论内涵进一步向社会学领域拓展。他认为“在移动建筑里，体量由无形的欲望以及使用者的自由意愿决定”[8]，即空间无限变化的原动力是因使用者不可预知的行为而产生的不可预知结果。1963年，弗里德曼发展了“粒子空间”（Granulated Space）②[8]理论并从物理和哲学层面进行阐释。他将粒子空间所呈现的动态变化比拟成移动建筑中的城市或建筑景观，即一种“宇宙建筑”（Architecture of the Universe）图像③[8]。弗里德曼认为人类对于事物的观察是基于整体现象下的认知，但真正发挥决定作用的是构成宏观整体的、无法从表面识别的微观个体，这种个体在粒子空间理论中就是粒子。弗里德曼设想每个粒子“都有自己的特性和不可预知的行为方式，一种类自由的意志（Nearly-free-will）”[8]，即将传统物理世界中的粒子拟人化。粒子空间与移动建

---

① 以1963年提出的“非洲桥镇”（African Bridge-Town）为例：该方案选择了现有桥梁所在的位置，并新建一座7层高、宽100米、长150~200米的“集市桥”以带动周边腹地的工业发展。桥镇可用于建设层面的面积达50~70公顷，沿用了空中城市的立体规划思路，桥梁下方为渔港和河流，建筑下层空间为铁路、公路等交通设施，中层空间为仓储、工业和贸易区，上层空间则为城市中心生活区。

② 粒子空间理论是把空间“看作为粒子（尺寸最小的元素）的总和，粒子被非空间或时间粒子的空间分割（即粒子之间的空间，可以是物理空间或者抽象空间）并形成一个不连续但具有时间延续性的整体”，空间中所发生的事件被称为“活动波”（Activation Waves，可理解为粒子的物理运动及其产生的影响作用），粒子在时间与空间基本框架中保持着动态变化。

③ 弗里德曼曾对宇宙建筑使用图像一词的表述进行过解释：“我有意使用图像（Images）一词是因为图像和模型（Models）是有区别的。一个模型表现它代表的事实，而不是单纯的视觉效果；然而一个图像根本不代表什么，它只是一个物体的视觉呈现。”粒子空间其实是对移动建筑的一种比拟，其理论是在哲学和物理学层面对移动建筑理论的一种映射，两者互为影响，而并非代表对方。

筑的理论逻辑十分类似，在某种意义上可视为一个基于“规则”与“任意”的结构化空间、一个理想化的空中城市①。决定移动建筑的是微观的粒子（即居住者）而非微观空间（物质构成），两者之间的联结在于个体唯一性及其行为的不可预知性。因此，弗里德曼认为“移动建筑最具决定意义的立场就是拒绝普通人（Average Man）概念作为事物和想法的代表，接受个体的独特性及行为的不可预知性”[8]。

2）基于控制论的个体行为研究——城市机制与住宅书写器

无论是宇宙还是城市，其在人类的表象观察下都是毫无规律的。但如同移动建筑理论中存在“规则”与“任意”的二元概念一样，弗里德曼认为在无规律的表象之下存在且能够去建立的规则（如同在空中城市中框架一样）。后来，弗里德曼试图用科学的方式去研究表面上难以理解的复杂现象。加之当时科学界系统理论的兴起，他也不可避免地用控制论思维去研究人的不可预知行为，并为之建立规则。在移动建筑理论中，人的不可预知行为一方面指向于人的日常行为方式，另一方面则在于个体的自由创造。1963–1972年，弗里德曼开始研究城市机制（Urban Mechanisms），其将人对于有效利用城市网络所需付出的努力（Effort）进行了抽象化的视觉呈现，即“努力程度图”②。随后，弗里德曼在《科学建筑》、《城市机制》和《城市规划》等书中均展现了其对于城市居民不可预知的日常行为方式分析。此外，弗里德曼很早就将个体的创造自由根植于其人本主义建筑观中，并在1964年纽约现代艺术博物馆（MoMA）举办的“没有建筑师的建筑”（Architecture Without Architects）展览和1970年出版的《移动建筑：由居民设计》一书中将实现这种自由作为移动建筑的思想核心之一。1967年，弗里德曼在《*Progressive Architecture*》杂志上发表了“住宅书写器”（Flat writer）概念，其以空中城市的形式（基础巨构 + 移动单元）和计算机技术为基础，建立了一套直观的住宅自主规划和评价程序③（图3–30）。

3）试错技术手册——视觉化的会意语言与自主规划

弗里德曼的移动建筑理念始终强调的是建筑要满足个体需求和创造的自由：从早期的

---

① 在这种比拟中：粒子对应居住者，空间对应建筑、城市甚至整个人类社会；粒子及其不可预知的运动方式构成了空间（事物）的整体形象，居住者无意识的自由意志则决定了移动建筑的构成和外观；空间对粒子的物理运动产生影响，粒子的运动无法被精确预知，而居住者的心理行为受移动建筑的影响，其做决定的动机和与之引发的行为同样无法去预知。

② 努力程度图是一种基于统计学的抽象“工作地图”，它以等高线图的形式展现出生活在网络节点上的人为实现城市最有效的使用率而必须付出的努力。这种努力程度可以通过目标场所和目标场所承载力之间的距离来计算，即通过在城中的每一处具体地点定义为活动的起点，并根据其最有效率的到达其他活动地方的付出程度赋予一个努力程度值，评分范围从22分钟到36分钟。这个“工作地图”是动态变化的，会根据一天中时间段的不同或季节的不同而变化。

③ 对于一般的居住者来说，房屋的形态容易被认知，但是房屋将给其生活方式带来的影响却不容易被理解。在住宅书写器中，建筑的设计和评价被拆分为几十个键盘程序选项，用户只需按程序敲击键盘选择自己在每一步骤需要的内容（比如居住空间单元的形状、单元的组合形式、厨卫的位置、住所安放的结构区域、住所的朝向等），方案选择完成后系统可以根据用户个人的生活习性参数、地理位置、与周边住所的关系进行评价，并得出方案的适应性和舒适性参数供用户直观预览。用户在选择过程中若遇到该方案将来可能会出现的问题，系统会自动给予提示。住宅书写器方案原计划在1970年的大阪世博会上进行展示，美国麻省理工学院（MIT）还于1973年以住宅书写器的概念开发了一款软件，取名为YONA（弗里德曼的名）。

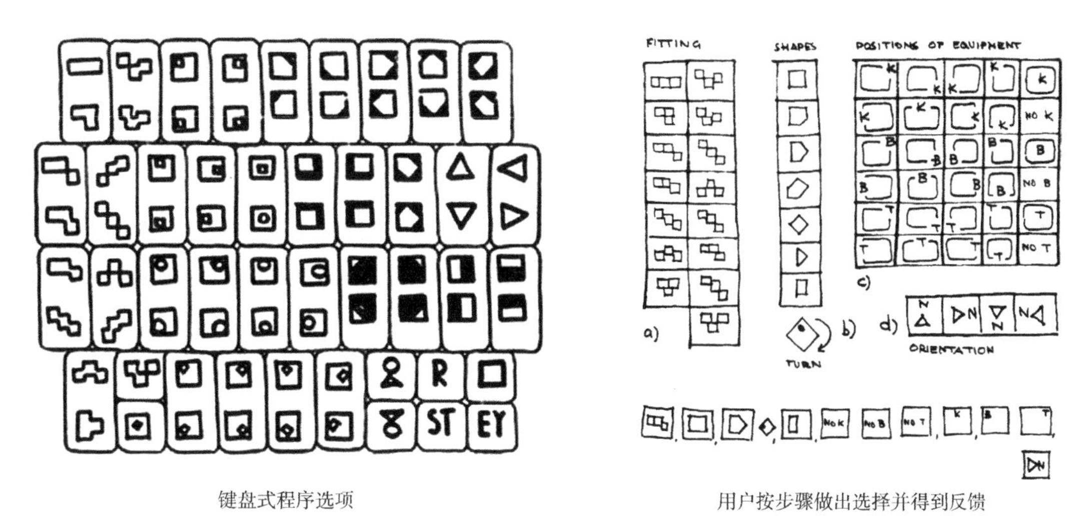

键盘式程序选项　　用户按步骤做出选择并得到反馈

图 3-30 “住宅书写器”概念示意图

图片来源：作者拍摄于 2015 年“移动建筑——尤纳·弗莱德曼”展览

住宅研究中体现出使用者对于空间改变的自由，到住宅书写器中体现出使用者对于方案的自主选择，最终在 20 世纪 70 年代实现了使用者对于建筑的自主规划。在自主规划过程中，由于普通人和建筑师在知识结构和专业经验方面的差距，弗里德曼认为试错在所难免，但试错“意味着有所为和有所不为，意味着清规戒律越少越好，越不精确越好”[8]，因此他决心开发一种具有容错率的技术手册（图 3-31）。技术手册是普通人学习自主规划的“教材”，而弗里德曼首先致力于去建立学习的条件—— 一种通俗易懂的规划设计语言。早在 1960 年，弗里德曼在妻子的协助下制作了一系列动画影片，这种经历使他萌生了使用视觉化的会意语言（Ideograms）来更为直白地表达其理念，进而易于人们理解：1973 年借助图形理论创造会意语言，并把《面向科学建筑》的研究讲义修订成浅显易懂的连环画形式，即后来的自主规划说明手册（Manuals for Self-Planner）；1974 年发明象形语法（Pictograms）①，一种基于可识别符号的图解语言形式，并结合连环画的风格建立起居住者、建筑师与建筑之间的新交流途径；1980–2000 年期间创作了带有图像和哲学陈述的大型海报，以抽象的四联画来阐述其富有哲理的箴言……

弗里德曼从 1973 年起开始发表的自主规划手册，不仅用于学校教育，也被用于一些项目实践。1978–1981 年期间建造的柏格森（Bergson）高中是弗里德曼实施自主规划实验的代表性案例，也是其首个实际建成的项目。用户根据一套制定好的规则，可以在不同阶段定义并指示工业化建造体系下的建筑使用与布局。随着自主规划手册的成功，弗里德曼所

① 1975 年，《创世纪的象形文字》一书在巴黎出版。弗里德曼对于象形语法的解释认为，《旧约》起源于用象形文字（代表一个词的意思的符号）书写，用象形语法组织语言就好比绘制一幅抽象图式，遵循严格的语言字符规则（Language-script Following Strict Rules），允许任何人无论使用什么语言都能理解文本的意思。象形语法还具有一定的隐私性，弗里德曼也常用这种象形语法与自己的家人交流。

倡导的“试错技术”也产生了日益广泛的影响。在创作了《我的房子我来建》（*Housing is My Business*）之后，弗里德曼被联合国教科文组织、欧洲委员会和法国环境部等组织邀请创作解决人类基本生存问题的手册，如1975年的《生存技能》（*How to Live on Earth*）等。这些手册不仅解释了如何构建和组织建筑，还描绘了弗里德曼认为适合改善人类生活的行为和经济机制。1980年，弗里德曼在联合国大学的支持下，在印度成立了自立科学知识交流中心（CCSK）[①]，制作了贫困人群生存技能说明手册——《通俗的生存百科全书》（*Popular Encyclopedia of Survival*），受到当地政府的支持并被广为传播。

4）自主规划的现实技术——简单技术建造

20世纪70–80年代，弗里德曼在发展中国家推广生存手册的经历，让他趋向于借助社会的现实条件和技术，来实现当地居民的自主规划。与空中城市所展现的未来主义色彩形成对比的是，一种基于简单技术建造的现实理念正在形成：1981年，弗里德曼在赫尔辛基的设计会议上发表了《设计政策》（*A Policy for Design*）一文，该文提倡用远离大众消费市场的简单技术来满足居民需求；1991年，弗里德曼在《屋顶1和2》（*Roofs 1 and Roofs* 2）一书中提出使用当地材料和简单技术来实现复杂的建筑理念……弗里德曼提倡简单技术建造的原因有二：一方面是因自主规划实施环境中的社会现实条件所致，比如，1980年在印度贝拉普尔自建住房（Self-help Housing in Belapur）项目中，他指导居民学习如何使用当地可用的材料及技术来自主建造住所，1992年为无家可归者设计的“2面墙+1屋顶”住宅则在于探索最简单的庇护所形式；另一方面是试图通过简单技术建造来证明移动建筑并非一定要基于巨构形式，比如他在1970–1975年期间，研究了基于竹结构的多面体穹顶形式，并于1986年在寻找低成本的可变形博物馆建筑体系中得到了应用。1982年实施的马德拉斯简单技术博物馆（Museum of Simple Technology）项目，是一个典型的基于简单建造技术的自主规划案例。博物馆不是根据事先设想的图纸建造起来的[②]，而是由当地的制篮工人用竹条和铝箔自主编织而成，每平方米造价仅为2美元（图3–32）。1986年的纽约布朗克斯博物馆（Bronx Museum）扩建竞赛方案，同样使用了类似于简单技术博物馆的低成本建造模式，只不过穹顶结构由直径12厘米的圆铁棍取代了竹条。1987年的拉维莱特科学博物馆水亭展馆（Pavilion of Simple Hydro Technology）也是如此，水亭内部还展示了自主规划与建造手册。

5）可实现的乌托邦——理想城市和未来住宅

弗里德曼的移动建筑理论始终带有浓厚的社会学色彩，他早在1959年便提出了在空中城市中引入城市农业的想法。20世纪70年代，弗里德曼在温哥华召开的联合国人居大会上

① 自立科学知识交流中心（Communication Center of Scientific Knowledge for Self-Reliance，简称CCSK）是联合国大学于1980年在印度马德拉斯设立的一个研究机构，旨在起草和传播面向未接受过教育人群的“生存科学”说明手册。该机构运营了8年，于1987年关闭。在CCSK运行的8年期间，弗里德曼领导并制作了大约150种连环画手册，并将它们翻译成多种语言在许多国家派发给了上千万读者，期间还受到了联合国的表彰，并获得了日本首相颁发的设计大奖。

② 草图是后来为了手册出版而补画的，用漫画形式来说明规划建造的技术方法，以帮助自主建造者们去实施这些项目。

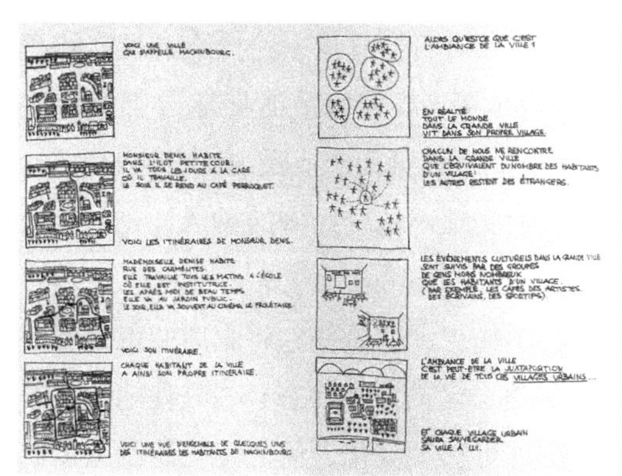

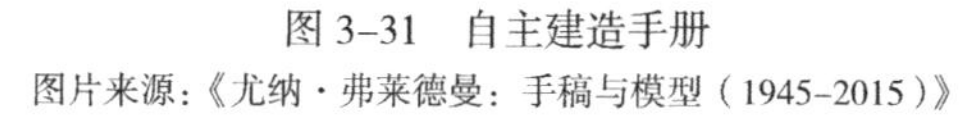
图 3–31 自主建造手册
图片来源：《尤纳 · 弗莱德曼：手稿与模型（1945–2015）》

图 3–32 马德拉斯简单技术博物馆
图片来源：《为家园辩护》

提出“住宅 = 食物 + 屋顶”（Housing=Food + Roof）[8] 的口号，表明建筑与社会经济因素的密不可分。“住宅问题不仅仅是建造问题”[8] 这一观点的提出，更是标志着弗里德曼试图在移动建筑理论和更宽泛的社会经济策略之间建立联系。1975年，弗里德曼在“可实现的乌托邦”（Une Utopie réalisable）展览及同名著作中，展示了未来的不确定性对城市的影响，同时探讨了基于现实可能性的城市发展模式。1979 年，弗里德曼提出了绿色建筑（Green Architecture）概念并制定了相应的说明手册，其针对居住和环境这两大城市社会问题提出了综合解决方案——通过空中城市来提供更多的绿地和建设空间，并将部分楼层出租给居民，用来自建住宅和社区花园。如果说空中城市代表了乌托邦式的畅想，绿色建筑则标志着弗里德曼开始从现实层面去探寻一种理想城市模式，即洲际城市（Continent City）和软化城市。

洲际城市是弗里德曼针对现代城市膨胀所带来的诸多社会问题而提出的一种合理发展模式。洲际城市的想法萌芽于 1961 年，弗里德曼后来将其“临界群体”（Critical）① 理论投射到了城市发展层面，并于 1994 年在欧盟的演讲中正式提出了洲际城市概念。他认为当时的欧洲就是一个现实版的洲际城市。洲际城市是一种城市聚落的形态（类似于城市群的概念）：聚落中的城市具有适宜的规模，核心结构稳定且个体发展相对平衡，距离适中（200~300 公里，采用高速铁路连接），人口流动自由合理，城市之间的腹地则为支撑居民生活之需的农田。软化城市概念是弗里德曼对于洲际城市的未来展望，乡村与城市彼此成为腹地，进而有效地控制了城市规模的无序蔓延，并实现人工和自然环境的有机融合。弗里德曼在软化城市中加入了其 1978 年提出的第四产业的概念，该概念定义为“人们通过自

① 1974 年，弗里德曼提出了“临界群体”（Critical）概念并被社会学家广泛接受，他将“临界群体”定义为最理想的群体，群体内的个体信息传递可以完全不失真地实现，其规模随着社会群体结构的变化而变化（比如平等性或等级的变化），具有一定社会结构特征的人类群体其个体数量不能超过某个临界值，这个临界值就称之为“临界群体规模”。弗里德曼认为城市的发展同样也具有“临界群体规模”，提出城市不应盲目扩张，而应该控制在一定的规模（即临界群体规模，比如 300 万人口就是一个相对合理的大城市规模）且各项功能相对完备。

己的劳动制造维持自身生计的基本衣食和相应服务”[8]。第四产业是一种自给自足式的产业类型（例如非商业化的粮食生产、城市农业、街道自由买卖、家庭手工业等），其相对于传统的一、二、三产业是一个平行而非取代的经济体制。通过第四产业吸纳城市失业人群，重新平衡社会必要性和非必要性经济活动的比例，从而实现对传统经济的灵活补充，促进城市具有自给自足的生产和生存能力。

此外，弗里德曼还对理想城市中的未来住宅进行了畅想：一是住宅将脱离城市的服务网络而趋向于一种自主性（即自给自足），个人住宅最终会走向游牧状态；二是住宅的“非物质化”（最低的物质而非无物质），屋顶、隔墙等部件可移动变化，厨卫等功能设施集成单元化等；三是住宅的装饰虚拟化，立面和空间由电脑生成，居住者只需选择并进行订购。

6. 理论的当代拓展：不规则结构与即兴创造

1）不规则结构研究的起始——空间链

早在 20 世纪 40 年代，弗里德曼就对社会进程和物理世界中所呈现出来的无规律现象十分感兴趣。空中城市的建构逻辑是规则内的任意变化，体现的是一种几何秩序之下的内部变化，弗里德曼自 1959 年起就试图去尝试“消解空中城市几何化的一面，从而走向新的美学表现形式”[8]。弗里德曼首先想要突破的是传统空中城市中框架结构的固定性，因此他发明了一种实现结构可移动变化的技术——空间链（Space-chains）①。空间链的出现意味着移动建筑不再需要遵循严格的几何秩序，从而能够去塑造不规则的建筑和结构形式。1959 年的突尼斯方案是弗里德曼首次开始尝试用空间链技术来构建基础框架，但其结构形式还是基于立方体，只不过用圆环骨架替代了传统的三面体系统。此后，弗里德曼开始研究基于空间链结构的各种变化形式，并将该技术应用于一系列的实践，例如，1975-1976 年的塞康德拉巴德（Secunderabad）计算机中心、1987 年的无门博物馆（Museum without Doors）、1988 年的绿色教堂（Green Church）、1990 年的信仰之丘（Hill of the Faiths）、1992 年的风之丘（Hill of the Winds）、2000 年的米兰金字塔（Milano Pyramid）等。弗里德曼对可移动变化结构的研究驱使其突破了传统几何框架束缚而进入了自由随性的不规则领域（图 3-33）。

2）不规则结构的体系探索——无秩序就是一种秩序

1963 年提出的粒子空间理论使得弗里德曼认为不存在决定建筑最终结果的“完全确定性”，过程的重要性往往要大于结果。因此，弗里德曼对移动建筑理论中“规则”和“任意”的关系进行了新的诠释，其认为无秩序就是一种秩序，并可应用于任何领域。弗里德曼于 1970 年开始研究轮廓不规则的空中城市（Spatial Town with Irregular Outlines）和不涉及结构的立面变化（Variations on a Façade with no Structure）②。到了 20 世纪 80-90 年

① 空间链的原理是使用圆来取代传统的平面来组成结构框架，并以此为基本元素去建构空间框架结构，其优点是圆环之间的活动性连接（比如铰接）可以使结构形态进行变化调整且易于建造，只要材料易于弯曲且刚度良好便能够去构建各种形状。

② 不涉及结构的立面变化研究是指当使用空间城市的技术原理来创建建筑时，可以在不改变基础结构构架的情况下对建筑的立面体量进行自由的变化，从而可以轻松地改变建筑的外观。弗里德曼在 1970 年的蓬皮杜艺术中心竞赛方案中首次表达了这一理念。

图 3-33　2015“移动建筑——尤纳 · 弗莱德曼”展览中的“空间链”结构模型

图片来源：作者拍摄于 2015 年“移动建筑——尤纳 · 弗莱德曼”展览

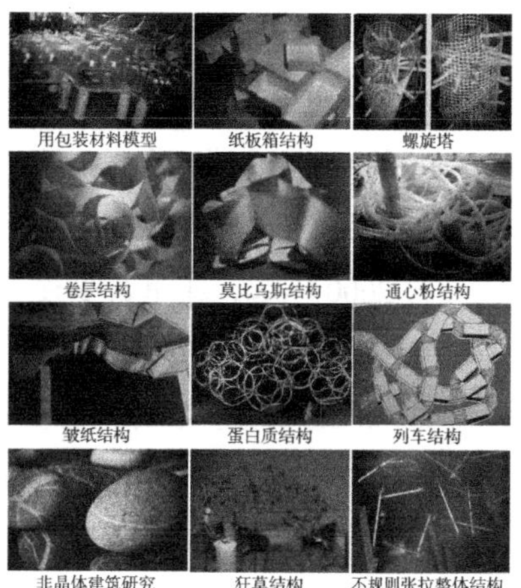

图 3-34　不规则结构研究

图片来源：《尤纳 · 弗莱德曼：手稿与模型（1945-2015）》

代，他对于居住者行为不可预知性的尊重以及无秩序空间形式的研究演化为“即兴创造”（Improvisation）理念，并着力探寻便于居住者即兴创造的建筑体系和技术。1990 年，弗里德曼开始进行了一些基础性研究，如用巧克力的包装材料来制作模型、以螺旋网格为支撑的螺旋塔、用纸板箱来测试不规则结构的组装模式等，此后则探索并提出了一系列不规则的结构体系[7]（图 3-34）。从自主规划研究和实践中积累的经验使弗里德曼意识到“试错”的过程十分关键，因此普通人不需要进行专门的训练即可建造这些不规则结构。结构的搭建和改动可以用手完成，而无须使用复杂的工具，所使用的材料也都是易于获取的现成工业产品，以展现简单技术建造的理念。后来，弗里德曼将不规则结构（包括空间链）以艺术装置形式应用于各类展览的空间塑造中，并将其命名为“圣障”（Iconostases）① 结构。圣障结构也被看作空中城市的缩小版，展出的图纸、照片和模型都如建筑单元一样自由地“填充”在基础框架结构内。

3）建筑中的即兴创造——梅兹原理和任意美学

移动建筑理论发展到后期主要指向了建筑中的即兴创造（Improvisation in Architecture）。弗里德曼认为建筑是由居住者的生活行为决定的，应当让居住者参与建筑的创造并充分发挥主观能动性和想象力，不规则结构产生的目的就是为了让居住者能够便捷地进行即兴创造。事实上从 1968 年起，弗里德曼就利用其公寓作为工作室进行了完全即兴的室内装饰，公寓中自由地摆放着设计模型、草图、思想箴言甚至笑话创作。此外，弗里德曼还进行了大量即兴的城市街头艺术创作：1975 年，他提出将海报打印出来作为“纸砖”用来装饰巴黎和波尔多的街道和墙面；2006-2009 年，他提议对赛甘岛（Ile Sequin）和卫星城维拉库布

① 圣障原指东正教用来分隔教堂内殿用的屏帏，弗里德曼借此词汇来命名其发明的不规则结构。

雷（Villacoublay）进行美化装饰……在弗里德曼的思想中，移动建筑应当是一种即兴创造的建筑，而即兴创造最终会产生新的美学观念。很显然，弗里德曼认为传统的建筑设计和审美观念压抑了人类想象的自由和乐趣，而即兴则可以使人重拾创造的自由，普通人的即兴创作也具有艺术价值[8]，即一种任意美学。

自2000年起，弗里德曼便将其创造的基于简单材料和建造技术的不规则结构称之为梅兹结构（Merz Structures），并于2006年将梅兹堡（Merzbau）概念扩展为梅兹原理（Merzstrukturen）①。在弗里德曼看来，整合移动建筑理论（规则之下的任意变化）和梅兹堡概念（极端感性个人主义），以即兴创造的方式来建构任意美学和感性秩序下的建筑，在当代社会语境下是正确的选择。因此，弗里德曼也常常利用包装盒、泡沫塑料等废弃物来即兴建造临时庇护所，或对城市进行装饰。比如：2003年的威尼斯双年展，他创作了空中城市拼贴画，并用可回收的包装塑料来即兴装饰墙面；2004年的巴黎不眠夜（Nuit Blanche，Paris）②，他邀请公众利用聚苯乙烯材料来装饰博物馆的柱廊；2006年意大利现当代艺术博物馆的临时纪念碑项目（马尔特方案），他利用包装纸箱来进行即兴创造……此外，2004–2008年期间街头博物馆（Musée de Rue）③等街头艺术项目的实施，让弗里德曼坚定了他通过即兴创造的方式来与公众实现对话的想法。2015年，上海当代艺术博物馆举办“移动建筑——尤纳·弗里德曼建筑展”时，弗里德曼将布展工作全部交由当地人员即兴创作，并写来寄语：“于我而言，展览不该仅仅是展示艺术物件，而是展示其背后理念，通过与公众的对话，提升它自身的价值和关注度。”[7]由此可见，弗里德曼始终秉持基于主体的思维方式，其最终目标就是要把建筑的即兴创造权力和能力交到普通大众的手里。

7. 基于主体思维方式的移动建筑理论

纵观移动建筑理论发展演化的逻辑过程，弗里德曼完全突破并重构了移动建筑的传统认知，而去研讨“如何建立一套能够应对或者抗衡多变的社会制度的建筑架构体系”[7]。弗里德曼的移动建筑理论不仅是一套建筑设计理论，也是一套城市规划理论，更是一套突破本体的“移动建筑社会学”理论（甚至可延伸至哲学、美学、生态学、人类学等层面），进而去塑造“一个公民社会的生活新形态”[34]。因此，移动建筑理论也建构了具有社会学色彩的移动建筑设计方法论，其在手法策略层面可归纳为如下几方面特征：

---

① Merz一词源自于德语单词商业（Kommerz），由德国现代画家和达达主义领袖库尔特·施威特斯（Kurt Schwitters，1887–1948）创造，用来称呼其拼贴绘画等创作（施威特斯称达达主义为Merz）。施威特斯于1923–1937年间的工作室和住家被称为“梅兹堡”（Merzbau），房间用木材、石膏、碎石块等材料拼贴而成。梅兹原理名义上指的是施威特斯的艺术作品，但被弗里德曼描述为构成一个整体的事物的随机聚集概念，比如同施威特斯一样用随处可见、随手可得的材料建造房屋，通过将包括废弃物在内的随机材料收集并组合成具有艺术性的建筑或装置都可称之为梅兹原理。弗里德曼以苏黎世伏尔泰酒店3个空间的结构设计为例进行说明，并认为建筑师可以提供由普通个体来实现创造的想法。

② 不眠夜是巴黎的一个传统节日，届时全城的博物馆、文化中心和娱乐场所都会向公众免费通宵开放。

③ 博物馆由开放的树脂玻璃盒组成，盒子里面放置并展出人们希望公开展示的、注入情感内容的物品，以此来实现人与人、人与生活、人与社会之间的对话。

一是“基础构架 + 可变元素”的形式构成。基础构架可以是规则和不规则的结构，可变元素则来源于个体行为的不可预知性。

二是空间动态灵活可变。采用可移动元素和功能单元集成等手法来满足空间的灵活可变，以适应个体的需求和创造自由，而这种空间变化是动态可持续的。

三是可脱离于地面，适应不同的地域环境气候。

四是基于现实条件的试错技术。规划和建造简单可行、容错率高，并易于即兴发挥和调整、易于普通人实施掌握。

如果说富勒是以客体性思维（即建筑的可移动变化）来解决问题的话，那么弗里德曼则遵循的是一种主体性思维（即人创造和改变建筑的自由）。这种思维逻辑源自于弗里德曼从城市乃至全人类社会的角度去研究建筑，但人本主义的世界观使其认为这些宏观的环境终究是由个体决定的，因此试图用强调个体的移动建筑理论来解决社会问题甚至看待世界，用理论和图像去解释移动建筑带给人们的全新生活方式，并致力于探索满足个体空间需求和创造自由的试错技术。弗里德曼的这些构想及其背后的理念、概念、策略，在思想层面共同构筑了移动建筑理论体系。这套体系尽管内容繁杂，但可简化总结为集体个人主义（Mass Individualism）、使用者主体论、规则与任意二元论、现实的自主创造论、生态的城市发展观和自由的即兴创造观六个核心层面，彼此间具有系统联结关系[7-8, 35]（图 3-35）。

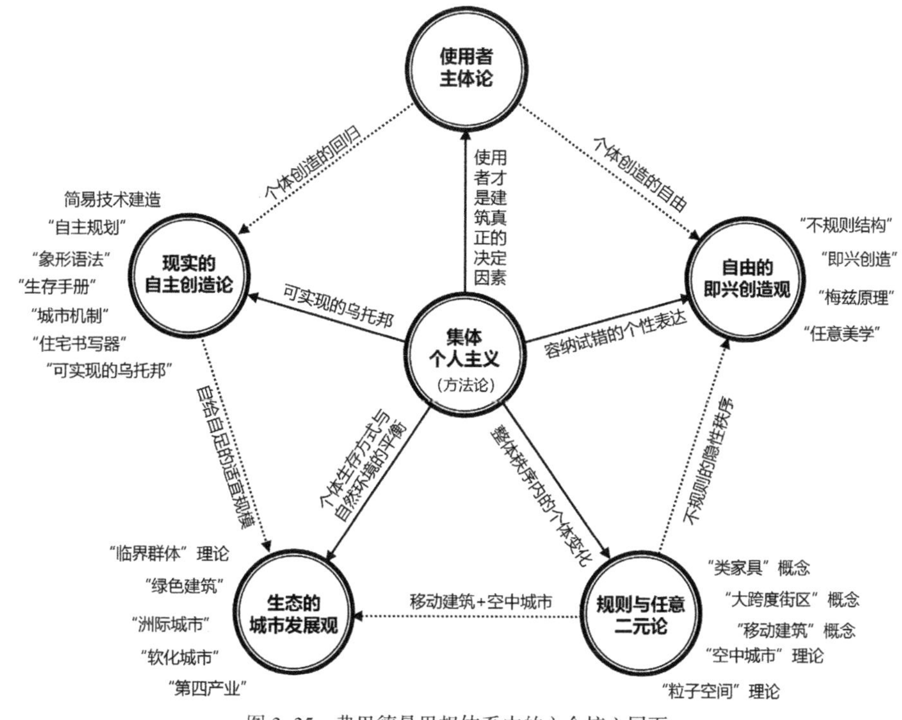

图 3-35　弗里德曼思想体系中的六个核心层面

图片来源：作者绘制

1）集体个人主义

弗里德曼认为世界正处于以多文化和个体表达为特征的社会语境之中，并将这种现象称之为“集体个人主义”，即“群体中的个体对于自身独特性的意识”[8]。个体具有创造和表达的自由，但其无法脱离集体而存在。因此，移动建筑理论始终致力于在集体和个体的需求与变化中取得平衡，而平衡的取得则借助于建筑的移动可变能力，从而满足个体的不可预知行为和应对生活方式的多元变化。对于移动建筑设计，集体个人主义代表了一种充满自主性的创作方式，分别包含了建筑和使用者的自主性。前者在于建筑自身的个性特征，后者则是给予使用者更多的决定权和发言权。相对于富勒的技术至上主义，弗里德曼的集体个人主义并非追求移动建筑的极致性能，而是致力于构建灵活、开放的移动社会。

2）使用者主体论

与富勒的设计师主体论相反的是，弗里德曼否定了建筑师的特权。他认为“建筑师是技术的提供者和传播者，是问题的解决者，有时也是问题的表演者”[7]，因此提出以使用者的个体唯一性去颠覆被建筑师垄断的决策和行动权利——“每个人都是其唯一的专家和有资格解决自身状况的指挥官”[36]。但是，使用者主体论并不是要将建筑师与使用者的角色颠倒，而是强调将两者之间的传统等级关系抹除。弗里德曼赋予了使用者在建筑设计和建造中的主体地位，并认为使用者才是建筑的真正决定因素，而建筑师则退为“顾问”的角色。在使用者自主创造的过程中，建筑师的作用就如同移动建筑中的“规则”一样，从技术角度上维持使用者在个体创造（任意）中的合理性，并使“整体”（指建筑）得到正常良好的运作。因此，对于移动建筑设计而言，使用者主体论指的是建筑师与使用者互相协作，双方成为建筑的联合作者，并进一步发挥使用者的个体能动性，使其既是建筑的实施者，也是建筑的改进者。

3）规则与任意二元论

“规则”与“任意”既是移动建筑概念中的基本原则要素，也是其形式设计的策略之源。不可预知的个体行为影响建筑的移动变化，不确定的移动建筑构筑了不确定的移动城市，不确定的移动城市衍生出不确定的移动社会。规则与任意二元论对于移动建筑设计而言，实则是一种整体秩序与个体变化的平衡方式。个体的移动变化建立在整体秩序之内，即规则之下的任意。然而，无秩序同时也是一种秩序，即隐性的秩序。

4）现实的自主创造论

移动建筑理论并不是鼓吹游牧主义，其强调的并非是移动技术，而是建筑的变化自由，以及赋予使用者满足自我需求和进行创造的能力。现实的自主创造论对于移动建筑设计意味着一种基于社会现实条件的自主规划和简单建造方式，需要把现实可行且易于掌握的技术传递给使用者。

5）生态的城市发展观

弗里德曼基于社会生态学、经济学等视角提倡城市自给自足的生存能力、适度的发展规模以及不同环境下的适应能力。生态的城市发展观对于移动建筑设计而言，意味着移动建筑不单是一套建筑理论，还是一套城市规划理论，更是一种空间组织策略，主要提倡通过建筑移动可变和规模适应的方式来实现城市未来的可持续发展。

6）自由的即兴创造观

弗里德曼提倡并尊重个体创造的价值，主张通过自由的即兴创造来颠覆传统、突破规则。自由的即兴创造观意味着“不规则的、随意性地布置，建筑随着居民生活方式的改变而改变，社会不是一个系统而是一个过程，没有最终状态”[37]。这种观点对于移动建筑设计而言，一方面在于提倡使用简单技术和材料，另一方面则在于充分发挥个体对于居住环境的自主创造和改变优化能力。

8. 弗里德曼思想形成与发展的社会关联

1）社会变化的关联

20世纪中期，社会的主要矛盾演变为经济技术与文化思想之间的对立，而弗里德曼的思想正是在这个处于转型和突变背景的社会语境中产生与发展起来的。从社会变化的视角来看，其与这些思想的形成具有多个层面的关联特征：

一是思想领域对于消费主义的批判。随着资本主义发展所引发的异化现象从生产领域扩展至生活领域，商品的交换价值代替了使用价值，消费“被符号化”[38]，并取代生产成为社会的主导逻辑。社会学家列斐伏尔提出对日常（The Everyday）生活领域进行批判，旨在突破消费主义的意识形态束缚，使个体重新占据日常生活并恢复创造的自主性①。弗里德曼也认为，构成“现代城市存在真正理由的消遣和娱乐”[8]的多样性正被同质化的建筑和符号化的消费剥夺。为了抗衡这种现象，他提出了“移动建筑”——一种以移动为表象、以解放主体自由为本质的新型建构方式，将建筑师抽象的空间转化成个体移情的场所。社会学家米歇尔·德·塞图（Michel de Certeau）后来进一步提出了“日常生活实践”理论，他对微观个体抵抗社会异化的方法进行了阐释②，认为“日常生活实践以个体方式改写精英与权力所设计好的剧本，是微观上社会空间自发性改造的内在机理”[39]。从某种意义上看，弗里德曼后来提出的即兴创造、任意美学等理念，所体现的正是对权威意识形态的颠覆。他批判的是传统建筑话语规则体系中对使用者的忽视，提倡重新赋予个体在需求和创造自由上的能力与权力，以抵抗快速城市化进程中建筑个性的丧失。

---

① 在列斐伏尔看来，作为资本运作产物的建筑空间及其服务商——建筑师，将个体分门别类，作为抽象使用者投入到消费社会的生产与再生产之中。

② 米歇尔·德·塞图在日常生活实践理论中把统治者通过界定场所、设立制度等手段来对空间进行规范称之为“战略”（Strategy），而把日常生活的实践者以一种偶然的、侥幸的、碎片的形式来对规范进行“抵制”（Resistance）称之为“战术”（Tactics），战术的执行通过“假发”（The Wig）、“权宜之计”（Making do）、“拼贴能力”（Bricolage）等操作方式来实现。

二是科研领域中的时代风向影响。弗里德曼尽管不像富勒那样崇尚科学，但是他在移动建筑的技术描绘和理论建构过程中却不可避免地受到了系统科学（System Theory）和非线性科学（Nonlinear Science）的影响。例如，弗里德曼提出“规则”与“任意”的二元概念就是基于系统思维（即在个体的变化之上建立规则，以保证整体不受破坏）。他承认并尊重个体行为的不可预知性，却又试图通过科学手段来进行控制（如住宅书写器）。在混沌理论（Chaos Theory）中，混沌被描述为“从有序中产生的无序状态，有序来自无序，无序中蕴含着有序”[40]，这与弗里德曼在不规则结构研究中的“无秩序也是一种秩序”的观点不谋而合。此外，弗里德曼的粒子空间和临界群体规模概念与自组织（Self-organizing）理论①有着密切的关联，这在很大程度上影响了他的自主创造论（对应自组织）和城市发展观（对应临界），空中城市其本质上就是一种自组织形式。此外，移动建筑理论发展到后期，带有明显的复杂性理论影响特征。弗里德曼认可事物的个体任意性和整体涌现性（比如空中城市和梅兹结构中，微观个体变化叠加所呈现出的极致复杂），其理论最终走向个体的即兴创造，致力于探讨具有复杂适应性的试错技术（比如不规则结构形式复杂，但易于建造和调整）。

三是环境领域中的人类生存危机。弗里德曼的研究与富勒一样，都带有社会公平和人文关怀色彩，因此其移动建筑理论始终蕴含着对人类生存和环境的危机意识。比如：移动建筑研究的伊始是为了满足人的基本居住需求；空中城市是为了解决城市的未来发展问题；城市农业、软化城市、第四产业等概念都基于自给自足模式和对不同气候条件的适应性；梅兹结构依托于对废弃物的即兴利用和创造……

2）行业发展的关联

社会的转型和突变同时，也极大地影响了行业的发展，整个建筑领域都处于自我批判的语境之下。移动建筑理论正是在这种建筑领域的自我批判语境中产生和发展起来的：

一是对于现代主义的批判挑战。20世纪50年代，随着城市化进程带来的诸多问题，学界开始对社会上盛行的国际风格和教条主义予以猛烈批判，提出建筑与城市规划应该突破功能主义思想②的束缚，重新认识人的主体地位。弗里德曼提出用灵活可变的移动建筑来满足使用者不可预测的行为与需求，因此挑战了以功能主义为金科玉律的传统现代主义建筑体系。他试图“颠覆长久以来由建筑师主宰建筑设计的传统，这既是对规则性社会制度的挑战，也是在寻找一种建筑和城市设计的可能性”[33]。

① 自组织（Self-organizing）理论是20世纪60年代末期开始建立并发展起来的一种系统理论，是建立在非线性基础上所产生的演化范式，其研究对象主要是复杂的自组织系统（生命系统、社会系统）的形成和发展机制问题（即在一定条件下，系统是如何自动地由无序走向有序，由低级有序走向高级有序）。依据系统论的视角，自组织是指一个系统在内在机制的驱动下，自行不断地提高自身复杂度和精细度的过程。

② 1928年的第一届CIAM大会以《拉萨拉兹声明》（La Sarraz Declaration）开启了以功能主义为代表的现代主义建筑体系序幕，倡导以工业化和合理化的建造方式建立起建筑环境和经济体制之间的联系，以达到经济效益的最大化。

二是乌托邦建筑思潮中的现实批判。乌托邦思想①[41]带有两层含义，一是对于现实的批判，二是对于未来的期待。自“十次小组”拉开了对现代主义建筑的批判序幕之后，包括弗里德曼在内的一批先锋建筑师个体和团体于20世纪60年代掀起了运用新的材料结构与技术理念，来实现对现代主义建筑的改良和未来城市的畅想思潮。但是，这股思潮之所以被描述为具有乌托邦理想主义特质，是因为其主张虽与时代的发展同步，却在构想和概念上严重脱离了现实。与其他乌托邦畅想者将使用者排除在真实的空间生产过程之外相比，弗里德曼认为未来不应是建筑师自说自话的主观描绘，而在于将创造的能力和权力交给使用者，并认为对现实的批判和美好的想象是每个人与生俱来的权力。

三是建筑工业化浪潮中的技术批判。20世纪上半叶，基于功能主义的国际风格依靠“轻型技术、合成材料和标准模数化部件”[42]形成的批量建造优势，使建筑在效率上顺应了社会的快速需求，但却丧失了多样性。弗里德曼后来也坦诚自己“受了那个时代精神的影响并高估了技术因素”[8]，因此认为建筑依靠人类的手工建造才能称之为真实，这也奠定了后来移动建筑基于个体创造的核心思想。进入20世纪60年代，巨构（Mega-structure）技术盛行，一方面让弗里德曼确立了“空间巨构＋个体单元”的移动建筑基本技术形式，另一方面也逐渐让其意识到这种巨构主义背后所代表的建筑师的强势话语权在一定程度上压制了个体的特性和表达的自由，因此他试图去突破已构结构的规则性。20世纪60年代末期，信息时代下的自动化控制技术不可避免地影响到了弗里德曼，但是他很快便敏锐地捕捉到建筑本质上是由“无形的欲望以及使用者的自由意愿”[8]来决定，技术只是作为其中关键辅助因素。因此弗里德曼提出人类的技术使用具有两种方式，即“辅助性（Prostheses，以物质资源为辅助工具）和技能性（Skills，发挥个体生物机能以适应环境的变化并减少其对物质资源的消耗和依赖）”[8]。这两种方式投射到移动建筑理论上，则对应为个体的自主规划（Self-planning）与自我学习（Self-schooling）。前者包含使用者对居住环境的设计建造，个体处于感性自由并存在对工具的依赖，后者则指使用者通过对知识的摸索，能够进一步反思和完善解决方案。从辅助性到技能性的转变意味着个体从对技术的依赖上升为学会合理利用技术以实现可持续发展（即授人以鱼不如授人以渔），也从获得自由创造的权力上升为获得自由创造的能力。

3）圈层活动的关联

在弗里德曼的研究生涯中，社会活动和学术圈层之间的互动对其思想理论的形成演变起到了不可忽视的作用，主要体现在三个方面：

一是CIAM X会议的影响。弗里德曼在1956年的CIAM X会议上提出了与人适应于建筑（居住的机器）截然相反的理论观点，并认为建筑和城市规划应该由居住者自主决定。移动建筑也因此被解释为一种依照使用者愿望、为满足其不断变化的需要而提供社会性移

① 乌托邦一词由托马斯·莫尔（Thomas More）在《乌托邦》一书中作为“想象中理想社会的通用名词”出现，后被进一步解释为“依靠某种思想或理想本身或使之体现在一定机构中以进行社会改革的思想”。

动的建筑架构体系。当时，这种观点在会议上引起了广泛的争议，外界认为弗里德曼的概念无非是人类早期游牧生活方式的复辟，这并非代表社会的进步①[8]。但是，弗里德曼还是在会议上赢得了许多年轻建筑师的认同②，也在后来组建了移动建筑研究小组，并开启了持续性的理论研究。

二是在发展中国家中做社会研究经历的影响。20世纪70年代，弗里德曼将视野转向了社会，致力于发展中国家的居住问题研究，并极力推广其制作的基于自主规划和简易建造技术的生存手册。这些社会研究经历，一方面奠定了弗里德曼基于现实的自主创造论和生态的城市发展观，另一方面也在指导当地居民进行自主规划的过程中，认识到会意语言对于普通人掌握建筑知识的重要性。此外，弗里德曼还发现人类丢弃的废弃物都可作为建筑原材料，并认为将废物用于生活用途的做法源自人类古老的建造传统（就地取材），后来也因此提出了梅兹原理。

三是公众艺术展览与街头活动的影响。到了研究生涯的后期，弗里德曼常常致力于公众艺术展览与街头活动，倡导公众来进行即兴的创作。正是在这些不断的公众参与和互动创造中，弗里德曼认识到了个体即兴创造的价值，也形成了颠覆权威的任意美学观念。他提出移动建筑追求的是建筑变化的可能性，而使用者则必须主导和参与到这一变化过程中。

4）个人经历的关联

弗里德曼接受过正统的学院派教育，但又不断挑战传统建筑学体系的权威，提倡现实可行的自由创造，却又不断被质疑为空想主义者。弗里德曼复杂的个人经历不但奠定了他基于人本主义和社会公平的设计价值观，也影响了其思想的形成和发展，并体现在了如下几方面：

一是自小形成的人本主义价值观。幼年时期家乡的那些由居民自己塑造的、具有丰富个性的居住场景对弗里德曼影响深远，因此他一直致力于去寻找由使用者来自由创造家园的可行道路，这也是其移动建筑思想形成的根本原因。

二是战争中经历的艰难困苦。“二战”期间，弗里德曼所居住的城市变为废墟，人们只能靠着就地取材（多为垃圾废料）和即兴发挥的方式来建造庇护之所。这段艰难的生活经

---

① 值得注意的是，当时大会的组织者、先锋派的代表——“十次小组”对弗里德曼的观点也不尽赞同。史密森夫妇（十次小组成员）在会议上提出将基于功能主义的城市分区原则修正为由房屋、街道、区域和城市等“关联元素”（Associational Elements）构成的“簇丛”（Clusters）结构，在弗里德曼看来这种改变本质上仍是“由建筑师决定的图像化丛林（Pictures Que Jumble）”，而移动建筑理念中的“任意性秩序则是本能行为引起的，并不是由思考推论得来”。“十次小组”对现代主义批判的是僵化的功能主义和教条的形式主义，其对于现代化的正当性及其代表的社会进步从未有过根本怀疑。弗里德曼对于现代主义的批判则直接否定了建筑师的特权，建筑师转变为与使用者一样的社会性角色，建筑变化的动力源自人的不可预知行为，这种集体个人主义和使用者主体论的思想理念自然无法为“十次小组”所接受。

② 弗里德曼在会议上展示了一些移动建筑的草图，与一些年轻建筑师讨论并引起了他们极大的兴趣，但被主流建筑圈忽视和孤立，甚至当时的先锋团体“十次小组”对其理念也并非完全认同。《建筑世界》（Bauwelt）杂志的编辑贡特·许恩（Günther Kühne）对弗里德曼的理念很感兴趣，并在1957年的期刊上出版了部分关于移动建筑理念。当时尚未成名的弗雷·奥托在看了这篇文章后还写信支持弗里德曼。

历让弗里德曼一方面意识到建筑基础设施的重要性，令他在后来的研究中始终坚持要先解决建筑的基础服务问题（如空中城市的空间基本构架不仅是结构，也包括了水、电、网络等设施），再寻求变化的自由，另一方面也发现了就地取材和简易建造的价值。

三是早年漂泊不定的经历。早年的漂泊流浪生活给弗里德曼带来了极强的生存意识，使其认为建筑实践在于高效的设施网络而非抽象的理念。与许多没有国家归属感的犹太人一样，这种不安定感让弗里德曼将个性化的生活空间作为心灵的港湾，并促使其去探索和推广兼具个体自主性和环境适应性的移动建筑体系。

四是主流建筑界的长期远离和孤立。尽管弗里德曼的理念深深影响了建筑电讯派、新陈代谢学派等后来的先锋团体，但在吸引大众和主流关注层面上无法与这些后辈相比，其成立的移动建筑小组也因为组织松散而早早解散，影响力也远不及同时代的其他乌托邦团体。以至于在柯林·罗（Colin Frederick Rowe）、肯尼斯·弗兰姆普敦（Kenneth Frampton）、雷纳·班纳姆（ReynerBanham）等建筑史学家的著作中，对于弗里德曼的介绍十分简略或者说只是附带。因此，弗里德曼本人就如同移动建筑一样，长期被置于正统建筑史学体系的边缘。这种远离主流的孤立使他有意与主流保持距离，并将这种方式比拟为一种生存法则，在自由地发明创造同时，也不断试图用现实可行的技术去实现其笔下描绘的“乌托邦”。

9. 弗里德曼思想的社会价值影响与批判

1）个人地位与社会评价

弗里德曼是移动建筑理论研究领域无可撼动的核心人物。他不仅提出了移动建筑的概念、建构了移动建筑的思想理论体系，更描绘了一个复杂丰满的“移动社会”。但是弗里德曼的理论波澜壮阔又晦涩难懂，付诸实施的只有马德拉斯的简单技术博物馆和昂热的柏格森中学等屈指可数的几个项目，这与其丰富的发明创造形成了鲜明的对比。弗里德曼给社会留下了乌托邦与现实主义的双重标签，体现在设计上则是一种理性逻辑与感性自由交织的印象特征。不少人质疑其畅想的技术可行性，但他并未针锋相对地加以驳斥，而是不断地通过研究与模型来思考和证明。弗里德曼不在意个人荣誉，也有意疏远了主流，只是在静默中等待着其思想理念在未来绽放光芒，最终也获得了社会的认可和表彰：1972 年，柏林艺术与科学学院为其全部作品授予建筑奖；1976 年，荷兰海牙皇家美术学院授予其荣誉院士称号；1991 年其获得了联合国人居奖……

2）移动建筑理论的社会学内涵

弗里德曼曾说道：“从 1956 年开始，我就认为建筑的决定与设计不应该靠建筑师，而是未来的使用者，当然这并非舍弃建筑师、设计师的地位。”[33] 弗里德曼从研究伊始就将目光转向了由广大个体组成的社会领域，而从理想走向现实的研究过程中，所涉及的有关于城市、人、技术等因素的分析使其理论最终“超越了所谓零结构（Structured Emptiness）的纯技术幻想，体量由无形的欲望和使用者的自由意愿决定，而这种表述将指向比建筑更宽泛的领域或者社会学自身”[8]。弗里德曼的思想所具有的社会学内涵可归纳为以下三个层面：

一是应对生存和贫穷的社会伦理。自提出移动建筑概念之后，弗里德曼逐渐将研究重心放在了社会组织和发展上，他曾用“住宅 = 房顶 + 食物”来表达建筑与社会的关联。因此，弗里德曼关注于社会发展的不平衡现象，创作了《解决城市生存问题的策略》《第四产业》《对于贫穷世界的讨论》等一系列致力于贫穷国家生存发展的方略，也以插画等会意语言的形式制作基于简单技术建造的生存手册，试图通过简明易懂的形式将复杂的建筑知识传递给普通使用者。

二是容纳差异与共同的社会思维。移动建筑理论在肯定个体自由的同时，又兼顾了整体环境对具有破坏性个体行动的约束。虽然以空中城市为代表的移动建筑形式凸显了弗里德曼解放个体自由的强烈欲望，但其没有采取激进策略，而是“以技术的中立性和行动的合理性为前提，来限制可能对整体产生破坏性影响的消极个体自由”[43]，并“以生态社会学的角度论述了一种以中立基础设施为支撑，带有自身政治特征和社会结构的民主社会组织方式”[43]，即“可实现的乌托邦”。

三是倡导即兴创造中的社会参与。在弗里德曼的研究后期，他致力于通过社会参与的即兴创造和展览互动来传播其移动建筑的理念。公众在弗里德曼的引导下，不断地通过易于建造和改变的不规则结构与可重复利用的现成或废弃材料来进行即兴的创造。这些作品可以不停地进行改变，永远都处于进行的过程中而没有终止状态。如今，城市规划和建筑设计过程中的社会参与已越来越被强调和提倡。也许正如弗里德曼所言：“城市的本质是生存的工具，建筑首先是社会的产物，代表了个体与集体生存和发展的方式，其次才是一种艺术表现方式。”[8]

3）对建筑与城市规划领域的影响启示

弗里德曼尽管长期远离于建筑界的主流体系，但其思想理论还是在建筑与城市规划领域产生了一定的启示性影响：

一是对于巨构形式的影响与批判。虽然巨构并非最早由弗里德曼或者其他乌托邦团体提出①并明确定义②，但它却是那个时代最令人印象深刻的建筑形式构想。从弗里德曼到威

① 日本建筑师槙文彦最早将巨构（Megastructure）纳入建筑学词汇，他在《集合形象调查》中率先提出了巨构的定义，并认为其是城市的原型之一。因此，巨构常与城市结合在一起，被认为是“一个基于可行技术大型的架构，容纳了所有或者部分的城市功能”。历史上最早把巨构构想付诸实施的是柯布西耶，他在 1930 年提出的“阿尔及利亚的城市化方案”，将以居住为代表的城市内容和以高架快速路为代表的超级结构融为一体，这也影响了之后的其他建筑师的巨构构想，如弗里德曼的空中城市、康斯坦特的“新巴比伦计划”、丹下健三的“东京计划 1960”、建筑电讯小组的“插入城市”和“步行城市”、保罗·索勒里的生态城市构想等。

② 加州大学伯克利分校的拉尔夫·威尔考森（Ralph Wilcoxon）教授于 1968 年给巨型结构作出了明确定义：“巨型结构是一种结构框架，由单元构件组成，可以无限扩展。框架内可以建造或插入更小的预制结构单元（指房间或更小的结构部件）。主体结构框架相较于小结构单元具有更长的寿命周期，可以为小结构单元的更换与改造提供支持，同时主体结构框架还能为小结构单元提供能源、水供给，为整个系统提供交通联系。”详见 http：//www.megastructure-reloaded.org/en/megastructure/.

奇斯曼到埃梅里希再到舒尔策·菲里茨，都期望通过建立巨构框架来满足承载空间单元的变化，从而突破现代主义中的功能僵化和形式教条。但是，巨构形式后来也受到了批判且未如设想般被实现，其原因在于，建筑师大多“将畅想限定在自身领域却试图回避现在与未来在社会制度和组织等方面的差异”[43]。巨构形式并未令弗里德曼的思想脱离社会，他“将建筑从专门领域中抽离出来置于日常生活的社会语境之中进行考虑，并将行动权利转交给大众”[43]。相对其他遵从技术专家统治逻辑的巨构主义而言，这已是极大的突破。

二是对建筑非物质化特征的独有创造。弗里德曼认为，建筑具有非物质化的特征，需要对使用者连续的行为变化做出即时反应，需要以非物质化来抵抗凝固和僵化的可能，这也正是移动建筑所扮演的角色。在弗里德曼的所有构想中，建筑不是“凝固的形态，是一个经历长期和不确定过程而诞生的临时图像”[8]。甚至他认为在未来的建筑中，一些非必要的装饰也可被虚拟化呈现。弗里德曼对建筑非物质化特征的独有认识，赋予了人们看待建筑的全新视角。建筑的非物质化使其能够形成对个体和社会需求的即时反馈，而非成为永恒的纪念碑。

三是基于建筑移动可变的现实启示。建筑评论家方振宁对此曾做过如下点评：“移动建筑不是作为固定建筑的对立面而提出的建筑形态。尤纳认为建筑的可变性始终是最重要的，因为它是一种自然法则，遵循一种客观规律。”[33] 移动可变是弗里德曼的核心理念，也是其设计的核心策略，目的在于即时应对与适应社会和环境的变化：建筑的可变意味着其可以灵活满足不同的需求变化，这样就大大减少了重复拆建带来的资源浪费和环境污染；建筑的移动则保持了空间自由流通和循环优化的可能性，城市可以短时间依据客观规律进行重组更新而不是盲目往外扩张。建筑移动可变意味着城市的发展不是一个结果，而是一个随时处于弹性状态、可以自由地优化和更新的过程。

4）与建筑师群体及个体的关联影响

弗里德曼在历史上与许多建筑师群体及个体产生过关联。这些关联既在一定程度上助推了移动建筑理论的发展，又影响了一大批同时代和后辈建筑师的设计观。弗里德曼在早期从事社会住宅研究时，就受到了柯布西耶和让·普鲁弗的建筑工业化思想的影响，两位大师还对弗里德曼给予过支持和资助。定居欧洲后，在康拉德·威奇斯曼的影响下，弗里德曼最终确立了以空间框架结构结合个体建筑单元的移动建筑基本技术形式①。尽管在1956年的CIAM会议上，弗里德曼的移动建筑理念未获“十次小组”的支持，但埃梅里希、舒尔策·菲利茨、保罗·迈蒙、约内尔·沙因等同时代的实验建筑师后来相继在建筑的巨构形式和移动可变研究方面与他形成交流与合作，此外，这一理念还获得了富勒、奥托等技术派建筑师的

① 早在1925年，弗雷德里克·基斯勒就在贝尔（Alexander Graham Bell）于20世纪初发明的四面体空间框架结构的基础上提出了空间城市建筑（Space City Architecture）概念，这种将建筑从地面解放出来的构想极大地启发了弗里德曼对于移动建筑的探索思路。

赞同。在同时代，康斯坦特的理念和弗里德曼颇为相似，都利用了巨构体量和灵活可变的空间形式来赋予个体的自由。弗里德曼的这种充满未来主义与社会革命色彩的理念最终在20世纪60年代影响了一大批乌托邦建筑团体：在英国，建筑电讯派的“插入城市”“胶囊公寓”等构想，无论在理念层面还是形式层面，都深受空中城市的影响；而普莱斯与班纳姆等人提出的非规划（Non-planning）概念中所体现的个体需求与建筑灵活性的对应，明显反映出移动建筑理念的特征；在日本，弗里德曼的思想对新陈代谢学派的设计作品产生了重要影响，如黑川纪章的螺旋体城市和中银舱体大楼、菊竹清训的海上城市、矶崎新的空中城市等。弗里德曼到了职业生涯晚期，也深受达达主义（Dada）① 的影响。他以不规则结构结合废弃材料创作的梅兹结构作为即兴创造的形式，最终实现了对传统建筑审美的颠覆。

3.3.2 乌托邦建筑思潮中的移动性理念

1. 情境乌托邦：康斯坦特

1）总体都市主义

“二战”后，西方形成了以消费主义为主导的社会和以商业景观为特点的城市文化（即居伊·德波所说的景观社会，The Society of Spectacles）。1957年兴起的情境主义国际（SI）则对这种社会异化现象以及基于功能主义的规划与建筑思想进行了批判，其提倡通过对消费社会过剩资源的挪用（Detournement），来建构具体的生活情境（Situations），以此取代景观社会。因此，SI提出了一种带有集体个人主义色彩的“总体都市主义”（Unitary Urbanism）概念。总体都市主义是一种诗意化的反理性城市构想，强调了城市和人在时空环境中的流动性：“城市不只是建筑，而是由多种因素组成的统一情境，居民在其中不停地自由流动和游戏，未来城市将是一个公众参与的玩乐型和流动型环境。”[44] 在某种意义上，这与弗里德曼在1956年的CIAM会议上提出移动建筑概念时的观点极为相似，即“满足人类休闲活动需求的能力已成为现代城市存在的真正理由”[8]。

2）新巴比伦计划

1958年，SI的代表人物、情境建筑师康斯坦特创作了“新巴比伦”（New Babylon）计划，其试图以视觉的形式来阐释总体都市主义所描绘的概念。康斯坦特将由缆索和钢柱组成的巨型结构叠加在现有城市之上，可移动的楼板、廊桥、楼梯、隔断等建筑元素为身处其中的游戏者（Homo Ludens）提供了“不断变化的物质环境，并否定了传统的静态建筑概念”[44]。“新巴比伦”虽然构思宏大，但却没有细节，细节由不断流动中的城市居民来创造。在该概念中，未来城市与建筑的形式“不仅要顺应变化的功能，更强调了彻底的自由

---

① 达达派即达达主义（Dada），是1916年至1923年间出现在欧洲的一种资产阶级的文艺流派。达达主义是一种无政府主义的艺术运动，它试图通过废除传统的文化和美学形式发现真正的现实。库尔特·施威特斯（Kurt Schwitters）是德国达达派的代表人物，他将达达主义称为梅兹（Merz，德语）。

空间”[44]，这不但对资产阶级意识形态中资产（建筑）的永久性和纪念性形成了批判，也展现了一种建筑的移动性。这种移动既是物质性的（即移动），也是非物质性的（即变化）。

3）基于情境建构的乌托邦

康斯坦特的“新巴比伦”在表现形式上与弗里德曼的移动建筑存在相似之处，如巨型的基础结构、可变的装置部件、蒙太奇式的拼贴以及不断叠加的复杂景象等。两者的思想均源于对主体自由的解放，都承认个体是以集体而非分离的形式参与到社会的生产过程之中，但差异在于秉持了不同性质的集体个人主义：“新巴比伦”计划试图建构由“专业的创造者团队”[45]（即情境建构者）为主导的情境乌托邦，这是一种异化后的个人集体主义，一种基于意识形态的专制，在传统的建筑行业体制中，建筑师所扮演的角色正类似于专制的情境建构者；弗里德曼的集体个人主义指的是“群体中个体对于自身独特性的认识”[8]，集体被视作一种非专制的文化状态，是个体相互影响的结果和彼此互动的关系集合。弗里德曼认为，在消费社会中被异化的个体可以重新掌握日常生活中的主动权，并找到既保证个体独立性又维持集体整体性的生存方式。因此他提出通过一种中庸的方式，使“个体自由在合理范围内发挥最大程度的自主性，并在他者、环境的牵制下，个体自由不以破坏集体完整性为代价”[43]。

2. 技术乌托邦：建筑电讯派和塞德里克·普莱斯

建筑电讯派（Archigram，以下简称建筑电讯）是1961年在英国诞生的一个先锋建筑组织，主要由伦敦建筑联盟学院（The Architectural Association，简称AA）的六位青年学生彼得·库克（Peter Cook）、沃伦·查克（Warren Chalk）、朗·赫伦（Ron Herron）、丹尼斯·克朗普顿（Dennis Crompton）、迈克·韦伯（Michael Webb）和戴维·格林（David Greene）发起建立。建筑电讯以提倡高新技术为特点，并将其技术幻想融入资本主义政治经济中，进而“为新自由主义（Neoliberalism）语境下商业化的建筑生产铺平了道路”[44]。建筑电讯以反权威和支持消费主义为口号，主张摆脱现实的限制去探索未来城市与建筑发展的新途径，因此曾被评论为“建筑表现得激进而夸张，甚至是幼稚、虚夸和脱离实际的”[46]。但是，如同甲壳虫乐队（Beatles）对于那个时代摇滚乐的震撼与影响一样，建筑电讯的创作还是令当时的建筑界耳目一新，其“建筑可如汽车一样由工业化生产和预制组装而成”的观点也逐渐被社会所接受。

1）《*Archigram*》与“生活城市”

1961年，建筑电讯创办了一本同名杂志《*Archigram*》①[47]来展示和宣传其理论构想

① 关于“Archigram”的名字由来，库克曾在1961年*Archigram*的发刊词里解释为一种格式“比期刊更简洁”的杂志，如电报、航空邮件一样。在1967年*Archigram*的附刊里，库克把“Archigram”直接解释为“Architecture Telegram”，即“Architecture”和“Telegram”的合成词，后被詹克斯（Charles Jencks）引用在1973年出版的“现代建筑运动”（*Modern Movements in Architecture*）一书中，并广为流传下来。

与实验研究。杂志内容大多针对“消费性”（Expendability）建筑和消费型社会（Consumer Society）而展开，不但包含有混杂了未来科技和波普艺术等表现手法的诗歌、设计与理念，也刊载了各类质疑和挑战传统的艺术评论与娱乐创作，因此被认为是一个充满技术乌托邦主义的建筑思想大集合①。1963年，建筑电讯在伦敦当代艺术协会举办了“生活城市”（Living City）展览，提出“生活城市中的一切都重要”[9]的口号，使用了与总体都市主义相近的概念并强调了集群、运动、情境等7个主题。其中，情境被理解为“城市空间内发生和随时变化中的事件”[10]。虽然建筑电讯只是描述了一个模糊的主题，但把未来城市空间视为动态可变，已经标志他们“摒弃了代表传统意识形态的纪念碑建筑，试图把流行艺术和机体性瞬变的新概念运用到城市环境中”[44]。

2）移动的畅想：从舱体到巨构到游牧

“二战”后，城市居住资源紧缺是建筑电讯极为关注的社会现实问题，其认为住宅应该像产品一样，具备高度的通用性和快速的生产能力。沃伦·查克于1964年提出了“胶囊公寓”（The Capsule）方案，个体住宅被设计为“生活设备集成化、可满足日常生活使用的舱体单元”[9]。这些带有工业设计色彩的舱体单元被安放于巨型的建筑结构中，既可批量生产又能灵活置换。“胶囊公寓”方案奠定了建筑电讯派其后对于人类未来居住方式的基本态度——以可移动的模块化舱体单元结合巨型基础结构作为主要技术形式。比如在海边泡沫（Seaside Bubbles）方案中，他们就将胶囊状的舱体住宅悬挂于桅杆结构之上[10]。

1962–1964年期间，彼得·库克提出了著名的“插入城市”（Plug-in City）构想，该方案充分体现了建筑电讯“住宅即消费品”[9]的核心理念。插入城市从概念到表现形式都与弗里德曼的空中城市极为相似：该方案塑造了一个叠加在现状城市上空的、可扩展的巨型45°空间框架网络，人类的居所简化为各种像货柜一样、可移动运输和灵活替换的舱体单元②[9]，单元由起重机起吊并以“Plug-in”（插入）或“Plug-out”（移出）的形式置于巨型结构中；城市空间结构按照建筑使用的持久度进行组织，基础交通设施位于底座，越往上的建筑越不持久，从而打破了城市和建筑必须永固于地面的传统思维（图3-36）……[10]在插入城市中，移动舱体作为基本居住单元可组成不同规模的移动社区，社区之间的联系如同插头接入插座一

① 例如《*Archigram*》的第1期只是包含有戴维·格林的建筑诗歌和其他学生作品的“大字报”；在1962–1963年出版的第2–3期杂志中，发表了一些实验性作品并开始讨论消费性建筑；1964年出版的第4期讨论了太空科幻漫画对于建筑的启示，标志着建筑电讯逐渐转向了呼应波普艺术（Pop Art）的立场。此后的第5–7期则分别讨论了巨型结构形式与未来城市发展的可能，并回顾了20世纪40年代以来的科技产物与工业化建筑的发展；1968年出版的第8期讨论了“控制与选择”的开放性环境系统，并总结了游牧（Nomad）、变形（Metamorphasis）、舒适（Comfort）、软/硬（Soft/Hard）、交换与反应（Exchange and Respanse）、解放（Emanciption）等概念。建筑电讯在参加了1970年的大阪世博会之后，建筑电讯派成员日益趋向个人独立和多元化发展，《*Archigram*》杂志也逐渐停止更新，组织也于1974年正式宣告解散。

② 在库克的构想中，建筑舱体单元包含了居住、商业、办公等满足人类居住需要的所有功能，建筑单元和部件设备均可替换：比如浴室、厨房、客厅地面使用年限为3年，客厅、卧室为5~8年，建设地段15年，商店6个月，工作场所4年，车库和道路20年，巨型结构40年等。

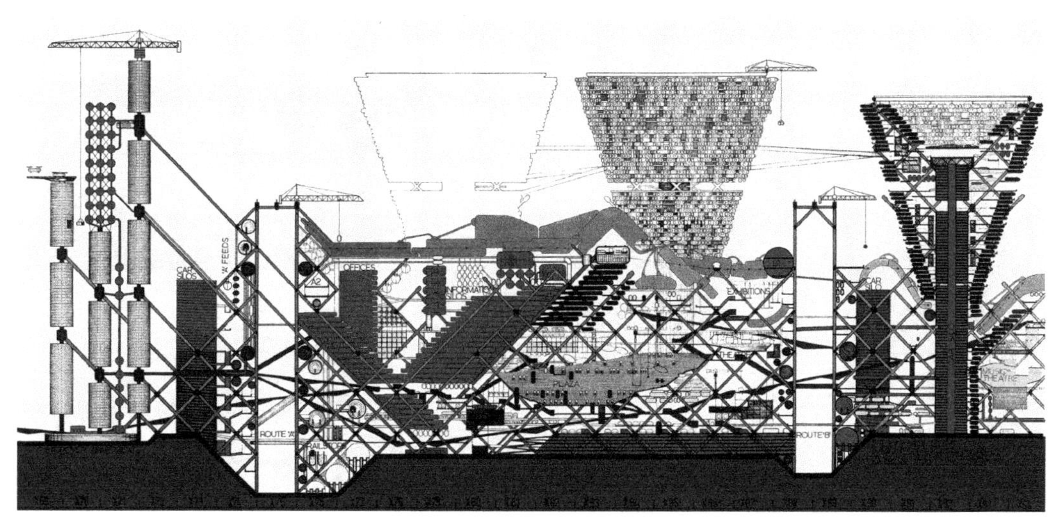

图 3-36 “插入城市”构想

图片来源：《a guide to Archigram 1961–74》

样，组织着相应的交通及生产生活方式，进而形成动态变化的城市生活场景。后来，建筑电讯关于城市功能的移动置换研究范围“从宏观的城市结构逐渐细化到商业、办公、居住等具体功能，比如生活荚（Living Pod）、免下车住宅（Drive-in Housing）等探索”[10]。建筑可消费和可置换理念代表了建筑电讯发起了对人类生活方式变革的探索，这种革命倾向使其逐渐颠覆了插入城市中的静态巨构形式，走向了连带结构一起移动的游牧城市。

1964 年，朗·赫伦提出了“步行城市”（Walking City）方案，一个带有浓厚机器美学色彩的巨构建筑。建筑外形酷似拥有椭圆形身躯的机械怪兽，主要依靠大型的机械腿移动，当与其他步行城市相遇时，彼此间可以伸出吸管状的机械装置连接（类似于飞机或舰船相互加油补给的原理）。因此，步行城市既可群居也可独立生存，具有根据不同的环境自我更新适应的能力[10]。在赫伦的方案表现图中，可以看见步行城市在海洋或山地等自然环境下成群爬行的壮观景象，也有在曼哈顿等城市中停泊的情境，极具视觉冲击力[9]（图 3-37）。与空中城市、新巴比伦等构想一样，步行城市也展现了动态城市和游牧文化的联系。但与前两者自然生长的开放型空间组织策略和基于主体自由的移动机理不同的是，步行城市是封闭的三维人工系统（与传统城市一样），是一种由程序和技术控制下的客体移动。

1965 年，彼得·库克提出了爆裂村庄（Blow out Village）构想，这是一个可移动的居住聚落。该方案设计了带有树枝状桅杆的巨型气垫车，通过液压让桅杆撑开、爆裂为更大的体积，从而可容纳支撑在桅杆上的住宅单元，形成一个临时居住的“村庄”。“村庄”在使用时可在顶上架设半球形的遮棚，不使用时则可收缩起来方便移动运输[9]。爆裂村庄突破了传统封闭静态的空间组织模式，其将主体的参与体现在一个临时和可变化的社会组织过程中。这种理念使得彼得·库克和朗·赫伦于 1968 年提出了“速成城市”（Instant City,

图 3-37　“步行城市”构想

图片来源：《Archigram》《a guide to Archigram 1961–74》

又称即时城市）构想。速成城市的原理类似于流动的马戏团，主要通过远程运输的方式，把一个可快速拆装的城市运输到不发达地区，即作为一种社会网络连接的中介去分享城市的资源和文化。从方案表现图来看，速成城市主要强调了瞬时的自组织性，大量的气球和帐篷构成了城市的围护，城市可以在旷野、海滩和沙漠等不同环境中瞬间拔地而起[9]（图 3-38）。1970 年，建筑电讯在“蒙特卡罗设计竞赛”方案中就试图去塑造一个“现实版”的“速成城市”[10]。“速成城市”虽体现了事件与环境的即时发生和构成，旨在让居民参与到空间的组织过程中，但其仍然带有明显的程序化设定特征。这与康斯坦特和弗里德曼提倡的基于自发和不可预知行为的包容性设计形成了鲜明对比①，同时也与“生活城市”的最初理念渐行渐远。

图 3-38　“速成城市”构想

图片来源：《a guide to Archigram 1961–74》

① 尽管弗里德曼在住宅书写器、城市机制等研究，以及康斯坦特在新巴比伦构想中都带有一定的控制论色彩，但相较于建筑电讯热衷于技术控制的程序设定，前两者还是更为看重个体所带来的不可预知性。

3）塞德里克·普莱斯

相比于建筑电讯天马行空般的畅想，普莱斯更注重理念和构想的现实可操作性，并认为建筑是一种受时间限制的灵活实体，而非固定的永久形式，任何场地在其有效期内都具有不确定性。这种观点促使普莱斯探讨建筑应作为限定公共空间而非分离环境物体的理念，并且特别注重建筑脱离场地的灵活性。最能体现普莱斯思想的作品是1961年的“欢乐宫”（Fun Palace）以及1964年的“思维带”（Thinkbelt）。“欢乐宫”被构想为一个可与街道进行互动变化的建筑，其部件能够在钢结构网格框架内自由移动变化，并被定义为各种功能空间，从而满足不同活动的空间需求。如果说“欢乐宫”呈现的是建筑单体的内部变化，那么“思维带”则植入了建筑在群体尺度上的移动性①。在“思维带”方案中，普莱斯用可移动的设施来创造一种新的教育场所，并重新定义人们看待这个场所的方式。他在动态变化的校园内描绘了一幅信息社会中的移动生活图景——建筑群如同互联网，建筑如同信息流，在移动过程中发挥传播知识的作用。如同弗里德曼在空中城市中所描述的那样，这是一种不断处于变化中的“临时状态”。

4）波普化的技术乌托邦

建筑电讯和普莱斯对科技发展成果的积极响应也影响了许多后来者的创作观，如高技派的实践、雷姆·库哈斯（Rem Koolhaas）的实验以及瑞秋·怀特里德（Rachel Whiteread）的艺术创造等。建筑电讯把设备当作硬件，人作为软件，硬件依据软件的意图并为之服务，建筑也最终将为设备所代替。由于这种观念建立在建筑电讯所提倡的消费型社会上，因此也充满了争议。但若将建筑电讯的思想置于其所处的时代和社会语境下，则可看作为技术与流行文化的结合体，一种“波普化”（Popular）的技术乌托邦。建筑电讯也与弗里德曼一样，试图透过想象的图像去与真实的世界建立联系。他们对于波普艺术的巧妙借鉴和建筑媒介的图像表现，使得建筑演变为基于视觉消费的流行文化。因此，在建筑电讯的观念中，建筑应具备一种消费特性，可根据不同环境和需要自我组织。

3. 生态乌托邦：新陈代谢学派

“二战”后，社会思想领域的自我批判浪潮也影响到了日本，一种基于生物学概念的代谢主义发展为建筑界的自省运动。1960年，评论家川添登（Noboru Kawazoe）与建筑师菊竹清训（Kionori Kikutake）、大高正人（Masato Otaka）、黑川纪章（Kisho Kurokawa）、槙文彦（Fumihiko Maki）以及工业设计师荣久庵宪司（Kenji Ekuan）、平面设计师粟津洁（Kiyoshi Awazu）共同组成了新陈代谢学派（Metabolism，以下简称代谢派），并在当年的世界设计大

① “思维带”项目源于对英国一个陶瓷工业遗址进行更新利用，三个地块被改造成不同的大学校区，由原来运输陶器的铁轨连接。校园巴士在轨道上运行，可通过变形改造为移动的教室、实验室等功能空间，轨道沿线还分布着不同类型的住宅模块单元，并可根据人口及路线需求进行移动调整。在当代，瑞典 Jagnefalt Milton 公司的“滚动的整体规划”方案，同样是在铁轨上塑造了动态的城市，以致敬普莱斯的理念。

会上发表了题为《新陈代谢 1960：新都市主义的提案》的重要宣言，以此向世界表达自己的城市及建筑理念。此后，建筑师丹下健三（KenzoTange）、矶崎新（Arata Isozaki）、大谷幸夫（Sachio Otani）和城市规划师浅田孝（Takashi Asada）相继加入，并成为该运动的中心人物[12]。在这一运动中，伴随实验性建筑产生的还有大量未来主义的城市构想，并衍生了人工土地（Plaza）、胶囊装置（Capsule）、预制工法（Prefabrication）、变形（Metamorphose）等理念策略。

1）基于新陈代谢的动态变化

代谢派从生态学中的共生视角解释了城市和建筑的生产、生成与更新机制，其核心思想源于将生物的生命演化过程概念，延伸至一切事物经由新旧斗争并最终为新事物所取代的哲学观点。新陈代谢思想，就是反对静态永恒的传统建筑观，把城市看作为一种有机演化的动态过程，其应当像生物的新陈代谢一样具有自我更新和持续生长的能力。因此，代谢派认为规划设计作为一种城市与建筑生命的延续方式，应引入基于代谢与循环的时间因素，同时坚信先进技术可以加速新陈代谢的过程。这种理念促使了代谢派运用巨构、预制等作为实现城市新陈代谢和建筑移动变化的技术形式，并与弗里德曼产生了密切的思想关联①。比如：代谢派将“变形”作为其主要理念之一，同时还引入了“熵”（Entropy）②的概念，建筑与城市的新陈代谢就是“熵”的增加，近似于移动建筑理论中复杂性和不确定性的叠加；黑川纪章在“变形”理念的基础上创造了“点式刺激法”，提出把住宅分为稳定体（Static）结构和易变体（Dynamic）单元两部分，这显然也受到了弗里德曼的“规则”与“任意”二元论的影响……

2）人工土地与巨构城市

“二战”后，在富勒和柯布的巨大影响下，以代谢派为代表的日本建筑界极力强调通过科技进步的成果来解决社会现实问题，并以此描绘城市未来的美好愿景。日本传统的城市建筑由于大部分为木质结构，因此建筑被战火毁坏后就失去了原本的城市结构骨架。丹下健三提出了“都市轴”的概念，以快速架构的基础设施（Infrastructure）作为城市未来的发展骨架。这与弗里德曼在空中城市中建构带有服务和结构功能的基础构架思路不谋而合③。1960年，丹下健三在“东京计划”中将“都市轴”作为指导规划的核心思想。该项目近

① 除了富勒，弗里德曼对新陈代谢学派的思想影响巨大。早在 1960 年，黑川纪章就接触到了弗里德曼、菲利茨、迈蒙等人所进行的移动建筑和空间框架结构的研究，甚至借用移动建筑理论来质疑柯布的思想。

② 熵的概念是由德国物理学家克劳修斯于 1865 年所提出，最初是用来描述“能量退化”的物质状态的参数之一，在热力学中有广泛的应用。但那时熵仅仅是一个可以通过热量改变来测定的物理量，直到 20 世纪统计物理、信息论等一系列科学理论发展，熵的本质才逐渐被解释清楚，即熵的本质是一个系统内在的混乱程度。熵在控制论天体物理、生命科学等领域都有重要应用，在不同的学科中也有更为具体的定义。

③ 这可能也与丹下健三和弗里德曼两人经历过战争带来的生活困苦有关，能够形成对基础设施重要性的深刻认识。“都市轴”早在丹下健三 1942 年设计的大东亚建设纪念营造计划中就初见端倪，并于 1955 年在广岛和平中心项目中得以体现。

似于弗里德曼的“桥镇”构想，其以交通及服务设施作为城市骨架，并体现了两个核心概念——人工土地和巨型结构。20 世纪 50 年代，由于大量的建设需求，土地资源有限的日本只能向海上与空中拓展生存空间。早在筹划 1940 年日本万国博览会的过程中（因“二战”未举办），丹下健三的恩师岸田日出刀（Kishida Hideto）和内田祥三（Uchida Yoshikazu）等建筑师就曾提出过在东京湾填海造地的方案。因此，代谢派在“二战”后也提出了在人工土地上进行开发的概念，并以此打造混合了日常生活功能的立体巨构作为控制城市新陈代谢的系统①。巨构城市由固定的基础设施与可移动变化的建筑单元构成，这些理念与弗里德曼的空中城市、插入城市等巨构畅想近似，大致可归纳为三类：

一是人工土地结合预制建筑单元的巨构。前川国男（Mayekawa Kunio）和大高正人于 1958 年设计的晴海高层住宅（Harumi Apartments）②是代谢派最早的巨构方案之一。丹下健三于 1959 年提出的可容纳 25000 人的海上城市则建构了一个三角形的巨型浮动结构，预制的住宅单元如树叶般安装在结构（树枝）上，且可替换。该技术形式后来也被丹下健三和矶崎新大量用在斯科普里（Skopje）市中心重建计划中。到了 1972 年，菊竹清训提出的层状构造系统（Stratiform Sructure System）③，俨然带有一些弗里德曼空中城市的形式特征，空中城市其实也可视作立体层叠的人工土地。

二是带有社会学思想特征的巨构。1960 年，黑川纪章提出了与弗里德曼的城市农业概念颇为类似的农业都市计划（Agricultural City），其将巨构的城市架设在广袤的农田之上，城市自给自足且可自由生长。1967 年，槙文彦提出了高尔基结构体（Golgi Structure）④，该方案将建筑之间的空隙作为公共活动的空间，人与事件如同生物神经系统般在其中流动。1972 年，矶崎新提出的计算机辅助城市（Computer Aided City）则创造了一个比拟信息社会形态的巨构城市，建筑如同主机与终端机一般互相串联，人作为信息流在空间网络中移动穿梭。

三是基于“核心”⑤和单元的巨构。该研究方向起始于菊竹清训 1958 年提出的垂直社区（Tower Shape Community，又称为塔状城市）⑥，该概念很快被应用于海上城市（Marine City）

---

① 代谢派认为现代城市所出现的各种问题，都是由于缺乏秩序的建设与拆除行为反复出现所致。

② 晴海高层住宅的理念主要受到了柯布的马赛公寓影响，方案为十层高的巨构住宅楼，采用的工业预制建造技术，结构上以三层楼六住户为一单元，每个单元区块的房间可根据需要增减移动。

③ 菊竹清训在层状构造系统中建构了三角形剖面形式的巨型空间桁架系统，个性化的单体住宅自由地建造在斜向层叠的人工土地之上。

④ 这里的高尔基结构体取名并非指文学家高尔基，其概念来自于意大利科学家卡米洛·高尔基（Camillo Golgi，1843-1926）所发现的生物神经系统构造。高尔基结构体有时也被称作为高密度城市。

⑤ 在代谢派的战后复兴计划中，城市核心是指把建筑和城市有机结合在一起的场所（即广场空间）。到了 20 世纪 60 年代，核心被认为不只是城市的中心，也变成建筑内部的垂直交通设施，进而创造出了立体的城市。

⑥ 源自为解决城市建设用地的不足而提出的垂直人工土地策略，在圆筒状的核心体周围安装住宅舱体单元，圆筒的内部为可批量生产住宅的工厂，制造与建设可同时进行并体现自由变化生长的特征。

构想（图 3–39），并在 1960 年进一步演化为海洋城市（Ocean City）[①] 畅想，后来还被发展为现实的浮游巨构建筑[48]。菊竹的这种技术概念也体现在了其他代谢派成员的巨构创造上。比如：黑川纪章于1961年构想了基于DNA结构形式的螺旋体城市（Helix City）[②]，并将其应用于霞浦市的浮游之城（Floating City，Kasumigaura）方案中；矶崎新在 1960–1962 年期间提出的一系列空中城市方案（新宿计划、涩谷计划、丸之内计划），均以核心筒出挑或空中连接的方式建构人工土地，可替换预制舱体则安插在巨型结构空隙中。

总体来看，代谢派与弗里德曼、建筑电讯派所提出的巨构在技术形式上稍有差别，前者是基于核心结构的垂直社区，空间建构上有一定的主次关系，而后两者则是一种均质的空中网格。到了 1970 年的大阪世博会，菊竹清训设计的世博塔（EXPO Tower）在核心结构体上安装了被称为"Movenet"的可移动胶囊住宅（图 3–40）。该设计被认为充分表达了"核心 + 单元"的巨构概念，同时也体现了代谢派的又一代表性设计策略，即胶囊装置与预制工法。

3）胶囊装置与预制工法

20 世纪 50 年代中期，日本受到苏联建筑工业化技术的影响，盛行一种由工厂生产加工并在现场组装成型的建造技术手法，后来被称为预制工法。浅田孝在 1957 年设计的南极观测队昭和基地成为最早基于预制工法的移动建筑。在预制工法盛行的同时，日本的工业

图 3–39 "海上城市"模型
图片来源：作者拍摄于 2011 年日本东京森美术馆"未来都市展"

图 3–40 1970 年大阪世博会的世博塔与胶囊住宅
图片来源：《代谢派未来都市——Metabolism：The city of the future》

① 海洋城市方案是在公海上规划了高达百米、可容纳 3 万人居住的高密度"垂直社区"住宅群，它与周围的海产养殖生产据点、转化太阳能与波浪能的设施、喷射飞艇与潜艇停靠的港湾等设施相互有机联系，并且可因需要进行宛如细胞分裂般繁殖，这种自给自足式的有机生长变化的城市在某种意义上就是弗里德曼后来所推崇的理想城市模式。

② 在螺旋体城市方案中，高层建筑外围由螺旋向上的管状结构体构成，并结合垂直向的磁浮电梯共同构成巨型结构体，垂直层叠的人工土地交错支撑在巨型结构上，人工土地上则是可自由建造的个体住宅区。

设计同建筑设计的关系也日益密切，并产生了一种混合概念——胶囊装置。胶囊如同万能变化的细胞，可自我生长替换，具有新陈代谢意象。该概念包含了两个部分，一是可移动的胶囊建筑①，二是可移动的装置。

黑川纪章在大阪世博会的空中主题馆②中率先展示了同比例的胶囊住宅模型，并与荣久庵宪司合作设计了由预制钢管单元和不锈钢胶囊住宅单元组合而成的塔卡拉美容馆（Takara Beautilion）。此后，黑川纪章还创作了一系列胶囊建筑作品，如太平模块化住宅系统、休闲胶囊屋、胶囊别墅等，其设计的“Capsule Inn 大阪”更成为世界首座胶囊旅馆。真正让黑川纪章声名大噪的则是1972年建成中银舱体大楼。该建筑由140个预制胶囊单元③悬挂在包含垂直交通和服务设备的核心筒上，每个单元具有完善的生活功能，可拆卸或更换，具有如同生物代谢一样的有机演化特质。（图3-41、图3-42）

可移动的装置源于代谢派在一系列的会场设计任务中所开发出来的街道家具和互动装置。1966年，浅田孝在儿童王国（National Children’s Land）项目中就规划了许多可灵活替换的装置设施。1968-1969年，矶崎新制作的实验装置“荒井邸”（Arai House）④打造了一个整体可移动、内部可变化的概念住宅。他在大阪世博会祭典广场上设计的各种互动装置以及黑川纪章设计的东芝IHI馆均代表了代谢派在可移动装置上的研究成果。胶囊建筑和装置后来结合为胶囊装置概念，并最终被整合在荣久庵宪司的道具论中⑤[12]。

4）基于生态的乌托邦

新陈代谢运动不仅仅是之于未来城市与建筑的畅想，也是对未来生活和社会形态的探索。若将该运动仅仅定义为乌托邦主义，则忽略了代谢派与社会现实之间的紧密关系⑥。从与自然环境共生的角度来看，新陈代谢是一个生物体同化和异化综合的概念，蕴含了新旧交替的含义。代谢派基于这两层含义去探索新的城市设计方法，以建构一种基于生态的乌

① 代谢派把仅由个人生活所需的最低限度功能所构成的居住空间称为胶囊建筑，其所蕴含的生活形态是以个人而非社会家庭为中心的想象。

② 1970年的大阪世博会可称得上是代谢派城市及建筑成果的展示橱窗，如菊竹清训的高塔、黑川纪章的胶囊、荣久庵宪司的家具和矶崎新的机器人等。霍莱茵、弗里德曼、萨夫迪等国外建筑师及建筑电讯也都在主题馆参展过。

③ 中银舱体大楼采用胶囊单元形式是为了设计最小限度的个人生活空间（作为在城市奔波工作的商务人士拥有的第二个家），通过预制工法的建造使得每个单元的造价还不到当时一辆丰田轿车的价格。

④ 荒井邸是矶崎新为大阪世博会制作的实验性装置住宅，住宅由立方体框架构成客厅空间、球状的卧室以及搭载球状气膜结构（可塑造临时空间）的露营车构成，室内的隔墙和楼梯如机器人般可移动。

⑤ 荣久庵宪司在家具研究上提出组装式家具（可新陈代谢的家具）与可移动家具（建筑家具）构想；在住宅研究上提出为核心家庭设计的胶囊住宅，通过家具构件的组合即可成为住宅，比如1962年的滑雪小屋（Ski Lodge）和寄居蟹（Yadokari）、1964年的南瓜之家（Pumpkin-shaped House）和家具住宅（Furniture Room Dwelling）等；在共同空间研究上提出可串联的预制建筑单元，并以此为基础建构系统的“村落住宅”（Village Dwelling）；在城市研究上提出将家具住宅与结构系统一体化设计，如可朝立体向度扩充的龟形住宅（Tortoise-shaped House），以及基于十四面体空中巨构的水晶灯城市（Chandelier City）；在公共空间研究上则提出将街道家具视为城市公共空间设计的元素加以分类，并进行系统设计。

⑥ 代谢派最初受到了西方乌托邦建筑思潮中的“巨构城市”运动影响，然而他们很快便基于本国的传统建筑文化去进行独特的解释与表达，其所强调的再生、演化也反映了当时社会和政治状态的转变，带有强烈的变革特征。日本从战后重建迈向经济增长、人口增加的时期，就如同生物反复代谢而成长的过程一样，城市与建筑则被代谢派认为要加入这种有机变化的思考。

图 3-41 东京中银舱体大楼
图片来源：作者拍摄

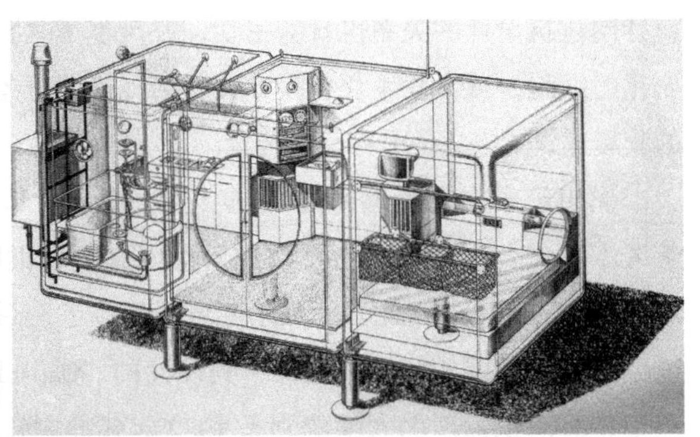

太平模块化住宅系统，1972 年

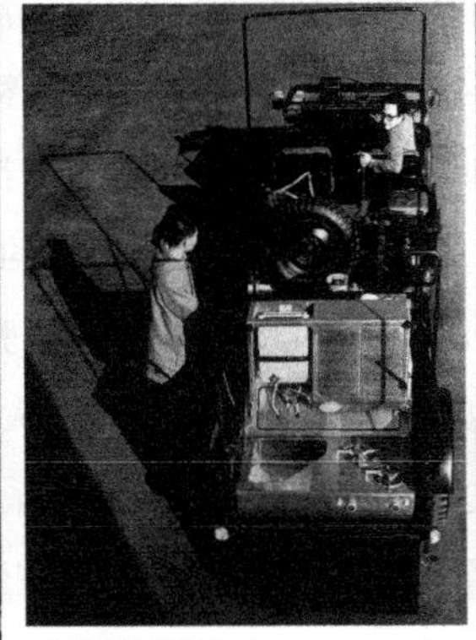

车载厨卫系统（Moving core），1972 年

胶囊别墅，1974 年

图 3-42 黑川纪章在 70 年代设计的胶囊建筑作品
图片来源：《代谢派未来都市——Metabolism：The city of the future》

托邦。20 世纪 70 年代以后，丹下健三将空间作为比社区更为广义的共同体象征来思考。他将未来城市构想为由信息网络所构成的场域，居民则成为在网络中游走移动的匿名性主体。矶崎新则提出了软体建筑概念（Soft Architecture）。相对于胶囊装置、垂直社区这类硬体代谢（Hard Metabolism），由事件活动影响的、强调即兴偶发的流动环境意象则成为一种软体代谢（Soft Metabolism）[12]。代谢派也以“建筑与城市不能成为封闭的机械，而必须是要透过新陈代谢成为可生长的有机体”[12] 的核心观念作为建构生态乌托邦的理论根基。

4. 社会乌托邦：伍兹

20 世纪 80 年代后期，纽约艺术家勒贝乌斯·伍兹（Lebbues Woods）将移动变化作为建筑创作的重要思考因素，其作品的移动性理念表达既体现在空间维度层面，也涉及了时间维度。与许多建筑师认为技术是改善人类生活环境的最佳途径的观点不同，伍兹“对于技术是不是完全对人类生活环境有利不置可否，但认为自由和灵活是未来建筑的主要发展方向”[11]。伍兹的建筑思想与弗里德曼存在一定关联，他也认为移动是为了探寻匹配个体自由的建筑形式，并最终指向一种乌托邦社会的构建。

1）建筑是社会生活的实验室

伍兹认为在当时的社会中，“创新的速度已经超越了传统，这种情况将不可避免地导致社会和思维的突变，变化就很可能导致新的城市形态”[49]。伍兹在“中心城市”①的创作中将建筑视为一种实验室，并形成具有探索性和刺激性的生活。实验性的生活方式反过来造就了一种新建筑形式[49]，这与新巴比伦在漫游中产生的不可预知情境存在近似之处。在“地下柏林”方案中，伍兹设计了一个由巨型球体空间构成的地下生活空间，建筑成为社会生活的实验室，成为居住者与世界建立联系的媒介[49]。

2）空中巴黎

1989年，伍兹创作了其最具代表性的“空中巴黎”方案。伍兹认为柏林是内向且封闭的，所以塑造了一个地表之下的室内空间。巴黎则是充满阳光和空气的城市，是一个缥渺的轻质世界，因此他设想了一些飞向巴黎的轻质艺术装置。伍兹的“空中巴黎”装置如同马戏团的游牧迁徙一样能够适应不断变化的气流，并指向了一种新技术条件下的乌托邦世界。伍兹认为这种“随风摇曳”的社会没有传统的秩序、结构、中心和等级，人们要有充分的实验性精神去面对充满刺激冒险和探索的新生活[49]。

3）基于个人自由的社会乌托邦

伍兹认为建筑师是现存社会政治结构的建造者，因循规蹈矩而忽略了使用者的需求和角色，使用者则不得不接受建筑师以及现行社会习俗所强加的东西，这与弗里德曼的观点基本一致。因此，伍兹反对任何形式的建筑权威，提倡“释放人的天性去进行创造，尊重个体行为和探索自由，并认为在这种朝夕变化的美学世界中没有一种形式或个人能够将权威保持长久”[49]。伍兹的这种观念正好回应了弗里德曼所倡导的基于个体自由的即兴创造和任意美学，同时他也认为建筑在社会中的任务和作用就是延展个人活动、思维理解的能力和极限的工具。

5. 乌托邦与移动社会

乌托邦建筑思潮是移动建筑历史发展中的一个转折点，其对于建筑移动性的研究超越了实验和技术领域，建筑和城市“被作为一种社会改造的实验场”[49]。该思潮中的移动性理念体现了乌托邦的建构者们以移动变化去突破传统，其构想的不仅仅是前卫的建筑形式，也是一种理想化的移动社会形态：康斯坦特塑造的是一种情境化的乌托邦，未来城市将是一个公众参与的玩乐型和流动型环境；建筑电讯派畅想的是一种基于视觉消费、波普化的技术乌托邦；新陈代谢学派基于生物的生长演化描绘了一种可持续发展的生态乌托邦；勒贝乌斯·伍兹从社会政治角度倡导了一种基于个人自由的社会乌托邦；弗里德曼则以一种中庸的方式建构了一种兼顾社会现实性和个人理想性的可实现乌托邦……这些构想都否定

① 伍兹在该创作中设想人类与社团的不同活动，为这些活动准备的相关建筑组成了一个个的中心城市，每个中心城市在平面形式上呈现为不完整的圆周状，多个中心城市组织在一起形成城市。

了社会、城市、建筑静态永恒的传统观念，倡导移动变化的动态发展理念，因而对移动建筑设计提出了社会维度下的批判思考。

3.4 移动建筑思想中的环境之维

3.4.1 克罗恩伯格与可适性建筑理论

英国利物浦大学建筑学院的罗伯特·克罗恩伯格（Robert Kronenburg）教授是当代移动建筑领域中研究成果最为丰硕的代表性人物。与富勒和弗里德曼的教育背景不同，克罗恩伯格是一位受学院派教育体系影响和培养起来的理论研究者。他毕业于曼彻斯特城市大学并获得哲学硕士学位。克罗恩伯格并不从事移动建筑的设计实践工作，他一直致力于受社会技术革新、临时性需求和当代艺术影响下的移动建筑及其设计的理论研究与教学工作。纵观克罗恩伯格的移动建筑研究发展轨迹（图 3–43），其出版和发表过大量相关著作及论文，涵盖了移动建筑的类型、形态、技术、历史等多方面研究，并提出了具有代表性的“可适性建筑理论”。克罗恩伯格认为移动建筑是真正意义上的可适性建筑，其设计应回应当代社会及环境的变化，并从生态适应的角度回归移动建筑的本质和核心价值。

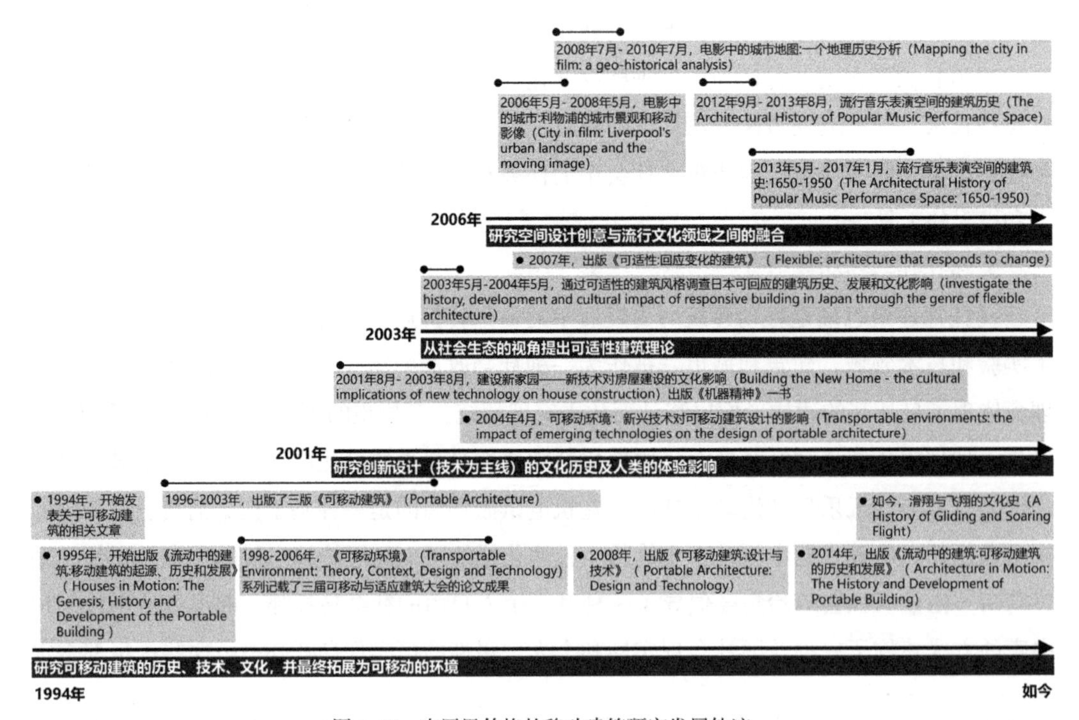

图 3–43 克罗恩伯格的移动建筑研究发展轨迹

图片来源：作者绘制

1. 基于生态性思维特征的建筑观：变化与适应

“适应性”是一个生态学术语，本义为描述生物与环境相互适应的现象及特性。适应性是人类与生俱来的一种生物特性，早期的游牧社会生活便是建立在移动与适应能力的基础之上。人类当前虽然以定居生活为主，但是“技术、社会以及经济的变化在当代激发起了一种建立在全球化、互联网以及廉价快速交通基础之上的流动生活，适应性又再次成为人类发展所优先考虑的事情”[3]。如同生物之于环境的可适应性一样，移动也被看作社会变化背景下，建筑适应复杂环境的一种演化和运行机制。克罗恩伯格的这种思维模式显然是受到了20世纪80年代以来可持续发展理念的影响，又带有一定的复杂适应系统理论（CAS）①特征。复杂适应系统理论是把“系统看作具有适应性的主体（Adaptive Agent）集合，用适应性概括个体与环境之间的主动、反复性的交互作用，而主体在这种持续不断的作用过程中学习或积累经验，并改变自身的结构和行为方式，整个系统的演化都以此为基础逐步派生出来”[50]，即“适应性（Adaption）造就了复杂性（Complex）”[51]。复杂适应系统中的主体适应性行为遵循的是“刺激－响应”规则（Stimulus-response Rules），即主体受到环境刺激而做出响应。克罗恩伯格的可适性建筑理论就是指可适性建筑（适应性主体）对于社会变化（环境刺激）的回应。他基于生物学视角将可适性视作为移动建筑的一种进化方式，建筑可以根据社会的变化完成不同情形下（如气候、用途、灾害、活动、事件等）的环境适应性行为。简而言之，基于生物性思维的建筑观使得克罗恩伯格认为，移动建筑所具有的可移动特性和即时响应能力使其能够将建筑应对变化的机制从传统的被动抵抗转化为灵活的主动适应，而当代建筑必须具备这种能力。

2. 可适性建筑理论的基础观点

1）可适性建筑是一种易于适应变化的建筑

克罗恩伯格在《可适性：回应变化的建筑》一书中将“可适性建筑”（Flexible）定义为一种“经过设计的，在其整个建筑使用期限中都易于适应变化的建筑”[3]。因此，可适性建筑的意义在于“适应变化的无限可能性，能够创造自动满足使用者需求的环境，并影响人的生活方式”[3]，其优势在于“更长久的使用寿命、更好的复合功能、更适应于使用者的体验和介入、更易于利用新技术、更具有经济和生态的可行性，以及具有更大的潜力来保持与文化及社会趋势的关联性”[3]。

① 复杂适应系统理论（Complex Adaptive System，简称CAS）由约翰·亨利·霍兰德1994年提出。复杂性适应理论属于系统科学的范畴，主要研究生命或其他组织对复杂环境不断适应并形成维持生存的能力，其认为在经济、生态、生物、文化、社会等领域的众多复杂系统中均存在协调运作性，系统发展变化中的协调性由一般性原理控制从而存在共性，而一般性原理正是复杂适应系统原理。从系统论的角度来看，该理论认为系统演化的动力本质上来源于系统内部，微观主体的相互作用生成宏观的复杂性现象，因此其研究思路着眼于系统内在要素的相互作用，采取“自下而上”的研究路线，研究深度不限于对客观事物的描述，而是更着重于揭示客观事物构成的原因及其演化的历程。

2）可适性建筑是对生活与环境变化的回应

克罗恩伯格认为可适性建筑源自于“人们对于变化的适应性追求，且为可适性生活而设计”[3]，并依此建构了多个层面的基础认知：

一是，可适性建筑的产生具有历史的必然性和合理性。人类的天性在于不断追求更好的物质需求和生存环境，其成功的关键在于拥有对不同环境的强大适应能力，因此，可适性建筑是人类社会对于进步的一种天然追求。

二是，可适性建筑的历史演变与专用建筑类型的发展同步。克罗恩伯格通过梳理建筑可适性的历史脉络，认为“一些承载着功能和实用性工作的建筑在历史中被创造成具有应对变化的可能性，当专属建筑出现并提供社会所必要的设施，可适性建筑类型已同时出现，以满足不断变化的需要”[3]。

三是，游牧生活的留存与变化影响了可适性建筑的需求和发展。如今，世界的部分地区仍然存在传统的游牧生活方式，需要具有良好环境适应能力并不断改良的移动建筑。此外，游牧在当今社会逐步演变为在生活方式和体验上的全新追求，也诞生了一些从事游牧生活的新职业，进而衍生了新的移动建筑形式。

四是，可适性建筑相较于传统建筑更易于适应变化。所有建筑在严格意义上均具备适应变化的能力，也在历史传统层面具有一些可变化的建筑元素，都可以通过一定程度的改造以适应不同的需求和变化，只不过其为改变而付出的代价或者存在的困难较大而已。相较于传统的静态建筑，可适性建筑是一种“适应而非停滞、改造而非限制、运动而非静止、与使用者互动而非加以约束的建筑”[3]，其改变是灵活、主动和经济的。

五是，可适性是实现建筑经济高效和可持续发展的重要因素。克罗恩伯格认为，传统建筑为了抗衡或适应社会的变化往往会带来大规模的拆建行为，从而消耗大量的资源并造成环境污染。因此，建筑应对变化的适应过程应该是经济高效的，可适性是“一种在可持续条件下确定建筑经济效能和性能的重要因素”[3]。

3）移动建筑是一种真正意义的可适性建筑

在克罗恩伯格研究中，移动建筑是可适性建筑最主要的表现形式之一，其所描述的可适性建筑在历史演变过程中大多以移动建筑为主线。在建构可适性建筑理论之前，他也提出过一些关于移动建筑的基本看法和观点：

首先，物体的移动具有与生俱来的表达张力（如力量、速度、美丽等），同时也常以直观的方式来表达技术的进步（如交通工具的革新）。当移动与具有实用功能的建筑相结合时，人类的创造过程和生活经历使建筑具有了意义，以及短暂但可持续的环境关联性（场所感），这也使得移动建筑区别于其他人造物。

其次，移动建筑存在于特定的地方，在特定的时间内产生作用影响。移动建筑与传统建筑的根本区别在于，当它在特定地点的价值被消耗时，建筑被移动而不是废弃。这既保证了建筑的可持续性使用，又给原有环境提供了“休养生息”的机会。

最后，人们对移动建筑的看法通常是非永久性的、短暂的、低品质的。虽然如今已出现了许多精彩的、创新的移动建筑设计案例，但是更多的移动建筑目前只能满足生活的最低需求。当代移动建筑品质受限的原因，一方面在于社会还未意识到建筑移动所能带来的潜在价值，另一方面在于设计缺乏对用户特定需求的考虑以及对其他领域先进技术和策略的应用。

尽管克罗恩伯格曾将移动建筑在字面上定义为“经过专门设计，使之在场所之间移动，从而能更好满足其功能的建筑物”[3]，但同时也认为移动建筑不仅仅是可移动的建筑，而是可移动的环境（包含建筑、景观、空间、活动、事件等），其真正的价值意义在于通过移动以适应变化。克罗恩伯格后来也将这种变化和适应的关系提炼为可适性建筑理论，并认为可脱离土地束缚和限制的移动建筑是一种真正意义上的可适性建筑[3]。在克罗恩伯格的可适性理论架构中（图 3–44），移动建筑是可适性建筑的主体构成之一，基于生物适应性理论原理，将可适性作为移动建筑的核心价值特征，通过移动、变换、适应、交互策略赋予移动建筑灵活适应社会与环境变化的能力，并强调实践中各领域协同创新的理念。

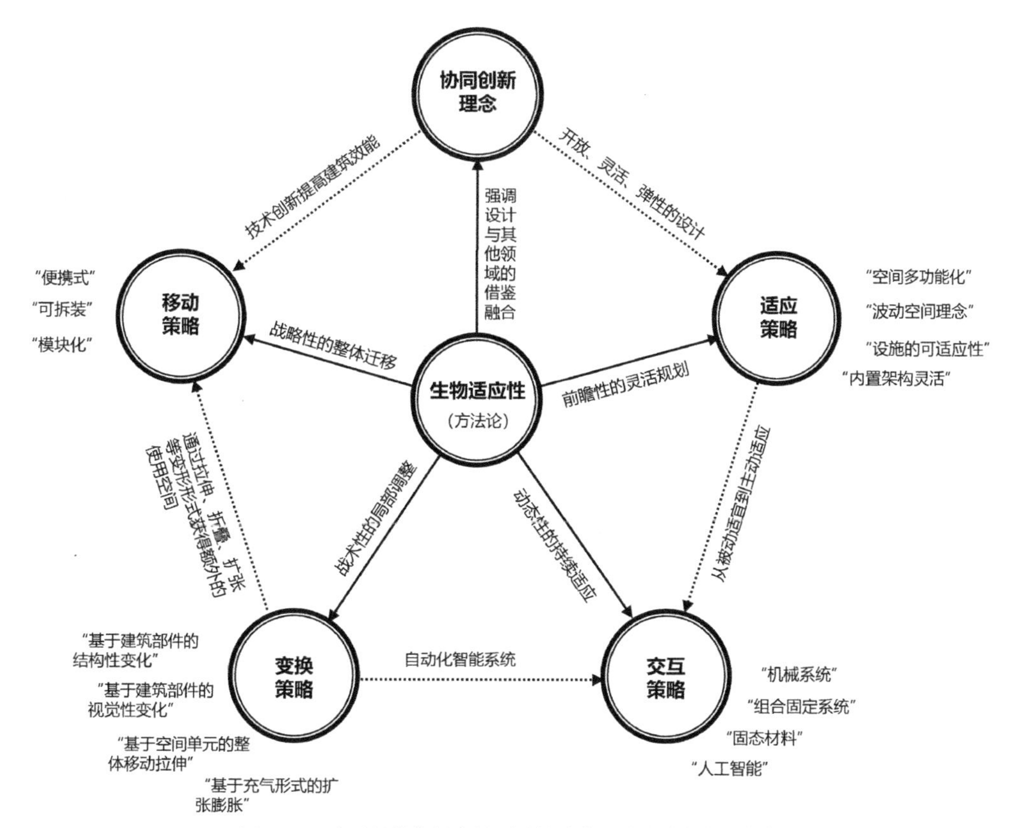

图 3–44 克罗恩伯格提出的可适性建筑理论内容的核心架构

图片来源：作者绘制

3. 可适性之于移动建筑的基本策略

克罗恩伯格将建筑的可适性统一归纳为移动、变换、适应和交互四种基本策略的运用，并对其进行了相应的解释："移动包括那些能在场地之间进行迁移的建筑；变换包括那些通过结构或表皮的物质改造来改变其形态、形式、空间和外观的建筑；适应包括那些经过设计来适应不同功能、使用者和气候变化的建筑；交互包括那些采用自动或本能的方式来适应使用者需要的建筑。"[3] 在克罗恩伯格的观点下，移动是建筑适应环境变化的最基本策略，而变换、适应和交互策略则可适用于任何建筑。对于移动建筑来说，其可适性并不只体现在移动上。移动策略保证了移动建筑在"移动"层面上的可适应能力，而变换、适应和交互策略则建构了移动建筑在"建筑"层面上的可适应能力。

1）移动策略

移动策略的应用以工业化预制技术为支撑，并能形成几种广泛的结构类型："框架结构，由工厂预制并作为完整的建筑物或部件进行运输；平板结构，重新安置时能拆卸成层压面板，提高运输效率；"无墙"结构（比如膜结构），既便于收纳运输，又能够被展开装配成较大规模的建筑。"[3] 在设计层面，移动策略的具体介入形式分为三类：

一是便携式。移动一座建筑的最直接方式是整体式运输。早期的移动建筑大多采用这种便携形式，其优点在于可即时使用，缺点则是建筑尺寸受运输条件限制。房车是一种典型的可便携移动居住空间。但是，当代房车的设计不再拘泥于传统的车辆形态，而是趋向于更为前卫有趣的造型，以呼应先锋时尚的现代游牧生活。例如，由设计师保罗·伯奇尔（Paul Burchill）和赫夫·德拉比（Herve Delaby）在2007年设计的"未来房车"（Caravan of the Future），其形态像一个充满科技和未来感的居住装置[25]。当代的便携式移动建筑在大多数情况下还是更趋向于建筑形象，通常整合或接合了相应的运输系统（如汽车底盘、车轮、车闸、船体等），并配备独立的服务设备（电力、通信、给水排水等）。例如，法国车厢式建筑公司图坦卡蒙（Toutenkamion）2001年设计的影院移动车（Screen Machine）[25]、洛杉矶移动设计事务所（OMD）的珍妮佛·西格尔（Jennifer Siegal）设计的一系列移动教室[3]等都是以牵引式挂车为空间载体。此外，还有一种思路是将移动建筑转换为自动化驱动的机械，例如20世纪60年代建筑电讯派的"步行城市"构想以及荷兰当代艺术家西奥·詹森（Theo Jansen）在当代创作的风力机械——"沙滩怪兽"（Strandbeest）①[25]移动装置。便携式策略使得移动建筑能够自给自足且即走即用，对环境生态影响较小。因此在当代，移动建筑也被普遍应用于欧洲和北美乡间的移动度假屋（图3-45、图3-46）。

二是可拆装。即通过化整为零的方式，将建筑拆分为小尺寸的专用部件形式进行运输，

① 西奥·詹森（Theo Jansen）创作的"沙滩怪兽"移动雕塑系列装置采用了可在松软的沙滩上进行行走的支架，其中高4.7米、重2吨的沙滩犀牛运输器（Animaris Rhinoceros Transport）只需一人便可启动，在风力足够时还可自行行走。

图 3-45　移动设计事务所（OMD）设计的车载式移动生态实验室

图片来源：《可适性：回应变化的建筑》

图 3-46　西奥·詹森与“沙滩怪兽”移动装置

图片来源：Jessica Zack. Theo Jansen’s ‘Strandbeests’ stop at Exploratorium [EB/OL].（2016.05.25）（2023.05.15）. https：//www.sfgate.com/art/article/Theo-Jansen-s-Strandbeest-stops-at-7945066.php.

然后在现场进行安装。在这种策略的指引下，移动建筑通过采用具备多种不同装配方式的标准化组合系统（模数化），使其在规模、场地、形态和功能上不再受限。例如：AMP 建筑事务所（AMP Arquitectos ）在其 2005 年设计的“沐浴船屋”（Bathing Ship）项目中，使用膜结构表皮和预制构件，以便于在不同季节和使用状态下对建筑进行拆装[25]；加拿大的维泽黑文公司（Weatherhaven Resources Ltd.）基于该策略研发了一种以拱形框架为基础的建筑系统，所有可拆装的建筑部件和服务设备都被设计成适合标准集装箱装载和人力可装配操作的尺寸……[24] 但是，可拆装的移动建筑并不能像便携式建筑那样可即时使用和随时离开，其必须要经历拆卸和装配过程。

三是模块化。即在可拆装策略的基础上将建筑部件按功能或空间集成整合成便于运输的模块。模块化策略大大增加了建筑在拆装过程中的速度和效率，同时也保持了建筑规模和场地环境不受限制的优势。模块化策略在移动建筑设计中的应用基于两种形式：一种是完全由标准模块组装，这些模块通常都具有相对独立的功能和空间，并事先考虑装配的技术实施，例如柏林的艺术组织“公共艺术实验室”（Public Art Lab）于 2004 年完成的移动博物馆（Mobile Museum）项目[25]（图 3-47）；另一种形式则是将标准模块和可拆装的构件结合，例如安藤忠雄（Tadao Ando）在 1987 年的下町唐座剧院（Karaza Theatre）设计中就利用标准脚手架结合红色帐篷模块快速搭建了舞台和观众厅空间[24]。

2）变换策略

变换并不是指建筑中开启门窗、移动家具等常见的微小变化，而是指“在变化中重要的结构性介入，使其在使用或感知方式上产生显著的改变”[8]145-146。变换策略能够实现建筑在不同使用功能之间的转换，并提升建筑在生活中的价值功效和自身的空间趣味。在设计层面，通常以四种形式介入：

一是基于建筑部件的结构性变化。对建筑部件进行结构性变换的最常见原因在于对气候条件的变化做出反应，或者塑造不同的环境氛围。例如，甘建筑工作室（Studio Gang Architects）在本特·斯约特罗姆星光剧场设计了可开闭的屋顶，使其不但可以进行全天候演出，同时也保持了剧场传统的户外氛围①[3]。部件的结构性变化同时也可以改变建筑的形态或实现功能的转换。荷兰建筑师爱德华·波特林克（Eduard Bohtlingk）一直致力于便携式的微型住宅研究，因此他使用了许多可变换的装置来增加空间的变化，如可升降的屋顶和推出式的房间。例如，波特林克设计的著名"侯爵"（Markies，在荷兰语中意为遮阳篷）房车，近似于富勒的机械翼方案但是形式更为精致。建筑在抵达目的地后，墙壁可翻转向下成为楼板，而空间界面则由一个六角手风琴状的膜结构围合，形成新的生活空间[24]（图 3-48）。此外，设计师查克·霍伯曼（Chuck Hoberman）一直致力于研究采用展开式结构来限定空间和构筑物的可变换运动几何学，其发明的霍伯曼球面结构②[3]对于建筑部件的结构性变换极具技术启发性（图 3-49）。

二是基于建筑部件的视觉性变化。该形式主要通过建筑表皮或表面的视觉变化来实现人对建筑形态感知的变换。这种变换方式在当代建筑中十分常见，其在设计中的应用可增

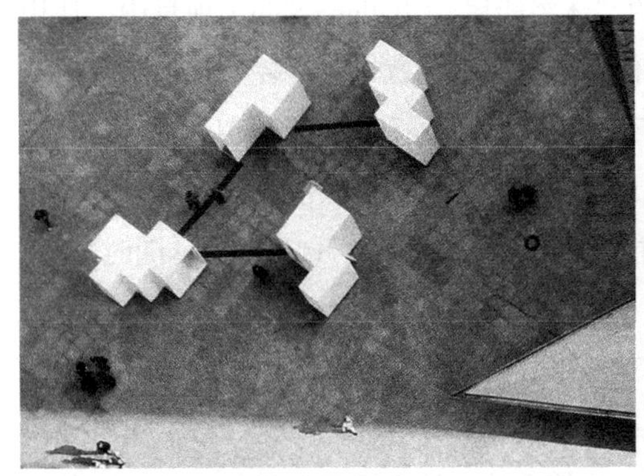

图 3-47　位于城市广场的模块化移动博物馆
图片来源：《Portable Architecture Design and Technology》

图 3-48　"侯爵"（Markies）房车
图片来源：Christina Petridou. an innovative mobile home concept from 1986 that never reached the market [EB/OL].（2021.12.07）（2023.05.15）. https：//www.designboom.com/design/mobile-home-concept-1986-has-never-reached-market-de-markies-eduard-bohtlingk-12-07-2021/.

---

① 该剧场设计的主要可变换元素是由六块底边用铰链连接的三角形面板构成的混合棱锥屋顶，屋顶通过一个可以同时打开面板的转矩管系统进行开启操控，从而在观众上方创造出一个多面体的天空。

② 霍伯曼结构建立在运动建筑组块的概念之上（联动装置之间彼此相连，从而传力转化为运动），当具有合适的形态以及集合形时，多个运动建筑组块可以组合为完善的网络，进而创造出一个在施力情况下改变形态或大小的运动结构。霍伯曼在 2000 年为德国汉诺威博览会设计的开合穹顶（Retractable Dome）、1995 年为美国洛杉矶加利福尼亚科学中心设计的扩展式双曲抛物面（Expanding Hypar）以及 2002 年为美国盐湖城（Salt Lake City）冬奥会设计的霍伯曼拱门（Hoberman Arch）等代表性项目都使用了该技术原理。其中霍伯曼拱门项目创造了 22 米宽的舞台机械式"帷幕"，帷幕是一个可收缩的半径为 11 米的半圆隔板结构，由喷砂处理的铝结构以及 96 块透明的纤维加强板构成，通过两条电动制控受压缆索进行运作，缆索可以打开帷幕，也可以支撑其重量。当完全打开时，帷幕可以堆叠为一条宽 1.8 米的紧密条带。在帷幕的开启和闭合操作中还结合了 500 多盏数控灯光，从而在它移动时能使其表面产生明显的变化。

图 3-49 2002 年盐湖城冬奥会中的霍伯曼拱门采用了可变换的机械联动装置创造了梦幻空间效果

图片来源：Hoberman. PORTFOLIO OLYMPIC ARCH [EB/OL].（2002.12.31）（2023.05.15）. https：//www.hoberman.com/portfolio/olympic-arch/.

图 3-50 巴黎阿拉伯世界文化中心采用了可自动调节光线的百叶窗系统

图片来源：作者拍摄

加移动建筑与环境的互动意义。主要表现形式有两种：一种是建筑形态自身所呈现出来的动力学特征，如圣地亚哥・卡拉特拉瓦（Santiago Calatrava）设计的有机结构就包含了动力学的元素，另一种则是建筑立面的媒介化，如慕尼黑安联球场（Allianz Arena）可变换灯光效果的半透明表皮。

三是基于空间单元的整体移动拉伸。2003 年，在南加州建筑学院的加建项目中，琼斯及合伙人建筑师事务所设计了一间利用工业升降机从原有建筑侧面拉伸移出的房间（类似抽屉原理），以此来解决在已有建筑中灵活加建空间的问题，并且还因此产生了 24 种布局形式 [3]。这种变换形式在移动建筑设计中已非常普遍，通过拉伸、折叠、扩张等形式获得额外的使用空间。

四是基于充气形式的扩张膨胀。该形式一般出现于充气膜结构中。例如，英国充气设计公司（Inflate）2003 年在伦敦设计的充气办公室（Office in a Bucket），是一个由覆以聚亚胺脂涂层的格子尼龙制成的充气系统，平时可收纳在不超过废纸篓大小的桶中，开启电源后，在 8 分钟内就能充气膨胀出一个私密的聚会空间 [3]。

3）适应策略

适应策略是一种建构在“框架”① 之内的变化反应能力，而且是一个动态持续的过程，需要不同参与者相互之间进行互动。在建筑设计中应用适应策略，其目的在于促使建筑的变化能够循序渐进、前后衔接，进而减少变化的代价，获得最大的性能效应。在设计层面，适应策略的介入遵循三种形式：

---

① 克罗恩伯格认为在可适性建筑中，未来时期内的变化不可避免，但框架是使变化得以产生的一种重要元素。克罗恩伯格所描述的框架与弗里德曼在移动建筑理论中所提出的空间基本构架存在一定的近似含义，都包含有建筑基本框架结构和配套服务设施等内容，不过弗里德曼将框架定义为与任意性相对的规则性元素，具有哲学和社会学含义，克罗恩伯格对框架则完全是一种建筑学意义上指向。

一是空间多功能化。移动建筑的规模普遍不大，可采用的最简单适应策略首先是让空间具有多功能使用的特性，成为能容纳广泛功能的房间与场所。空间的多功能化意味着其是开放的自由空间，易于进行改变，但这并不等同于空间丧失特色、个性和意义，设计中仍可以实现二者的平衡。

二是波动空间理念。空间使用的多功能性也同时意味着功能用途之间可能需要相互妥协，而这一问题的解决可基于波动空间理念。该方法本质上是“在建筑中结合专门的功能性空间，使其既可满足该空间的特定功能，同时也直接与更模糊的区域相关联”[3]，可进一步理解为无特定功能、可随时转换、不确定的缓冲空间。

三是流程架构灵活。从城市规划到室内装饰装修，各个层级的设计工作都与下一层级相关联，同时这种关联和介入不完全固定且不互相干扰。这样既保证设计的上下连接，又预留未来变化的可能和可操作性。

4）交互策略

建筑中的交互主要是指对于空间与环境的主动性影响。相较于传统的被动适应方式，交互是一种主动回应、交流、互动进而适应的方式。英国当代建筑师托马斯·赫斯维克（Thomas Heatherwick）就常常在其设计中融入可移动变化的元素来与观众进行互动，例如伦敦奥运会上的主火炬、可拉伸变长的圆桌、陀螺椅子、可开合卷起的步行桥、上海复星艺术中心像乐器一样运动变化的立面等。在设计层面，交互策略的介入形式可归纳为四类：

一是基于机械系统。例如，让·努维尔（Jean Nouvel）设计的法国巴黎阿拉伯世界文化中心的南立面，采用了基于机械的百叶窗系统。该系统能够像相机镜头一样被操控，通过开合过滤光线与热量，从而直接对太阳光照作出反应（图 3-50）。

二是基于组合固定系统。例如，鹿特丹 NOX 建筑事务所设计的声音居所（Son O House），采用传感器来识别游客的运动，并产生不同的声音模式[3]。

三是基于新型材料。材料创新能为建筑交互创造出极大的可能性，如透光混凝土（LiTraCon）、纳米凝胶（Nanogel）、超细纤维复合材料（Macro Fibre Composite）等。例如，基兰·汀布莱克建筑师事务所（Kieran Timberlake Associates）创造了一种基于复合材料的智能外墙（SmartWrap），其能够展现出与气候环境的交互性①[3]。

四是基于人工智能。随着人工智能技术、尖端传感器以及控制装置的介入，当代社会已能够塑造出大量具有交互性的空间环境。香港建筑师罗发礼（James Law）早在 2004 年设计的托尔瓦宁智能住宅（Tolvanen Cybertecture House）中就呈现了一种动态

---

① 该智能外墙采用了一种 1 毫米厚的建筑表皮复合材料，其以聚酯薄膜基体为基础，这个基体能够提供对外界气候状况的防护，同时还能够形成一个应用于许多其他特性的基础层，如气候控制、供电、照明与信息显示等。气候控制通过相变材料（PCMs，Phase Change Materials）来实现，这种材料被植入聚酯树中，然后挤制成产生薄膜的微胶囊。相变材料的操作原则是：当物质达到一定温度时，会改变相位来交换热能。

的居住形态。其中，“滑轨”房间能够根据指示进行重新定位，这些指示通过语音识别系统被赋予一种智能特性（虚拟管家），进而使住宅的实体空间如同个人电脑桌面一样具有交互性[3]。

4. 可适性与移动建筑设计

可适应性理念不仅可用于永久性建筑设计，也对移动建筑的可适性设计具有启示和借鉴意义。克罗恩伯格认为“建筑设计若要探寻一种使不同变化存在于同种建筑形式中的方法，首先必须在建筑使用前就加以设立，其次应当具有可适性来应对未来潜在的变化”[3]，他还转述了西班牙建筑师古斯塔沃·吉利·盖尔菲蒂（Gustau Gili Galfetti）对于三类可适性设计的解析：“移动可以使空间瞬间发生变化，从而进行重新组合；演变描述了对于基本布局进行长期改变的内在性能；弹性设计则可对空间进行扩展和缩减。”[3] 因此，相较于传统的建筑设计，可适性强调的是建筑与周围环境的适应交互，而非秉持以自我的坚固永恒来抵抗环境变迁的固有思维。可适性设计的根本逻辑是从社会整体生态的层面去看待建筑的生成和建构，而非建筑的自说自话，即一种环境之维。

可适性为移动建筑设计在“移动”和“建筑”两个层面赋予了建筑在“移动”与“使用”过程中的环境适应性，并具有鲜明而重要的作用价值：相较于永久性建筑，移动建筑通过自身的可移动性来适应生活需求和使用方式的变化，同时摆脱了传统上因为土地而带来的资产价值羁绊，进而使建筑的重心能够回归到服务人类日常使用这一本原；相较于传统意义上的移动建筑，具有可适性的移动建筑又突破了以往只注重建筑移动技术和经济性能的单一设计思维，将设计拓展至整个“生命周期”，从而保证了移动建筑在日常生活中能够灵活、适宜地应对环境变迁与需求变化。

可适性建筑理论建构了移动、变换、适应和交互等可适性策略。这些策略对于移动建筑及其设计的角色和作用各不相同：移动对于移动建筑是一种战略性的整体迁移，通过位置的可变来满足建筑对于功能使用、场地环境、活动事件等变化的适应性，其对于设计端的作用主要在于如何让建筑便于移动，同时保证建筑的使用不受环境变化的影响；变换对于移动建筑是一种战术性的局部调整，通过建筑在使用过程中的结构、界面甚至空间改变来满足不同情形、需求和条件下的灵活使用，其对于设计端的作用主要在于如何让建筑的改变更为便捷高效且有的放矢；适应对于移动建筑是一种前瞻性的灵活规划，为建筑在未来的变化调整建构基础和前提，从而提高建筑在使用过程中应对变化的效能以及减少改变所付出的代价，其对于设计端的作用主要在于设计的弹性和使用的可持续性，为未来可能出现的改变预留灵活的操作空间；交互对于移动建筑是一种动态性的持续适应，基于当代智能化技术来支持建筑动态且持续地应对环境变化，并通过与人、环境的互动交流，塑造建筑在使用过程中的场所感，其对于设计端的作用主要在于建筑对变化的感知能力以及由此带来的回应方式。

5. 克罗恩伯格思想形成与发展的社会关联

1）社会变化的关联

克罗恩伯格所生活的当代社会，在物质生产层面上比富勒所处的年代要富足和进步，在意识形态层面上相较于弗里德曼所处的年代则已步入思想激荡的尾声。但是，社会的变化同样对可适性建筑理论产生了不可忽视的宏观影响：

一是社会变化的速度空前加快。无论是社会经济、科技还是流行文化，其在当代的发展更新和迭代速度都是空前的。互联网和先进交通技术的进步重构了人类的社会格局和生活方式。克罗恩伯格敏锐地捕捉到了这种特征趋向，并认为创新设计的目的在于使建筑能够适应且应当适应社会变化。

二是全球化导致的社会流动性增强。全球化社会流动性的增强导致了不同于传统的新游牧生活方式，催生了当代的临时性、移动性建筑。克罗恩伯格认为移动建筑是适应社会发展的必然产物，也是当代及未来社会生活中的可适性建筑。

三是可持续的社会发展理念。20 世纪 70–80 年代，生态环境污染和能源危机意识催生了可持续发展理念在当代社会的盛行。克罗恩伯格在这种浪潮中，将移动建筑作为一种可持续建筑形式推出，并致力于其在面向各类环境下的可适性研究。

2）行业发展的关联

克罗恩伯格作为一位当代建筑学者，其研究取向自然与行业发展整体走向有关联：

一是建筑与其他行业领域的交流和融合。一方面，其他行业尤其是先进制造业的成熟技术与策略被越来越多地应用到建筑设计之中，克罗恩伯格认为这种借鉴与协作是当代移动建筑设计实现创新的重要方式；另一方面，音乐、电影、网络等流行文化和当代艺术也深刻影响了当代建筑设计的理念和表达，克罗恩伯格因此也认为移动建筑展现环境可适性的同时，也展现了当代的文化特征。

二是建筑学研究的跨学科趋向。当代学界的跨学科研究风向，一方面导致了克罗恩伯格常以文化的视角来研究技术创新，另一方面也让他基于社会学、人类学和现象学的理论，在研究中探讨移动建筑与环境在人的感知体验上的关系，从而明确了移动建筑有别于产品的关键在于场所的塑造。

三是可持续的当代建筑设计风潮。克罗恩伯格所研究的可适性建筑理论正是基于可持续发展的原则理念，其认为移动建筑的特质不仅能够灵活适应自然环境的变迁，而且也能够即时回应社会环境的变化。

3）圈层活动的关联

克罗恩伯格曾担任过利物浦大学建筑学院的院长（2004—2009 年）和建筑学研究主任（2010—2018 年），其教学交流和研究课题主要以移动建筑和建筑的可适性为主。比如：于 2002 年开始在法国维特拉设计博物馆的布瓦舍特酒庄（Domaine De Boisbuchet）暑期学校中教授设计工作坊[①]；在 2017 年参加了匈牙利的“Hello Wood”夏季工作坊项目……除此之外，克罗恩伯格还组织并参与了多个与移动建筑相关的国际会议和学术交流活动，这些学术活动也进一步奠定了他在当代移动建筑研究领域的代表性地位。1997 年，克罗恩伯格在英国伦敦的皇家建筑师学会举办了世界上第一次关于移动建筑的大型国际会议“可移动环境：第一届可移动建筑国际研讨会”（Transportable Environments 1997：1st Conference on Portable Architecture），实现了该研究领域的首次学术聚会交流。此后，该会议还分别于 2001 年在新加坡国立大学（National University of Singapore，Singapore）和 2004 年在加拿大多伦多的瑞尔森大学（Ryerson University，Toronto）举办了第二、三届，并成为移动建筑领域具有相当规模的学术活动。克罗恩伯格还于 1998—2006 年期间汇编了代表这三届大会交流成果的《可移动的环境》系列论文集，成为业界研究移动建筑的历史、理论及技术创新的重要资料。2013 年，克罗恩伯格在瑞尔森大学的移动与适应建筑国际会议（ICAMA）上作了主旨演讲，并交流了移动建筑在适应性、交互性、可变性及抗震性等多方面研究成果。

4）个人经历的关联

相比于富勒和弗里德曼，克罗恩伯格生活在一个节奏更快也更为丰富多彩的世界当中。广泛的兴趣和多元的身份经历使他认为设计创意和其他领域之间应该没有界限，社会上的一切先进事物（尤其是技术）都能够对建筑进步产生影响。因此，克罗恩伯格以技术如何激发建筑设计发展为线索开展研究。移动建筑被作为一种特殊的创新设计类型被挖掘出来，进而发展了后来的可适性建筑理论。

克罗恩伯格曾在《可适性：回应变化的建筑》一书的前言中提及其“对于移动建筑的研究兴趣始于早年的游学和设计经历中，临时、短暂、灵活的建筑与事件对于环境的影响”[②][3]，后来他便将环境和适应作为研究移动建筑的关键线索。克罗恩伯格从 1994 年开始定期发表与移动建筑相关的文章，其研究重点在于阐明移动建筑在创造经济适宜和可持续的建筑中所扮演的角色，并将此扩展至技术进步和灵活策略对于建筑设计的总体影响，以及启发美学和象征意义的经验与理念。他的这些研究整体上是一个从移动建筑本体理论向可适性建筑理论的拓展过程。

此外，克罗恩伯格对于建筑的技术创新极为提倡，注重于美学、文化等因素与技术结合下的创新性，也受到建筑电讯派和塞德里克·普莱斯的观念影响。克罗恩伯格的研究领

---

① 该工作坊由克罗恩伯格领导，由维特拉设计博物馆和乔治·蓬皮杜中心组织，是面向建筑和设计学生开展的为期一周的住宅夏季研讨会，自 2002 年以来已经举办了五次。

② 克罗恩伯格曾在《可适性：回应变化的建筑》的前言中写道，他对于移动建筑的关注和兴趣源于在早期的设计实践中赢得了一个可变性展示设施的竞赛，并认识到这种建筑缺乏传统永久的可靠性，却具有很大的灵活性和弹性，因此开始介入到应用于特别活动和商业系统的临时建筑设计中。此外，克罗恩伯格在年轻时的游学经历也给他留下了深刻的印象，旅途中环境的不断变化（不同的人相遇相处、不同的风景）使得人不得不通过改变来应对和处理自己的生活，并适应明显不习惯的环境。后来，对柯布西耶的朗香教堂游历过程使克罗恩伯格充分感受到，建筑能够通过对环境的回应，形成人的感知共鸣，这种回应与共鸣所产生的场所感是建筑区别于其他人造物（比如产品）的根本性特征。

域是广阔而综合的[①]。他通过可适性视角赋予了移动建筑更为广阔的理论空间，除了考察其历史之外，也评估设计师、建设者、制造商、用户等在社会中的行动角色，探讨产业的发展以及潜在的美学、文化与社会问题。这种社会化的研究视野也让克罗恩伯格认为移动建筑设计创新来自于各个领域之间的协同合作以及对于社会环境变化的回应。

6. 克罗恩伯格思想的社会价值影响与批判

1）社会活动与影响

除了出版学术性研究的成果之外，克罗恩伯格也致力于移动建筑的社会推广和宣传活动。自 2002 年起，克罗恩伯格便在世界各地向高校、文化艺术机构和政府部门发表演讲，内容涵盖了从建筑的可移动、灵活适应、灾后重建、技术创新、流行文化等广泛内容。此外，克罗恩伯格还通过举办展览、沙龙等公共活动，期望把移动建筑在文化、美学、经济和生态方面的效益价值不断向外界传播。1997 年春，克罗恩伯格在英国皇家建筑师学会的支持下策划并主持了“可移动建筑”（Portable Architecture）和“自发建造”（Spontaneous Construction）展览，其以特展的形式展示了移动建筑的历史发展和未来前景。当年，“自发建造”还作为视觉节（Visionfest）的一部分，分别在利物浦和伯明翰的国际展览中心进行了联展。1998 年，在曼彻斯特的新建筑和城市设计画廊活动中，还举办了一个小型的移动建筑展览。2002年，克罗恩伯格为维特拉设计博物馆在德国莱茵河畔韦尔（Weil-am-Rhein）举行的大型巡回展览——“移动中的生活”（Living in Motion）担任顾问，展览于 2007 年在欧洲和北美展出。后来，克罗恩伯格还曾为 LOT/EK 建筑事务所在加州大学圣巴巴拉分校艺术博物馆的移动住宅单元（MDU）展览提供支持。

2）社会学内涵及价值

人的适应性自古有之，这是对环境变化的一种回应。具有可适性特征的移动建筑不是一种新事物，而是一直伴随人类社会一起发展演化的建筑形式。克罗恩伯格认为全球人口的移动如今已经成为一种常态，当代社会生活的流动性趋向需要能够灵活适应变化的建筑。移动建筑也因此被指向于一种易于适应变化的可持续环境，必须以“一种平衡的方式”[3]去回应变化和应对与之带来的社会问题。

人类社会中的建筑在绝大部分时期处于静止状态，其中一个重要原因是与当时的经济文化因素有关，而非仅仅是个性和功能的需求。社会的持续变化和人类文明寻求稳定的整体趋向存在一定的矛盾。当社会的经济文化压力对建筑发展和需求产生影响时，就会促使

① 从克罗恩伯格在相关著作中对移动建筑的研究案例来看，他既研究了移动建筑专业领域的建筑设计师（如卡普利茨基、洛伦佐·阿皮塞拉、理查德·霍顿、珍妮佛·西格尔、马克·费舍尔等）和设计公司（如未来系统、FTL、英国充气公司、LOT/EK 建筑事务所等），也关注了非移动建筑专业领域建筑师的设计成果及策略（如安藤忠雄、伦佐·皮亚诺、尼古拉斯·格雷姆肖、坂茂等），同时还研究了移动建筑产品制造商（如费斯托公司、图坦卡蒙公司、维泽黑文公司等）的研发生产机制和策略，并将生产预制住宅产品的商业公司（如宜家、无印良品、爱必居、丰田、积水公司等）、使用过移动建筑的客户（如迈凯伦车队、NASA 等）、个人艺术家（如设计沙滩移动雕塑的荷兰艺术家西奥·詹森、以充气艺术装置闻名的西班牙艺术家莫里斯·阿吉斯等）纳入到研究范围。

建筑发生改变。这种改变往往经历了一个摧毁和再建造的过程，层出不穷的浪费现象既破坏了生态环境，又令建筑效能低下。因此，克罗恩伯格认为传统建筑的稳定与社会追求高效的发展趋向格格不入。另一个重要原因在于，人们把建筑视为一种可利用的资本形式。“土地所有权作为一种财富获取的重要元素，一旦被人拥有就会被用作增值的重要工具。通常的做法就是在土地上建造建筑等营利性设施，土地和建筑便共同构成了房地产。在房地产中，建筑不再是单纯的实体，而是被简单粗暴地视为一种投资，投资的价值就在于稳定而非变化。建筑作为一种资产，就不需要事先存在确定的使用者，这也使得房地产开发商一方面可以基于最低标准的设计建造建筑用来出售或者租赁，并以最低的成本获取最大价值为目标，另一方面则倾向于服务更具投资潜力的人，设计也常常受到商业支配。”[3] 因此，将土地和建筑视作为资本形式的传统观念是建筑设计走向灵活的主要束缚因素，能够摆脱房地产标签的移动建筑则可以成为一种真正的可适性建筑。

除了经济高效和可持续，决定移动建筑的重要因素还包括了场所和文脉，而场所恰恰是移动建筑有别于产品的重要特征。移动建筑是一种特殊的建筑类型，可以匹配传统固定建筑的所有功能需求，能够拓展人对于环境和空间的体验感知，进而创造永恒的记忆，并能够像永久性建筑那样产生持久而富有意义的影响。因此，克罗恩伯格认为“虽然场所通常都是由昂贵而耗时的行为塑造，但是场所也可以通过整理家具等简单的行为产生。场所不必通过建造永久性的建筑来取得，可移动和临时性制造物及其位置也同样重要。在某些文化中，场所还可以通过更具适应性和更加短暂的行为来取得”[3]。可适性与移动源自于人的游牧生活行为，这也为塑造建筑场所提供了一种全新的思路。

可适性赋予了建筑一种随时间动态改变的能力，从而改变了传统以永恒抗衡变化的对立思维。在克罗恩伯格的观念中，移动建筑的可适性强调了一种弹性和可持续性的变化能力，即动态的持续适应而非专制化的设计。这在一定程度上否定了富勒提出的一劳永逸的最优设计观念，也是在弗里德曼试错思想上的深化提升。克罗恩伯格提出在设计中应“考虑到别人在建筑建造与使用方式上也具有话语权的事实”[3]，因而体现了一种民主化的特征：首先赋予居民自主改变环境的能力来适应生活需求的变化；其次在设计中将现实需求和适应未来变化条件相结合，使未来的使用者和设计者在需要时能够游刃有余地做出适宜的决定；最后是集成多种策略来解决问题，并向其他行业学习先进技术，通过协同合作打破传统专制单一的思维和决策模式。

3.4.2 当代建筑设计实践中的可适性策略

1. 基于概念和原则

1）约翰·哈布瑞肯——开放建筑设计原则

开放建筑（Open Building）由荷兰建筑师约翰·哈布瑞肯（John Habraken）提出，并将其作为一种设计策略和原则。开放建筑理论承认社会和建筑环境的复杂性，以及设计各个层级之间的关联性，提倡通过不同形式的协同合作来构建对可能变化的支持和应对。同时，它认为设计不应局限于结果，而是“一个在使用者的影响下，使用、适应和发展进行中的连续过程”[3]。因此，开放建筑能够依据层级而变化，比如基础设施相对固定、建筑框架固定但可更换、建筑表层易于调整、内部隔墙可迅速重新定位等。基于该原则的建筑可以与所处的位置无关，而且在其使用过程中允许被改变。

2）斯蒂文·霍尔——“铰接空间”概念

1983 年，斯蒂文·霍尔（Steven Holl）在其住宅设计实验中提出了“铰接空间”概念，即在设计过程中赋予建筑部件可变化调整的能力，以塑造能够容纳不同功能和活动的可适性空间，并且在使用过程中让居住者一起参与环境的创造，即通过“对这些可移动元素在物质层面的操控，人们能够自主调控并改变其所需要的空间”[3]。霍尔对于“铰接空间”的实验始于曼哈顿的公寓设计，并在 1989 年的日本福冈住宅群项目中进行了深入探索。这些住宅都被设计成不确定或未完成的状态，居住者能根据睡眠、饮食、工作和休闲模式，在日常生活中操控和改变空间。

2. 基于手法和技术

1）伊东丰雄——可适性设计手法

伊东丰雄（Toyo Ito）曾提出一种“平行设计的路线”[3]，认为建筑设计应持续到使用期间，并具有可改变的途径，即可适性。例如，伊东丰雄在仙台媒体中心（Sendai Media Center）和松岛艺术中心设计了开放式平面和可移动的设备隔墙，不同楼层的空间具有足够的适应变化能力，可以根据需求变化进行改变。伊东丰雄在永久性建筑中所展示出的可适性设计手法同样适用于移动建筑，他对这些手法进行了归纳阐释：“一是可变换的使用，既能满足建筑当前的使用要求，也可以支持甚至鼓励其他的使用方法；二是可适应性的空间，不表现出特定功能，实际上却具有多种功能的可能性；三是互动操作，空间经过精心地规划和组织，产生更多的活动自由度和使用者的互动性；四是可移动的部件，通过部件的变化实现空间组织和功能活动的转换。”[11]

2）坂茂——材料创新与空间转换

日本建筑师坂茂（Shigeru Ban）长期致力于救灾应急和临时性建筑的研究与实践，其建筑通常便于移动和变化，设计上也具有可适性特征。首先是基于材料的创新。在 2000 年汉诺威世博会日本馆中，坂茂就创造了一种“主要由纸管和细木格制成的可循环利用建筑，屋顶覆盖以纸和塑料为主的半透明薄膜，室内空间开敞灵活并可用于多种用途”[3]。此后，坂茂便以善于使用纸张作为建筑材料而著称。这种材料轻质环保且可回收和重复利用，非常适合于移动建筑。其次是通过建筑部件的变化来实现空间转换。这种手法从其一系列住宅设计中可以窥见。比如：位于东京的幕墙住宅（Curtain Wall House）和玻璃百叶住宅保持了日本传统住宅的开放性，既破除了不同功能之间的分界，又使用了可伸缩的帘幕来满足用户的私密性需求；位于神奈川县秦野市的9平方网格屋（Nine Square Grid House），其正方形的平面被划分成9个更小的正方形区域，内部空间通过一系列从地板到屋顶的通长滑行面板来进行划分和排列，因而可灵活转换功能和空间……[3]2005年，坂茂在为摄影艺术家格里高利·考伯特（Gregory Colbert）的巡展所设计的游牧博物馆（Nomadic Museum）中则结合了两种手法："建筑为一个大型临时展馆，使用了148个标准集装箱进行空间堆叠，由纸筒柱支撑的拉索结构和膜组成屋顶覆盖。当展览被转移时，所有部件由14个集装箱装载进行海运，其余集装箱则取自于当地。"[11]（图3-51、图3-52）

3. 基于程序和系统

1）卡斯·奥斯特霍斯——可变自动程序

荷兰设计师卡斯·奥斯特霍斯研发了一种利用互联网作为设计工具来批量生产移动住宅的方式。这种方式使潜在购买者在一个叫作"可变自动程序"（Variomatic House）上创造自己对于住宅的设计与变更。奥斯特霍斯抓住了当代大众急需个性表达的社会心理，可变自动程序能够为人们提供样式选择。因此，基于该程序购买的住宅，能够像不同颜色、图案、规格的产品一样，存在与众不同的个性选择[3]。

2）韦斯·琼斯——PRO/Con系统

美国建筑师韦斯·琼斯研发了PRO/Con（集装箱程序，Program/Container）系统，通过使用与定制构件相结合的标准化物品，从而构成一种真实的建筑语汇基础。这种建筑产品的基础元件是大容量、低成本、高时效的ISO标准集装箱，并与相同模数的标准化通用面板系统相结合。此外，设计师们还创作了专门的细部和图案手册，可生产满足客户和环境要求的个性化柔性定制建筑。在实践中，琼斯基于该系统设计了一大批适应于不同场地的

图3-51　2000年汉诺威世博会日本馆

图片来源：Shigeru Ban Architects. JAPAN PAVILLION，EXPO 2000 HANNOVER–Germany，2000[EB/OL].（2000.12.31）（2023.05.15）. http：//www.shigerubanarchitects.com/works/2000_japan-pavilion-hannover-expo/index.html.

图3-52　游牧博物馆

图片来源：David Douglass-Jaimes（杨雰，译）. AD经典：游牧博物馆/坂茂建筑事务所[EB/OL].（2016.01.12）（2023.05.15）. https：//www.archdaily.cn/cn/779965/adjing-dian-you-mu-bo-wu-guan-ban-mao-jian-zhu-shi-wu-suo?ad_name=article_cn_redirect=popup.

集装箱建筑。这些半工业化、动态和充满活力的建筑产品，不仅可在设计层面灵活可变，而且在使用期间也能够进行随意改变[3]。

4. 基于法规与应对

1）伦佐·皮亚诺——基于移动的轻度介入

在今天城市空间日益受到严格法规控制的情形下，移动建筑的可移动使其在一些环境保护或历史敏感的场地中体现出不受法规限制的可适性，从而为一些短时性的活动和事件提供支持，并以一种永久性建筑无法实现的方式为人们带来全新的体验。1976年，伦佐·皮亚诺在意大利进行老城镇更新改造项目中设计了一个“城市重建实验室”（Urban Reconstruction Laboratory），该移动建筑被用作建筑师和当地居民进行交流的场所和平台。这种短暂、动态、开放的建筑形象打破了市民与建筑师、开发者之间的传统隔阂，进而实现了彼此间良好的沟通。1982年，皮亚诺设计的IBM移动展厅（IBM Pavilion）使用了模块化组装系统和可伸缩支架地板来适应不同的场地，并作为一个临时建筑部署在历史敏感地区。展厅先锋的建筑形象为恒久不变的历史街区带来了一些短时的新意，也无须担心因永久存在而造成对街区历史风貌的破坏[11]。在2013年的巴塞尔艺术展上，皮亚诺与德国家具制造公司维特拉（Vitra）合作设计了一个面积仅为7.5m^{2}的迷你移动住宅——“第欧根尼”（Diogene），在探讨人类居住空间的极致尺度同时，也体现了对于环境轻度介入的理念。“Diogene”能以短时存在的形式作为自然环境中的度假屋、临时酒店甚至办公场所[52]（图3–53）。

2）圣地亚哥·西鲁赫达——“城市处方”

当代城市空间法规的制定，一方面是为了保护城市及其居民，另一方面则是为了限制违规行为。西班牙设计师圣地亚哥·西鲁赫达提出了一系列合理且巧妙利用法规的城市非正式发展策略，这些策略也被称为“城市处方”。其中一种策略被称为“城市避难所”（Urban Refuge），即通过临时许可证来建造可长时间使用的装置化建筑。例如，西鲁赫达1998年在塞维利亚获准通过建立脚手架来修理维护一座旧建筑，后来还将建造在脚手架上的新结构作为原建筑的一个附加部分使用。另一种策略被称作“城市保留区”（Urban Reserves），即利用放置建筑构筑物的许可来建造可同时用于其他功能（如运动场、阅览室、展览或表演场地等）的公共设施。例如，2004–2005年在西班牙卡塞特利翁的现代艺术中心建造的公共工作站，以及在马拉加的一座建筑屋顶上由学生自己建造的艺术工作室，这些构筑物表面看起来是容器，但又可根据要求变换成新的用途（图3–54）。此外，西鲁赫达的实践项目大多基于临时性的生活和工作场所，或者建造在闲置多余的土地上，因此常常体现出非正式的特征，也形成了一种形式风格。例如他在2003–2004年位于马德里的一个项目中，建筑结构就使用了通常用作临时稳定立面和挡土墙的构件，而用于浇筑混凝土排水沟的塑料模具则被用来建造立面……[3]在西鲁赫达的策略中，这些游走于规则边缘的建设形式虽然不合法，但也非严格意义上的违法。这种建设策略的目的是对闲置和空余用地的暂时性使用而非占有，因此其建筑往往都能够易于拆装和移动。

图 3–53 “第欧根尼”（Diogene）迷你移动住宅

图片来源：Renzo Piano Building Workshop，architects. DIOGENE 2011–2013，WEIL AM RHEIN，GERMANY [EB/OL].（2013.12.31）（2023.05.15）. http：//www.rpbw.com/project/diogene.

图 3–54 西班牙卡塞特利翁的现代艺术中心建造的公共工作站

图片来源：《可适性：回应变化的建筑》

参考文献

[1] 王晖 . 弗雷德里克・基斯勒——对一个前数字时代超现实主义建筑师的回顾 [J]. 建筑师，2007（5）：42–51.

[2] 刘文豹 . 机器与诗意的结合：保罗・尼尔森生平与作品简介 [J]. 城市环境设计，2010（6）：256–258.

[3] 克罗恩伯格 . 可适性：回应变化的建筑 [M]. 朱蓉，译 . 武汉：华中科技大学出版社，2012.

[4] KRAUSSE J，LICHTENSTEIN C. Your Private Sky：R. Buckminster Fuller —— The Art of Design Science [M]. Zurich：Lars Mueller Publishers，1999.

[5] 理查德・巴克敏斯特・富勒．设计革命：地球号太空飞船操作手册 [M]．陈霜译．北京：华中科技大学出版社，2017.

[6] 理查德・巴克敏斯特・富勒 . 关键路径 [M]. 李林，张雪杉，译 . 桂林：广西师范大学出版社，2020.

[7] 尤纳・弗莱德曼 . 尤纳・弗莱德曼：手稿与模型（1945–2015）[M]. 徐丹羽，钱文逸，梅方译 . 上海：上海文化出版社，2015.

[8] 尤纳・弗莱德曼 . 为家园辩护 [M]. 秦屹，龚彦，译 . 上海：上海锦绣文章出版社，2007.

[9] COOK P，WEBB M. Archigram[M].New York：Princeton Architectural Press，1999.

[10] Archigram. a guide to Archigram 1961–74[M].New York：Princeton Architectural Press，2012.

[11] KRONEBURG R. Architecture in Motion：The history and development of portable building [M]. New York：Routledge，2014.

[12] 财团法人忠泰建筑文化艺术基金会，森美术馆 . 代谢派未来都市——Metabolism：The city of the

future[M]. 张瑞娟，陈建中，江文清，译 . 台北：田园城市出版社，2013.

[13] 坂茂 . 纸建筑 [M]. 王兴田，编译 . 南京：江苏凤凰科学技术出版社，2018.

[14] 吴晓，魏羽力 . 城市规划社会学 [M]. 南京：东南大学出版社，2010.

[15] SIEDEN L S. Buckminster Fuller’ s Universe：an Appreciation（2nd ed）[M]. New York：Plenum Press，1990.

[16] J. Baldwin. Bucky Works：Buckminster Fuller’ s Ideas for Today [M]. New York ：John Wiley and Sons Inventions，1997.

[17] 赖德霖 . 富勒，设计科学及其他 [J]. 世界建筑，1998（1）：59–61.

[18] 孙彤，吉国华 . 理查德・巴克敏斯特・富勒的三个建筑原型 [J]. 工业建筑，2019，49（4）：67–68.

[19] 吕爱民，倪丽君 . 从富勒到福斯特看“少费多用”生态思想的新生 [J]. 华中建筑，2010，28（5）：24–26.

[20] Allegra Fuller Snyder，Victoria Vesna. Education Automation on Spaceship Earth：Buckminster Fuller’ s Vision. More Relevant than Ever [J]. Leonardo，1998（4）：290.

[21] 雷纳・班汉姆 . 第一机械时代的理论与设计 [M]. 丁亚雷，张筱膺，译 . 南京：江苏美术出版社，2009.

[22] 华沙 . 巴克敏斯特・富勒的设计思想及其成因 [J]. 创意与设计，2014（1）：31.

[23] 劳埃德・卡恩 . 庇护所 [M]. 梁井宇，译 . 北京：清华大学出版社，2012.

[24] KRONEBURG R. Portable Architecture（Third Edition）[M]. London：Taylor & Francis，2003.

[25] KRONEBURG R. Portable Architecture：Design and Technology [M]. Berlin：Birkhauser GmbH，2008.

[26] 黄绮莉 . 约内尔・沙因 [J]. 世界建筑导报，1999（Z2）：123–125.

[27] 克里斯 . 亚伯 . 建筑・技术与方法 [M]. 项琳斐，项瑾斐，译 . 北京：中国建筑工业出版社，2008.

[28] 齐奕 . 多维视角下的当代建筑轻型化创作研究 [D]. 哈尔滨：哈尔滨工业大学，2016.

[29] Kim Seonwook，Pyo Miyong. Mobile Architecture[M]. Seoul：DAMDI Publishing Co，2011.

[30] 丛勐 . 由建造到设计 – 可移动建筑产品研发设计及过程管理方法 [M]. 南京：东南大学出版社，2017.

[31] Friedman Y. Ein Architektur–Versuch [J]. Bauwelt，1957，48（16）：361–363.

[32] 吴楠 . 约纳・弗里德曼 [J]. 世界建筑导报，1999（Z2）：74–77.

[33] 方振宁 . 空想建筑家尤纳的“上海计划”[J]. 缤纷，2007（6）：105.

[34] 移动建筑——尤纳・弗莱德曼建筑展 [J]. 现代装饰，2015（7）：28–29.

[35] Larry Busbea. Topologies：The Urban Utopia in France，1960–1970[M]. MA：MIT Press，2007.

[36] Yona Friedman. Utopies realisables（Revised edition）[M].Paris：L’ Eclat：2000.

[37] 方振宁 . 弗里德曼：颠覆由建筑师主宰的建筑设计传统 [J]. 艺术家，2007（5）.

[38] Henri Lefebvre. Everyday life in the Modern World[M]. London：The Penguin Press，1971.

[39] 吴飞 . 空间实践与诗意的抵抗 ——解读米歇尔·德·塞图的日常生活实践理论 [J]. 社会学研究，2009(2)：177-199，245-246.

[40] 邓宗琦 . 混沌学的历史和现状 [J]. 华中师范大学学报（自然科学版）. 1997，31（4）：3.

[41] 乔·奥·赫茨勒 . 乌托邦思想史 [M]. 张兆麟等，译，北京：商务印书馆，1990.

[42] 肯尼思·弗兰姆普敦 . 现代建筑—— 一部批判的历史 [M]. 张钦楠等，译 . 北京：三联书店，2004.

[43] 齐萌 . 可实现的乌托邦 [D]. 杭州：中国美术学院，2017.

[44] 梁允翔 . 最后的先锋派：国际情境主义和建筑电讯派 [J]. 建筑师，2011（6）：5-8.

[45] 康斯坦特 . 别样的城市，旨在别样的生活（约翰·谢普雷译）. 社会理论批判纪事 [J]. 南京：南京大学出版社，2014（7）：100.

[46] 吴焕加 . 论现代西方建筑 [M]. 台北：田园城市文化出版社，1998.

[47] 霍顺利，吕富珣 . 建筑比雨水更重要吗 ?——“建筑电讯”创作历程初探 [J]. 世界建筑，2005（10）：106-109.

[48] 矶达雄，宫泽洋 . 浮动城市：日本当代建筑的启蒙导师菊竹清训的代谢建筑时代 [M]. 杨明绮，译 . 台北：商周出版社，2014.

[49] 沈克宁 . 城市建筑乌托邦 . [J]. 建筑师 . 2005（8）：5-17.

[50] 黄欣荣 . 复杂性科学方法及其应用 [M]. 重庆：重庆大学出版社，2012.

[51] 约翰·H. 霍兰 . 隐秩序——适应性造就复杂性 [M]. 周晓牧，韩晖，译 . 上海：上海科技教育出版社，2011.

[52] Rory Stott.Diogene，一个关于蜗居的实验 / 伦佐皮亚诺工作室 [EB/OL].(2018-04-17)[2023-05-10] https：//www.archdaily.cn/cn/892137/diogene-ge-guan-yu-gua-ju-de-shi-yan-lun-zuo-pi-ya-nuo-gong-zuo-shi.

第四章
当代中国的移动建筑实践与探索
Chapter 4: Practices and Explorations of Mobile Architecture in Contemporary China

4.1　当代移动建筑的内涵拓新

在当代语境下，移动建筑应该跳出传统建筑学的概念限定，走向多层次的含义认知：第一层含义是具有可移动性的建筑类型，即传统建筑学视角下的特征界定；第二层含义是动态灵活的城市与建筑空间组织策略，即解决空间与社会问题的思想策略；第三层含义是灵活应对社会与环境变化的架构体系，即摆脱类型特征的束缚，升华为对移动建筑的内在本质、核心价值与社会意涵的融合，既可基于物质化的空间来适应环境和满足需求，又可作为社会塑形的工具去营造可持续的生活方式和社会形态。基于“移动建筑的含义三元”及其与空间实践的关系理解（图 4–1），可形成对于移动建筑的多层次认知转变。

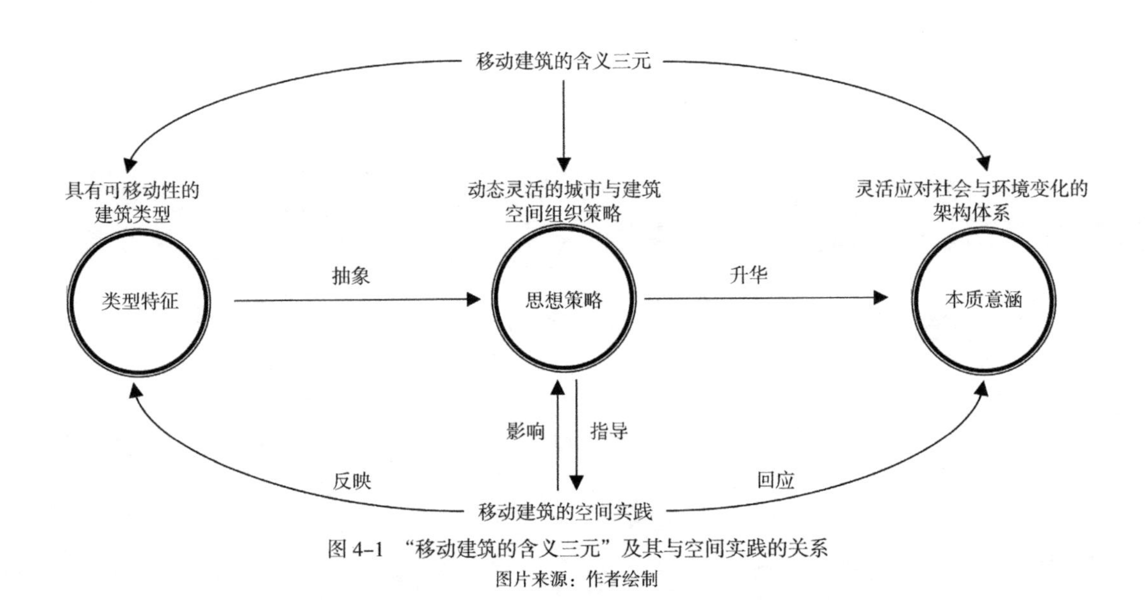

图 4–1　“移动建筑的含义三元”及其与空间实践的关系
图片来源：作者绘制

4.1.1　地位与角色

1. 移动建筑同永久性建筑一样具有价值

在社会历史进程中，唯一永恒的是变化，也许正是这种矛盾构成了人类在历史上对于永久性建筑这种表面上“不变”现象的崇敬基础。今天，绝大部分建筑的寿命较短，源于社会变化的速度加快，建筑使用的连续性已不如适用、经济、效率和时尚重要。建筑为特定需求而建，价值受时间限制，而时间是用来检验任何事物价值的客观尺度。在历史层面，移动建筑的发展时期比永久性建筑要长得多，两者都具有社会和历史价值。

2. 移动建筑不会也不应该取代永久性建筑

移动建筑的存在是为了满足社会中各种短暂性的需求，但是人类的需求还有许多是持续性的。因此，移动建筑在当代社会不是要取代永久性建筑，而是对其进行有益的补充。移动建筑同永久性建筑一样，要面对各种社会因素及问题，更无法脱离整个建筑产业而存在。但是，移动建筑具有灵活可变的环境适应性，被认为是更具可持续性的建筑类型，其相比永久性建筑更易受其他领域创新的激发和影响，相关理念策略也能够为永久性建筑设计所借鉴。

3. 移动建筑创新是社会化的创新

步入当代社会，可移动对于建筑的潜力价值成为建筑设计中的重要考虑因素，与移动建筑相关的创新策略也日益得到应用。与此同时，移动建筑在创新中的社会协作趋向愈发明显，体现在“一是来自建筑师之间的合作，二是来自其他行业之间的协作”[1]。对于高新科技和先进制造的借鉴应用成为当代移动建筑设计的一种社会化创新之源，但是也要“经过具体问题的调查和分析，否则有可能导致异化现象的出现，并引发无法预见的社会与环境问题”[1]。

4.1.2 意义与内涵

1. 移动建筑同永久性建筑一样具有意义

在现象学中，建筑的意义和存在因为人的感知理解①而形成历史价值。建筑是人造的空间，并为构成社会生活的行为与事件设置背景，是人类影响环境和定义场所的重要方式。移动建筑作为场所的意义可由建造来决定，而不是由表达这种意义的持久性所决定，即“通过建造，人赋予了意义的具体存在”[1]。移动建筑的独特之处在于其可以存在于任何地方，虽不是位于一个特定的地理位置，却能在人类的记忆中保留一个特定的位置。因此，移动建筑与永久性建筑一样具有意义。

2. 基于移动与建造的“场所感”

建筑可以存在于任何地方。人类运用自然元素创造了建筑，同时也就为地方增添了意义——建筑成为催化剂，使地方得以识别。历史表明，移动建筑在其生命周期内，可以多次进行同样的建造。传统的部落依据习俗进行搬迁，其建筑在重新被建造后的内在空间形态和秩序保持不变。在游牧文化中，每当新的营地建立起来，地方就会被重建，且具有可识别的特征。因此，地理位置虽是无限、不确定和短暂的，但地方的意义是有限、确定和连续的。移动建筑通过经历相同的建造过程，来创造出一种“场所感”，即“不存在地方的永固，只存在对场所的重建”[1]。这种与地理位置无关的“场所感”也是其区别于其他人造物的重要因素。

3. 短暂模式下的永久性关联

一个短暂存在的建筑并不对应着一个短暂的社会，反而意味着一个可能更符合存在需

① 克里斯蒂安·诺伯格－舒尔茨（Christian Norberg-Schulz）定义了现象学中人对于建筑的反应——想象（理解为对自然界的探索）、补充（添加自然界所缺少的感觉）、象征（语义的抽象翻译，形成文化背景下的对象理解与表达），这些反应定义了人造空间（建筑）的意义。

求的社会形成。移动建筑的短暂使用性质意味着其可进入不适用于永久性建筑的敏感地点。通过建筑在临时场地上的即时使用，将该过程转变为一个事件现象，人离开后也可留下相应记忆，并带着这段历史进入下一个地方。移动建筑不仅产生了在居住环境层面的短暂塑造，也在文化上形成了地方感的延续，因此“挑战并改变了要延续文化意义的关联就必须建造永久性建筑的固有模式”[1]。

4.1.3 使用与特性

1. “永久性”与“临时性”的辩证统一

在传统认知中，相较于固定建筑的“永久性”（Eternality），移动建筑的“临时性”（Temporality）所带来的短效性和不稳定性令人存有疑虑，而这种疑虑既体现在使用时效的长短上，又体现在产权带来的价值上。临时性与永久性赋予了建筑不同的特征：对于永久性建筑，在整个生命周期内如非外力影响，其地理位置不会发生改变；移动建筑在其生命周期内则一般会存在阶段性的位置变换和临时性的空间留存，而临时性可以在空间和时间层面予以界定。但是，移动建筑在时空层面的临时性并不意味着其在功能和性能上的临时性。建筑通过移动，维持着不同状态下的使用，配件及材料的可替换又使其可以不断地被重复、循环使用。因此，移动建筑一方面在形式上体现的是一种即时使用和经济高效的短暂性，另一方面又通过可持续性来保证建筑状态的长久维持。因此，移动建筑并非指一种临时性建筑，“临时性”与“永久性”在其中也不是相互对立的概念，而是辩证统一的关系。

2. “即时使用”与“经济实效”的紧密关联

移动建筑的即时使用和灵活变化特性使其适用于应对不可预知的社会需求，其可以通过较少的成本来提供更多的服务，因而具有长期的经济实效性。例如，移动建筑相较于传统建筑更能契合于当代社会的新兴商业与经济发展模式：移动建筑的即时使用可以使其根据商业本身的即时动态性去减少经济运作的环节，从而节约人力资源和时间、空间成本，增强使用空间的流动性，并缩短应对市场的反应时间。移动建筑的即时使用降低了商业活动的传统硬性标准，进而促使更加多元、自由的商业形式出现。

3. “标准化”与“多样性”的对立融合

移动建筑通常利用工业化的技术手段去实现批量化生产，从而降低成本，这也使人们对其产生了不过是“一个个标准化小建筑”的呆板印象。当代移动建筑采取了通用化、系列化、模块化等基于产品理论的设计策略，应用的是整体或者部件层面的标准化，并非完全以同一形式或形态呈现。标准化不是移动建筑的独有特征①，也不等同于建筑的单一性，其在设计上有着丰富的手法和方式，可以使标准化的部分产生千变万化的整体结果。对于

① 现代建造技术和理念的发展促使标准化、预制化成为建造的核心理念，即使传统建筑其部件甚至整体都是标准化的，一方面便于建造与替换，另一方面则是出于经济成本的考虑。

移动建筑，标准化只是一种手段，一种策略，而不是一种特征，更不是一种特性。相较于产品而言，建筑具有更多的复杂性与矛盾性。标准化的建筑只要加入了不同的人和生活，处于不同的环境之下，各种因素的影响会使得建筑产生不同的变化。因此，对于移动建筑的认知不应局限于体量的大小，模块化等策略的应用使其跳出了以往的尺度限制，能够更好地与工业化生产和系统设计相结合，进而增进建筑“标准化”与“多样性”的融合。

4.1.4 本质与价值

和永久性建筑一样，移动建筑应该被看作针对特定问题的创新性解决方案，而不是提供最低满意度的、低成本的权宜之计。正如克罗恩伯格在《移动中的建筑》中所论述的那样，“移动建筑在当前缺乏作为建筑类型的一致性，这也就是为什么当今生产商要把其建造得像永久性的房屋一样”[1]。只有移动建筑在应用、形象、设计和制造上都取得了真正、一致的进展时，才能有效发挥其特性与价值。移动建筑的内在本质在于灵活应对和抗衡社会与环境的变化，因此相较于永久性建筑，其核心价值主要体现在以经济适宜的方式，为解决社会问题和满足社会需求提供可持续、可灵活变化、可即时响应的方案。

4.2 当代移动建筑的社会生产

4.2.1 公众认知中的一种矛盾

近十几年以来，随着国内市场需求的增长，生产和建造移动建筑的企业逐渐增多。但是与国外已形成的成熟产业体系相比，中国当前的移动建筑产品类型较少且发展状态不尽相同：军用移动建筑和膜结构建筑形成了独立的领域；移动的工房、服务房和活动房成为廉价但品质低下的代表；集装箱建筑和户外移动建筑演化为时尚生活方式的象征；防疫型移动建筑则在近几年的抗疫过程中成为社会热点。因此，尽管移动建筑在中国社会生活中愈发常见，但其在公众认知层面，却呈现出一种理想与现实错位的矛盾化特征[2]：

其一，普通民众（包括部分专业人士）对于移动建筑较为陌生，其认知一般局限于体积微小的房屋或装置。

其二，社会短时性活动现象增多，但承载这些活动和事件的移动建筑常因“一次性”消费理念而被“用之即弃”，造成了资源的浪费。

其三，移动建筑在社会各领域的应用状态极不平衡，比如时尚的度假型移动建筑提供着优美自然环境下的沉浸式体验，而城市中的流动人口和弱势群体却往往“蜗居”于劣质的移动箱体房。

其四，移动建筑的社会审美正处于两极分化状态，一种观点认为它是临时、廉价的产品，另一种观点则认为其是高科技、时尚的代表。

以上现象存在的原因在于，移动建筑尚未如永久性建筑那样，形成专业设计与市场应用紧密连接的体系。设计、生产、生活的分离造就了当前的移动建筑生产企业虽可解决市场反馈的普遍性问题，却容易屈从于消费主义而出产经济但品质不高的一般性产品。建筑设计师则通常注重解决单一或特殊问题，不可避免地倾向于体现其个人理念与价值观。因此，移动建筑设计融入社会生产，并充分反馈生活需求，是实现其普适性发展和提高整体品质的关键路径。

4.2.2 研究探索中的两股力量

进入 21 世纪，随着中国社会在经济结构、文化思想等领域的变化，移动建筑在日常生活中的需求和应用随之增多，进而推动了相关研究在国内的兴起。一批来自高校和市场的学者与建筑师，形成了移动建筑研究领域中的两股核心力量 [2]。

1. 学术研究

国内关于移动建筑的学术研究成果直到 21 世纪后才开始涌现，并在最近几年呈现快速增长的趋势。沈阳建筑大学于 2001 年最早在国内提出移动建筑的相关定义。东南大学和同济大学则在近 10 年来对移动建筑开展了持续性研究，并取得了一定成果。中国矿业大学则在近四五年来在移动建筑研究领域发展迅速，目前已成为国内发表相关研究成果最多的高校。在宏观层面，相关研究高校大多分布于经济发达的沿海地区，一方面是因为该地区具有高水平大学居多的教育科研优势，另一方面经济的活跃也提高了地区对移动建筑的应用与研究需求。因此，国内许多具有建筑学专业的高校对移动建筑开展了研究，同时也吸引了艺术、职业培训等院校的研究兴趣，但是相关研究的深度和学术影响力仍旧较低。目前，国内的研究成果大多以论文的形式出现，著作较少。然而值得注意的是，最近几年的研究论文已开始聚焦于移动建筑设计在当今互联网、共享、户外、虚拟等新经济形式影响社会形态变化的背景下，如何回应社会的作用和影响。

2. 实践探索

在市场层面，一批带有先锋和跨界色彩的建筑事务所、科技公司、科研机构、独立研究学者和建筑师，开展了一系列与移动建筑相关的研究探索，并逐渐在实践中体现出与社会日益紧密的关联特征。这些实践按相互间的关联脉络及发展轨迹，可归纳为实验探索和实践应用两类方向（图 4–2）。

实验探索，带有研究和实验的性质，往往来自对社会生活的观察与批判，并试图去解决社会问题。该方向在整体上经历了一个从艺术装置到建筑产品、从移动生活理念表达到材料、技术、生产创新的过程。2000 年以后，移动建筑开始频繁出现在各大前卫展览

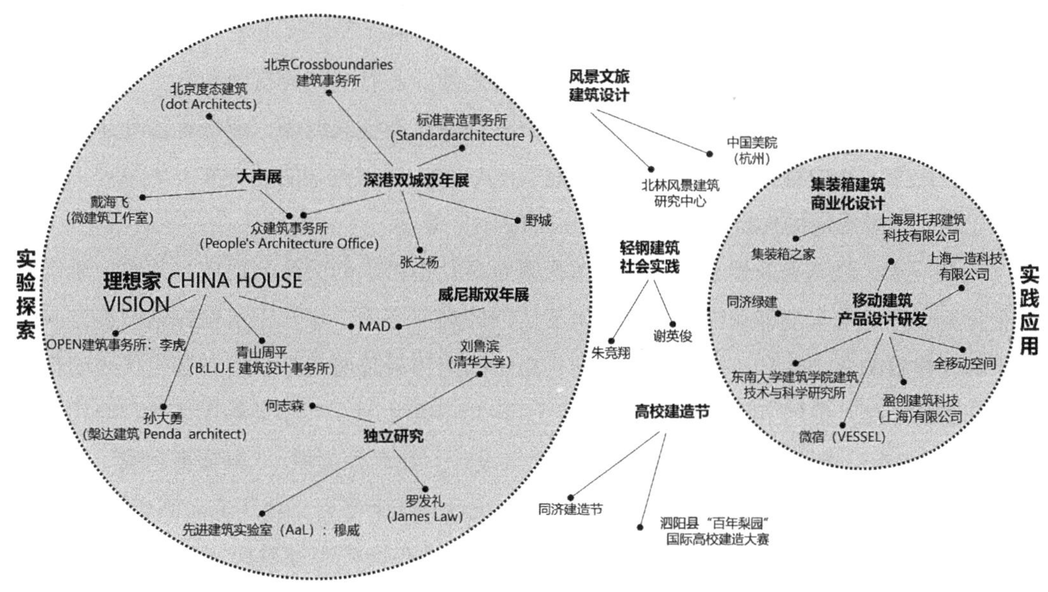

图 4-2　国内移动建筑实践探索领域的脉络图示

图片来源：作者绘制

上。中国大部分与移动建筑相关的研究和设计实践者都在这些展览中崭露头角，并推出其作品及理念：在威尼斯双年展上，MAD 建筑事务所就曾展示了"移动中国城"构想，即一个可在世界各地迁徙的空中巨构；在深港双城双年展上，标准营造事务所（Standard Architecture）以"城市下的蛋"系列艺术装置来思考承载城市流动生活的建筑形态，Crossboundaries 建筑事务所推出了"无限 6 未来学校"装置来探索模块化空间的无限变化，建筑师张之杨构想了近似弗里德曼"空中城市"的"共生之城"，以回应当代高密度城市的建设困境，建筑师野城则展示了"浑天城"（Astro City）艺术装置，来描述其对于未来太空城市的畅想；在大声展[①]上，众建筑事务所（PAO）推出了三轮车房屋和三轮车公园，度态建筑（dot Architects）展示了同样搭载在三轮车上的"包房"，而以"蛋型蜗居"成为社会热点的戴海飞也设计了带有车轮的移动微宅——"一多宅"，这些设计共同表达了对于城市高房价的社会现实的抗争；在 2018 年由日本设计大师原研哉（Kenya Hara）发起的"HOUSE VISION"[②]展览中，B.L.U.E. 建筑事务所的日籍建筑师青山周平（Shuhei Aoyama）、

① 大声展（Get It Louder），是由艺术家和社会活动家欧宁发起的一个自发性质的展览，以推举中国新锐艺术家为主要目的。自 2005 年在深圳、上海和北京 3 个城市举办后，已获得巨大的成功，产生了深远的社会影响。策展人欧宁曾介绍说："设计本来就应该介入生活，应该是有互动性的，我们希望它能发出最大的声音，达到最大的影响力，因此叫作大声展。"人人皆是策展人，这就是大声展的精神。

② 2013–2018 年由原研哉发起的 HOUSE VISION（理想家未来生活联合实验室）研究活动，已分别在日本和中国举办 3 届，邀请了藤本壮介、隈研吾、长谷川豪等日方建筑师和张永和、张轲、华黎、柳亦春、马岩松等中方建筑师参与，他们针对目前的社会背景探索未来的理想生活空间，通过社会与技术结合的视角来审视住宅和生活空间设计，其中很多作品或多或少地蕴含着移动建筑的思想及理念，是极具探讨性、批判性和前瞻性的设计实验。

OPEN 建筑事务所、槃达建筑（Penda Architect）以及 MAD 等都展示了具有移动性设计特征和理念的建筑作品……在这些前卫展览的视野之外，还有一些建筑师和学者分别进行着各自独立的研究，其设计作品及社会实践或以移动建筑为空间载体，或带有移动建筑的策略特征。比如，华中科技大学先进建筑实验室（AaL）、清华大学的刘鲁滨、华南理工大学的何志森、中国香港的建筑师罗发礼（James Law），等等。

实践应用，强调普及性意义，理念源头来自对社会需求的关注与回应，并致力于借助社会化大生产，来实现移动建筑在日常生活层面的现实应用。相较于实验探索，该方向更注重移动建筑的落地性和可操作性。目前，在中国应用最普遍的是以集装箱为代表的箱体类移动建筑产品。中国工程建设标准化协会还于 2013 年发布了《集装箱模块化组合房屋技术规程》，来专门指导和规范国内的集装箱建筑设计。在设计领域，“集装箱之家”作为专业从事集装箱建筑的商业化研发公司，通过专业设计和线上平台，将住宅、酒店、售楼部、零售店等各类集装箱建筑应用于各个领域。移动建筑在当代也被看作为一种特殊的“产品”。例如：全移动空间（ALL Moving Space）推出了基于移动商业模式的“超级蛋”产品；微宿公司（VESSEL）针对文旅产业，研发了用于野外旅宿的可移动微型客舱产品；上海一造科技有限公司（Fab-Union）基于数字化设计和智能建造手段，探索了多种可移动、可短时建造成型、可快速灵活部署的社区元空间盒子，并将其作为城市公共活动的创新载体；上海易托邦建筑科技有限公司（Su-studio）设计研发了经济、可快速部署的“火眼”气膜实验室产品，该产品在抗疫过程中发挥了重要作用……

此外，还有一些设计实践或社会活动，虽与移动建筑并非直接关联，但对其发展具有间接影响和助推作用，比如：谢英俊、朱竞翔等人多年来的轻钢建筑社会实践；中国美院（杭州）、北京林业大学风景建筑研究中心、清华大学的徐卫国团队等设计的一些风景和文旅建筑；近年来流行的高校建造节（如同济建造节、泗阳县“百年梨园”国际高校建造大赛等），建构的大多是一些便于移动和拆装的建筑，等等。

4.2.3 设计实践中的三类策略

在历史视野中，以富勒、弗里德曼、克罗恩伯格为代表的三类具有社会学内涵的移动建筑思想，既代表了移动建筑理论研究中的三种不同方向，也可看作为基于技术、社会、环境的三种不同思维方式的设计方法论（或方法体系）。如表 4-1 所示，这三种设计方法论通过更为宏观的社会学视角，拓展了移动建筑的传统设计理念与方法，共同构筑了移动建筑在历史层面的设计理论框架，并指向于系统、日常和可适三类策略方向[2]。在中国当代移动建筑的设计中，除了移动建筑自身的特性、优势、价值展现之外，其所依托的设计策略也大多基于上述三种设计方法论，并在当代社会实践过程中表现出了较强的适宜性及适应性。

三个维度下的移动建筑设计方法论框架　　表 4-1

思维方式	思考核心点	设计基因	设计伦理	设计原则	设计流程	设计策略
技术维度	建筑	工业化技术	社会公平	少费多用	系统协同	灵活轻型
社会维度	人	可实现技术	个体自由	移动可变	主体参与	自由变化
环境维度	环境	可适应技术	社会生态	开放灵活	社会协作	交互适应

资料来源：作者绘制

1. 系统性策略（Systemic）

该策略的实践特征是在社会生产中，通过系统思维、新技术借鉴以及产品化理念来设计和研发移动建筑产品，以回应和满足社会需求：刘鲁滨基于工业化生产中的模块化、预制化、集成化等策略以及新型材料的应用，来探寻一种新的社会居住形式；盈创建筑科技（上海）有限公司（WINSUN）利用 3D 打印技术，来研发可快速部署的移动建筑产品；东南大学建筑技术与科学研究所通过借鉴系统设计和产品研发理论，对移动建筑的设计流程进行革新；微宿公司则将产业链生态闭环、全生命周期、个性定制等理念应用于移动户外旅宿产品研发……

2. 日常性策略（Everyday）

该策略的实践特征是强调在日常生活批判思维下，激发社会主体（人）在参与建筑、环境建造过程中的自发性、自主性、能动性和互动性，来实现建筑在移动中的场所营造与人文关怀：MAD 的研究从早期的宏观理想叙事走向了与社会日常生活的交互；青山周平试图通过移动中的“共享”与“寄生”，以一种微观个体在宏观空间中的自组织形式来修复社会生活中的人际关系；度态建筑（dot Architects）突出了一种设计开源和微介入的策略，来即时有效地回应和回馈社区；先进建筑实验室（AaL）提倡建筑的社会学修复理念，以公民自建与社群共建的策略，让人在自主建构过程中认知环境、营造场所感……

3. 可适性策略（Flexible）

该策略的实践特征是探索设计之于应对变化的可持续模式，以实现移动建筑对于社会文化和问题的反馈与回应：戴海飞以“蛋型蜗居”等移动微宅的形式，来表达其对于城市居住问题的抗争；罗发礼研发了可移动的水泥管迷你公寓，以实现对城市闲置空间的再利用；OPEN 建筑事务所设计的火星生活舱，构想了一种可适应极端环境的移动栖居模式；槃达建筑（Penda Architect）则探索了模块化策略之于环境的灵活适应能力，及其带来的无限变化可能……

上述三类策略共同构筑了移动建筑在中国当前社会实践中的设计策略体系。尤其值得注意的是，众建筑事务所（PAO）在实践中体现了对于多种策略的整合与灵活应用，并表现出明显的社会设计特征：一方面以量产建筑学理念和模块化、系统设计策略，面对社会生产，解决社会问题；另一方面基于移动、灵活、可变、交互等形式，介入社会生活，回应社会文化。

4.2.4 产业发展中的多方制约

近十几年以来，随着市场需求的增长，国内生产和建造移动建筑的企业逐渐增多（主要集中在经济较发达的沿海地区），相关的产业链也随之初步形成并不断壮大，有些甚至拓展到了海外。但是与国外成熟的产业体系相比，中国的移动建筑产出类型单一且普遍品质较低[2]。

由于中国移动建筑发展起步较晚，目前与社会生产和生活的融合度并不算高，其所存在的问题是明显且突出的：一是市场接受程度不高且主要面向低端，缺少中高端市场的开拓，进而减少了市场的可选择度；二是产品单一且集中于居住、文旅、商业等少数领域，缺少对文化、艺术等领域的拓展；三是从设计到生产尚处于较低水平，重工程思维而轻艺术美学，空间品质低下且产品同质化严重；四是产业链整合度不高，从策划、设计、建造、销售到服务，都未形成完备成熟的产业链体系。从建筑社会学的视角来看，移动建筑的空间生产是社会多方主体共同参与下的结果，因而当前制约其产业发展的原因也是多方面的。

1. 使用方——传统观念的影响

从使用方的视角来看，制约移动建筑发展的首要因素在于传统思想观念的影响，导致社会接受程度普遍较低。建筑一般给人以坚固永恒的传统印象，一方面与社会走向稳定的整体趋向有关，另一方面也在于建筑和土地产权的挂钩。不动产意味着财富的稳定，建筑的可移动则会“破坏”人们习以为常的稳定与安全感，产权性质和交易价值也会显得比较模糊。此外，移动建筑的长期被边缘化也使其要重新获得社会的接受，则必须经历长时间的考验。移动建筑在发达国家中的发展历史较长，因此其社会与市场的接受程度远高于国内。尽管在我国的古诗词中，不少文人骚客都将草原放牧、水面泛舟等现象描述为浪漫生活的象征，但社会的长期稳定令这种“游牧生活”即使在今天，也只体现在少部分人对于“诗与远方”的追求中。

随着社会的变化，移动建筑作为一种日常的生活现象而存在，传统的思想观念也将随着时间的推移和外界的努力而得到改观：一方面可通过移动建筑自身的优化，以设计、服务、应用来改观其品质较低的传统印象，并提供更多、更好的选择；另一方面可以借助自主建造、环境交互、社会参与、文化隐喻等方式，来连接建筑、人、社会、环境之间的关系，从而让移动建筑如永久性建筑那样融入人类日常生活之中。例如清华大学艺术与科学研究中心在北京顺义设计的“生菜屋——可持续生活实验室”项目中，就基于集装箱活动房的堆叠以及生态、可持续技术的融合性、示范性应用，在菜地中为业主打造了一个承载绿色、健康、低碳生活理念的移动之家[3]。

2. 管理方——法律规范的束缚

从管理方的视角来看，法律规范是制约移动建筑发展最为关键也是最难解决的因素。移动建筑的产权性质在我国现行的法律体系上是模糊的，甚至是难以解释的。以最常见的房车和车载式移动住宅为例，我国制定和实施了专门的旅居车技术规范，房车按车辆的要求进行登记管理[①]。移动建筑若作为不动产来管理，其可移动的特性又易与法规冲突，而被视为违章，进而难以融入城市的核心区，只能栖身于边缘空间或房车营地[②]。由于法律规范执行与管理的复杂和不明确，政府也通常不乐于建设移动建筑（除非救灾等应急需求）。但是政府作为管理者，其在法律层面制定的规范措施将很大程度地影响移动建筑的发展。以美国为例：政府最初采用了地方分区法，移动住宅不能建在普通的宅基地上。建筑规范的差异性也阻碍了移动住宅的被接受程度。移动住宅在当时也被视为一种交通工具，其所有者除了要缴纳房产税之外，还得支付车辆税。到了20世纪70年代，各州颁布了法律，并制定了建筑质量守则，内容涵盖从建筑设计到使用权、管理政策再到社区建设。这使得移动住宅在安全、建造上有了标准，政府也取消了分区制和税收政策。移动住宅逐渐成为美国中低收入阶层主要的经济住房类型之一。

与国外的土地私有制背景不同，中国的土地归国家或集体所有。移动建筑“屋地分离”的“非正常”模式如何与现行法律规章制度衔接，尚不清楚。在国内当前的法规之下，移动建筑通常只能以临时建筑的方式进行建设和存在。但是，临时建筑的使用期限在法律上有强制性的规定，其结构和规模也存在限制[③]，虽可作为权宜之计来解决短期的使用问题，但真正要实现普及性应用，还是需要政府部门从法律规范层面来解决根本问题。比如：完善移动建筑的产权认定及管理方式，可探讨将传统的土地使用权转化为空间使用权的认定，并制定移动建筑交易的相关税收法规；制定专门的管理法规，对于不同的情形，应明确相应的管理方式（如类别和应用领域的不同，城市、乡村、野外的不同，日常和应急的不同，等等）；颁布相应的建筑技术规范和管理细则（设计导则、设计规范、质量验收规范、安置及维护保障规范，等等）；规划产业发展和政策引导的整体思路……

---

① 《中华人民共和国汽车行业标准：旅居车》QC/T 776-2007由国家发展改革委于2007年9月发布并实施，涵盖车厢、厨房、卫生间、给水排水、暖通空调、电气系统、安全疏散等方面的要求。依照《机动车登记规定》在办理拖挂式旅居车的注册登记时，牵引车和挂车都要登记。房车尺寸及运输过程要受到交通法规的管理约束，《道路交通安全法实施条例》第56条规定小型载客汽车牵引的旅居挂车质量不得超过700kg，但是各地的桥梁、隧道对车辆限高不一样，难以确定房车的尺寸范围。

② 房车营地是指具有一定自然风光，占有一定面积，可供房车补给和人们露营的娱乐休闲小型社区。房车营地内除了有供水设施、供电设施、污水处理装置等专门针对房车所配置的设施外，还配有帐篷、房车、可租借的木屋、运动游乐设备等露营设施，适合外出旅行或长时间居住。

③ 临时建筑一般是指单位和个人因生产、生活需要临时建造使用，结构简易并在规定期限内必须拆除的建（构）筑物或其他设施。在结构上不得超过两层，在建筑用材上除工程特殊需要外，一般不采用现浇钢筋混凝土等耐久性结构形式。按照《城乡规划法》《土地管理法》规定：“临时性建筑使用年限不得超出二年，并应当在批准的使用期限内自行拆除。临时建（构）筑物不予确权发证，不得改变使用性质，因特殊原因需延长使用的，建设单位应在期满前申请延期，且延期申请只能一次。已超过两年期限而未获准延期，那么它在性质上属于违法建筑。”此外，根据《民用建筑设计通则》GB 50352-2005的规定，临时建筑耐久年限不得超过五年，之后必须对结构进行技术加固并通过可靠性鉴定和验收合格后才能继续使用。

3. 服务方——基础设施的不足

从服务方的视角来看，移动建筑发展的一大制约因素在于配套设施的不足。移动建筑若要走向普及，除了自给自足式的使用之外，更多地会以社区形式来形成集聚的规模效应。移动社区的发展需要政府出台相应的管理法规，更需要服务方提供完善的基础配套设施服务。在市场层面，移动社区大多以房车营地形式存在，由露营地的开发和运营团队为使用者提供生活补给以及水、电、燃气、排污、垃圾处理等服务。以美国为例：根据其房车协会的数据，目前全美共有超过 24000 个移动社区，除了居住社区还包括退休养老型和季节度假型社区。其中一些移动社区的居民还被称为雪鸟族（Snowbird）。他们本来住在寒冷的北部地区，冬天则驾驶房车到南方温暖地带过冬。因此，社区配套的设施也需要适应服务人口的巨大变化[1]。

我国的房车营地与美国不可等量齐观，目前远远无法满足数以十万计的房车需求。同时，这些房车营地大多因近年来文旅产业的红火而建设起来，因此通常服务于户外旅游，而非日常居住。营地须按传统建设程序进行管理，这使得土地获取成本偏高，进而推高了服务费用。此外，营地还存在分布零散、设施整合度低、用户体验差、系统服务缺乏等诸多问题。随着土地的资源稀缺，城市中（尤其是中心区）难以建设大规模的移动社区营地。也许，可借鉴电动汽车所采取的服务模式，利用分布式的小规模基础设施，来满足移动建筑的保障服务（如停靠位、能源补给站、水站、排污站、垃圾站等）。总体来看，基础设施不足的问题相对容易解决，通过市场化的专业运作可以提供完备的服务。但是中国当前尚缺乏这样专业的服务商，也缺乏政府在宏观产业层面的整体布局和引导。

4. 生产方：运作方式的落后

从生产方的视角来看，移动建筑的发展制约在于市场运作方式的相对单一。在国内市场，除了专门的企业生产、销售不同档次的房车（从几万元的牵引式车载单元到上百万的专业越野房车）和船屋（价格从几万元到几十万元不等）产品之外，其余大多为从事移动房生产研发的企业，涵盖了机电设备、集成房屋、预制木屋、集装箱、钢结构等公司。但这些企业基本面向中低端市场，生产的产品价格大多在几万至几十万元。不少生产企业由于在产业链闭环管理方面意识不足，使得其产品在设计、生产、销售、服务等环节存在断裂，无法充分适应市场需求。

反观国外，像宜家（IKEA）、无印良品（MUJI）、爱必居（Habitat）等公司都通过系统化的商业运作和产业链的闭环管理，向市场推出了可批量生产且面向个性化选择的移动住宅产品。在瑞典，宜家将其住宅产品与家具产品相结合，并针对那些购买宜家家具的同一类人群（中低收入者）推出了低成本的明智住宅（BoKlok，在瑞典语中是智能生活的意思），该住宅可像组装家具般，在 4 天内建造完毕[4]。在日本，丰田（Toyota）、积水（Sekisui）等公司开发了模块化住宅建筑系统，计算机程序会详细地列举出所有模块的标准化部件，提供建筑布局和风格的多种选择，并对住宅的外形以及费用做出准确反馈。客户可与设计师或销售人员进行合作，并做出选择。设计一旦确定，订单就会传给工厂，并在装配线上配备组件，组件最后被打包装车，并送达用户安装[4]。值得注意的是，以阿里巴巴（www.alibaba.com）、建材网（www.bmlink.com）等为代表的第三方电子商务平台是我国目前移动建筑产品的重要销售渠道。它们或以销售面向低端市场的活动房为主，或专注于为移动建筑的全套产业链搭建平台。一些研发移动建筑的企业也开始注重全产业链的闭环管理，这将逐步改变国内市场的传统运作方式。

5. 设计方：社会协作的缺乏

设计水平是制约移动建筑发展的因素之一，但却是最容易解决的问题。移动建筑在国内通常给人留下一种低端和劣质的印象，其原因在于厂家往往将成本控制放在第一位，其对于工程因素的考量远远大于对文化、艺术和美学因素的考量。为了迎合大众需求，移动建筑还经常被粗暴地披上传统或者古典建筑的外衣，空间更缺乏设计，产品呈现为标准化、单一化的面貌，且可选择度很低。造成上述情况的核心原因在于设计师、生产商和用户之间缺乏有效的沟通渠道，亟需以社会协作参与的形式，去共同开发和打造更具特色的产品与更多元化的市场。以 VUILD 团队在日本南砺市 Toga 村设计的数字装配式木屋“Marebito之家”为例：这栋移动旅馆基于“建筑作为家具的延伸”的设计理念，使用了当地丰富的木材资源和计算机数控（CNC）加工技术来建造。项目将所有木制构件加工成人工可以操作的小尺寸，进而成功地让从未有过建筑或施工经验的居民能够参与建造，并可在狭窄的空间施工且无须脚手架帮助[5]。因此，国内移动建筑设计水平的提高是一个全方位的问题。当前问题的出现既存在艺术美学修养和设计策略体系缺乏的原因，也体现了建筑设计与其他行业、领域和市场的沟通机制缺失。解决问题的关键在于要认识到移动建筑设计不仅仅是一个建筑问题，而是要将其作为一个“社会”问题来看待。

4.3 当代移动建筑的设计实践

4.3.1 系统性策略下的设计实践

1. 刘鲁滨——基于新型材料结构的微型居住模块

2012 年，清华大学的刘鲁滨进行了名为“微宅”的居住模块研究实验（图 4-3），并建造了 1 : 1 的实体原型进行展示。该实验采用模块化策略，将传统住宅中不同功能的房间抽离为可拼装、集成的标准居住模块。这些模块既可以独立使用，也能够组合成单元住宅甚至社区群落。微型居住模块采用轻质高强的复合材料结构（玻璃钢空心格构 + 聚氨酯填充，兼具保温防水功能），边长各2.4米，内部空间可满足使用者的基本居住行为（如站、坐、躺等）所需要的最小尺度。此外，模块内部空间设计借鉴了建筑家具的集成策略，内表面的转折自然形成了桌、椅、床、柜等家具，墙体内部配合设备预埋管线，可满足使用者的基本居住需求（如休息、工作、洗漱等）。这种居住模块能够在工厂快速批量生产，其尺寸也易于运输，可在现场快速拼装成型并投入使用。值得注意的是，模块单元的十字形剖面设计一方面在于其形构逻辑来源于人的居住行为在空间上的反映，另一方面使得模块能够前后搭接和竖向堆叠，组合顺序的不同可以让住宅内部的空间秩序和功能构成产生灵活的变化。该居住模块研究既是一次对于可移动微型居住空间的探索实验，同时反映了基于工业化技术的模块化、轻量化、集成化等策略以及新型材料、结构为当代社会的移动居所提供技术支撑。

2. 盈创——基于3D打印的移动建筑产品

如果说微型居住模块是基于新型的材料、结构，那么盈创建筑科技（上海）有限公司则利用了3D打印这一先进的生产建造技术来研发移动建筑产品。基于3D打印的移动建筑产品具有建造速度快（单个产品在数小时内即可建造完毕）、成本低、一体化打印（内部装饰也同步打印）、快速成型（日均可生产上百套房屋）等优势，便于移动运输，仅需吊装和连接水电便可投入使用，因此其在疫情期间有效地支援了各地的抗疫①。此外，盈创公司的3D打印建筑产品还可进行个性化的定制，以满足不同的需求。比如：为迪拜研发生产的移动商业建筑；根据巴基斯坦的热带沙漠气候研发的具有良好密闭性和隔热性能的移动隔离房屋，等等。这些3D打印的隔离屋还可被改造作为其他用途（如酒店、公园驿站、咖啡厅、门卫房、厕所、救灾应急用房等）。当其不再符合需要时，可回收进行粉碎、分类、研磨、高温处理，并作为原料再打印出新的建筑[6]。此外，盈创还联合日本Serendix公司生产的面积为18m^{2}的3D打印住宅——火星生活舱，由固废建筑材料打印制作而成，且对于台风、地震等自然灾害有较强的抵抗能力，适合作为露营小屋、度假屋或是灾难安置避难所使用（图4-4）。

3. 东南大学建筑技术与科学研究所——可移动铝合金建筑产品研发

东南大学建筑技术与科学研究所在当代致力于移动建筑的产品化研究，其研发的产品全名为“铝合金轻型结构房屋系统”，现已推出多代原型[7]。2013年在东南大学校园内开展原型建造的“未来屋”为第三代产品，其采用了轻型化的技术策略，主体结构为轻质柔韧的铝合金型材，墙体则使用由三聚氯胺板和可回收矿棉组成的复合无机材料，建筑自重轻

---

① 盈创公司在2020年2月向湖北省咸宁市中心医院捐赠了15个由其自主设计研发的3D打印隔离病房单元。这些隔离病房单体面积约10m^2，高2.8m，采用壳体结构，具有受力均匀、抗风抗震的特点。此外，病房还具有随时移动，根据防疫需要自由拼接、增大使用面积的功能，15个在工厂内生产的3D打印隔离屋由货车快速运输至咸宁，用于救治30名新冠肺炎患者。后来盈创还相继为湖北黄石市和山东日照市提供了基于3D打印的检疫房和隔离屋。

图 4-3 “微宅”居住模块
图片来源：刘鲁滨，王琳，王晓峰，等．“微宅”——居住微空间研究 [J]. 住区，2014，59（1）：66-71.

图 4-4 盈创联合日本 Serendix 公司生产的 3D 打印球体住宅
图片来源：盈创．3D 打印火星移民屋，火速开打中！[EB/OL].（2023.01.11）(2023.05.15）. http：//www.winsun3d.com/News/news_inner/id/583.

且保温性能好①。“未来屋”的建筑造价虽高达 40 万元，但其在能源层面的自给自足②以及通过拆装移动可在全生命周期内使用 20 次以上的优势，能够大大抵消建筑的营建成本。此外，“未来屋”采用了企业协同生产建造的模式，部件批量生产以及成品吊装的方式大大降低了劳动力成本，提高了建设效率。

该所 2015 年在常州武进区绿色建筑博览园建造的第四代产品“梦想居”采用了协同设计前置的策略，即“由研发领衔团队在设计之初运行技术协同构架，与协同单位和企业一起组织整个设计研发、生产和建造过程，及时发现和解决实施过程中出现的问题”[8]。在“未来屋”的基础上，“梦想居”进一步展现了绿色节能技术的综合应用，比如：标准预制构件之间通过螺栓连接，便于维护与更换；结构设备基于独立构件组装，可进行整体回收利用，建筑可被拆装移动 30 次以上；采用了双层复合围护来提高保温性能，并利用阳光房实现被动式节能；采用了智能化的空气净化及饮水系统，并引入自给自足的太阳能光电系统和污水生态处理技术……[8]

总体来看，东南大学建筑技术与科学研究所的相关研究强调以绿色建筑技术协同应用的模式去提升移动建筑的设计研发，提倡企业之间形成具有协同利益的共赢合作关系，从而开拓面向市场的移动建筑研发、生产产业链[7-8]。2017 年，东南大学出版社出版的《由建造到设计——可移动建筑产品研发设计及过程管理方法》对这一理念进行了阐释：“通过研发过程设计与管理，在产品集成研发团队的组织模式下，运用产品平台化策略、模块化的设计方

① “未来屋”的复合材料墙体保温性能达到 2m 厚墙砖的性能，而质量却大为减轻，整个“未来屋”的自重仅 8 吨，相当于相同尺寸混凝土房屋的 1/3 左右。

② “未来屋”的顶部采用太阳能电池板，每年可提供 5000 度的电力，可满足内部包括空调、电视、吸油烟机和洗衣机等家电使用并有盈余，还可以按需安装废水回收利用系统和海水淡化设施。

法、工厂化的制造与装配以及集装箱化的物流运输等，将传统的建筑设计建造转变为产品研发与工厂预制装配、现场拼装，初步实现传统的建筑设计与建造向制造业模式的转变。”[9]

4. 全移动空间——移动的商业空间载体："可移动的小米智能家"

2015 年，全移动空间与小米智能家居在北京优客工场联合推出了“可移动的小米智能家”——“超级蛋”产品（图 4–5）。“超级蛋”是一种可移动的微型商业建筑产品，其形态呈蛋状，采用轻钢结构和具有镜面反射效果的玻璃钢面板表皮。建筑由工厂直接预制而成，可以承担展示、售卖等功能（当时主要展示小米品牌的各种智能家居产品）。“超级蛋”产品的推出是为了打造第三类商业模式（前两类是传统商场和互联网电子商务）而进行的实验性探索，进而塑造一种“分布式的移动商业空间载体”：利用建筑的可移动性和临时性，实现其在城市的“碎片”空间乃至各个角落的快速部署，一方面让闲置场地和空间的价值实现从无到有，降低店铺租赁等交易成本，另一方面去灵活满足居民的生活需求，最终实现在社会的推广应用，并营造出一种动态丰富的生活形态。

5. 微宿——野外微型旅宿建筑产品研发

2019 年，微宿公司（VESSEL）在深圳会展中心举办的第 21 届高交会上，展示了其研发的两款用于野外旅宿的微型客舱产品。该客舱是国内首创的高科技智能微型旅宿建筑产品，其以模块化设计和可移动特性，来满足当前文旅产业在短期内开发生态旅游住宿市场的需求：客舱采用整体预制、数字加工和模块化生产技术，可在 30 天之内完成产品的定制选配、加工生产、发货运输、现场安装、系统上线、营业入住等流程，能够实现整装出厂和吊装，无须二次装修；轻型的结构体系和适用于任何运输形式的空间尺寸使其能够突破各种复杂地形的限制，进而深入自然景区的腹地且不需要建构地基，可在不破坏生态环境的前提下即时投入使用；客舱内部采用集成化的设施设计和自给自足式的资源配置，以高热工性能套装以及超低能耗的水暖电系统，打造可按需定制的恒温恒湿康养系统，且能够适应 –50℃的极端环境以及抗衡 13 级台风与 8 级地震；客舱的设计使用年限达 50 年，批量生产、无损拆装以及可整体回收利用等特性，使其成本能够为大众可负担得起（售价在 8.8 万到 36.8 万元，近似普通汽车的价格）……[10] 目前，微宿已推出“Y 系列”“X 系列”“E 系列”“S 系列”等产品型号，涵盖了从单房到双房的多种居住空间类型，并在国内多个户外营地项目中得到应用（图 4–6）。

此外，微宿自主研发了智能化的销售系统。用户可线上预订，自助入住，并能对产品进行个性化的建构选配。例如：在结构体系上可选择铝合金、冷轧钢和混合框架；在外壳材料上可选择铝单板、吸塑板和混合材质；在地基形式上可选择临时自然、半永久性和永久性地基等。微宿还提出了以系统协同的产品闭环研发策略来打造这种移动建筑产品："在设计上提供全套解决方案，在生产上采用全产业供应链管理体系和过程执行管理系统，实现从规划设计、研发生产到咨询管理、产品销售、精准布局再到线上配套、营地共建和运营维护的完整生态闭环。”[10]

图 4-5　全移动空间和小米联合推出的可移动“超级蛋”产品

图片来源：光谱 . 这枚装满小米产品的“蛋”，会是年轻人的第一个胶囊屋吗？[EB/OL].（2015.12.20）（2023.05.15）. https：//www.pingwest.com/a/64042.

图 4-6　微宿公司为武汉树影行星民宿生产的客舱产品

图片来源：贵成 @36 氪贵州 . 旅行的下一站：微宿、露营、可持续 [EB/OL].（2022.04.06）（2023.05.15）. http：//www.303vessel.com/h-nd-19.html.

4.3.2　日常性策略下的设计实践

1. MAD 建筑事务所——幻想和日常：从移动的城市到移动的装置

MAD 建筑事务所在当代以先锋的设计理念而闻名，其对于未来生活空间的构想通常是开放的、自由的，甚至是可以移动的。这一点在其创始人马岩松于 2002 年纽约世贸大厦竞赛中所设计的“浮游之岛”构想中就已初见端倪—— 一个漂浮在曼哈顿上空的新城。2008 年的第十一届威尼斯建筑双年展，MAD 在主题馆“非永恒城市”（Uneternal City）① 中推出了“超级明星：移动的中国城”构想（图 4-7）。该方案模拟了一个整体、和谐、不断更新的未来中国城形态，其以一颗存在着丰富生活形式的行星来虚拟表达一个没有等级制度和上下关系，而是基于技术与自然、未来与人文混合并能够自给自足的梦想家园：可以停留在世界任何一个角落与其所处的环境交换激情和能量，可以回收利用所有的废物……[11]

如果说“移动中国城”以一种宏观、巨构的形式畅想了未来的移动生活形态，那么 MAD 在 2017 年北京设计周期间设计的儿童游乐空间 Wonderland 则是以一种可移动的艺术装置形式去介入和激活城市的社区生活（图 4-8）。Wonderland 所在的青龙胡同是新兴文化创新街区与传统居民社区的结合体。该装置就像一只戴着耳机沉浸在自我世界中的兔子，成为胡同中儿童们课前学后可驻足的社区公共空间，让人在嬉戏中摆脱世俗烦扰，去追寻最原始纯粹的生活享受 [12]。基于移动性理念的设计使得 MAD 逐渐从未来的宏大理想叙事转向了日常的人文生态，并以艺术化、生态化的形式去建构和表达当代社会人与人之间的关系，这也许与其近些年来更加倾向于从社会整体生态的视角来看待问题有关（比如

① 2008 年第十一届威尼斯建筑双年展的策展人为艾伦 · 贝斯奇，主题是“超越房屋的建筑”（Architecture Beyond Buildings），主题馆“非永恒城市”邀请了 MAD、BIG、WEST8 等公司 12 位青年建筑师，针对日益丧失活力和特征的罗马郊区，为它的未来提供新的城市肌体组织。

图 4-7 “超级明星：移动的中国城”构想
图片来源：超级明星：移动的中国城—第 11 届威尼斯建筑双年展 [J]. 城市环境设计，2017，105（01）：162-165.

图 4-8 儿童游乐空间 Wonderland
图片来源：Joanna Wong.“MAD 在北京国际设计周展出”Wonderland“可移动儿童游乐空间”[EB/OL].（2017.09.17）（2023.05.15）. https：//www.archdaily.cn/cn/880464/madzai-bei-jing-guo-ji-she-ji-zhou-zhan-chu-wonderland-ke-yi-dong-er-tong-you-le-kong-jian.

山水城市理念的提出，衢州体育公园、深圳湾文化广场等设计都有意消隐建筑而强化自然环境）。

2. 青山周平——移动共享：四百盒子城市社区与城市寄生家具计划

在 2018 年举办的 CHINA HOUSE VISION“理想家”展览中，建筑师青山周平展示了“四百盒子城市社区”（以下简称“四百盒子”）方案，以表达其对于当今社会生活方式转变的观察与批判。如今，传统家族式的居住模式逐渐弱化，当代年轻人更青睐个体化、自由化的生活形式。但是，人类毕竟是一种社群动物，在个人空间及隐私不断被强化的同时，也需要社交和公共服务。“共享型社区”在这种背景下应运而生，并逐渐兴起。

面对当今人际关系日渐冷漠的社会现实，“共享、开放和链接”[13] 被青山周平认为是未来的城市生活模式，也是对于未来家的定义，即“城市是我家，我家就是城市”[13]。因此，青山周平思考着一方面应怎样去平衡个人隐私与公共社交之间的关系，另一方面又如何将城市日常的公共生活形态和个体的居住空间形式相融合，进而以模糊私人与公共的界限来拉近个人和社会之间的距离。“四百盒子”便是青山周平基于该理念所打造的“共享型社区”居住模式，其实现建立在移动建筑的形式和策略基础上：首先，打破传统公寓的墙体界限，采用建筑家具和模块化策略，将空间的使用功能抽离集成在不同的模块上，即可移动的居住盒子，每个盒子都能满足居住者的基本生活需求（如工作、储物、休闲、居住等）；其次，居住者可以根据自己的喜好，选择不同的功能和空间组合形式，家具模块的组合成为其自主创造和个性表达的平台以及组织社交活动的工具，也成为居住者之间共享与交流的契机；最后，盒子的可移动性赋予了社区空间不断组合流动和变化调整的可能，既能够灵活适应社区生活需求与环境的变化，也促进了现有空间的高效利用[14]（图 4-9）。

“共享”的移动生活理念后来还影响并体现在青山周平所提出的“城市寄生家具计划”

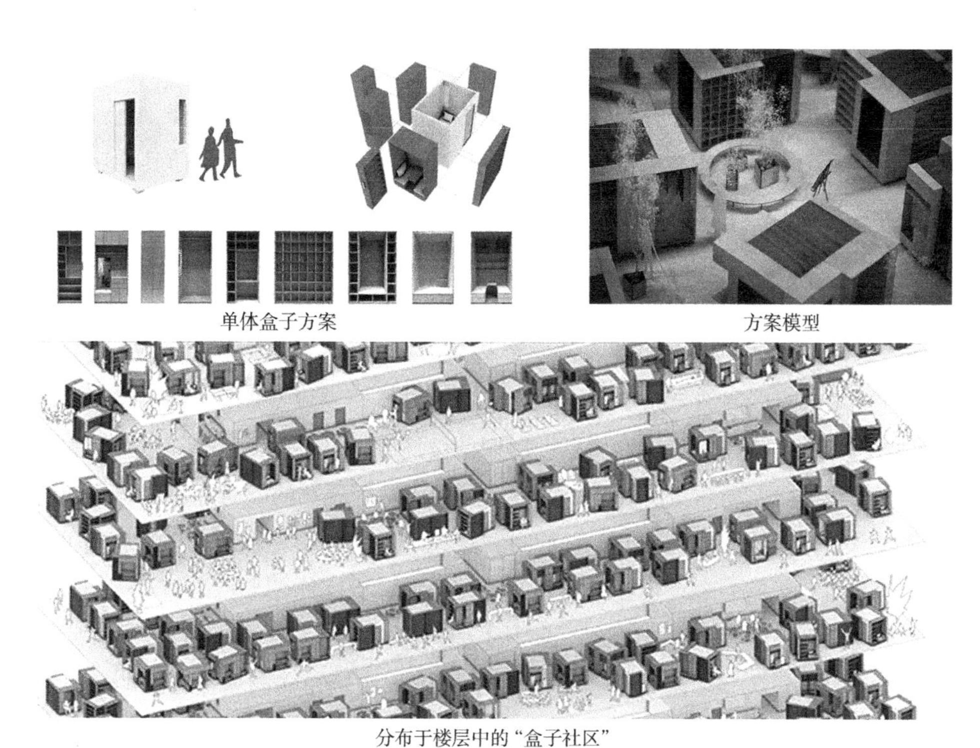

图 4-9 “四百盒子”社区方案

图片来源：凤凰网综合 . 青山周平：“个体时代”正在开始，你愿意住在这 400 盒子里吗？[EB/OL].（2019.04.29）（2023.05.15）. https：//finance.ifeng.com/c/7mGm42TSC8m.

中。青山周平认为自由生长的城市中存在诸多因短时活动而存在的灵活空间形式和设施，但是传统整齐划一的规划运行磨灭了这些城市界面中的“突起物”，因不同个体创造而短时存在的“家”也就此消失了。基于此，青山周平提出了“寄生家具”概念，试图用灵活可变的城市家具形式去黏合微观的个体生活和宏观的城市空间，并认为两者是一种“寄生”的关系，以此重塑那些因社会生活及行为活动而短时存在的“家”。从某种意义上讲，青山周平的这种描绘具有弗里德曼的移动建筑思想内涵，即强调个体创造的价值与自由，且认为短时性的行为活动和可灵活移动的家具设施同样能够塑造出建筑的场所感，即城市公共空间中的“家”。

3. 度态建筑——设计的开源共享和微介入

度态建筑（dot Architects）在当代主要基于预制模块与 WikiHouse（维基住宅）开源系统设计了一系列移动建筑作品。2012 年，度态建筑在大声展的移动房屋单元中，设计了参展作品——包房，一个在人力三轮车上搭建的基于工业化预制建造的轻质居住模块。该模块尺寸为 2 米见方，内部空间可供三人休憩，外围护采用木框架结构结合以白布为模板浇筑喷涂的发泡聚氨酯（SPF）表皮，并利用发泡胶的氧化膨胀过程，自然生成时尚的鼓包形态。2013 年，度态建筑发起了名为“汪房 & 喵房”的公益项目，为流浪小动物提供过冬的小窝。该项目采用 CNC（数控加工）切割的木板（或胶合板），并喷涂发泡聚氨酯保温层，小窝只需少量的日常工具便可快速组装。度态建筑还将其设计为一套开源的方案公布于网络，并通过淘宝众筹的形式为用户提供组装套件，鼓励大众进行 DIY 制作。这一系列实践使得度态建筑发现了智识共享和设计开源所具有的社会价值与意义，也使其在后来的实践中逐渐引入 WikiHouse①[15] 系统。

WikiHouse 是一个完全开源和在线合作的建筑平台，由世界各地的设计师共同开发并共享方案，并致力于通过模块化设计及数字化加工技术让每个人都可以在任何地方快速、便捷地建造房屋。因此，WikiHouse 系统主要基于开源策略和知识共享，用户自主建造并最终形成设计成果，提倡回馈与共享。2016 年，度态建筑便利用 WikiHouse 系统，在北京设计周的大栅栏社区快速搭建了移动展棚。展棚的设计方案基础来源于 WikiHouse 的网络共享资源。度态建筑根据场地情况修改了方案的尺度，基于展览的临时性质优化了结构断面尺寸，并取消了保温等构造。同时，立面材料采用半透明的阳光板和白色高密度 PVC 板，以降低自重和便于运输。整个搭建活动仅耗费 7 小时，由网络招募的 6 名成人志愿者和 6 名高中生完成。后来，度态建筑把这一设计过程中的图纸资料和经验教训增补到原有共享资料中，以回馈给公众[16]（图 4–10）。至此，开源共享成为度态建筑最重要的设计理念之一，并与预制模块一起成为其在移动建筑设计中常用的策略。

2017 年，度态建筑完成了北京白塔寺胡同区域的大杂院预制模块设计。项目所在区域为经历了几十年自发生长的大杂院，当地居民为改善生活条件而进行的私搭乱建与政府部门旧城更新的监管法规形成了冲突。度态建筑采用了一系列基于 WikiHouse 系统的预制功能模块策略去尝试化解这一矛盾：将一些具有卫浴、储藏功能的集成模块置入违章建筑被拆除之后的院子，以微介入的形式来改善原有居民的生活条件[17]。这些基于 WikiHouse 建造体系的预制模块将原先的违章房屋替换为可移动的建筑模块，并可根据胡同的建设条件和功能需求进行灵活调整，无需专业知识和大型机械介入即可完成快速搭建并投入使用

① WikiHouse 由英国的 WikiHouse 基金会发起，其创始人为毕业于英国建筑联盟学院（Architecture Association）的建筑师阿拉斯泰尔·帕文（Alastair Parvin）。帕文建立 WikiHouse 的起因在于希望将设计放入公有领域以降低建屋的门坎，因此将建筑设计与开源结合起来，让任何人都能设计、下载和制造房屋的建筑构件，无论是在贫民区、灾区还是野外，非专业人士都可以自由地打造自己的家。WikiHouse 的设计方案在知识共享协议（Creative Commons，简称 CC）下开源，包括图纸、模型、说明、预算和建造指导等资料都共享在全世界最大的开源项目托管平台 GitHub 上（https://github.com/wikihouseproject）。每个人都可以像下载软件一样获得 WikiHouse 的免费设计，并根据知识共享协议因地制宜地修改设计，同时进一步在社区共享。这种“软件免费—用户生成内容—回馈开源社区”的模式在互联网软件的发展中被证明具有强大的生命力，WikiHouse 也首次在房屋建造体系中引入这个策略。例如 WikiHouseUK V3–3 是一个已经在平台上开源的建筑项目，它提供的图纸包括该简易房屋的每一个零件，甚至包括板材间的连接部件（建筑部件间的连接不依赖螺栓，而是借助楔和钉子）。用户可以把图纸下载下来，并借助数控机床高效地将板材“打印”成所需要的部件，所有的部件都会被编号，只需要 2~3 个人的努力就可以将这座简易房屋组装好，就像组装宜家家具一样。在完成房屋的基础部分后，还可以在这基础上添加窗户、隔热层、覆盖层等设施。WikiHouse 还提供了房屋设计的标准和指南，包括钉子的使用、板材间连接部位的结构与规格，还根据房屋的宽度将设计归于不同的系列，这样标准化的过程也使开源项目的质量得到了保证。此外，WikiHouse 的建造采用了全过程数控加工，就地取材，在地建造，避免了传统建设项目中不同材料从不同产地运输到工地现场加工的流程，既提高了效率，又降低了碳排放。如今，WikiHouse 系统已经在世界各地传播开来：在新西兰的基督城，WikiHouse 的资源被用于建造震后安置房；在巴西里约热内卢贫民窟，已借助 WikiHouse 系统建造了社区工厂和微型大学，等等。

图 4-10　使用 WikiHouse 开源设计自主搭建的北京设计周大栅栏展棚

图片来源：度态建筑 . WikiHouse 大栅栏展棚 . 北京 [EB/OL].（2016-10-21）[2023-05-10] https：//www.gooood.cn/wikihouse-dashilar-pavilion-by-dot-architects.htm.

（图 4-11）。同年，度态建筑运用相同的策略设计了白塔寺“未来之家”，通过智能的移动家具模块和开源的 WikiHouse 体系建造模式，来探索老旧社区中未来家的形态[18]。度态建筑的“预制模块 + 开源策略”的实践形式可灵活适应不同杂院的空间条件，在改善当地居民生活条件的同时，也符合政府对于旧区改造的政策法规。这种开源共享的模式更有利于居民的自主创造，并为当代城市社区更新改造中的多方介入协作提供了现实的操作思路。

4. 何志森——自下而上的自主营建：街头美术馆

华南理工大学建筑学院的何志森致力于城市中的社区自主营建研究，其在广州某菜市

卫浴模块

贮藏模块

图 4-11　应用于老旧胡同改造的预制模块

图片来源：度态建筑 . 白塔寺杂院预制模块设计，北京 [EB/OL].（2018-08-13）[2023-05-10] https：//www.gooood.cn/prefabricated-modules-for-baitasi-sharing-courtyard-china-by-dot-architects.htm.

场周边社区进行的“街头美术馆”实验，虽并非移动建筑项目，但该过程却蕴含了移动建筑的思想内涵和策略特征。2017 年，何志森带着学生去研究菜市场周边的摊贩、拾荒者、清洁工人、社区大妈等草根群体，并将整个菜市场作为实验场所，以一种移动的、开放式的、人人都可以参与互动的“街头美术馆”（广州扉美术馆）形式介入社区的日常生活。“街头美术馆”建构的出发点在于“踏入社区，便进入了美术馆”[19]，因此这种承载着日常流动生活场景的“美术馆”也成为拉近社区居民之间关系的纽带。2018 年，何志森与艺术家宋冬合作，在街头用一些北京胡同中丢弃的门窗打造了一道“无界之墙”，并将其所拍摄的“菜贩的手”系列照片进行展览，最终吸引周边的菜贩共同参与到美术馆的展览营建中。美术馆每月定期组织居民开展种植活动，让居民把家中不用的各种器物贡献出来作为种植植物的容器，一起改造社区公共空间并分享自己的故事和记忆……此后，何志森又带领学生将个人家庭中的床搬进社区公共空间，以一种移动美术馆的形式去激活居民的社交活动。“移动的床”项目还在社区里开展绘画工作坊、舞蹈表演、露天电影等活动，甚至在床上举办流动的“百家宴”。传统上代表个人隐私的床在“街头美术馆”中移动迁徙，并成为“社区中不同阶层居民之间联系的媒介”[19]。

从某种意义上看，何志森创建的“街头美术馆”与弗里德曼在移动建筑理论中所提出的“街头美术馆”有相近之处，都倡导社区居民自主参与空间的营建，强调对于生活废弃物的再利用，以此回应使用者的自主创造和自我表达需求。对于当代的移动建筑设计，使用者的参与不再仅仅是为了让其获得建造“庇护所”的基本能力和权利，更重要的是让建筑在居民自建的过程中形成“场所感”，进而融入不同的社区与环境。

5. 先进建筑实验室——建筑的社会学修复：公民自建与社群共建

华中科技大学先进建筑实验室多年来一直聚焦于城市与建筑空间生产中的社会关系研究，并认为空间生产不仅仅是建筑学层面的问题，也是社会学层面的问题。因此，该团队提出了“建筑的社会学修复”理念：“把整个社会公民作为建筑的主体来观察，去发现伴随日常生活需求复杂化而带来的空间需求，提升居民在自建过程中的科学性和精确度，在市场化的建设方式之外，探寻公民与社区的自主实践和多方参与的可能。”[20] 作为先进建筑实验室创始人之一的穆威曾对“先进”一词的含义进行过解释：“一是技术上的先进性，如以参数化建筑、数字集成建造为方向的绝对技术层面的先进；二是建筑思维的先进性与可能性，将建筑学知识更广泛地应用到社会各个层面，去探索建筑学在社会学上的先进性。”[21] 对于“先进”的理解使得先进建筑实验室在探索建筑的公民自建过程中，主张材料的社会化生产和建造体系的工业预制化，并自然而然地选择了易建造、实施快、调整灵活的移动建筑形式作为实施载体。

2012 年的“石榴居”是先进建筑实验室首次利用预制体系和自建模式完成的项目。这座面积为 60m^2 的可拆卸建筑建造于华中科技大学校园内，采用了“胶合竹预制建造体系”①，所有构件基于工厂预制，现场安装由4名工人和30名志愿者在25天内自主完成。此后，先进建筑实验室又开展了名为“种植建筑”（Planting Architecture）的“天空之城”实验。该项目与儿童教育机构——拉图尔自然生活共同组织，选择了30多个儿童及其父母作为自主设计和建造的主体，利用3个月的周末工作营共同构想和搭建了一座位于竹林中的“天空之城”。项目使用了以原竹为材料的预制体系，建筑被拆分成8个$3m^2$的竹结构单元，并以$2m^2$的基础面积支撑起$90m^2$的“城市平台”。孩子们在平台上建造自己的小房子，从而更真切地了解自然、工具、建造甚至生活本身[22]。自此，先进建筑实验室认为公民自建与亲子活动可以结合起来，并开始和个个世界（Wiki World）合作，探索亲子建造的可能。

2019年，先进建筑实验室与个个世界、欢喜欢喜（JOYJOY）、融创（SUNAC）、“世界儿童运动”、Parki（Parkitecture）等机构在湖州的莫干溪谷联合实施了“小小部落”（Wiki Tribe）项目。“小小部落”是在乡村振兴背景下打造的国际化亲子教育与度假营地项目，由建筑师发起和引导项目的规划设计，并邀请亲子家庭共同参与部分建筑的设计与建造。项目还结合社会活动，以多方参与、社群共建的方式来进行运作，比如：与联合国人居署发起的“城市思想家校园”（UTC）合作，邀请来自小鱼儿社区的12组家庭，通过分组学习和亲子协作，在5个小时内共同建造了两座度假木屋；引入“世界儿童运动”的中法百人建造节活动，由100余位亲子家庭成员历时6小时，共同建造了面积达$160m^2$的模块化木构快闪建筑聚落；通过以Parki City移动装置为载体的亲子互动建造游戏，社区和家庭可以自主定义和更新项目，建造则因用户的参与而被赋予了教育和社交的形态……[23]“小小部落”以社群共建的形式创造了新的建筑教育模式，移动建筑形式则为社区和家庭提供了自主快速搭建空间场景的可能，预制体系也为公民自建的精度提供了保证，让人们以建构和认知环境的方式进行学习，进而参与到城市的发展建设进程中来。从某种意义上看，先进建筑实验室的这种带有普及性教育意义的公民自建和社群共建策略，完全契合了弗里德曼所提倡的面向自主规划与简易建造的移动建筑思想（图4–12、图4–13）。

4.3.3　可适性策略下的设计实践

1. 标准营造事务所与戴海飞——蜗居的抗争：“城市下的蛋”

2009年的深港双城双年展上，标准营造事务所针对当代社会中的流动人口在城市中的活动场所问题，推出了“城市下的蛋”系列移动装置（如卡拉OK宅、椅子宅、小商贩宅、收破烂宅、按摩宅、背包客宅等），尝试通过可移动策略来探索承载城市公共和日常生活的建筑新形式：卡拉OK宅外部覆盖了人造草皮，内部设有与建筑结构一体成型的座椅和唱

① 胶合竹预制建造体系由先进建筑实验室和中国林业科学院竹木研究所共同研发，尝试将中国丰富的竹材资源转化成工业化建筑结构材料。同时，先进建筑实验室还努力通过数字技术和预制优化将建筑体系简化成宜家式的移动装配模式，建筑设计和建造技术被消解成“客户定制—数控加工”和“集体参与性”的建造模式。

图 4–12　人力搭建的可移动“小小部落”建筑

图片来源：韩爽—HAN Shuang. 小小部落 / 个个世界 + 先进建筑实验室（AaL）[EB/OL].（2019–12–02）[2023–05–10] https://www.archdaily.cn/cn/929421/xiao–xiao–bu–luo–ge–ge–shi–jie–plus–xian–jin–jian–zhu–shi–yan–shi–aal.

图 4–13　UTC 联合国人居署建造节中的亲子搭建场景

图片来源：韩爽—HAN Shuang. 小小部落 / 个个世界 + 先进建筑实验室（AaL）[EB/OL].（2019–12–02）[2023–05–10] https://www.archdaily.cn/cn/929421/xiao–xiao–bu–luo–ge–ge–shi–jie–plus–xian–jin–jian–zhu–shi–yan–shi–aal.

歌设备，外壳上开有梭形窗，提供内外视线和声音的交流；椅子宅则外表光滑，外部凹陷部位可供人坐卧，内部提供了较为私密的休息空间……

在那个年代，中国的房价飙升，大众普遍“望房兴叹”，电视剧《蜗居》的热播也使得房子成为社会热议的话题。当时就职于标准营造事务所的戴海飞，基于“城市下的蛋”的概念原型自制了“蛋型蜗居”，其以一种微型移动住宅的形式表达了对于城市居住问题的抗争与无奈，并一度成为社会的新闻热点①。“蛋型蜗居”设计的出发点是为当时在大城市中辛苦打拼而又对高房价无能为力的广大外来务工人员创造一个可遮风避雨的移动之家，因此其建造相对简单：“住宅尺寸为 3m × 2m，用 6mm 钢筋焊接出基本结构，并在钢筋内层顶接竹条加固结构，然后覆盖防水层和保温泡沫，最后用草籽袋覆盖建筑，形成绿色生态的表皮。室内则配有床、储物柜、水槽和蓄电池，能够满足用户基本的洗漱和睡眠需求，但无法提供卫浴和餐食，所以日常生活很大程度上还要依赖周边设施。”[24]“蛋型蜗居”由戴海飞和几位同学在湖南自主建造，然后用卡车运到北京，并放置在标准营造事务所楼下的空地上，从建造到运输的整体成本不到 1 万元（图 4–14）。在“蛋型蜗居”的实验中，房子被简化成一张睡觉的床，其他居住行为则在城市公共场所中完成。“蜗居”既成为弱势群体的谋生工具，又代表着一种游牧的生活方式。虽然“蛋型蜗居”后来由于不合法规而被迫迁走，但仍不失为中国建筑师对于城市住房问题的抗争和探索典范。

在“蛋型蜗居”之后，戴海飞受众建筑事务所（PAO）之邀，参与了 2012 年的大声展

① 事实上，“蜗居”一直是那几年国内的社会新闻热点。除了戴海飞，当时还涌现了不少利用移动建筑形式来建造自己在都市中的“蜗居”的现象：2011 年南京林业大学艺术系的学生田园和徐蓓雯在毕业设计展览上展示了自主建造的“便携式蜗居”作品，用包扎带、纸箱等可回收材料制成，成本仅 2000 元；2014 年，长沙南方职业学院的师生建造出一个名为“鹊巢”的可移动微宅，造价约 1 万元；2016 年，郑州市某公交站旁边出现了由电动车改造的简易房车……

并设计了参展装置——“一多宅”。该项目是以轻木结构框架和阳光板表皮塑造的微型移动居住空间，建筑采用了可折叠展开的单元式设计，并结合三轮车底盘，使其能够便捷地迁徙运输。后来，戴海飞成立了微建筑工作室（Wee studio），继续其对于可移动微型居住空间的探索：2015 年以网络众筹的形式在密云的“爱丘山居”客栈中建造了基于预制构件、可灵活安装的微型“树屋”；2016 年研发了一款面积仅为 5.6m^2 的可拆装移动建筑——“小嘿”屋，建筑由 9 个折面构成，自重轻，便于移动，只需两个工人在一小时内拼装完成……[25]

2. 罗发礼——城市闲置空间再利用：可移动的水泥管迷你公寓

2017 年，建筑师罗发礼在香港的“设计启发展”（Design Inspire Exhibition）上推出了一款以水泥管为空间载体的迷你公寓产品——OPod Tube House（图 4-15）。该设计起始于建筑师对香港这座高密度城市长久以来面临的居住资源紧张问题的思考，并将目光放在城市中不为人注意且处于闲置的土地和狭缝空间上。罗发礼认为可以在这些碎片空间中放置低成本、可移动的迷你公寓，即“让人们住在城市的剩余空间中”[26]，从而提高城市居住空间的利用效率，进而解决香港贫困人口的蜗居问题。迷你公寓的形式近似于弗里德曼设计的“筒体住宅”（Cylindrical Shelters）方案，每个公寓单元由两个 2.5m 直径的混凝土输水管道拼装而成，具有良好的防火、防风、隔声和隔热性能，同时可承受巨大的压力。公寓的单元面积约 10m^2，前半段为起居空间，包含有电脑、书桌、书架等设施和储藏空间，座椅拉开即是沙发床，后半段则为厨房和集成卫浴空间，可满足人的基本生活需求。每个公寓单元能够居住 1~2 人，可以独立使用，也可随机组合和堆叠，并自由匹配各种城市空间形态，比如放在高楼林立的夹缝或高架桥下方的闲置空间[26]。这种微型公寓的单个成本大约在 15000 美元，可方便定位和移动搬迁至城市的不同地方，并形成动态变化的居住社区，因此为解决当代城市的居住资源紧张问题提供了灵活的思路。

图 4-14　“蛋型蜗居”

图片来源：hif（摄影：陈溯）. 城市下的蛋 [EB/OL].（2010-11-29）[2023-05-10] https://www.douban.com/note/104032527/?_i=3722285uCo_f1I.

图 4-15　水管迷你公寓 OPod Tube House

图片来源：城市建筑. 这个水泥管变身的温暖公寓，竟成了所有蜗居香港人的寄托！[EB/OL].（2018-01-24）[2023-05-10] https://www.sohu.com/a/218645505_697365.

3. OPEN 建筑事务所——极端环境下的栖居：火星生活舱原型

如果说“城市下的蛋”和 OPod Tube House 是对于社会现实生活现象和问题的抗争的话，那么 OPEN 建筑事务所在 2018 年的 CHINA HOUSE VISION 中则展示了其对于人类未来居住形式的畅想实验。这次实验被设置在人类未来移居火星的背景之下。通过对这种极端环境下的移动居住形态的探索，一方面形成对人类在地球上的生活方式的反思，另一方面也展示了建筑、科技、艺术、产品等多领域融合下的创新。身处极限环境，意味着必须最大限度地提升空间的使用率，并能够移动迁徙和变化调整，以便适应不同的环境。这两大因素促使 OPEN 建筑事务所设计了一种能够在极端环境下进行快速部署和投入使用的移动住宅方案——火星生活舱（MARS Case，以下简称“火星舱”）。火星舱被设计为一个自循环、零污染、易迁徙的微型居住空间，可独立部署或组成聚落，既能够在地球的城市夹缝空间生存，也可用于无垠的太空度假休闲。

火星舱整体分为两部分：“一边是科技化的箱体单元，可容纳厨卫设施及支持生命的循环设备，并以紧凑的形式满足人的生理需求；另一边是柔软的生物化球体，可基于气动结构从箱体单元中膨胀出来，来作为起居空间以满足人的精神需求，底板的硬度可自由调节，白天为地板，晚上则转化为床。”[27] 此外，火星舱的设计还呈现出两大策略特征：“一是系统设计，将建筑与智能家居电器进行一体化整合设计，实现能源和资源的循环利用，创造自给自足式的生存基础条件；二是轻型化和集成设计，将物理空间归至极简以便于运输，使得舱体尺寸仅为 2.4m × 2.4m × 2m，进而可如旅行箱般折叠收纳以及展开，轻质材料的运用也最大限度地减少了自重。”[27]（图 4-16）

4. 槃达建筑——模块化的环境适应性

在 2018 年的 CHINA HOUSE VISION 中，槃达建筑的参展作品——“望远家”（Scope Home）是一个与 MINI LIVING Urban Cabin① 项目合作的移动微宅。Urban Cabin 一般由模块化的起居、厨卫单元和个性化的实验空间单元组成。MINI 则将实验空间定义为“空白空间”，邀请所在地的建筑师赋予其主题，并结合地方特色进行设计。槃达建筑的设计切入点在于为“空白空间”注入北京传统的胡同元素。该住宅方案基于潜望镜和万花筒理念，设计了多视角观察城市周边场景的方式以及设置了多种儿时的玩具，让人在玩耍中畅想回忆[28]。此外，“望远家”还通过半透明的立面效果，以及推拉、折叠、滑动、翻转等建筑部件的变化机制，以实现在白天与夜晚“家”与城市的不同对话交流。由此可见，槃达建筑对于这种移动微宅的设计取向在于如何灵活、巧妙地回应和适应环境的变迁。环境既是物理状的，也是生活化的，变迁既是面向空间的，也是基于时间的。事实上，在 2015

① Urban Cabin 是 MINI 公司发起的一个灵活的临时性建筑系列实验研究，在仅仅 15m² 空间内探索多种可能性。Urban Cabin 的探索不局限于应对城市空间的日益紧缺、住房价格的不断上升以及生活质量的随之下降，其设计理念还在于打破世界各地建筑项目的同质化、重拾文化的多元与变化，致力于将不同地区的文化与身份特质认同融入各个案例之中。

收纳后的箱体空间

膨胀后的起居空间

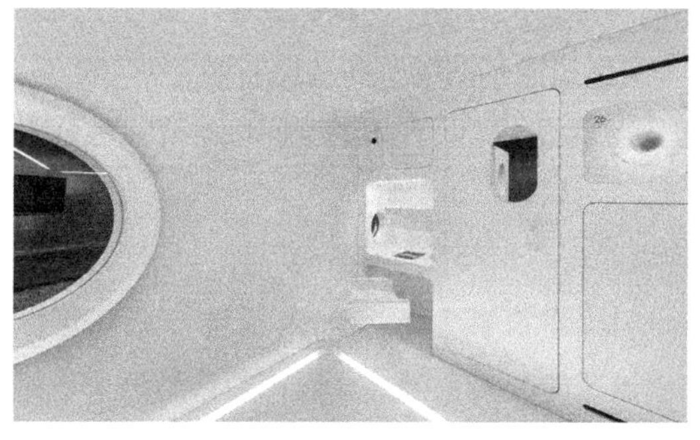

内部空间的集成设计与精简归置

极端环境下的游牧栖居

图 4-16　火星生活舱（MARS Case）方案

图片来源：OPEN 建筑事务所．“火星生活舱”概念原型[EB/OL].（2018-10-30）[2023-05-10] https：//www.gooood.cn/mars-case-china-by-open.htm.

年的德国新包豪斯博物馆竞赛中，槃达建筑的入围方案就通过在建筑底层设置两个能够旋转的体量，从而为博物馆建立了一个可以变化的机制，来灵活快速地适应不同功能和季节下的需求变化[29]。槃达建筑的这种环境适应性理念使其常常在实践中应用了移动建筑的设计形式，并利用模块化策略去实现一定规则之下的变化与适应。

槃达建筑常常将建筑空间和功能抽离为标准但组合起来可千变万化的模块。该做法一方面便于进行工业化生产建造，以提高经济性并减少能耗，另一方面在于这种模块组合形式可以灵活调整，进而适应不同的环境和功能需求。从微观的室内空间到宏观的巨构建筑，模块化策略体现在了槃达建筑的一系列设计中：2014 年北京的咖啡馆设计以模数化的钢筋搭建框架，并如“插入城市”般自由地置入木盒，以放置物品或绿植；2015 年的米兰世博会奥地利馆和 2016 年的“千院”世园会植物馆设计方案则体现了“空中城市”理念，在巨型的木构框架中置入丰富多彩的功能模块和绿化空间；2016 年的“像素景观”设计则是基于快闪店的商业运作模式，将传统的货架简化为易于搬运和拼装的木盒，并通过像素化的堆叠来塑造不同使用情景下的空间形态……

2014 年北京设计周期间，槃达建筑进行了“节节攀升”生态未来建筑研究，其通过使用竹子这种生态材料来进行一种模块化建筑单元结构的实验。该实验针对竹子的结构特性，研发了一套空间构架，能够依据建筑尺度与荷载的不同来增减结构单元，并可以根据功能需求和场地环境的差别进行多向度延展，从而具有更广泛的适应性[30]。这种类似于“空中城市”的动态有机生长理念使得竹构架可不断地扩展变化以适应多样化的居住者，最终形成村落甚至城市结构。

2017年的“城市蜂巢”装置则是槃达建筑利用可灵活移动和重复利用的居住模块，去思考未来的绿色生活方式。装置由26个3m^{2}的预制模块组成，每个模块可容纳起居、餐厨、工作等基本居住功能，并能够根据未来使用者的需求进行灵活组合和空间延展。正如槃达建筑所述，“单一的模块就像细胞一样具有单一的功能，但是多个模块组合起来且可在三维向度上生长，建筑就能变成一个有机的生命体来灵活适应不同场所和功能需要”[31]。此外，“城市蜂巢”采用了可回收的金属作为材料，模块屋顶提供了可种植的空间以培育一种健康且自给自足的生活方式（图4–17）。

5. Crossboundaries——模块的无限可能：“无限6未来学校”

“无限6未来学校”项目是北京Crossboundaries建筑事务所为2019深港双城双年展（UABB）设计的实验装置，目的在于探索未来学校可能的教育模式。设计师认为，未来的教育会随着社会关系而变革，未来学校则将在社会中的广泛场所发生，成为一个开放、共享的聚合空间和一个社会互动的孵化器。因此，这不仅应让学生和教师参与，而且可以发动整个社区参与其中。[32]“无限6”装置的设计主要基于一种无限可能的开放与闭合理念，形式与空间灵活可变并具有有机生长的可能，这也预示着未来教育学习的无限可能。Crossboundaries采用了模块化策略来实现其对于这种无限可能的教育空间的描绘，即利用最基本的单元作为设计元素，单元可灵活便捷地加减，并能安放至任何地方。装置由12个钢结构箱式单元房构成X形态布局，建筑面向街道和庭院的界面都展现出最大的开放性，同时楼板、非承重隔墙等围护构件也易于改变。每个单位模块自身为一个完整空间，相互间的结构处于开放性链接状态，因此可无限增加更多的单元模块，也可以在多个向度无限增长，最终使得建筑变为一个可灵活适应不同场所和功能需要的无限空间（图4–18）。

4.3.4 众建筑事务所的设计实践

众建筑（PAO）是中国当代在移动建筑领域开展研究探索的代表性设计事务所之一，尤其擅长通过多领域交叉的设计方式来影响或改变社会生活。众建筑设计建筑也设计产品，系统设计、工业化技术、批量化生产与市场主导等产品设计思维深刻影响了他们所提出的“量产建筑学”理念①[33]。众建筑意识到，无论是在建筑设计还是在使用过程中，都会面临

① 众建筑对这种“量产建筑学”的理念及影响进行了解释：“建筑将会以基于制造的系统设计来实现其需求，并影响其形态生成；建筑将会趋向于可移动设计，轻质高强的材料与构件、便于运输的策略与工具将成为优选；安装的便易和速度将成为评价建筑的标准之一，同时也将改变审美文化；建筑将如产品一样走向市场化发展，可全民参与也可高级定制；建筑的量产模式将节约社会资源，同时也能够以低成本来获得高品质生活空间；建筑师的角色也将发生变化，要么成为协同各领域的系统搭建师，要么成为系统配件的选择师。”详见众建筑/众产品. 量产建筑学[J]. 时代建筑，2014（01）：74–75.

图 4-17 “城市蜂巢”装置
图片来源：槃达中国 . 城市蜂巢，上海 [EB/OL].（2017-11-07）[2023-05-10] https：//www.gooood.cn/urban-nest-shanghai-china-by-penda.htm?lang=cn.

图 4-18 “无限 6 未来学校”
图片来源：Crossboundaries. 无限 6 未来学校，深圳 [EB/OL].（2020-03-17）[2023-05-10] https：//www.gooood.cn/pop-up-campus-infitity-6-by-crossboundaries.htm.

具体的社会问题（如人的尺度、日常生活变化、社会发展需求、城市问题、社群利益冲突等），因此必须思考如何通过设计来应对并产生积极的社会效应。众建筑认为执行这种“社会设计”的具体策略在于“规模化——把设计变成一些方法以及把建筑变成一个产品”[34]，即又回归了“量产建筑学”的理念。移动建筑在当代被看作为一种“特殊的产品”，众建筑也将其作为了“社会设计”的主要空间载体。

1. 可移动的建筑产品装置

众建筑的成名始于其在 2012 年北京大声展上推出的移动建筑产品装置——“三轮移动房屋”与“三轮移动公园”（The Tricycle House and Tricycle Garden）。三轮移动房屋是一种以三轮车为基础进行改建并由人力或电力带动的移动微宅①，其设计出发点在于“讨论在中国能否拥有一种土地与住宅相对松弛的关系，即家是灵活可变的，人的生活不必完全随车、房而展开”[33]。此外，“三轮移动房屋”还发展为“三轮移动公园”。“公园”由托盘承载泥土以种植树木和蔬菜，既可独立部署，又能组合出行（图 4-19）。

除了车载式的移动空间，众建筑在 2014 年丽江的“三巧顶”项目中尝试了轻型化的结构体系。三角形的钢筋结构在实现结构轻型化的同时，又以最少的材料覆盖出了最大面积的顶棚。车轮移动和轻型体系最终在众建筑 2015 年为英国普雷斯顿设计的“众行顶”装置中得到了应用。面对当地多雨的天气，“众行顶”的设计参考了在中国南方地区中盛行的一种可拉伸折叠的顶棚。顶棚下方由自行车支撑，并可以同时由 10 人骑行，这样顶棚可以在城市中进行自由移动：“当顶棚折叠时，可供市民骑行；当顶棚展开时，则可覆盖整个街道，并瞬间成为容纳临时性城市公共活动的场所。”[35]（图 4-20）因此，“众行顶”通过移动和

① 三轮移动房屋的外围护采用 PP（聚丙烯）板材，自重轻，透光性好，易于加工和折叠，能够完全打开或延展，并与其他房屋连接。屋内面积 2-3m^2，配有完善的生活设施，餐桌、书架和床等家具可折叠收纳。

图 4–19 三轮移动房屋与三轮移动公园
图片来源：众建筑 / 众产品 . 量产建筑学 [J]. 时代建筑，2014（01）：74–75.

图 4–20 位于英国普雷斯顿城市广场的“众行顶”空间装置
图片来源：众建筑 . 众行顶 [EB/OL].（2015–09–01）[2023–05–10] http：//peoples–architecture.com/pao/cn/project–detail/11.

变换来适应不同的城市公共活动，进而成为一个用于发生事件的建筑，其自身同时也是一个建筑事件。后来，众建筑还将这些移动装置应用于一系列室内空间设计，以激发人的互动交流。比如：2016 年的“分享家”小猪北京办公总部将三轮移动房屋发展为三轮会议室；2017 年的北京乐平公益基金会办公总部使用“众行顶”来创造可灵活移动和展开的多功能空间……这些装置产品让众建筑在实践中发现了建筑移动所带来的社会价值和意义，但真正让其将产品理念嵌入移动建筑设计的根源还是基于了工业化技术和模块化策略的应用。

2. 从“圈泡”到“内盒院”

众建筑在 2011 年设计的“圈泡城”（Pop–up Habitat）是一种模块化结构系统的统称。这个与弗里德曼的“空间链”结构极为相似的系统，以能够弯叠的细钢边“圈”为基本元素。圈与圈连接可形成类似泡沫球状的单元结构框架，众建筑将其称为“泡”。圈之间则采用魔术贴连接以便于拆装，中间填充遮雨布或摄影反光板材料。“圈泡”可从折叠状态瞬间展开为大型空间，携带方便且在几分钟内即可完成拼装。这样任何人都能自主搭建“圈泡”，其形态变化万千并能够适应生活中的各种临时使用之需 [33]。“圈泡”被众建筑用于各类展览，并体现了“标准模块 + 移动变换”所具有的强大环境适应能力（图 4–21）。

相较于“圈泡城”这种可移动并能应用于任何地方与情形的结构体系，2013 年在北京“大栅栏更新计划”① 中崭露头角的“内盒院”（Plug–in Courtyard）方案则展示了一种适应城市旧区改造的模块化建筑系统。修缮老宅或新建房屋意味着难以负担的高昂成本，很多城市旧区既不适宜也不具备大拆大建的条件，同时涉及大量的个人隐私和利益问题。众建筑借此巧妙地提出了一种可以化解这种现实矛盾的策略——“内盒院”，即在保留原有建

① 位于北京中心的大栅栏地区，至今仍保留有相对完整的胡同和四合院空间肌理，但随着人口的外迁和建筑的老化破败，政府自上而下的历史街区保护工作与居民自下而上的生活条件改善需求形成了矛盾冲突。

图 4-21 “圈泡”结构

图片来源：众建筑 . 圈泡城 [EB/OL].（2013-06-30）[2023-05-15] http：//peoples-architecture.com/pao/cn/project-detail/21.

筑主体结构的同时，在老旧空间中插入基于预制模块系统的功能“内盒院”，来提升居民的生活环境与质量。“内盒院”由众建筑自主研发的新型 PU 复合夹芯板系统建构。该层板系统是一种集成了结构、水电、门窗、保温功能及外饰面的复合型板材，厚度仅 50mm，板材之间采用锁钩连接，用一个六角扳手即可固定。几个普通人在一天之内就能完成“内盒院”的安装且无须专业人员参与。板材通过批量化生产，能够以低成本营造出兼具保温与密闭性能的生活空间，因此采用“内盒院”插入的更新方式，其成本要远低于常规的修缮或新建①。此外，“内盒院”还塑造了多样化的插件系统以适用于不同的情形，比如：居住空间可选择插入厨房和卫生间内盒；办公空间可选择没有插件的基本内盒……[33]（图 4-22）。在当今城市更新改造过程中矛盾冲突和利益纠葛问题突出的现实背景下，“内盒院”展现了一种追求长期社会利益的健康发展模式②，在以微投资、针灸式的形式介入老旧社区改造的同时，又延续了原有日常生活的场景与记忆。

3.“插件系统”研发

“内盒院”本质上是一种“房中房”形式，众建筑后来又研发了用于户外房屋搭建的独立插入式建筑系统——“插件家”（Plug-in House）。“插件家”沿袭了“内盒院”的策略逻辑，并将其完善为一套包含多种功能模块的系统化解决方案，并可以根据场地特点进行定制[36]。因此，“插件家”成为众建筑在解决社区改造和居住问题时最常用的策略：2017 年，广州王先生的插件家是以定型化的产品模式（工厂定制，现场安装），在农场快速搭建了一

① 据众建筑介绍，“内盒院”的能耗约为新建四合院的 1/3，造价约为修缮四合院的 1/2、新建的 1/5。

② “内盒院”主要针对社区民众已腾退但长期空置的零散房屋，以及希望提高居住质量但又不想重建房屋的本地居民。采用“内盒院”的居民有可能会得到一定的补贴，用于鼓励他们对自己房屋的修缮和投入。居民可以创建个人的、分散的、高效节能的基础设施，无需拆除房屋与依赖市政基础设施即可直接提升居住质量。

图 4–22 “内盒院”是通过插入可移动的预制功能模块来提升原有住宅的生活条件
图片来源：众建筑 . 内盒院 [EB/OL].（2013–07–31）[2023–05–15] http：//peoples-architecture.com/pao/cn/project-detail/3.

个可量产的三口之家住宅产品[37]；2018 年，深圳上围的插件家是一个位于城中村的客家老宅活化项目，插件家系统给两处破败老宅添加了现代厨房和独立堆肥厕所以提高生活品质，同时在形态上形成了新旧对比[38]；2020 年，北京的小樊插件家则通过一个面积仅 15.5m^2 的插件系统对原有的老平房进行现代化改造，为年轻人在市中心的老旧胡同空间定制了一个可负担得起的温馨住所①，建筑使用的面板可轻松地进行现场切割，使得任何对于建筑部件的调整都能轻易实现[39]。2018 年，“插件家”被引入哈佛大学的 Art First 艺术节，在校园内由学生进行自主搭建，后来还被移动到波士顿的市政厅前，以公共展览的形式探讨了当地的“附属住宅单元”政策（ADU）②以及“插件家”系统对于缓解城市住房危机的可能[40]。2022 年，众建筑在美国得克萨斯州奥斯汀的 Esperanza 社区，为无家可归者设计了一些“插件家”，并用于社区服务和个人住所（图 4–23、图 4–24）。

① 据众建筑介绍，相较于买房，插件家改造费用节省了 30 倍，居住条件则远超老旧平房。

② “附属住宅单元”（ADU）是北美地方政府正在大力推行的一项政策，旨在鼓励市民利用住宅后院等城市闲余用地建造小型住宅，解决城市面临的住房空间不足、房价高涨等危机。ADU 政策为当代常见的城市向外扩张问题提供了一个替代方案——向内加密。通过向内加密填充房屋，使新住房得以利用现有社区已存在的基础设施、公共服务和社区网络，减少一次性大型投入。尽管政府正在大力推行这一政策，但建设 ADU 的成本依然超出了多数人的可承受能力。

图 4-23 深圳上围的插件家

图片来源：众建筑．上围插件家，深圳[EB/OL].（2018-11-21）[2023-05-10] https：//www.gooood.cn/shangwei-village-plugin-house-shenzhen-china-by-pao.htm.

图 4-24 为社区为无家可归者设计“插件家”产品

图片来源：众建筑．流浪汉插件家，得克萨斯州奥斯汀[EB/OL].（2022-10-31）[2023-05-15] http：//peoples-architecture.com/pao/cn/project-detail/70.

“插件家”除了是一个可以快速搭建的预制建筑系统之外，也是一个综合考虑了经济、社会和环境问题的“社会设计”提案，展示了集聚社会力量在现实中催生出来的空间景象，并代表了一种可持续的生活形态。因此，众建筑在“插件家”的实践中也探讨了把建筑作为产品来设计的可能性，并提出“建筑可以变成一个像宜家家具一样的产品，可平板运输，可 DIY，更可基于互联网的市场化模式实现用户的自主选择和订购”[34]。但是，当在实践中接触到更大、更复杂的城市问题时，“插件家”就因受制于板材系统的尺度限制而无法应对。众建筑因此设想了一种基于多层预制建造系统的“插件家”模式——“插件塔”。

2016 年，众建筑在深圳万科举办的实验建筑展中展示了“插件塔”的具体技术形式（图 4-25）：“通过模块化的钢结构体系来容纳多层的‘插件家’，以此塑造更大规模的建筑系统。”[34] 后来，众建筑在“插件塔”的应用上进行了深入探索。2017 年的“湖边插件塔”项目把交通、厨卫等功能拆离集中为辅助模块，进而使得钢结构体系和“插件家”系统能够更加灵活地组合[41]。“插件塔”因此成为一种与土地关系松散的移动建筑体系，其通过架空结构使地面的土地不受影响，自身又能够迁徙至不同的地方使用，且无须结实的地基和严格的规划建设审批。“插件塔”的探索过程使得众建筑认为“未来的建筑可以不用被捆绑在土地上，能够去实践一个类似于空间产权而不是土地产权的概念”[34]，因此其提出了具有乌托邦色彩的“插件城”构想。如同弗里德曼的“空中城市”一样，“插件城”是一个具备开放生长可能性的动态有机系统，可快速应对不同的复杂需求，并能够持续适应社会的发展变化。2019 年，“插件城”理念在众建筑为深圳设计的“未来酿造场”方案中得到展现。该方案在建构具有空间形式的基础设施同时，又将不确定的城市活动和事件“插入”空间框架中，通过生活场景的动态变化，形成空间和人在不同时间状态下的多层次连接。社会活动取代了模块空间，成为新的“插入”内容和形式，即“众介入”（Mass Interventions）。

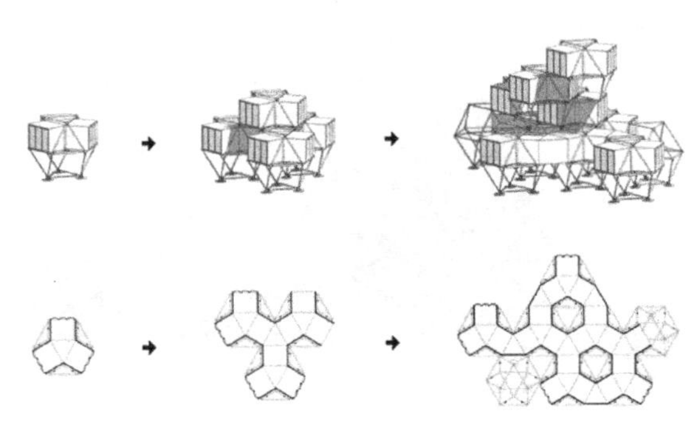

结构体系与空间组构逻辑

在万科的实体搭建

图 4–25　“插件塔”概念构想与实体搭建

4. 设计促进社会联结

“众介入”的概念是众建筑在 2017 年的“众空间”项目中以展览形式提出的。“众空间”位于烟台市广仁路的历史文化街区内，其以“插件塔”的技术形式，在 3 个月内快速搭建了一处可移动的城市公共文化建筑。“众空间”相当于一个微型的“插件城”，建筑是搭建在 12 面体钢结构框架上的多层“插件家”，可以容纳图书、阅览、展览等社区活动，并成为城市文化事件的孵化器和发生器。同时，“众空间”如同建筑电讯派所畅想的“即时城市”那样底层空间外接了“众行顶”和“三轮移动房屋”等灵活轻便的附属装置，可折叠展开也可从主体空间脱离，进而以一种移动迁徙的方式将文化项目输送到公共活动难以企及的地区[42]（图 4–26）。“众空间”表达的是一种“众介入”理念，即通过设计促进当地更为广泛的社会联结，激活社会关系，强化空间和生活中的社会参与，并最终使移动建筑在短暂的时空场景中营造出场所感。

图 4–26　烟台“众空间”

图片来源：众建筑 . 众空间 [EB/OL].（2017–07–31）[2023–05–15] http：//peoples–architecture.com/pao/cn/project–detail/1.

2019年，在深圳举办的“社会设计：玩着学——众建筑十年作品展”中，众建筑在“众介入”的基础上提出了“玩着学”的设计思维。他们认为“在设计中，当要解决真实的社会问题或推进现实的社会改变时，时常会因涉及一些社会利益或面临制度、流程、关系、资金、时间等问题而受到阻碍和困难”[43]。因此，“玩”的态度“能带来新的可能，能带给设计启发与驱动，能拓展设计的边界，可以去邀请公众来共同参与建筑与城市的设计”[43]。基于“玩着学”的设计思维，众建筑提出了一个与弗里德曼的移动建筑思想近似的、用以鼓励使用者去探索、学习、产出和施展影响的工作模式，并将其归纳为4种创新的工作方法：“试错，出错越早，成功越早；捣鼓，改造已经存在的东西，探索新的可能性；催化，空间催化出人与人之间更多的交流；参与，更多人参与的设计更为全面与整体。”[43]众建筑还认为“城市的空间能够激发出一个由具有创造力的学习者所组成的凝聚社会，并为社会带来新的可能”。[43]因此，众建筑也积极地在后来的实践中研究如何激发出更多具有社会意义的“玩法”。

4.4　走向移动建筑社会设计

4.4.1　从移动建筑设计到移动建筑社会设计

1. 移动建筑的社会设计观

移动建筑作为一种“社会建筑”，其在历史视野中的“碎片化”理论知识可以通过自身所具有的社会学特征和意义，被黏合在一个基于社会需求与互动主题的思想体系中。移动建筑思想是一种“社会化”的建筑思想，其理论内涵在当代的语境下被拓展为涵盖了建筑学、社会学、生态学、人类学、设计学等多学科内容的综合性知识体系。从历史进程到当代实践，人类为应对社会与环境的变化形成了基于移动建筑形式或策略以追求更美好的生活方式的城市规划与建筑设计理念。移动建筑的理论内涵既包含了对于移动建筑本身系统而客观的认识和解释，又指向于更具广泛社会价值和可持续特征的移动建筑设计方法论。这些方法论既能够指导移动建筑设计，也可以启发永久性建筑乃至城市空间的规划设计。

移动建筑在历史思想层面的三种设计方法论之间既存在差别又具有重叠之处，其共同点在于以移动建筑的形式和策略，来满足社会需求、解决社会问题、回应社会变化，并创造更美好的生活环境。以这些思想为指导的移动建筑设计，需要突破传统建筑性能优化的固有思路，更注重对于移动建筑与社会的关系理解和处理，即在理论上具有社会学内涵，在设计上体现出社会化的特征（如人本主义和社会公平的价值观、社会化的创新和协作、社会主体的参与和创造、社会积极效应的产生，等等）。因此，移动建筑设计与传统建筑设计的差异性在于，其更加趋向于一种社会设计（Social Design）。因此，当代建筑师应该建立一种移动建筑的社会设计观，并可基于该观念来对移动建筑在当代实践中的三类策略进行体系和内涵建构。

社会设计的概念发源于社会实践（Social Practice）以及社会创新（Social Innovation），其兴起的目的在于让设计回应社会的真实需求。不同于现代社会中基于消费的商业性设计，社会设计期望运用设计这一人类独有的目的性创造行为，来回应社会的变化以及应对生活中所涌现出的各类社会问题。社会设计立足于社会公平正义和人文关怀，这也正是富勒、弗里德曼、克罗恩伯格等人在思想及研究方面的共同点。社会设计的基础建立在设计师对于社会系统中各要素的相互关系及其作用的深刻理解，并在设计思考过程中植入一种社会化的作用机制，最终将设计反馈至生活中，去影响或改变社会。

社会是不断发展变化的，没有普适恒定的规律。移动建筑作为适应社会与环境变化的建筑类型、空间组织策略和架构体系，其设计必然不存在传统一蹴而就、一劳永逸的完美结果，而是能够根据社会各方面的需求和变化去灵活调整与适应，是一个基于设计以实现建筑与环境、人在不断的关系迭代中走向和谐共生的社会过程。因此，移动建筑社会设计有别于传统的移动建筑设计，也不等同于“建筑 + 社会设计”，其既要追随社会设计的精神和目标，又要基于移动建筑独特的思想理念。移动建筑社会设计之于当代社会也可看作一种设计视野，是一种社会整体观下的可持续设计形式。

移动建筑社会设计可被定义为“通过基于移动建筑形式或策略的设计，以寻求解决社会问题、满足社会需求、回应社会变化的创新方案，并以移动建筑与社会的关系，作为设计思考的起点和终点”。移动建筑的社会设计观包含如下内容：运用移动建筑形式和策略介入社会问题及回应社会变化；坚持人本主义和社会公平的价值观，展现对于个体自由和环境生态的尊重包容；提倡跨界思维，强调对其他领域、行业、技术的借鉴和应用；设计不仅仅立足于建筑自身的功能与个性，更应注重移动建筑与社会的关系思考；设计思考指向社会过程，既要整体性地考虑社会环境对于设计生成的影响，又要预见性地思考设计产出在未来使用时对于社会生活的作用效应。

2. 社会设计语境下的移动建筑三维设计策略体系

观念决定了设计思考的总体方向，策略则支撑了设计思考的具体过程。综合移动建筑的发展趋势对于其设计的影响，以及移动建筑的社会设计观，可在当代语境下对三种历史层面的设计方法论进行整合、创新，并依此建构移动建筑的设计策略体系（图 4–27）。

技术之维的关注点是建筑，并指向创新的系统性策略（Systemic）。该策略依托于系统设计理论，其之于当代移动建筑设计就是指在社会化大生产中基于少费多用、系统协同、技术优化和社会协作的一系列手法方式。系统性策略在设计中处理的是与移动建筑自身相关的问题，其特征在于强调全局整体的分析视角和系统协同的组织模式，通过技术创新和社会协作来提升移动建筑性能。如轻型化（Light–weight）、模块化（Modularization）、预制

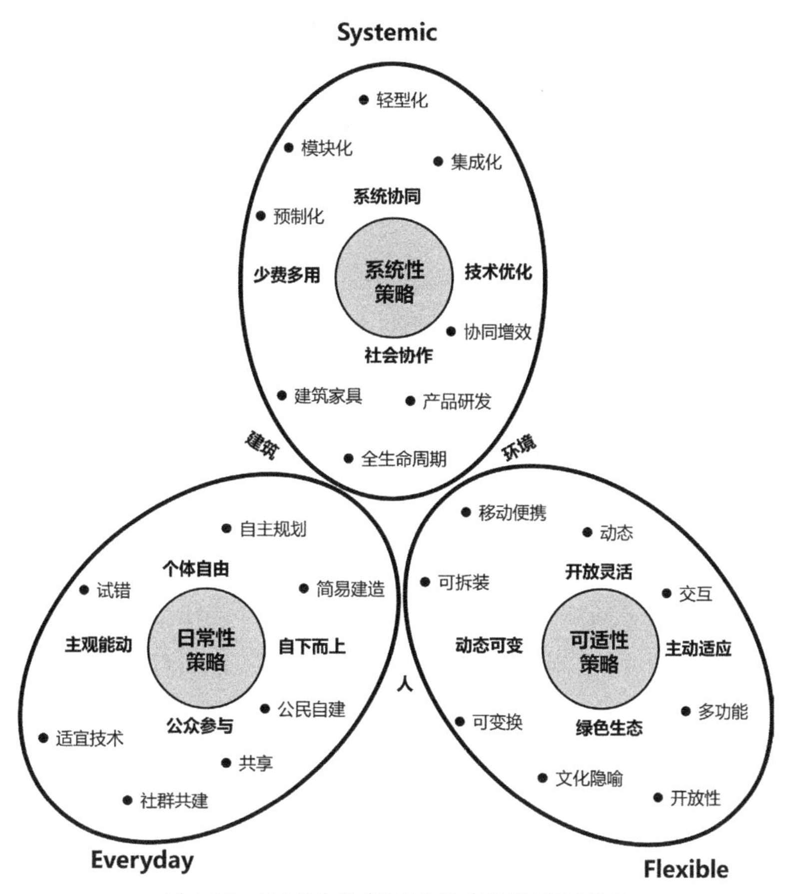

图 4-27 基于社会设计观的移动建筑设计策略体系

图片来源：作者绘制

化（Prefabrication）、集成化（Integration）、协同增效（Synergy）、产品研发（Producibility）、建筑家具（Architechtural Furniture）、全生命周期（Life Cycle）等都可归类在该体系中。

社会之维的关注点是人，并指向主体（人）的日常性策略（Everyday）。日常性策略依托于日常生活批判和实践理论，其之于当代移动建筑设计就是指在社会生活中基于个体自由、主观能动、自下而上和公众参与的一系列手法方式。日常性策略在设计中处理的是移动建筑与人的关系，其特征在于强调更具包容性和日常性的自组织模式，通过解放主体并赋予个体变化的自由、改变设计师的社会角色以及激发人在建筑生产中的主观能动性来塑造建筑在不同情形下的场所感。如自主规划（Self-planning）、简易建造（Simple Construction）、试错（Trial and Error）、适宜技术（Appropriate Technology）、共享（Share）、公民自建（Civil Construction）、社群共建（Community Building）等都可归类在该体系中。

环境之维的关注点是环境，并指向生态的可适性策略（Flexible）。可适性策略依托于复杂适应理论，其之于当代移动建筑设计就是指在社会环境中基于开放灵活、动态可变、主动适应和绿色生态的一系列手法方式。可适性策略处理的是移动建筑与环境的关系，其特征在于强调设计应对变化的可持续模式，通过建筑在移动和使用全过程中主动、积极的变化适应来实现与环境共生。如移动（Mobile）、便携（Portable）、可拆装（Removable）、可变换（Convertible）、多功能（Multifunctional）、开放（Open）、交互（Interactive）、动态（Dynamic）、文化隐喻（Cultural Metaphor）等都可归类在该体系中。

但是，移动建筑设计策略的生成和应用往往与设计师个体存在密切关联，在具体的实践中也常常存在多种方式、手法的叠合。因此，本书建构的策略体系是一种社会宏观视角下移动建筑设计的思维纲领，而非具体的、微观的、可应用于任何情况下的准则。该策略体系建构的目的在于形成思想意识层面的启发引导，而非提倡标准方式和手法的套用，其中的具体策略手法也应基于实践的反馈，可持续地进行补充修正。

4.4.2 面向中国社会的移动建筑设计策略运行机制

移动建筑社会设计本质上是一个复杂的社会过程和一种社会行为，其重要之处在于设计行为产生和运行的过程，而非设计产出的形式或结果。设计师既要整体性地考虑社会环境之于设计生成的影响，又要预见性地思考设计产出之于社会的作用效应（即系统性策略），并将设计反馈至生活中来影响或改变社会（即日常性策略），同时根据社会的需求和变化去灵活调整与适应（即可适性策略）。因此，在移动建筑社会设计的过程中，需要考虑策略与社会因素之间的相互关系，并在特定的过程中发挥作用，遵循一定的工作方式或运作原理（即社会运行机制）。

相较于发达国家，中国存在着社会制度、经济结构、文化习俗、思想意识等诸多方面的不同。而且，中国当代社会相较于传统社会也已发生巨大的变化，比如：政府权力大、执行力强，许多事情需要政府的牵头与支持；工业体系虽然完善，但先进制造等高新技术的应用尚有很大潜力可挖；建筑工业化正处于转型升级的过程中；移动建筑市场化程度不高，供给不平衡且产品单一；民众的整体审美水平不高，社会公共事务参与度低……但是，移动建筑在中国当代社会的相关实践中，已体现出了较为突出的适宜性和适应性，并借助社会化生产方式和可移动变化的形式策略，去解决与回应日常生活中的种种社会问题和文化现象。基于前文所建构的社会设计观下的移动建筑设计策略体系，移动建筑之于中国社会可归纳出三种设计策略在实践中的运行机制。

1. 系统性策略的社会运行机制——面向社会需求和生产的协同创新

系统性策略（Systemic）的作用在于保证移动建筑在其生命周期内的使用效能，强调设计师在社会化大生产中通过跨领域的系统协同思维和技术创新，来实现建筑的性能优化，以满足社会的即时需求：在设计方法上强调对于其他先进行业领域的借鉴、创新与技术协同增效（如新材料、结构、设备、生产、建造等），以及与之带来的设计语言革新和本体性能提升（如轻型、便携、智能、生态、自给自足等）；在设计流程上提倡市场化以及产品研发的模式，实现全生命周期、全产业链闭环、个性包容和并行迭代理念下的系统化设计以及不同领域行业间的共同协作；在设计角色上，基于管理方（政府）提供的产业发展的整体思路、方向引导和法律政策支持，设计方以全局整体的分析视角和系统协同的组织模式引领、协调生产方、服务方的工作，并将使用方多元化的需求反馈至设计过程中。

因此，系统性策略的社会运行机制可归纳为面向社会需求和生产的协同创新，其将移动建筑设计融入社会化大生产中，借助社会力量提升建筑性能并不断创新，以较小的社会资源消耗即时、灵活、高效地满足社会的需求。

2. 日常性策略的社会运行机制——基于社会角色和行动的自主能动

日常性策略（Everyday）的作用在于创造移动建筑在未来使用过程中的不确定性和可调整性，以避免设计产出为消费主义所绑架，进而抗衡系统性策略主导下的唯市场化倾向，并将移动可变和主体创造作为“设计”在社会生活中的一种延续：在设计方法上趋向一种简易建造、适宜、共享和试错的可能，以此赋予使用者参与设计、建造和改变建筑的权力与能力，并可建构一种开源共享的设计机制；在设计流程上，强化社会不同主体的参与和协作（公民自建、社群共建、自主营造），并将“设计”经由使用者的自主行动延伸至“使用”过程中；在设计角色上，提倡一种自下而上的、自发的、自组织、民主的设计模式，取代传统由设计师完全主导的专制性设计，设计师的角色转化为顾问、引导以及协调，激发使用者在自主创造上的能动性，同时借助管理方、市场方等在政策、资金、服务等方面的支持。

因此，日常性策略的社会运行机制可归纳为基于社会角色和行动的自主能动，其将移动建筑设计延续至之后的日常生活中，利用社会不同角色的各类行动去完成“设计”在使用中的延续，通过人的自主创造过程来塑造和维持移动建筑在流动中与不同环境下的场所感和人文关怀，并可以一种微介入或轻度介入的形式灵活、巧妙地化解社会矛盾和平衡社会利益。

3. 可适性策略的社会运行机制——回应社会文化和问题的交互适应

可适性策略（Flexible）的作用在于确保建筑在不确定情形下与环境和人的和谐共处，也代表了一种设计在不同社会和环境状态下的修正：在设计手法上，强调一种开放灵活、动态可变、主动适应和绿色生态的设计形式，赋予建筑易于变化和调整的能力去回应社会文化、应对社会问题；在设计流程上，提倡一种预见性的弹性设计，将“设计”经由使用者的自主行为或设计者的“二次设计”延伸至“使用”过程中，使建筑具有被灵活调整和变化的可能，“设计”可在其整个生命周期内以较小的代价进行不断迭代；在设计角色上，设计方成为一个具有前瞻性的“灵活规划者”，使用方则成为后续“设计”中的执行者，并具有创造结果的不确定可能。

因此，可适性策略的社会运行机制可归纳为回应社会文化和问题的交互适应，强调在社会多元多变的背景下，通过弹性的设计让移动建筑以一种主动变化和可持续适应的方式（即交互，不同于传统建筑的被动抗衡）来实现其对于社会文化和问题的反馈与回应，最终在动态的调整、变化和适应中实现与环境的共生。

参考文献

[1] Kroneburg R. Architecture in Motion：The history and development of portable building[M]. New York：Routledge，2014.

[2] 欧雄全 . 我国当代移动建筑社会生产与设计实践图谱 [C]// 中冶建筑研究总院有限公司 . 2022 年工业建筑学术交流会论文集（下册）. 工业建筑杂志社，2022：104–111.

[3] 专筑网 . 生菜屋——可持续生活实验室 / 清华大学艺术与科学研究中心 [EB/OL].（2015–03–31）[2023–05–10] http：//www.iarch.cn/thread–27811–1–1.html.

[4] 克罗恩伯格 . 可适性：回应变化的建筑 [M]. 朱蓉，译 . 武汉：华中科技大学出版社，2012.

[5] Hana Abdel.Marebito 之家，日本山村首座数字装配式木屋 / VUILD [EB/OL].（2020–05–21）[2023–05–10]https：//www.archdaily.cn/cn/940061/marebitozhi–jia–ri–ben–shan–cun–shou–zuo–shu–zi–zhuang–pei–shi–mu–wu–vuild.

[6] 盈创 .WINSUN 向全球捐赠 3D 打印的隔离房 [EB/OL].（2020–04–03）[2023–05–10] http：//winsun3d.com/News/news_inner/id/547.

[7] 罗佳宁，张宏，王涛 . 面向真实建造的装配式建筑系统集成方法应用实践——以东南大学轻型结构房屋系列产品为例 [J]. 新建筑，2022（4）：42–47.

[8] 张宏，张莹莹，王玉，杨子萱 . 绿色节能技术协同应用模式实践探索——以东南大学“梦想居”未来屋示范项目为例 [J]. 建筑学报，2016（5）：81–85.

[9] 丛勐 . 由建造到设计——可移动建筑产品研发设计及过程管理方法 [M]. 南京：东南大学出版社，2017.

[10] 微宿 VESSEL. 三零三：从工作室到工厂 [EB/OL].（2021–04–07）[2023–05–10] http：//www.303vessel.com/news.html.

[11] 超级明星：移动的中国城——第 11 届威尼斯建筑双年展 [J]. 城市环境设计，2017（1）：162–165.

[12] MAD. Wonderland 游乐空间，北京 [EB/OL].（2017–09–27）[2023–05–10] https：//www.gooood.cn/wonderland–by–mad.htm.

[13] Forbes China. 2 亿“空巢青年”未来生活图鉴：让我们一起住进“盒子社区”[EB/OL].（2019–

08-09）[2023-05-10] https：//www.forbeschina.com/life/43995.

[14] 漆雪薇 . 共享型社区住宅空间设计探究——以“400 盒子的社区城市”为例 [J]. 工业设计，2019（5）：136-137.

[15] 李喆 DennisLee. 开源还能做什么？ Wikihouse 让任何人都能设计、下载和制造房屋 [EB/OL].（2014-02-24）[2023-05-10] https：//www.pingwest.com/a/27680.

[16] 度态建筑 . WikiHouse 大栅栏展棚，北京 [EB/OL].（2016-10-21）[2023-05-10] https：//www.gooood.cn/wikihouse-dashilar-pavilion-by-dot-architects.htm.

[17] 度态建筑 . 白塔寺杂院预制模块设计，北京 [EB/OL].（2018-08-13）[2023-05-10] https：//www.gooood.cn/prefabricated-modules-for-baitasi-sharing-courtyard-china-by-dot-architects.htm.

[18] 度态建筑 . 白塔寺“未来之家”，北京 [EB/OL].（2017-09-11）[2023-05-10] https：//www.gooood.cn/baitasi-house-of-the-future-bydot-architects.htm.

[19] 一条 . 一个广州博士，把床搬到街边，请不同阶层的男女同吃同睡 [EB/OL].（2019-06-15）[2023-05-10] https：//mp.weixin.qq.com/s/F3vVDra619xn6F2s18FTnA.

[20] 先进建筑实验室 . 石榴居，武汉 / 华中科技大学先进建筑实验室 [AAL][EB/OL].（2012-11-10）[2023-05-10] https：//www.gooood.cn/n4-gluebam-house-advanced-architecture-labaal.htm.

[21] 筑龙学社 . 穆威：走向合成建筑讲座 [EB/OL].（2012-10-16）[2023-05-10] https：//bbs.zhulong.com/101010_group_3000036/detail19166603/.

[22] 先进建筑实验室 . 种植建筑，武汉 [EB/OL].（2013-07-12）[2023-05-10] https：//www.gooood.cn/city-in-sky-by-aa-lab.htm.

[23] 韩爽 . 小小部落 / 个个世界 + 先进建筑实验室（AaL）[EB/OL].（2019-12-02）[2023-05-10] https：//www.archdaily.cn/cn/929421/xiao-xiao-bu-luo-ge-ge-shi-jie-plus-xian-jin-jian-zhu-shi-yan-shi-aal.

[24] hif. 城市下的蛋 [EB/OL].（2010-11-29）[2023-05-10] https：//www.douban.com/note/104032527/?_i=3722285uCo_f1I.

[25] hif.“小嘿”屋 / 微建筑工作室 [EB/OL].（2016-12-14）[2023-05-10] https：//www.douban.com/note/596924976/?_i=3722474uCo_f1I.

[26] 城市建筑 . 这个水泥管变身的温暖公寓，竟成了所有蜗居香港人的寄托！ [EB/OL].(2018-01-24）[2023-05-10] https：//www.sohu.com/a/218645505_697365.

[27] OPEN 建筑事务所 .“火星生活舱”概念原型 [EB/OL].（2018-10-30）[2023-05-10] https：//www.gooood.cn/mars-case-china-by-open.htm.

[28] 槃达中国 .“望远家”—“HOUSE VISION 探索家——未来生活大展”10 号展馆 [EB/OL].（2018-09-30）[2023-05-10]https：//www.gooood.cn/mini-living-urban-cabin-pavilion-10-in-china-house-vision-by-mini-living-and-sun-dayong.htm.

[29] 槃达中国 . 可以旋转的建筑——德国新包豪斯博物馆竞赛决赛入围方案之一 [EB/OL].（2015-09-10）[2023-05-10] https：//www.gooood.cn/bauhaus-museum-by-penda.htm.

[30] 槃达中国 . 槃达建筑“节节攀升”生态未来建筑畅想 [EB/OL].（2015-10-16）[2023-05-10] https：//www.gooood.cn/rising-canes-pavilion-by-penda.htm.

[31] 槃达中国 . 城市蜂巢，上海 [EB/OL].（2017-11-07）[2023-05-10] https：//www.gooood.cn/urban-nest-shanghai-china-by-penda.htm?lang=cn.

[32] Crossboundaries. 无限 6 未来学校，深圳 [EB/OL].（2020-03-17）[2023-05-10] https：//www.gooood.cn/pop-up-campus-infitity-6-by-crossboundaries.htm.

[33] 众建筑 / 众产品 . 量产建筑学 [J]. 时代建筑，2014（1）：74-75.

[34] 何哲 . 未来的房子，不用再被捆绑在土地上！ [EB/OL].（2019-05-15）[2023-05-10] https：//mp.weixin.qq.com/s/EhWDf0tjIVCj5rEW6vARoA.

[35] 众建筑 . 众行顶 [EB/OL].（2015-09-01）[2023-05-10] http：//peoples-architecture.com/pao/cn/project-detail/11.

[36] 众建筑 / 众产品 . 众建筑：“插件家”系统简介 |the Plugin House[EB/OL].（2017-03-31）[2023-05-10] https：//www.douban.com/note/613744527/?_i=3724098uCo_f1I.

[37] 众建筑 . 王先生的插件家 [EB/OL].（2017-12-01）[2023-05-10] http：//peoples-architecture.com/pao/cn/project-detail/23.

[38] 众建筑 . 上围插件家，深圳 [EB/OL].（2018-11-21）[2023-05-10] https：//www.gooood.cn/shangwei-village-plugin-house-shenzhen-china-by-pao.htm.

[39] 众建筑 . 小樊的插件家 [EB/OL].（2016-07-01）[2023-05-10] http：//peoples-architecture.com/pao/cn/project-detail/38.

[40] 众建筑 . 插件家登陆哈佛大学和波士顿市政厅 [EB/OL].（2018-05-01）[2023-05-10] http：//peoples-architecture.com/pao/cn/project-detail/29.

[41] 众建筑 . 湖边插件塔，北京 [EB/OL].（2019-07-23）[2023-05-10] https：//www.gooood.cn/lakeside-plugin-tower-china-by-pao.htm.

[42] 众建筑 . 众空间，烟台 [EB/OL].（2017-12-06）[2023-05-10] https：//www.gooood.cn/the-peoples-station-by-pao.htm.

[43] 众建筑 . 社会设计：玩着学——众建筑十年作品展，深圳 [EB/OL].（2020-01-07）[2023-05-10] https：//www.gooood.cn/social-design-learning-from-playing-exhibition-of-decennary-works-of-pao-china.htm.

第五章

面向新社会生活形态的移动建筑

Chapter 5: Mobile Architecture for the New Social Life

5.1 应急与日常——疫情期间的移动建筑社会实践

历史证明，每当社会发生灾难、疫情等突发公共危机时，移动建筑可快速、灵活部署的特性优势便会被进一步放大。移动建筑不仅作为一种应急的建筑类型或产品，也作为一种可适应环境、需求变化的灵活策略，在社会突发公共危机的应对上体现出了先进性与重要性。2019年末爆发的新冠肺炎（Covid-19）席卷全球，给人类社会造成了广泛而深刻的影响，并强力改变了城市生活情境。以模块化医院（Modular Hospital）、方舱医院（Cabin Hospital）、隔离帐篷（Isolation Tent）、气膜实验室（Air Membrane Laboratory）、可移动检测站（Portable Points of Dispensing）、可移动实验室（Movable Labs）、可移动核酸采样亭（Movable Nucleic acid Sampling Cabin）等为代表的移动建筑，在阻断病毒传播、空间隔离、快速检测、生活服务等领域体现了重大社会价值，并以多元化的社会角色和行动介入国内外城市的防疫工作中，产生了不可忽视的社会影响。从国家政府的动员主导、军队企业高校和社会组织的助力实施到社会个体的出谋划策、日常创造，移动建筑作为一种可快速部署和灵活转换的应急空间实践模式，成为应对这次突如其来的社会公共卫生事件的有效方略之一。

5.1.1 “国家动员 + 政府组织”——模块化医院应急建造

新冠肺炎的爆发具有广泛性和突然性特点。面对海量激增的患者，如何在短时间内创造出更多安全、灵活的隔离、治疗空间是抗疫能否成功的关键因素之一。因此，中国在疫情暴发初期充分发挥了“集中力量办大事”的制度优势，通过国家动员和政府组织，将在建筑业内已被广泛使用的模块化预制装配技术大量应用于建设应急医院。比如：武汉在短短十几日内便利用模块化组装技术，搭建了火神山和雷神山医院，以缓解当地病床紧缺的燃眉之急；2003 年在“非典”疫情中发挥重要作用的北京小汤山医院就由可移动的模块化箱体房快速搭建，并在 2020 年采用相同的技术形式进行了重建与升级，以支撑北京的抗疫战斗……（图 5-1、图 5-2）此外，在后来的“疫情常态化防控”[①] 背景下，上海的金山防疫医院、广州用于入境隔离的“国际客栈”等项目均采用了政府主导下的模块化预制装配建设模式。可移动拆装应急医院作为一种长效机制，有效地助力着城市防疫。

5.1.2 “军民融合 + 平战转换”——方舱医院社会应用

模块化应急医院虽然是作为民用的传染病医院来建造，但其基本组构逻辑却是源于军用的野战方舱医院。野战方舱医院又被称为战役卫勤支援保障系统（Campaign-grade

① 在 2020 年 4 月 8 日召开的中央政治局常委会会议上，习近平总书记强调我国要开展疫情常态化防控。

图 5-1 武汉火神山医院的模块化建造场景

图片来源：红星新闻．直击：火神山医院交付，建设过程到底有多难？[EB/OL].（2020-02-02）[2023-05-15] https：//news.ifeng.com/c/7tkMdbKUVh2.

图 5-2 抗疫期间作为模块化应急医院使用的北京小汤山医院

图片来源：中国新闻网．北京小汤山医院接收境外人员陆续出院致谢医护人员 [EB/OL].（2020-03-22）[2023-05-15] https：//www.workercn.cn/32843/202003/22/200322202401341.shtml.

rapidmedical Support System，简称 CMSS）。该系统“由模块化箱组装备组成，主要担负机动性的卫生应急救援任务，是具备各种基本医疗卫生功能（如紧急救治、外科处置、临床检验等）的环境平台”[1]。野战方舱医院由战地医院发展而来①，其基本技术形式为“一个保障单元连接周围病房单元，并通过一系列不同功能模块（如医疗、病房、技术保障单元等）快速组合而成”[2]，建筑具有可移动运输和可拆卸扩展特性，适合紧急状态下的即时使用与平战转换。例如西班牙野战医院集团（La Agrupaciòn Hospital de Campaña，AGRUHOC）研发的野战方舱医院就可在数小时内快速搭建成一座功能完善的大型医院。

在疫情暴发初期，除了军队直接支援的野战方舱医院，一些企业也依据相似的技术形式和组构逻辑，快速生产了可即时投入防疫的方舱医院（Cabin Hospital）。例如武汉在疫情暴发期间共建设了十几家方舱医院，这些医院具有建造快、成本低、容量大、开放式、标准化等特征，对于抗击疫情发挥了重要的作用。受到中国的成功启示，世界各地也广泛建设了大量不同形式的方舱医院，这些医院或建于室内大型开敞空间（体育馆、会展中心等），或建于室外空旷的场地（广场、公园等），有效缓解了医疗资源受到严重挤压的紧张局面，即时地满足了海量患者的救治需求。此后在疫情不断反复的 2022 年，大规模、多频次筛检结合快速、灵活的隔离成为中国执行“常态化防控”政策的主要支撑手段。方舱医院再度被用于对轻症患者及无症状感染者的隔离，但在空间与功能层面已明显弱化了医疗的专业性，快建造、便生活成为其主要特征。

① 野战方舱医院始于 20 世纪 50 年代，美军在朝鲜战争中研制出用于军事装备运输的方舱，在 60 年代发展为除运输方舱之外的电子、医疗、扩展、维修等多元化的方舱形式，野战医用方舱由美军率先在越战期间使用。进入 70 年代，我军开始引入外军的方舱装载体制，1982 年中国第一台自主研发的军用方舱在空军第二研究所诞生，1995 年我国成功研制了第一代方舱医院，是我军医疗方舱研制的雏形，达到了现场诊治功能。21 世纪初期，我军在第一代方舱医院的基础上，研发了具有“三防”能力的第二代医疗支援保障方舱系统，大幅提升了现场救治能力。

以上海市为例，其在该段抗疫时期利用了多样化的城市空间和多元化的社会力量进行方舱医院的快速建设（表5–1）：在环境层面，方舱新建或改建于城市室外公共空间、大型建筑室内公共空间以及部分中小型建筑的日常生活空间，实现了对城市空间各个尺度以及建筑功能各个类别的覆盖，同时展现了移动建筑模式在不同空间环境下的适应优势；在空间层面，建筑由传统的水平向空间布局拓展至垂直或混合式空间布局，空间规模从服务于数百人到数万人不等，展现了模块化策略在空间结构上的变化潜力；在功能层面，方舱医院大部分被设定为配备了医疗监护功能的社会性隔离点，并因此对生活服务产生了更多需求。

2022年上海疫情期间建设的部分方舱医院统计　　表5–1

所处环境	名称	容纳人数	原建筑功能	布局形式	行政区
大型建筑室内公共空间	国家会展中心方舱	50000	会展中心	水平布局	青浦
	青浦体育文化活动中心方舱	500	体育馆	水平布局	青浦
	新国际博览中心方舱	15000	会展中心	水平布局	浦东
	世博展览馆方舱	6000	会展中心	水平布局	浦东
	临港洋山特保区方舱	13600	物流仓库	水平布局	浦东
	闵行体育馆方舱	500	体育馆	水平布局	闵行
	嘉定体育馆方舱	500	体育馆	水平布局	嘉定
	花博园复兴馆方舱	2700	会展中心	水平布局	崇明
	长兴岛方舱	3000	多层工业厂房	混合布局	崇明
	静安体育中心方舱	840	体育馆	水平布局	静安
	罗泾京东集中医疗救治点	2000	物流仓库	水平布局	宝山
	宝山方舱医院（国际邮轮码头）	1000	交通站厅	水平布局	宝山
	外滩电竞国际文化中心隔离点	666	多功能馆	水平布局	黄浦
	申港路方舱	1300	单层厂房	水平布局	松江
	九亭方舱	400	4S店	水平布局	嘉定
中小型建筑日常生活空间	嘉荷新苑人才公寓集中隔离点	1900	公寓	垂直布局	嘉定
	开平路瀛通大厦方舱医院	3500	高层办公楼	垂直布局	黄浦
	申阳滨江“江景方舱”	2000	高层办公楼	垂直布局	杨浦
	明华糖仓方舱	200	多层老厂房	混合布局	杨浦
室外空间	御桥疫情防控隔离点	1690	移动箱体房	混合布局	浦东
	富长路方舱	2000	移动箱体房	混合布局	宝山
	黄浦区船舶馆方舱医院	905	野战帐篷	水平布局	黄浦
	音乐公园集中隔离点	334	移动箱体房	混合布局	长宁
	徐汇区龙耀路防疫应急项目	300	移动箱体房	混合布局	徐汇

资料来源：作者绘制（资料根据网络检索不完全统计）

方舱医院在上海疫情中的应用实践，一方面涌现了移动建筑空间模式与社会空间结构的多样化融合情景，并展现出由传统专业医疗空间向社会生活空间转化的趋向，另一方面也衍生出作为“应急空间”建设的方舱医院对于市民具体生活需求的贴合度不足等问题。在疫情逐渐平稳和得到控制之后，方舱医院中的模块化建筑空间如何进行改造或回收利用成为重要的社会问题，也同时对移动建筑研究提出了新的课题。

5.1.3　“校企合作 + 社会参与”——防疫型移动建筑产品研发实践

在疫情暴发初期，除了政府主导的社会行动之外，企业、高校及社会组织也纷纷自主研发了一系列用于防疫的移动建筑产品。盈创建筑科技（上海）有限公司利用 3D 打印技术建造的可移动隔离屋，具有建造速度快、成本低的优势，便于移动运输和即时使用，有效地支援了各地抗疫。该公司后续还研发了一系列可定制的防疫型移动建筑产品（图 5–3）。深圳华大基因公司则与同济大学设计创意学院、上海易托邦建筑科技公司合作研发了可快速搭建的“火眼”气膜实验室产品（Air Membrane Laboratory），并在世界各地支持了成百上千万次新冠病毒核酸检测。该产品针对病毒通过气溶胶传播的本质矛盾，在 PVC 双层气膜结构中同时施加正负压，从而创造了核酸检测所需要的负压环境。同时，该产品基于了模块化设计建造和智能化运营管理，可折叠拆装和现场简易搭建，能耗低且方便存储，能够实现快速部署。在该产品的研发过程中，充分展现了企业、高校及社会组织的协同抗疫：设计方协调供应商和服务商开展并行研发，在优化技术标准的同时，推出了包含建筑、设备、试剂、管理等在内的整套移动检测方案体系（图 5–4）……[3]

除此之外，本身作为社会主体之一的设计师也为抗击疫情集思广益，设计了一系列用于隔离、救治和检测的移动建筑防疫产品方案：意大利建筑工作室 Carlo Ratti Associati 以

图 5–3　盈创研发的 3D 打印隔离屋吊装运输场景

图片来源：盈创 . 盈创 3D 打印隔离屋远洋驰援巴基斯坦 [EB/OL].（2020–06–24）[2023–05–15] http：//www.winsun3d.com/News/news_inner/id/566.

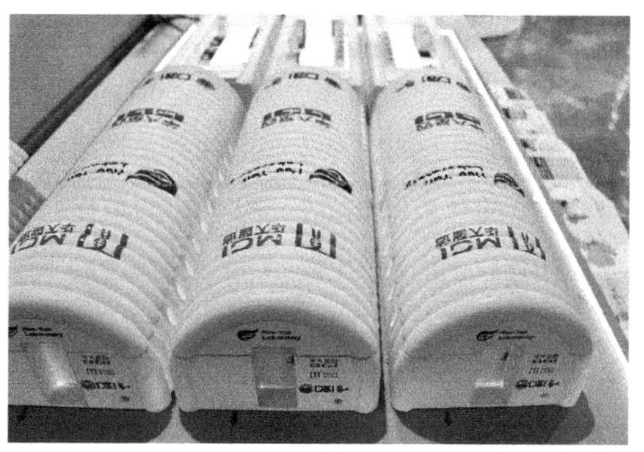

图 5–4　华大基因与同济大学联合研发的“火眼”气膜实验室产品模型

图片来源：华大 BGI. 华大“火眼”实验室亮相上合博览会中国馆 [EB/OL].（2021–04–26）[2023–05–15] https：//www.genomics.cn/news/info_itemid_6295.html.

集装箱作为载体设计了CURA临时重症舱[①]，用于感染患者的重症监护，并将该设计方案置于开源、非营利性框架中进行共享和深化研发；由美国的医疗行业人员和移动避难设计团队共同研发的JUPE健康护理单元，为偏远且不具备建设大体量方舱医院的地区提供了可移动、可独立使用的ICU建筑空间；Grimshaw工作室利用集装箱设计了可移动的核酸检测实验室；M-Rad工作室设计了基于车轮底盘和时尚外形的牵引式核酸检测实验室；Schmidt Hammer Lassen建筑事务所提出了直接将校车改造为核酸检测实验室的方案；Plastique Fantastique公司利用其擅长的充气技术设计了个人防护面罩iSphere和用于个人工作生活期间防护的移动隔离站MOBILE PPS……尽管这些方案付诸实践的并不多，但也引发了社会的关注和讨论，并最终在某些关键领域形成启发性应用（图5-5、图5-6）。

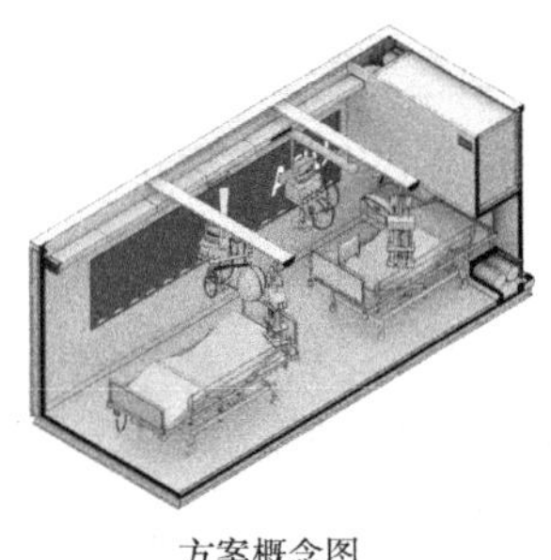

方案概念图

应用场景构想

方舱医院中的现实使用

图5-5 CURA临时重症舱产品

图片来源：Carlo Ratti Associati. CURA Metropolitan City of Turin，Piedmont，Italy[EB/OL].（2020-12-31）[2023-05-15] https：//www.genomics.cn/news/info_itemid_6295.html.

在突发疫情得到初步控制后，中国面临如何尽快恢复社会正常生活并防范疫情再度暴发的问题，因此提出了“常态化防控”目标。在以“隔离+预防”为主导的抗疫措施主导下，具有防疫功能的移动建筑产品得到了大量实践应用，企业也在其中发挥了重要的技术研发和市场推广作用。随着后来15分钟核酸检测圈[②]（15-minute Nucleic Acid Test Circle）概念被提出，核酸检测成为居民当时的日常生活行为。在海量的核酸采样需求背景下，易于快速部署在城市各个空间的核酸采样亭成为市场的新兴热点，并吸引了大量企业的参与。社会力量的介入也推动了可移动核酸采样亭的快速普及。

同样以上海市为例，在其当时部署的1.5万余个核酸采样点中，大部分都为可移动的核

① CURA所有的必需医疗设备都可容纳在一个20英尺（约6.1米）的集装箱中，每个集装箱都配备了负压生物隔离装置，使舱内空气符合COVID-19感染隔离室的标准。每个单元可以独立运作，一个CURA舱可以容纳两名新冠重症监护患者所需的所有医疗设备，如呼吸机和静脉输液架等。多个重症舱单元之间可以通过充气走廊结构自由连接，并快速装配出不同形态的可以承载40-50个床位的组合空间。CURA重症舱有效利用了集装箱快速安装、易于移动的特点，可通过不同的运输方式送至需要的地区，不仅可以安置在医院旁以扩容救治资源，也可以建立不同规模的野战医院形式。详见https：//curapods.org/

② 2022年5月9日，国务院联防联控机制召开会议强调，大城市建立步行15分钟核酸“采样圈”以拓宽检测范围和渠道。2022年5月23日召开的国家卫健委新闻发布会再次强调，省会和千万级人口以上城市建立步行15分钟核酸“采样圈”以完善常态化监测机制。详见http：//health.people.com.cn/n1/2022/0525/c14739-32429737.html

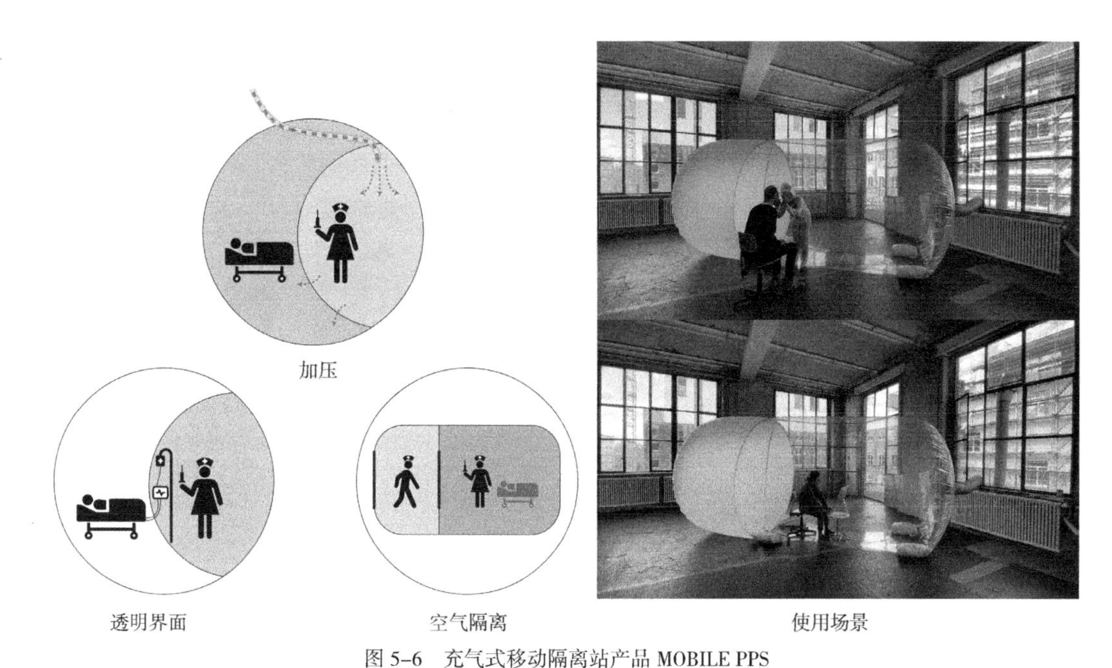

图 5-6　充气式移动隔离站产品 MOBILE PPS
图片来源：Plastique Fantastique. MOBILE PPS（Personal Protective Space）for Doctors [EB/OL].（2020-12-31）[2023-05-15] https：//plastique-fantastique.de/Mobile-PPS-for-Doctors.

酸采样亭（图 5-7）：在环境层面，这些采样亭分布于广场、公园、绿地、人行道、室内大厅等城市空间各个角落，部署范围、距离和数量依据不同区域居民的日常检测需求；在空间层面，建筑采用了可移动、模块化和集成式设计，结合工业化的批量预制建造和现场装配，实现快速灵活部署；在功能层面，建筑主要集成了检测样本的采集、临时存贮和转运功能，并为采样人员提供工作、休息空间和设施。核酸采样亭的普及应用充分展现了移动建筑模式在分布式快速部署层面的独特优势，并有力支撑了城市的日常核酸检测服务。但是，核酸采样亭在上海等城市的实践过程中，也衍生出功能单一、使用不便、成本偏高、形象单调等共性的社会问题[4]，也引发了大众和专业媒体的关注与讨论。部分设计师试图从设计视角去优化其功能和形象，上海市物联网行业协会也发布了技术规范，规定了相应的产品、技术要求，以及试验、检验方法和运输、存储标准[5]。因此，除应急使用之外，如何将核酸采样亭与日常生活服务相结合并实现提质增效，保障社会资源不受浪费，在当时成为重要议题。

随着疫情逐渐被控制，部分城市开始探索如何将核酸采样亭转型用于城市公共服务：浙江安吉县图书馆将核酸采样亭改造为读者可线上预约、线下使用的自习室；杭州湖滨步行街道则将核酸采样亭变身为“零工市场”招聘点；上海市则在街头部署了大量由核酸采样亭改造而成的平台服务亭、综合执法服务亭、自助饮料亭、爱心格子亭、春日啤酒亭等具有服务功能的小品设施……（图 5-8）因此，实现移动建筑防疫产品在应急与日常状态和场景中的灵活使用，有利于充分释放移动建筑在应对社会与环境变化层面的潜能和优势。

图 5-7　抗疫期间位于上海街头的核酸采样亭
图片来源：作者拍摄

图 5-8　由核酸采样亭改造而来的春日啤酒亭
图片来源：麦肯中国 . 核酸亭变身啤酒亭，福佳啤酒想让人们拥有自在春日 [EB/OL].（2023-04-24）[2023-05-15] https：//creative.adquan.com/show/324924.

5.1.4　“应急空间 + 日常服务”——移动建筑防疫理念思考

正如弗兰克 · M. 斯诺登（Frank M. Snowden）所言，从中世纪的黑死病到当代的新冠肺炎，流行病在塑造人类社会方面发挥巨大作用的同时，又持续对人类生存构成威胁 [6]。流行病的暴发依赖于传染源、传播途径和易感人群 3 个环节 [7-8]。纵观人类社会应对流行病的模式变迁，凸显出如下情景与特征：在科技落后的早期，驱逐和隔离患者属于“自愈”导向下的社会性抗疫手段，空间在消除传染源和阻断传播路径层面发挥了工具性作用；随着科技进步推动了疫苗、抗生素等预防和治疗手段的应用，以及现代社会公共卫生运动的开展，空间作为工具对传染源、传播路径和易感人群 3 个环节都进行了干预，并体现为一种“疗愈”特征，城市与建筑（尤其是医疗空间）展现了基于循证设计观 [9] 和健康导向下的科学、理性发展。但是，新冠肺炎的高传染、多变种、广影响、易反复等独特传播特征，使其完全不同于人类历史上的任何一类疫情。医疗系统的崩溃风险以及恢复日常生活的迫切需要，促使世界各国在当时大多实施的是以灵活、动态防控为主要特征的社会性抗疫措施。诸多学者也开始探寻一种应急与日常平衡的新空间实践观，倡导了快速建造、可逆装配、移动应急、灵活转换、平疫结合等理念策略 [10-12]。纵览中国多年来的抗疫过程，历经了疫情的暴发、平缓与反复，也形成了从“突发应急”向“常态化防控”的情景转换。移动建筑在其中也以一种应急空间实践形式得到了大规模应用，并支撑了从“突发应急”到“常态防控”防疫策略的实施。

在疫情暴发期，出于对病毒传播机理、影响的未知，中国主要采取了“空间封闭管理 + 快速应急建造”的策略以控制突发疫情：一方面模块化医院的快速建造为大量重症患者提供了医治场所，缓解了社会对于已有医疗资源的挤兑压力；另一方面，大量快速新建和改建的方舱医院为轻症患者及感染者提供了隔离和疗愈空间。这种“隔离 + 治疗”双轨并举的抗疫措施在疫情的爆发阶段起到了积极作用，移动建筑的应急空间实践展现出更多的医疗功能特征。

在突发疫情得到控制后，中国面临如何尽快恢复社会正常生活并防范疫情再度暴发的问题，因此提出了“常态化防控”目标。以“健康驿站”“社会隔离点”等为代表的可快速建造、改造、拆装和移动的应急隔离空间继续得到建设，疫苗接种、核酸检测等预防手段的大规模实施则推动了承载接种、检测等功能的可移动帐篷、可移动实验室、气膜实验室、可移动 3D 打印屋等移动建筑产品的市场化。这种以“隔离 + 预防”为主导的抗疫措施，已逐渐显现出弱化医学治疗、强化社会防控的特征，移动建筑的应急空间实践展现出更多的防疫功能特征。

在疫情不断反复的 2022 年，大规模、多频次的筛检结合快速、灵活的隔离成为中国应对疫情反复的主要手段。方舱医院再度被用于对轻症患者及无症状感染者的隔离，但在空间与功能层面已明显弱化了医疗的专业性，快速建造、便于生活成为其主要特征。与此同时，核酸检测成为居民的日常生活行为，可移动核酸采样亭成为新的抗疫空间主体，并展现出与日常生活相结合的诉求。这种以“大规模筛检 + 快速隔离”为主导的抗疫措施，使得兼具防疫与生活功能的移动建筑开始得到应用和实践。随着后来疫情的逐渐被控制，可移动核酸采样亭等防疫型移动建筑产品也逐渐被探索和转型应用于城市公共服务。

因此，由于疫情的反复性和持续性，核酸采样亭、城市驿站等移动建筑作为一种可快速部署的“应急空间”，在后来的“常态化防控”情景中仍旧扮演着重要角色，并因生活功能的不断介入和吸收而趋向于“日常化”[13–14]。移动建筑的可移动、可快速建造特性使其能够承载疫情暴发期间的应急功能，可灵活转换、可适应性又赋予了移动建筑进行功能转换和循环利用的可能，因而具备了平疫结合的“日常化”使用潜力。在后来弱医疗、强防控的社会背景下，移动建筑在从“应急空间”向“日常空间”的实践转向过程中所展现出的一系列社会学特征，进一步放大了其在社会性抗疫中的策略价值。在设计层面，以往聚焦于本体性能的极致寻优无法回应疫情中不断衍生的社会问题，进而影响城市的整体防疫效能。然而设计过程综合考虑社会反馈，则能够支撑移动建筑在防疫实践中做到应急与日常兼顾。

英国学者马里奥・卡波（Mario Carpo）在新冠期间撰文提出，“疫情持久肆虐已威胁到了传统工业的底层逻辑，但疫情也使得技术允许人类朝向更数字化和去空间化的生活方式转变”[15]。相较于封闭与隔离空间这种传统且现实的做法，去空间化作为一种切断病毒传播途径的“激进”方式，也许昭示的是一种新的社会形态对于流行病的作用影响。但这仅仅是物理空间的消逝，虚拟空间承接了人类的社会生活功能并具有生物病毒难以逾越的屏障，空间在人类应对流行病的过程中依然扮演着重要角色。从防治到防控，流行病与空间的相互作用关系因不同的社会背景和情境而变化。从上海到中国，移动建筑在多年来的防疫应用实践中并不仅仅体现为一种基于快速应急与支撑防疫功能的空间工具，其更可以被视为一种基于空间的移动可变来适应不同的防疫目标与生活情景的灵活策略。面对“突发应急”与“常态化防控”的情景切换，“应急空间”与“日常空间”的功能转换，以及“防疫需求”与“生活诉求”的社会融合，移动建筑在实践中应抱有一种如前文所述的社会设计观。

5.2 生态与智能——未来人居探索中的移动建筑应用场景

“趋利避害”和“与自然共生”既是自然界生物的普遍生存法则，也是人类的基本择居准则。数千年来，人类改造与适应环境，并将建筑作为其独有创造，承载和支撑社会中的生产与生活。自 1987 年吴良镛先生在清华大学召开的“建筑科学的未来”讨论会中提出“广义建筑学”思想以来，依托于“聚居”（Settlement）概念的“人居环境科学”① 兴起并探讨人居（Human Habitat）与环境（Environment）之间的关系[16]。当前，人类社会正全面受到第四次工业革命的影响，未来生活形态的在线化和虚拟化以及生产方式的集群式与分布式趋向，已逐渐明晰。与此同时，新技术和新数据为人居环境设计提供了从宏观到微观的定量研究与分析途径[17]。探索计算性设计、机器人建造与人工智能技术[18]，探索智慧、虚拟以及太空人居等未来新兴场景[19]，探索泛智慧城市技术② 支持下的未来城市空间原型[20]，正成为探讨未来人居的重要议题。

世界已步入多元异质的流动社会时代。城市空间作为未来人居的主要场景载体，在受到高速交通和信息通信技术（ICT）等新技术强烈塑造[20]的同时，也面临着人口膨胀、资源紧张、环境恶化等问题与挑战。传统通过扩大建筑规模和提升建设强度以追求更多生活空间的做法，已然造成高密度城市不断涌现、公共空间受到挤压、生活环境品质下降等消极后果，并与未来人居追求空间有序和环境宜居的目标理想[16]背道而驰。此外，自然灾害和难民危机在当代社会也已成为常态，灾害危机的突发性和紧急性令传统建造方式难解燃眉之急。发源于人类社会早期并留存、演进至今的移动建筑，具有永久性建筑所缺乏的快速响应和应变能力，并在当代发展为面对现实社会问题、适应流动社会生活、回应新游牧主义社会文化的日常空间载体。面对未来社会的多元多变趋向和不确定性，移动建筑正成为人类未来择居的理想选项之一，社会的变化也将影响移动建筑的未来发展。在这一趋势下，微型居住（Micro Living）、生态巨构（Ecological Megastructure）、太空栖居（Spacious Living）、数字游牧（Digital Nomadism）将成为移动建筑在未来人居探索中的 4 大应用场景。

① 人居环境是指包括乡村、集镇、城市、区域等在内的所有人类聚落及其环境，人居科学则以人居环境为研究对象，是研究人类聚落及其环境的相互关系与发展规律的科学。

② 清华大学学者龙瀛提出的“泛智慧城市技术”具体是指大数据、人工智能、移动互联网和云计算、传感器与物联网、智能建造、虚拟现实 / 增强现实 / 混合现实、共享经济等。

5.2.1　移动的微型居住

1. 极限状态的个体“蜗居”

或因生活空间资源短缺，或因追求游牧生活方式，移动居住现象将愈发普遍，并趋向于微型化。微居源于资源有限的现实所迫，只能牺牲个体规模以扩大群体数量，同时赋予建筑移动的便利性。古希腊哲学家第欧根尼（Diogenēs）就曾居住在木桶里，进行流浪和苦行。范博·雷－门特泽尔（Van Bo Le–Mentzel）探讨了人类在最极限状态下的蜗居形式——$1m^2$ 住宅。这个世界上最小的移动住宅贴合人的基本居住行为尺度，成本低廉且可手工建造和人力搬运，能为低收入人群在城市中提供简便住宿[21]（图 5–9）。面对中国都市中的人地矛盾，标准营造事务所也曾提出“城市下的蛋”系列移动装置，以灵活应对城市流动人口的活动场所问题。移动蜗居成为弱势群体的谋生模式，房子被简化为睡觉的床，其他居住行为则在公共场所中完成。一种游走于法规之外的都市游牧生活模式已然存在，如何在极限之下创造高品质生活空间将亟需探索。

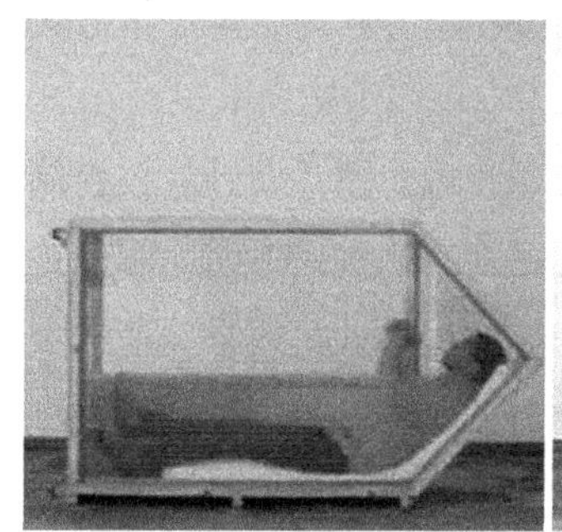

图 5–9　$1m^2$ 住宅

图片来源：HOUSING NEWS DESK. World's smallest home（1 sq metre），Germany：An engineering marvel [EB/OL].（2021–01–06）[2023–05–15] https：//housing.com/news/one–sqm–house–germany–worlds–smallest–home/.

从伦佐·皮亚诺（Renzo Piano）设计的迷你移动住宅 Diogene[22] 到长坂常（Jo Nagasaka）创作的 PACO 移动度假屋[23]，一体化设计和智能化设施支持了建筑师探索多样环境下的自给自足式移动蜗居形态。作为兼具形式美感和空间效率的几何体①，球、蛋、卵、泡泡等胶囊状有机形体成为未来移动微居构想中的常见设计语言，并展现了生态化的技术特征：Nice Architects 工作室设计的生态胶囊屋 Ecocapsule 由绝缘玻璃纤维建造壳体并填充隔热材料，低能耗的可持续系统设计以及即时的能源补充机制使得建筑能够适应露营、救灾和城市蜗居等不同场景下的独立运行[24]；DMVA 事务所设计的 Blob VB3 同样在蛋状的中空外壳内喷涂聚氨酯泡沫以实现保温隔热，空间、功能、结构的一体化设计以及家具与墙面的整合，使得有限的胶囊空间得到了最大效率的利用，高效和灵活通常也意味着可持续性[25]（图 5–10、图 5–11）。

① 球体是在同等表面积中可获得最大体积的几何体形式，球状有机体往往具有最大的空间获取率。

图 5-10 生态胶囊屋 Ecocapsule
图片来源：睿途旅创 . 这些高科技移动房屋，让你想浪迹天涯，顺便四海为家 [EB/OL].（2020-05-24）[2023-05-15] https：//www.shangyexinzhi.com/article/1898292.html.

图 5-11 Blob VB3 胶囊住宅
图片来源：DMVA Architecten. BLOB VB3[EB/OL].（2011-01-01）[2023-05-15]. https：//www.dmva-architecten.be/en/projects/blob-vb3.

2. 携居游牧的移动住宅

在空间尺度的极致压缩之外，建筑师也探索了住宅的自主移动能力。例如 N55 事务所实验了一种可如生物般行走的蜗居形式——Walking House。该住宅可视为建筑电讯派在 20 世纪 60 年代构想的“步行城市”（Walking City）[26] 袖珍版，其通过电力驱动及计算机控制的液压腿以实现不同地貌下的自由行走，太阳能和风力发电装置则为建筑提供照明和行走动力。Walking House 进行了模块化的居住系统集成设计，模块拆装简单并可拼搭为适应个人、家庭和社区等不同单位的生活空间，进而聚集为“行走的村庄”（Walking Villages）[27]。相较于 Walking House 的自主游牧，城市场景中则更多地会涌现承载个体携居迁徙功能并依托于公共服务供给的移动公寓形式（图 5-12）。

图 5-12 在不同环境中游牧的 Walking House
图片来源：N55. Manual for WALKING HOUSE[EB/OL].（2008-01-01）[2023-05-15]. http：//www.n55.dk/MANUALS/WALKINGHOUSE/walkinghouse.html.

单元模块的堆叠适用于中、低层建筑，因此大规模的移动式公寓将更多地采用“插入城市”（Plug-in City）[28] 式的“结构框架 + 模块单元”技术形式。杰夫 · 威尔逊（Jeff Wilson）提出了移动式公寓原型 Kasita，预制居住模块被插入公寓的钢结构框架中，并可运输至不同的公寓框架进行置换。框架上遍布水、电等公共服务设施，从而将传统房地产权转化为空间使用权[29]。费利佩·坎波利纳（Felipe Campolina）则构想了更为大胆的“便携式摩天楼”。该方案酷似富勒设计的“4D塔”住宅和建筑电讯派构想的“胶囊公寓”（The Capsule），大楼钢结构框架内包含了可让住宅单元上下移动的电梯以及用于安放的网格结构和进出轨道[30]。事实上，移动建筑理论的建构者尤纳·弗里德曼在其“空中城市”构想中，就将个人住宅定义为巨构网络中的“任意填充物”，居住者可携居在城市中和城市间迁徙[31]。未来的移动微居必将展现出如下图景：都市蜗居一族带着居所自由迁徙，住在任何地方。

3. 面向个性定制和生活链接的移动元空间

在移动微居中，个体与群体之间的生活关系也将成为新议题。旅居上海的建筑师弗洛里安·马奎特（Florian Marquet）提出了“可移动智能生活舱”（The Org），以探索面向未来社会的离散聚居模式。用户可通过APP进行自助式、自主型、自动化地订制、生产、组装生活模块，如工作室、农场、共享厨房、卧室等。舱体设计有节能和自我维持系统，并可进行设施共享、回收利用以及社群生活网络的动态实时链接[32]。面对动态离散的新人居模式，越来越多的为社群生活提供公共服务和灵活链接的移动元空间也将涌现（图5-13）。

图5-13 可移动智能生活舱（The Org）方案构想

图片来源：Eric Baldwin. Florian Marquet设计“生活舱体”，创建新型机动化的模组居住模式[EB/OL].（2018-08-27）[2023-05-15]. https：//www.archdaily.cn/cn/900539/florian-marquet-she-ji-xin-xing-ji-dong-hua-de-mo-zu-ju-zhu-kong-jian.

在现实中，上海一造科技有限公司（Fab-Union）就已通过人工智能增强设计、机器人3D打印等技术手段，探索了基于一体化灵活设计和批量化柔性建造、可快速移动与灵活部署的元空间产品，并将其作为15分钟社区生活圈的活动创新载体。面对未来都市存量空间的动态更新和高效利用，具有高度场地适应性和功能多样化的移动元空间不仅能为传统人居问题提供微观层面的创新解决方案[33]，更可匹配未来离散聚居模式下的新发展需求（图5-14）。

图 5-14　一造科技研发的位于上海街头和社区的可移动盒子产品

图片来源：一造科技 . 细处见温情 | 上海高架下的社区“元空间”驿站 [EB/OL].（2022-03-12）[2023-05-15] https：//mp.weixin.qq.com/s/lk_gHxFhe4FllVkLfIcdGw.

5.2.2　移动的生态巨构

1. 可持续的“共生之城”

当移动居住成为常态，移动城市也将涌现。未来的移动城市将不同于 20 世纪中叶乌托邦式的巨构畅想，其更强调通过可持续理念与技术来打造零能耗、零碳排放、自给自足式的生态巨构。张之扬提出了“共生之城”构想[34]以取代传统的城市建设模式（图 5-15）：通过建立架空的巨构新城以保护城市现有的空间肌理，实现传统与未来的和谐共生。方案同时在巨构框架中置入由设计师指导用户进行个性定制的居住空间单元——魔术盒①，进而塑造出动态变化的人居图景。“共生之城”追随了弗里德曼的“空中城市”构想，个体拥有居所的决定权和设计权这一理念也展现了移动建筑理论的核心——赋予人自主创造和自我表达的自由[31]，同时也在建构层面增添了生态内涵。比如：“留旧加新”模式以及可再生能源和物料循环设计使建筑更为节地、节材和可持续；通过可回收利用的模块化组件系统和柔性、开放、分布式的集群网络生产机制来降低碳排放……[34]在架空的巨构之外，面对日益严重的人地矛盾与气候变化危机，人类也将向海洋和天空拓展生活空间。

2. 上天入海的“移动城市”

为了应对未来的极端天气和海平面上升对于沿海城市的威胁②，BIG 事务所在联合国人居署举办的首届“可持续的漂浮城市”（Sustainable Floating Cities）圆桌会议上提出了一个自给自足式的漂浮社区方案——Oceanix City[35]（图 5-16）。该方案设计了在海洋中漂浮的人造生态系统，城市能够以有机的模块化形式不断地增长变化，并对能源、水、食物和废弃物的流动进行调控，进而实现海上人居与海洋生态和谐共处。漂浮城市构想其实早在 20

---

① 张之扬认为信息社会与互联网正在重构城市居民的生活方式，建筑空间的功能正逐步走向不确定性，传统自上而下的规范化严密规划已不再适用，自下而上的用户需求自由表达焕发新的活力，因此其提出了“形式追随用户”的私人订制“魔术盒”，一个 10m × 10m × 10m 的空间单元从根本上满足被现代主义批量式的空间生产所忽视的差异化需求。

② 据联合国人居署研究，地球每年海平面都在上升。预计到 2050 年，全球 90% 的最大城市将受到海岸侵蚀和洪水的影响，从而导致房屋和基础设施遭受冲击，数百万人流离失所。

图 5-15 “共生之城”构想
图片来源：深港双城双年展 . 打破千城一面，构建共生之城 | 展品大发现 Vol.3[EB/OL].（2020-03-21）[2023-05-15]. https：//www.sohu.com/a/381876622_687994.

图 5-16 “漂浮城市”（Ocean City）构想
图片来源：BIG.“Oceanix City”漂浮城市 /BIG 全球第一个弹性化的、可持续发展的漂浮社区 [EB/OL].（2019-04-10）[2023-05-15]. https：//www.gooood.cn/big-and-partners-unveil-oceanix-city-at-the-united-nations.htm.

世纪 60 年代就已出现，比如富勒的“四面体漂浮城市”[36] 与菊竹清训（Kiyonori Kikutake）的“海上城市”（Ocean City）[37] 等。但是，城市的复杂性令相关理念更多地以水上建筑形式在现实中呈现。相较于传统都市，Oceanix City 具有灵活多变的生长和容纳能力，相较于“水上乌托邦”，其又具有可持续的发展与操作路径。

建筑师文森特 · 卡勒博（Vincent Callebaut）认为未来城市空间将不再趋向于永恒，人类将生活在移动的生态巨构中以面对环境危机。在卡勒博的一系列生态巨构畅想中：PHYSALIA 是一个流体状船屋，可用于清理河道污染并提供洁净的饮用水 [38]；LILYPAD 是为“气候难民”设计的两栖城市（Amphibious City），能够实现食物的自给自足和可再生能源的整合利用，并采用生物技术以修复海洋生态 [39]；AEQUOREA 则从发光水母中得到启发，使用人造垃圾和藻类制成的复合生物材料经 3D 打印技术来建造，并从海水中提取氢和碳以合成生物燃料以及借助洋流获取能源动力 [40]；HYDROGENASE 构想的是一个飞行城市，借鉴飞艇原理来实现城市的移动，并引入一种新能源的生成形式——生物固氮①，城市通过海藻农场制造飞行所需的氨气，居住空间则设有基于生物降解技术的阶梯式蔬菜园 [41]……（图 5-17、图 5-18）总体来看，这些生态巨构畅想并非要取代当前的人居模式，而是基于对地球气候变化以及人地矛盾的回应，展现为应对未来危机的移动生活设计愿景。

5.2.3 移动的太空栖居

1. 太空建筑与太空城市

随着人类对于地外空间的探索，太空也将成为新的人居领域。近年来，位于近地轨道的太空商业开发相当活跃。美国科技公司跨越猎户座（Orion Span）曾推出了太空酒店计

① 生物固氮（Biological Fixation of Nitrogen）是指固氮微生物将大气中的氮气还原成氨的过程。

图 5-17　两栖城市 LILYPAD

图片来源：Vincent Callebaut Architectures. LILYPAD[EB/OL].（2017-01-01）[2023-05-15]. https：//www.vincent.callebaut.org/object/080523_lilypad/lilypad/projects.

图 5-18　飞行城市 HYDROGENASE

图片来源：Vincent Callebaut Architectures. HYDROGENASE[EB/OL].（2010-01-01）[2023-05-15]. https：//www.vincent.callebaut.org/object/100505_hydrogenase/hydrogenase/projects.

划——“极光空间站”（Aurora Station）[42]（图 5-19）。该酒店是一个基于模块化设计的空间站，在离地 320km 左右的轨道上运行，可容纳 6 名旅客和 2 名机组人员，并配备了高速无线网络和 VR 全息甲板等设施。随着商业火箭发射技术的提升，人类出行近地轨道的成本不断降低，多元化的太空建筑将会得到开发和使用，最终走向更大尺度的建造。

建筑师野城曾在深港双城双年展中推出了充满移动性思维特征的智慧太空城市概念[43]，其以中国古代的科技发明“浑天仪”为原型，创作了“浑天城”装置（图 5-20），以探讨未来的城市模式。该装置可如“浑天仪”般转动，并通过“星际折叠”科幻短片阐释了“浑天城”作为半人造、半自然的太空城市，在星际尺度下的协同建造以及基于城市

图 5-19　“极光空间站”方案构想

图片来源：华凌 . 80 万美金睡一晚，美国公司计划 2021 年发射太空酒店 [EB/OL].（2018-04-11）[2023-05-15]. https：//www.thepaper.cn/newsDetail_forward_1778436.

“浑天城”艺术装置

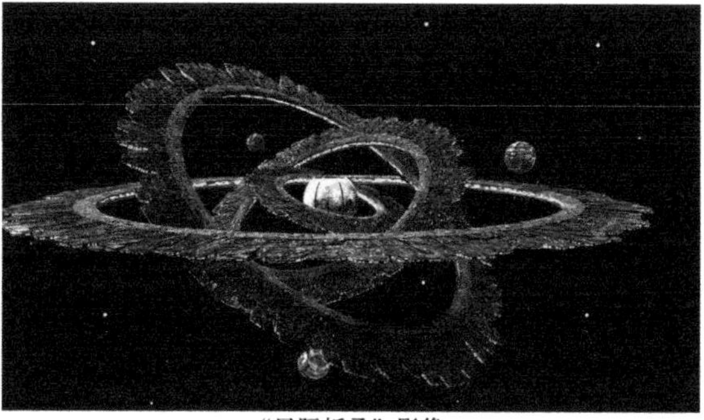

“星际折叠”影像

图 5-20 “浑天城”与“星际折叠”

图片来源：深港双城双年展 . 穿梭星际的人类新文明 | 展品大发现 Vol.5[EB/OL].（2020-03-27）[2023-05-15]. https：//www.sohu.com/a/383565094_687994.

和居民的身体相互感应的智慧运行过程①。

2. 外星宜居与地外栖息地

在无垠的太空中，人类的目光已转向了外星球的栖息地建设。火星成为众多太空栖居畅想中的家园之一，SpaceX 公司的创始人埃隆·马斯克（Elon Musk）就曾雄心勃勃地推出过人类殖民火星计划。极端环境使得火星上的建筑除了能抵抗恶劣气候之外，还必须易于移动、建造和运输，因此其通常采用高度集成化的舱体设计形式。OPEN 建筑事务所设计了地外移动住宅方案——火星生活舱（MARS Case）[44]，构想的是一种自循环、零污染、可个性定制、能灵活迁徙的微型居住形式。舱体由容纳厨卫设施及生命支持设备的箱体和可膨胀收纳的起居空间构成，能够支撑火星极端环境下的移动运输和独立生存。但是人类真正要长时间在火星地表生活，则必须采用适宜的技术建造大尺度的建筑。

在 2015 年美国国家航空航天局（NASA）举办的宜居星球竞赛中，基于火星土壤的 3D 打印和建筑机器人原位建造成为诸多竞赛单位的首选技术形式。例如在 HASSELL 建筑公司设计的“火星探索者栖息地”方案中，其利用机器人去获取火星的沙土原材料并通过 3D 打印技术来建造栖息地的防护罩。基于火星沙土抗衡张力的能力不足，他们使用了由高精度复合材料预制的轻型充气舱来构建内部空间的保压部分。此外，居住单元采用了模块化设计以及智能化的环境控制与生命保障系统，从而在极端环境中塑造了可适应多种用途和可迁徙重构的宜居空间[45]（图 5-21）。

除火星外，月球作为人类探索地外空间的实验基地，也有望成为地外栖居的主要场所。同济大学袁烽团队曾基于机器人 3D 打印技术，构建了设计建造一体化的整体月面基地建造

① “浑天城”是地球毁灭之后，人类幸存者以多个星球为物料，将一个即将坍塌的古老星系改造为太空城市。“浑天城”保留了原星系的主星和 3 颗卫星，并按照卫星的轨道建造了 4 条环形城市。星与环的组合运作犹如巨大的永动机，向城市源源不断地输送能量以支撑系统的运作和空间的变换。与此同时，人类能通过集体意念来操控城市和星系的运行，进而引发“浑天城”的核心功能——“星际折叠”。

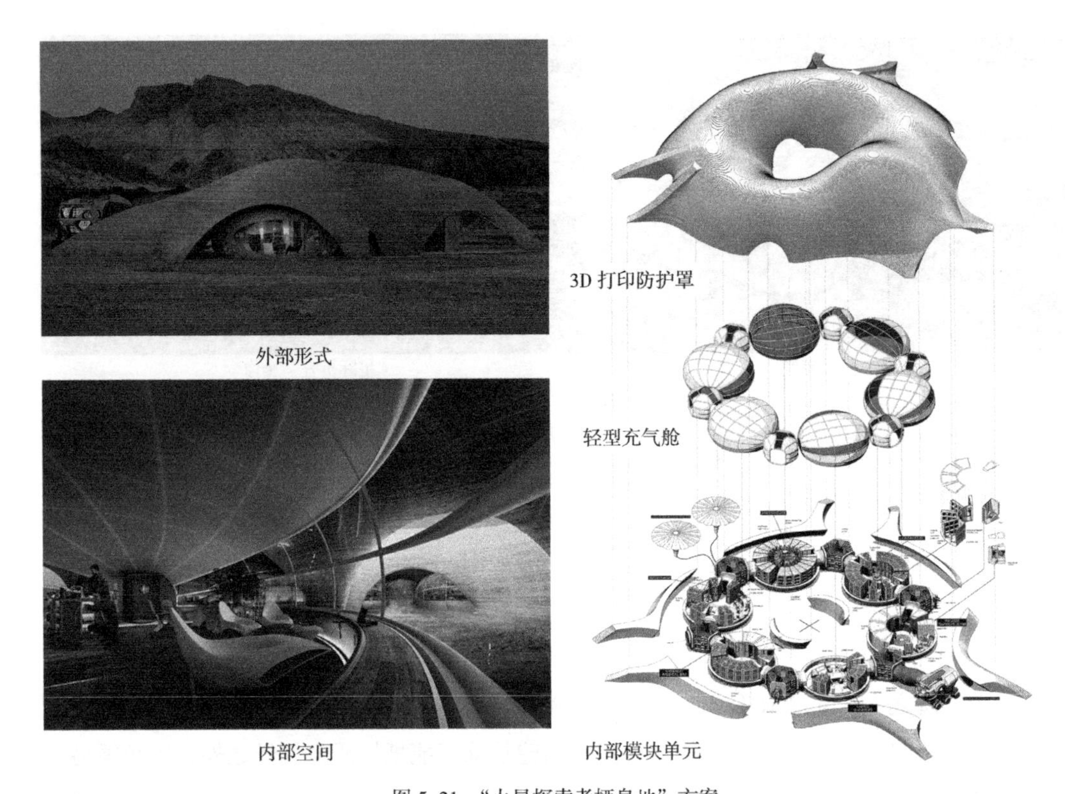

图 5-21　“火星探索者栖息地”方案
图片来源：Hassell Studio. 美国国家航空航天局（NASA）3D 打印世纪挑战赛 [EB/OL].（2018-01-01）[2023-05-15]. https：//www.hassellstudio.com/cn/project/nasa-3d-printed-habitat-challenge#0.

流程，攻克了月壤、聚芳醚酮树脂（PAEK）与激光 3D 打印的作用机制，并研发了相应的工艺、工具和平台[46]。这种在地化的移动增材建造方式减少了从地球运输建材的成本，并实现地外复杂环境下的智能、精细、精准建造，有望为地外栖居环境营造提供基础技术支撑。

5.2.4　移动的数字游牧

1. 数字游牧中的“移动建筑”

在历史上，人类的迁徙游牧与社会的流动推动了移动建筑的演变更新。查尔斯·兰德利（Charles Landry）观察了当代城市中的各种游牧生活形态，提出人类正处于“一个机遇与挑战并存的移动时代”[47]，移动和游牧意味着移动建筑的发展机遇。在雅克·阿塔利的“游牧思想理论”① 中，人类将处于一个不断流动和获取知识信息的“数字游牧民时

① 阿塔利的游牧思想理论主要包括几个方面的观点内容：一是人类文明源自游牧。阿塔利在 2003 年出版的《人类游牧》一书中指出人类文明起始于游牧民族，人类定居史要远远短于游牧史，因此人类文明的基础是由游牧文明奠定的；二是“游牧民”不仅仅是指传统的游牧民族，而是指那些继承游牧文化及生活传统的现代人，其生活的本质特征是移动迁徙；三是全球化推动了现代游牧生活的兴起。阿塔利将全球化时代的人类分为“超级游牧民”（工作充满了创造性，并享受其创造的大量信息的人群）、“移民”（因工作职业而迁徙）、“底层游牧民”（为了生存不得不迁徙移动的人群，如无家可归者）三类，同时预测“超级游牧民”和“底层游牧民”之间将由于贫富的差距而会存在不断深化的冲突。

图 5-22　NFTism 虚拟艺术画廊

图片来源：Dima Stouhi. Zaha Hadid Architects Presents Virtual Gallery Exploring Architecture，NFT's，and the Metaverse[EB/OL].（2021-12-02）[2023-05-15]. https：//www.archdaily.com/972886/zaha-hadid-architects-presents-virtual-gallery-exploring-architecture-nfts-and-the-metaverse.

代”①[48]。如今，高速交通和数字技术的发展支撑着数字游牧时代的前行，并伴随着人类数字生存新形态和协作新阶段的元宇宙（Mctaverse）到来。

元宇宙被视为基于当代数字与互联网技术牵引和支持下的虚拟时空间集合，其提供了一种沉浸式和超现实的虚拟环境。人们能够使用定制化身（Avatar）在其中共同生活，并在数字空间网络中相互连接。从 BIG 与 UNStudio 合作开发的 SpaceForm 虚拟会议平台到 Zaha Hadid 事务所塑造的 NFTism 虚拟艺术画廊[49]（图 5-22），建筑师正将其设计领域拓展至虚拟世界，建筑则可以冲破传统物理世界中法规、成本、效率、生态乃至重力的约束以实现自由的移动和变化。随着活跃于互联网平台的“Z 世代”成为社会主体，人类对于虚拟世界的生活期许和依赖正前所未有地增强。当虚拟人居环境中的建筑作为 NFT 自由流动于各个数字空间时，其本身就成了“移动建筑”。

2. 虚实相生下的移动人居模式

弗里德曼认为移动建筑的核心本质是“给予居住者自由选择、自主创造和自我表达的权力”[31]，其也对未来住宅的图景进行了描绘：个人住宅将脱离城市服务网络而趋向新技术支持下的自主游牧状态，呈现出建构的“非物质化”和装饰的虚拟化，居住者自主订购、创造，并实现方案的生成涌现。相较于物理世界，元宇宙中将更易于实现这种理想化的愿景，但这种想象需要相应的基础设施来支撑和实现。当前，一造科技基于移动机器人 3D 打印和区块链技术，推出了面向 NFT 定制化生产的云智造平台——元宇宙打印机。该产品提

① 阿塔利把 21 世纪定义为“数字游牧民族”的时代，认为现代人应以一种“游牧”的形式生活在信息社会，这里的“游牧”指的是不断流动地获取信息，而不是成为被困在某些环境和知识中的“定居者”。

供个性化的定制服务，采用区块链搭建生产流程，在设计数据上链的同时进行下链加密建造，不仅可用于工厂预制生产，还可灵活部署在施工现场、城市空间甚至伴随个体游牧[50]。这种“可想即可造”的虚实互通基础设施，能够有力支撑虚实相生的移动人居模式形成，并回应移动建筑的核心本质。

参考文献

[1] 郑晓东，陈宏光，刘树新，等 . 战役卫勤快速支援系统方舱快速展开流程的研究 [J]. 医疗卫生装备，2007，28（6）：46–47.

[2] 马得勋 . 军队野战方舱医院训练体系的构建研究 [D]. 重庆：第三军医大学，2015：3–4.

[3] 苏运升，陈堃，李若羽，等 . 火眼实验室（气膜版）[J]. 设计，2020，33（24）：43–45.

[4] 张宇轩 . 起底“丁义珍式”采样亭 [J]. 中国经济周刊，2022（11）：64–67.

[5] 上海市物联网行业协会 . 智能核酸采样站技术规范 [EB/OL].（2022–09–22）[2023–05–10] http：//www.ttbz.org.cn/StandardManage/Detail/67834/.

[6] 弗兰克 · M. 斯诺登 . 流行病与社会：从黑死病开始的瘟疫史 [M]. 季珊珊，程璇，译 . 北京：中央编译出版社，2022.

[7] Epstein P.R. Climate change and emerging infectious diseases[J]. Microbes and Infection，2001（3）：747–754.

[8] 李兰娟，任红，等 . 传染病学（第 8 版）[M]. 北京：人民卫生出版社，2013.

[9] HAMILTON K.，WATKINS D. H. Evidence–Based Design for Multiple Building Types[M]. New Jersey：John Wiley & Sons. Inc.，2009.

[10] 武悦，李燎原，张姗姗，等 . 智慧医疗救援模式下的移动应急医院设计探索 [J]. 建筑学报，2019（S1）：111–116.

[11] 杨俊宴，史北祥，史宜，等 . 高密度城市的多尺度空间防疫体系建构思考 [J]. 城市规划，2020，44（3）：17–24.

[12] 钱锋，罗元胜 . 历史化疫情的思考——流行病下的空间实践图解 [J]. 西部人居环境学刊，2022，37（1）：40–47.

[13] 张斌，吴春花，王春艺 . 公共性与日常生活——当驿站作为一种日常生活基础设施 [J]. 建筑技艺，2022，28（5）：6–13.

[14] 张斌 . 从城市研究到驿站实践：关于日常性的思考 [J]. 建筑师，2023（1）：45–58.

[15] Carpo，M. Design and automation at the end of modernity：the teachings of the pandemic. ARIN 1，3（2022）.

[16] 吴良镛 . 人居理想 科学探索 未来展望 [J]. 人类居住，2017（04）：3–10.

[17] 叶宇 . 新城市科学背景下的城市设计新可能 [J]. 西部人居环境学刊，2019，34（1）：13–21.

[18] 袁烽，许心慧，李可可 . 思辨人类世中的建筑数字未来 [J]. 建筑学报，2022（9）：12–18.

[19] Philip F. Yuan. Launch Editorial[J]. Architectural Intelligence，2022（1）：1.

[20] 龙瀛 . 颠覆性技术驱动下的未来人居——来自新城市科学和未来城市等视角 [J]. 建筑学报，2020（Z1）：34–40.

[21] HOUSING NEWS DESK. World's smallest home（1 sq metre），Germany：An engineering marvel[EB/OL].（2021–01–06）[2023–05–10]https：//housing.com/news/one–sqm–house–germany–worlds–smallest–home/.

[22] Rory Stott. Diogene，一个关于蜗居的实验 / 伦佐 · 皮亚诺工作室 [EB/OL].（2018–04–17）[2023–05–10] https：//www.archdaily.cn/cn/892137/diogene–ge–guan–yu–gua–ju–de–shi–yan–lun–zuo–pi–ya–nuo–gong–zuo–shi.

[23] Schemata Architects.PACO[EB/OL].（2009–01–01）[2023–05–10] http：//schemata.jp/paco/.

[24] 睿途旅创 . 这些高科技移动房屋，让你想浪迹天涯，顺便四海为家 [EB/OL].（2020–05–24）[2023–05–10]https：//www.shangyexinzhi.com/article/1898292.html.

[25] DMVA Architecten. BLOB VB3[EB/OL].（2011–01–01）[2023–05–10]. https：//www.dmva–architecten.be/en/projects/blob–vb3.

[26] COOK P.，WEBB M. Archigram[M].New York：Princeton Architectural Press，1999.

[27] N55. Manual for WALKING HOUSE[EB/OL].（2008–01–01）[2023–05–10]. http：//www.n55.dk/MANUALS/WALKINGHOUSE/walkinghouse.html.

[28] Archigram. a guide to Archigram 1961–74[M].New York：Princeton Architectural Press，2012.

[29] 建筑学院 . 像酒瓶一样被插入"支架"中的微型预制住宅 [EB/OL].（2016–08–16）[2025–05–10]. http：//www.archcollege.com/archcollege/2016/08/27569.html.

[30] news3. 巴西建筑大师规划便携式摩天楼，可随意组合 [EB/OL].（2020–03–21）[2023–05–10]. http：//news.sohu.com/20100602/n272502375.shtml.

[31] 尤纳 · 弗莱德曼 . 为家园辩护 [M]. 秦屹，龚彦，译 . 上海：上海锦绣文章出版社，2007.

[32] Eric Baldwin. Florian Marquet 设计"生活舱体"，创建新型机动化的模组居住模式 [EB/OL].（2018–08–27）[2023–05–10].https：//www.archdaily.cn/cn/900539/florian–marquet–she–ji–xin–xing–ji–dong–hua–de–mo–zu–ju–zhu–kong–jian.

[33] 一造科技 . 细处见温情 | 上海高架下的社区"元空间"驿站 [EB/OL].（2022–03–12）[2023–05–10] https：//mp.weixin.qq.com/s/lk_gHxFhe4FlIVkLfIcdGw.

[34] 深港双城双年展 . 打破千城一面，构建共生之城 | 展品大发现 Vol.3[EB/OL].（2020–03–21）[2023–05–10]. https：//www.sohu.com/a/381876622_687994.

[35] BIG.“Oceanix City”漂浮城市 /BIG 全球第一个弹性化的、可持续发展的漂浮社区 [EB/OL].（2019-04-10）[2023-05-10]. https：//www.gooood.cn/big-and-partners-unveil-oceanix-city-at-the-united-nations.htm.

[36] KRAUSSE J., LICHTENSTEIN C. Your Private Sky：R. Buckminster Fuller--The Art of Design Science[M]. Zurich：Lars Mueller Publishers，1999.

[37] 矶达雄，宫泽洋 . 浮动城市：日本当代建筑的启蒙导师菊竹清训的代谢建筑时代 [M]. 杨明绮，译 . 台北：商周出版社，2014.

[38] Vincent Callebaut Architectures. PHYSALIA[EB/OL].（2010-01-01）[2023-05-10]. https：//www.vincent.callebaut.org/object/100104_physalia/physalia/projects.

[39] Vincent Callebaut Architectures. LILYPAD[EB/OL].（2017-01-01）[2023-05-10]. https：//www.vincent.callebaut.org/object/080523_lilypad/lilypad/projects.

[40] Vincent Callebaut Architectures. AEQUOREA[EB/OL].（2015-01-01）[2023-05-10]. https：//www.vincent.callebaut.org/object/151223_aequorea/aequorea/projects.

[41] Vincent Callebaut Architectures. HYDROGENASE[EB/OL].（2010-01-01）[2023-05-10]. https：//www.vincent.callebaut.org/object/100505_hydrogenase/hydrogenase/projects.

[42] 华凌 . 80 万美金睡一晚，美国公司计划 2021 年发射太空酒店 [EB/OL].（2018-04-11）[2023-05-10].https：//www.thepaper.cn/newsDetail_forward_1778436.

[43] 深港双城双年展 . 穿梭星际的人类新文明 | 展品大发现 Vol.5[EB/OL].（2020-03-27）[2022-11-22]. https：//www.sohu.com/a/383565094_687994.

[44] OPEN 建筑事务所 .“火星生活舱”概念原型 [EB/OL].（2018-10-30）[2023-05-10]. https：//www.gooood.cn/mars-case-china-by-open.htm.

[45] Hassell Studio. 美国国家航空航天局（NASA）3D 打印世纪挑战赛 [EB/OL].（2018-01-01）[2023-05-10].https：//www.hassellstudio.com/cn/project/nasa-3d-printed-habitat-challenge#0.

[46] Philip F. Yuan，ZHOU X. J.，WU H.，et al. Robotic 3D printed lunar bionic architecture based on lunar regolith selective laser sintering technology [J].Architectural Intelligence，2022（1）：14.

[47] 查尔斯・兰德利 . 游牧世界的市民城市 [M]. 姚孟吟，译 . 台北：马可波罗文化，2019.

[48] 雅克・阿塔利 . 21 世纪词典 [M]. 梁志斐，周铁山，译 . 桂林：广西师范大学出版社，2004.

[49] Dima Stouhi. Zaha Hadid Architects Presents Virtual Gallery Exploring Architecture，NFT’s，and the Metaverse[EB/OL].（2021-12-02）[2023-05-10]. https：//www.archdaily.com/972886/zaha-hadid-architects-presents-virtual-gallery-exploring-architecture-nfts-and-the-metaverse.

[50] 一造科技 . MetaPrinter 面向 NFT 定制化生产的建筑机器人移动打印机 [EB/OL].（2021-01-01）[2023-05-10]. http：//www.fab-union.com/col.jsp?id=135.

附 录
APPENDIX

主要国际组织

国际现代建筑协会（CIAM）：20世纪中期由现代主义建筑师组成的国际组织。1928年，勒·柯布西耶、格罗皮乌斯、阿尔瓦·阿尔托和历史评论家希尔弗雷德·吉迪恩等在瑞士拉萨拉兹（La Sarraz）建立了由8个国家、24人组成的国际现代建筑协会，该组织致力于推广以工业化与标准化生产为宗旨的现代主义建筑运动，代表着激进正统的现代主义建筑思潮。

建筑电讯派（Archigram）：亦译“建筑电讯小组”或“阿基格拉姆集团”。1960年以彼得·库克（Peter Cook）为核心，以伦敦AA建筑专业学生为主体成立的建筑集团，他们希望从新技术革命的角度对现代主义建筑进行批判，他们成立建筑电讯学派，并通过同名杂志来提倡和探索建筑的移动性和可变性。

新陈代谢学派（Metabolism）：在日本著名建筑师丹下健三的影响下，以青年建筑师大高正人、槙文彦、菊竹清训、黑川纪章、矶崎新以及评论家川添登为核心，于1960年前后形成的建筑创作组织。他们强调事物的生长、变化与衰亡，极力主张采用新的技术来解决问题，反对过去那种把城市和建筑看成固定的、自然进化的观点。

“情境主义国际”组织（Situationist International，简称SI，1957—1972）：于1957年在意大利成立，由以视觉艺术创作为主的包豪斯印象运动国际组织（International Movement of an Imaginist Bauhaus，前身为眼镜蛇小组——COBRA，即哥本哈根、布鲁塞尔和阿姆斯特丹的缩写）和强调社会文化革命的字母主义国际（Lettrist International）组织合并而成。该组织产生的历史根源在于战后资本主义商品生产导致社会向消费主义形态转变，因此提倡揭露景观的异化本质，解放人的真实欲望，以实现日常生活革命。代表人物有居伊·德波（Guy Ernest Debord）、荷兰艺术家康斯坦特、丹麦画家阿斯热·乔恩（Asger Jorn）等。

移动建筑研究小组（GEAM）：移动建筑研究小组全称为The Groupe d'études de architecture mobile，由弗里德曼组织并主持，1957年开始筹备，1958年3月在荷兰鹿特丹举行首次会议并宣告成立。该小组致力于从技术的角度讨论建筑的移动性与可变性，并于1960年相继在巴黎、卢森堡、阿姆斯特丹、盖尔森基兴和华沙举办展览和会议。有学者也将GEAM称之为移动建筑学派，笔者认为该组织难以称之为学派，更像一个研究小组：首先GEAM的组织自由松散，只是因为对相互之间的理念感兴趣才组织在一起（其中索尔坦自首次会议后就脱离了研究小组）；其次，移动建筑理论主要出自弗里德曼个人，而非集体统一的研究结果。弗里德曼个人也认为，组织内部成员应该自由设想各自解决问题的办法，并认为通过争论以取得一种被迫的一致性是没有必要的，因此也不想去打造一个运动的圣经。因此，GEAM 作为一个松散的组织，于 1962 年宣告解散，其对于外界的影响也大多源自于个人而非以集体的形式。

“国际建筑前瞻”组织（Groupe International d'Architecture Prospective，简称 GIAP）：一个 1965 年 3 月在法国巴黎成立的面向未来的前瞻性国际组织，创始人包括了尤纳·弗里德曼（Yona Friedman）、约内尔·沙因（Ionel Schein）、保罗·迈蒙（Paul Maymont）、乔治·帕特里克斯（Georges Patrix）、评论家迈克尔·拉贡（Michel Ragon）、尼古拉斯·舍费尔（Nicolas Schöffer）和后来的沃尔特·约纳斯（Walter Jonas）。该组织的想法是聚集所有活跃的人士来参与构想未来建筑、城市设计概念，并于 1965 年至 1967 年之间举行 20 多场会议和 5 个大型展览。

主要人物

欧美（按英文字母排序）

亚历山大·格拉汉姆·贝尔（Alexander Graham Bell，1847—1922）：苏格兰裔美国发明家、企业家，被誉为“电话之父”，并于 20 世纪初发明了空间框架结构。

爱因斯坦（Albert Einstein，1879—1955）：美国和瑞士双国籍的犹太裔物理学家，创立了广义相对论。

阿尔伯特·弗雷（Albert Frey）：美国现代主义建筑师，设计了著名的铝板住宅。

史密森夫妇（Alison and Peter Smithson）：“二战”后英国建筑界著名的建筑师夫妇，出于对战后单调、教条、充斥着功能主义思维的现代主义建筑理论与实践的不满，创立了 TEAM10，注重研究日常生活、街道美学以及建筑和城市的关系，并掀起了在世界范围内流行的粗野主义运动。

阿尔多·罗西（Aldo Rossi，1931—1997）：意大利著名建筑师、建筑理论家，其在 20 世纪 60 年代将类型学的原理和方法用于建筑与城市，掀起了“新理性主义”运动，在建筑设计中倡导类型学，设计回归建筑原型。

艾伦·威克斯勒（Alan Wexler）：美国当代家具设计师。

艾伦·帕金森（Alan Parkinson）：英国当代艺术家，以充气艺术装置闻名。

伯特兰·罗素（Bertrand Russell，1872—1970）：英国哲学家、数学家、逻辑学家，创建了分析哲学。

卡尔·科赫（Carl Koch，1912—1998）：美国现代建筑师，以预制建筑设计闻名。

卡米尔·弗里登（Camille Frieden，1914—1998）：列支敦士登现代建筑师。

康斯坦特（Constant Anton Nieuwenhuys，1920—2005）：全名为康斯坦特·安东·纽文华，荷兰著名的画家、雕塑家、建筑师、音乐家。从早期眼镜蛇（COBRA）小组到后来的情境主义国际组织，其致力于将西方休闲学的社会理念以建筑构想的方式表现出来，代表作为“新巴比伦”（New Babylon）计划。

塞德里克·普莱斯（Cedric Price，1934—2003）：英国现代思想前卫的建筑师，与建筑电讯派同时代，代表作有“玩乐宫”“思维带”等，影响了包括屈米、库哈斯及理查德·罗杰斯等一批高技派建筑师的设计思想。

埃姆斯夫妇（Charles and Ray Eames）：美国 20 世纪著名的设计大师，曾设计了一系列融合了工业化技术和艺术美学的家具和建筑室内空间作品。

柯林·罗（Colin Frederick Rowe，1920—1999）：英国建筑学家、城市历史学家、批评家、理论家，代表作有《拼贴城市》《透明性》等。

查尔斯·兰德利（Charles Landry，1948—）：当代城市研究学者，聚焦于城市创意领域，探讨地区文化如何刺激经济发展，从而加强城市的自我认同和自信。主要代表作有《游牧世界的市民城市》《城市建设的艺术》《跨文化城市：多元文化的优势》《创意城市：都市创新的锦囊妙计》《掌握先机：复杂年代的都市生活》《文化十字路口》等。

查克·霍伯曼（Chuck Hoberman，1956—）：当代著名结构设计师，致力于研究如何采用展开式结构来限定空间和构筑物的可变换运动几何学，发明了霍伯曼球面结构。该结构建立在运动建筑组块的概念之上（联动装置之间彼此相连，从而传力转化为运动），当具有合适的形态以及集合形时，多个运动建筑组块可以组合为完善的网络，进而创造出一个在施力情况下改变形态或大小的运动结构。

第欧根尼（Diogenēs，公元前412—公元前323年）：古希腊哲学家，犬儒学派的代表人物，苦行主义的身体力行者，曾居住在一只木桶内，过着乞丐一样的生活。

戴维·乔治·埃梅里希（David Georges Emmerich，1925—1996）：匈牙利籍法国现代建筑师、工程师，其对空间的规则划分、自然形状、形状的阻力和组合分析的广泛研究最终发展出立体测量系统，并在20世纪50年代提出的“张拉结构和自应力结构”与富勒和斯内尔森研究的张拉整体结构基本相同。

丹尼斯·克朗普顿（Dennis Crompton）：英国建筑师，建筑电讯派创始成员。

戴维·格林（David Greene，1921—2003）：英国建筑师，建筑电讯派创始成员。

艾琳·格雷（Eileen Gray，1878—1976）：出生于爱尔兰的著名女性现代建筑师、设计师，著名作品为E1027别墅。

埃罗·沙里宁（Earo Saarinen，1910—1961）：美籍芬兰裔现代主义建筑大师，代表作有圣路易市杰弗逊国家扩展纪念门、纽约环球航空公司候机楼等。

埃克哈德·舒尔策·菲利茨（Eckhard Schulze Fielitz，1929—）：德国著名波兰裔建筑师、城市学家，主要研究大规模机械生产、模块化空间系统、城市增长及其社会发展影响，以其称之为“Metaeder”的城市巨型几何网格结构研究知名，与弗里德曼长期保持着友好的关系。

爱德华·波特林克（Eduard Bohtlingk）：荷兰当代建筑师，发明了著名的“侯爵”（Markies，在荷兰语中意为遮阳篷）房车。

弗雷·奥托（Frei Otto，1925—2015）：德国现代著名建筑师、工程师、研究员、发明家，普利兹克建筑奖获得者，致力于轻型结构研究创新。

弗兰克·劳埃德·赖特（Frank Lloyd Wright，1867—1959）：美国现代建筑师，工艺美术运动（The Arts & Crafts Movement）美国派的主要代表人物，现代主义四大师之一。提出了著名的有机建筑和广亩城市理论，代表作有流水别墅（Fallingwater）、罗比住宅（Robie House）等。

弗雷德里克·基斯勒（Frederick Kiesler，1890—1965）：奥地利裔美籍建筑师、理论家、艺术家和雕塑家，毕生致力于通过建筑来统一各门科学和艺术，被认为是建筑非线性理论的先驱。

费利佩·坎波利纳（Felipe Campolina）：巴西当代建筑师。

弗洛里安·马奎特（Florian Marquet）：

旅居上海的建筑师，提出了可移动的智能生活舱方案“The org”。

吉尔·德勒兹（Gilles Louis René Deleuze，1925—1995）：法国后现代主义哲学家，主要学术著作包括《差异与重复》《反俄狄浦斯》《千高原》等。

乔治·卡雷（George Cayley，1773—1857）：英国科学家，空气动力学之父。

盖·林德尔（Guy Liddell）：英国现代工程师，“一战”期间发明林德尔移动小屋（The Liddell Portable Hut）。

乔治·弗雷德·凯克（George Fred Keck，1895—1980）：美国现代建筑师，代表作有“明日之家”。

格里特·里特维德（Gerrit Thomas Rietveld，1888—1965）：荷兰现代建筑师、设计师，风格派代表人物，代表作为施罗德住宅（Rietveld Schröder House）。

居伊·德波（Guy Debord，1931—1994）：法国思想家、导演，情境主义国际代表人物，代表著作为《景观社会》。

古斯塔沃·吉利·盖尔菲蒂（Gustau Gili Galfetti）：西班牙当代建筑师。

亨利·福特（Henry Ford，1863—1947）：美国汽车工程师与企业家，福特汽车公司的建立者，世界上第一位使用流水线大批量生产汽车的人。福特的生产方式使汽车成为一种大众产品，不但革命了工业生产方式，而且对现代社会和文化起了巨大的影响。

列斐伏尔（Henri Lefebvre，1901—1991）：法国思想大师，城市社会学理论的重要奠基人，代表作有《空间的生产》《日常生活批判》等。

野口勇（Isamu Noguchi，1904—1988）：20世纪著名的日裔美籍雕塑家之一，致力于将雕塑和景观设计结合，最经典作品是家具——野口勇茶几。野口勇与富勒是好友，曾为其4D设计作品制作展览模型。

约内尔·沙因（Ionel Schein，1927—2004）：罗马尼亚出生的法国建筑师、城市规划师和建筑史学家，被认为是在建筑上使用合成材料的先驱。

约翰·亚历山大·布罗迪（John Alexander Brodie）：英国现代工程师，曾提出装配式公寓构想。

让·普鲁弗（Jean Prouvé，1901—1984）：法国现代著名工程师、建筑师、家具设计师、工业设计师。主要成就是在不丧失美学品质的情况下将制造技术从工业转移到建筑业，代表作品有可拆卸的流动组合屋、标准椅，是20世纪家具和建筑的创新先驱。

让·皮埃尔·帕奎特（Jean—Pierre Paquet，1907—1975）：法国现代建筑师，曾与弗里德曼合作项目。

让·路易斯·尚内亚克（Jean—Louis Chanéac，1931—1993）：法国现代建筑师，毕业于格勒诺布尔建筑学院，主要研究基于合成材料的空间胶囊建筑。

约翰·米尔顿·凯奇（John Milton Cage Jr，1912—1992）：美国先锋派古典音乐作曲家。

约瑟夫·艾伯斯（Josef Albers，1888—1976）：德国艺术家、理论家和设计师，颜色理论重要学者。

乔·科伦坡（Joe Colombo，1930—1971）：意大利著名建筑师、家具设计师。科伦坡1954年毕业于米兰理工学院建筑系，一生从事于建筑设计和室内设计，其代表作有4801号扶手椅、用ABS塑料模压而成的4860号椅、附加生活系统家具等等，1971年其推出影响力深远的“全方位装修体系”，这套体系在1972年纽约现代艺术博物馆举办的“意大利：崭新的家庭景观”展览中被称为全新的居住机器。

耶日·索尔坦（Jerzy Soltan，1913—2005）：波兰现代建筑师，柯布西耶的学生和同事。

简·卡普利茨基（Jan Kaplicky，1931—）：当代著名移动建筑设计师，致力于户外移动建筑产品研发。

雅克·阿塔利（Jacques Attali，1943—）：法国政治和经济学学者、著名的政论家，主要代表作有《21世纪词典》《危机之后》《未来简史》等。

约普·范列肖特（Joep Van Lieshaunt，1963—）：荷兰当代艺术家。

詹妮弗·西格尔（Jennifer Siegel）：美国洛杉矶伍德贝里建筑学院教授，创立了移动设计工作室（OMD），致力于移动建筑设计与研究。

约翰·哈布瑞肯（John Habraken，1928—）：荷兰建筑师和建筑理论家，曾担任美国麻省理工学院建筑系主任，20世纪60年代出过著名的“支撑体”理论（即SAR），后来发展为“开放建筑”的理论和方法。

杰夫·威尔逊（Jeff Wilson）：美国当代建筑师。

康拉德·威奇斯曼（Konrad Wachsmann，1901—1980）：德国犹太裔现代主义建筑师，被认为对空间结构的推广和建筑部件的大规模生产做出了杰出贡献。

肯尼斯·弗兰姆普敦（Kenneth Frampton，1930—）：哥伦比亚大学建筑学教授，现当代著名建筑历史学家、建筑批评家。

卡斯·奥斯特霍斯（Kas Oosterhuis）：荷兰当代设计师，代尔夫特大学教授，致力于交互建筑研究。

劳伦斯·科切尔（Lawrence Kocher）：美国20世纪30年代《建筑实录》杂志主编。

劳埃德·卡恩（Lloyd Kahn）：美国学者，著有《庇护所》（*Shelter*）一书。

勒·柯布西耶（Le Corbusier，1887—1965）：20世纪著名的建筑大师、城市规划家和作家，现代主义四大师之一，是现代主义建筑的主要倡导者和机器美学的重要奠基人。原名为“夏尔·爱德华·让纳雷”（Charles Edouard Jeaneret），“勒·柯布西耶”（Le Corbusier）是其1920年以后使用的化名。代表作有萨伏伊别墅、马赛公寓、朗香教堂等。

勒贝乌斯·伍兹（Lebbues Woods，1940—2012）：美国现代建筑师和艺术家，以非传统和实验性设计著称。伍兹创造了诸多未建成的构想，并被认为描述了一个建立在异质性原则基础上的激进实验世界。伍兹不但出版了《ONE FIVE FOUR》《新城》《战争》和《勒贝乌斯·伍兹》等带有乌托邦思想的著作，也创作了一系列基于未来主义和超现实主义的概念方案，如“中心城市”“地下柏林”（Underground Berlin）、“空中巴黎”（Aerial Paris）、“独奏住宅”（Solo Houses）等。

洛伦佐·阿皮塞拉（Lorenzo Apicella）：当代移动商业建筑设计师。

曼纽尔·卡斯特尔（Manuel Castells）：美国洛杉矶南加州大学传播学院教授，当代社会学家，提出了流动空间理论。

马歇尔·麦克卢汉（Marshall Mcluhan，1911—1980）：20世纪原创媒介理论家，思想家，主要著作有《机器新娘》《理解媒介》等。

马可·波罗（Marco Polo，1254—1324）：意大利旅行家、商人，代表作品有《马可·波罗游记》。

蒙特哥尔费兄弟（Montgolfier Brothers）：法国航空先驱、热空气气球发明人。

米歇尔·德·塞图（Michel de Certeau，1925—1986）：法国社会学家，心理学家，提出了著名的日常生活实践理论。

迈克·韦伯（Michael Webb）：英国建筑师，建筑电讯派创始成员。

马克·费舍尔（Mark Fisher）：美国当代著名移动表演空间建筑设计师。

莫里斯·阿吉斯（Maurice Agis）：西班牙当代艺术家，以充气艺术装置闻名。

诺伯特·肖瑙尔（Norbert Schoenauer）：加拿大学者，著有《住宅6000年》一书。

诺曼·福斯特（Norman Foster，1935— ）：英国建筑大师，高技派代表人物，1983年获得英国皇家金质奖章，1994年获美国建筑师学会金质奖章，1999年获普利兹克建筑奖。

尼古拉斯·格雷姆肖（Nicholas Grimshaw）：英国当代建筑师，高技派代表人物。

奥斯卡·尼科拉·汉森（Oskar Nikolai Hansen，1922—2005）：波兰现代建筑师、设计师、理论家、教育家、画家、雕塑家，其作品深受立体主义影响。

彼得·诺曼·尼森（Peter Norman Nissen，1871—1930）：加拿大现代工程师，1917年发明了著名的尼森小屋（Nissen Bow Hut）。

彼得·贝伦斯（Peter Behrens，1868—1940）：德国现代主义设计的重要奠基人之一，著名建筑师，工业产品设计的先驱，“德国工业同盟”的首席建筑师。

保罗·尼尔森（Paul Nelson，1895—1979）：美国现代建筑师，受柯布西耶的影响将住宅设计看作是将工业技术结合而成的“生活机器”。代表作是“悬浮之宅”（又称“未来住宅”），设计理念是将预制的、独立可变的功能性空间单元悬挂于一个固定的外罩所形成的室内空间中，从而创造出永远变化的流动空间。

皮埃尔·夏卢（Pierre Chareau，1883—1950）：法国著名现代室内设计师、家具设计师，代表作为玻璃之家。

保罗·迈蒙（Paul Maymont，1926—2007）：法国现代著名建筑师、城市规划师。

彼得·库克（Peter Cook）：英国建筑师，建筑电讯派创始成员。

菲利普·约翰逊（Philip Johnson，1906—2005）：美国现代建筑大师、建筑理论家，首位普利兹克建筑奖获得者，曾担任现代艺术博物馆（MoMA）建筑部的主任。

保罗·索列里（Paolo Soleri，1919—2013）：意大利建筑师、城市设计师，设计充满未来风格。20世纪60年代，其将生态学与建筑学结合起来创造出新名词——“生态建筑学”（Acrology），用来形容自给自足型的城市设计，认为任何建筑或都市设计如果破坏自然结构都是不明智的，提倡富勒的“少费多用”（More with Less）原则，去对有限的物质资源进行最充分、最适宜的设计和利用，在建筑中使用可再生资源。

理查德·巴克敏斯特·富勒（Richard Buckminster Fuller，1895—1983）：美国建筑师、发明家，擅长技术应用研究，曾设计了一天能造好的“超轻大厦”、能潜水也能飞的戴马克松汽车、城市的巨构穹顶等项目。他在1967年蒙特利尔世博会上设计的美国馆，使得轻质圆形穹顶形式在今天风靡世界。

雷纳·班汉姆（Reyner Banham，1922—1988）：英国著名建筑、设计评论家，也被公认为最早的设计史学者之一，为设计批评的发展做出了突出贡献。

朗·赫伦（Ron Herron）：英国建筑师，建筑电讯派创始成员。

理查德·霍顿（Richard Horden）：德国慕尼黑工业大学教授，致力于微型移动建筑产品的研发及课程教学。

罗伯特·克罗恩伯格（Robert Kronenburg）：英国利物浦大学建筑学院教授，当代著名移动建筑研究学者，提出了可适性建筑理论。

里维特（R. A. H. Livett）：英国现代建筑师，创造了轻钢框架结合预制混凝土砌块的建筑体系。

雷姆·库哈斯（Rem Koolhaas，1944—）：荷兰建筑大师，OMA的首席设计师，哈佛大学设计研究生院建筑与城市规划学教授，曾获2000年普利兹克建筑奖。

瑞秋·怀特里德（Rachel Whiteread，1963—）：英国当代女艺术家，主要创作雕塑作品，通常采用盒子堆叠状的石膏造型，是第一位获得特纳奖的女性（1993年）。

伦佐·皮亚诺（Renzo Piano，1937—）：意大利建筑大师，高技派代表人物，曾获1998年普利兹克建筑奖。

鲁迪·伊诺斯（Rudi Enos）：英国当代建筑工程师，擅长大跨膜结构设计。

圣地亚哥·西鲁赫达（Santiago Ciregeda）：西班牙当代建筑师。

斯蒂芬·加得纳（Stephen Gardiner）：英国学者，著有《人类的居所：房屋的起源与演变》一书。

圣地亚哥·卡拉特拉瓦（Santiago Calatrava，1951—）：西班牙当代建筑大师，致力于结构力学性能与建筑形式美学的融合创新。

斯蒂文·霍尔（Steven Holl，1947—）：美国当代建筑大师，致力于建筑现象学理论在设计中的实践。

西奥·詹森（Theo Jansen）：荷兰当代艺术家，其创作的"沙滩怪兽"移动雕塑系列装置，采用了可在松软的沙滩上进行行走的支架，其中高4.7米、重2吨的沙滩犀牛运输器（Animaris Rhinoceros Transport）只需1人便可启动，在风力足够时还可自行行走。

托马斯·赫斯维克（Thomas Heatherwick）：英国当代著名建筑设计师，代表作有2010年上海世博会英国馆。

维克多·帕帕奈克（Victor Papa Nek，1927—1998）：美国战后最重要的设计师、设计理论家、教育家之一，重要的著作包括《为真实的世界设计》《为人的尺度设计》等。

范博雷·门特泽尔（Van Bo Le—Mentzel）：德国当代建筑师，设计了世界上最小的"1m² 住宅"（One Sqm House）

文森特·卡勒博（Vincent Callebaut）：出生于比利时的法国建筑师，文森特·卡勒博建筑事务所（Vincent Callebaut Architects）创始人，当代著名的生态建筑设计大师。

莱特兄弟（Wright Brothers）：世界著名科学家、飞机发明者。

沃尔特·格罗皮乌斯（Walter Gropius，1883—1969）：德国现代建筑师和建筑教育家，现代主义四大师之一，现代主义建筑学派的倡导人和奠基人之一，包豪斯（BAUHAUS）学校的创办人。积极提倡建筑设计与工艺的统一，艺术与技术的结合，讲究功能、技术和经济效益。

德·库宁夫妇（Willem and Elaine de Kooning）：现代著名的表现主义画家。

维尔纳·鲁纳（Werner Ruhnau，1922—2015）：德国现代建筑师，提倡设计中的跨学科和协作，并强调社区在建筑规划中的重要性，代表作是盖尔森基兴音乐剧院。

沃伦·查克（Warren Chalk）：英国建筑师，建筑电讯派创始成员。

韦斯·琼斯（Wes Jones）：美国当代建筑师，致力于通过电脑程序实现个性化的移动建筑产品定制。

尤纳·弗里德曼（Yona Friedman，1923—2020）：法国著名的建筑大师、建筑思想家，被认为是近半个多世纪以来建筑界知名的纯粹空想建筑家。弗里德曼最知名的是其“移动建筑”思想及理论，虽然他很少将自己的构想付诸现实，但是他的理念不但影响了20世纪60年代之后许多建筑师的建筑和设计观，对于当今的城市与建筑空间建设也有着强烈的启示作用。

日本建筑师（按英文字母排序）

矶崎新（Arata Isozaki，1931—1922）：日本著名后现代主义建筑设计师，普利兹克建筑奖获得者，曾提出著名的废墟论和空中城市构想。

槙文彦（Fumihiko Maki，1928—）：日本著名建筑师，新陈代谢派创始成员，普利兹克建筑奖获得者。

长坂常（Jo Nagasaka，1971—）：日本当代新锐建筑师，Schemata事务所创始人。

荣久庵宪司（Kenji Ekuan，1929—2015）：日本现代工业设计大师，新陈代谢学派创始人之一，曾任世界工业设计联合会（ICSID）参议员、日本设计研究所主席、世界设计组织主席等职。

粟津洁（Kiyoshi Awazu，1929—2009）：20世纪日本平面设计大师，其艺术创作涉及海报、书籍装帧、展览、插画、建筑、音乐、电影等，被认为是日本第二代海报设计大师和现代平面设计的先锋代表。

黑川纪章（Kisho Kurokawa，1934—2007）：日本著名建筑师，新陈代谢派创始成员，提出了著名的“灰空间”建筑概念和共生建筑思想。

菊竹清训（Kionori Kikutake，1928—2011）：日本著名建筑大师，新陈代谢派创始成员，20世纪60-70年代提出了“神”“型”“形”三阶段的设计方法论和海上城市构想。

丹下健三（KenzoTange，1913—2005）：日本20世纪著名的建筑大师，普利兹克建筑奖获得者。

岸田日出刀（Kishida Hideto）：日本早期现代建筑师，丹下健三老师。

隈研吾（Kengo Kuma，1956—）：日本当代著名建筑大师，建筑融合古典与现代风格为一体。曾获得国际石造建筑奖、自然木造建筑精神奖等，代表作有《十宅论》《负建筑》等。

原研哉（Kenya Hara，1958—）：日本中生代国际级平面设计大师，最为推崇的是RE-DESIGN设计理念，即“重新设计”，可理解为重新面对自己身边的日常生活事物，从这些为人们所熟知的日常生活中寻求现代设计的真谛，给日常生活用品赋予新生命。

大高正人（Masato Otaka）：日本著名建筑师，新陈代谢派创始成员。

前川国男（Mayekawa Kunio，1905—1986）：日本早期现代建筑师，曾分别在巴黎和东京为勒·柯布西耶和雷蒙做草图设计师，其设计的社区中心理念后来影响了丹下健三等人。

黑川雅之（Masayuki Kurokawa，1937—）：日本著名建筑与工业设计师，主要设计的作品有灯具、照相机、饰品、手表、工业产品等，其成功地将东西方审美理念融为一体，形成优雅的艺术风格，被誉为开创日本建筑和工业设计新时代的代表性人物。

川添登（Noboru Kawazoe）：日本著名建筑评论家，新陈代谢派创始成员。

大谷幸夫（Sachio Otani，1924—2013）：日本现代著名建筑师。针对信息化时代，大谷提出了信息功能的概念，其认为建筑单体涉及实用功能，而城市、环境、社会则涉及信息功能。代表作有京都国际会馆（1963年）、金泽工业大学校舍（1969年）、大阪博览会住友童话馆（1970年）等。

坂茂（Shigeru Ban，1957—）：日本当代著名建筑师，普利兹克建筑奖获得者，以纸建筑闻名。

青山周平（Shuhei Aoyama）：在华从业的日籍建筑师，1980年出生于日本广岛。2003年青山周平毕业于大阪大学，2004年作为日本政府文部科学省派遣留学生到布鲁塞尔Sint-Lucas建筑学院及巴黎国家高等拉维莱特建筑学院深造，2005年从东京大学建筑系毕业。2005年起在SAKO建筑设计工社任设计师，2008年升任设计室长，同年获日本商业空间协会设计大赛奖银奖。2012年起在清华大学修读博士学位，2013年起同时任北方工业大学建筑系讲师，2015年创立B.L.U.E.建筑设计事务所。

浅田孝（Takashi Asada，1921—1990）：日本现代著名城市规划师、建筑师，新陈代谢运动的核心人物之一，提出了“环境发展论”，被誉为日本第一位城市规划师。

伊东丰雄（Toyo Ito，1941—）：日本当代著名当代建筑师，曾获得2013年普利兹克建筑奖、日本建筑学院奖和威尼斯建筑双年展的金狮奖，代表性作品有仙台传媒中心、多摩大学图书馆等。

铃木敏彦（Toshihiko Suzuki，1958—）：日本建筑当代建筑师，毕业于日本工学院大学，获建筑学硕士学位。毕业后先后任职于黑川纪章都市设计事务所和法国新都市开发公社，从1999年到2010年期间分别在日本东北大学艺术设计系、东京都立大学系统设计学院和工学院大学建筑城市设计学系任副教授，2011年起在日本工学院大学建筑系任教授，其相关著作包括《建筑产品设计》《住宅设计》等。

内田祥三（Uchida Yoshikazu）：日本早期现代建筑师，曾任东京大学校长，主持了东京湾规划。

中国建筑师及事务所/研究所
（按中文拼音排序）

标准营造建筑事务所（Standardarch-itecture）：位于北京，2001年由张轲创建，其实践超越了传统的设计职业划分，涵盖了城市规划、建筑设计、景观设计、室内设计及产品设计等各个领域。

Crossboundaries 建筑事务所：成立于2005年，在北京、法兰克福和柏林均设有办公室，北京建筑事务所的代表设计师为董灏、蓝冰可。

度态建筑（dot architects）：由建筑师朵宁和合伙人于2011年设立于北京，其深刻关注飞速发展的城市环境和社会变迁，致力于坚持开放式的设计讨论和跨行业的合作。

戴海飞：建筑师，曾就职标准营造事务所，因自主搭建了城市“蜗居”而引发社会热议。

华中科技大学先进建筑实验室（AaL）：由武汉华科优建公司的总建筑师穆威与华中科技大学刘小虎教授于2010年共同创建，致力于成为一个开放的设计学知识共享平台，关注多元建筑学知识的生成，并在实践中加以应用：尝试将建筑学作为认知世界的方式，以“跨界”的姿态串联教学研究和项目实践，通过带有个人理想色彩的工作方式，为学生、建筑师和有独立思考能力的研究者提供享受建筑设计的可能。

罗发礼（James Law）：中国香港建筑师，曾任香港科建国际有限公司主席兼首席建筑师，2004年凭借设计世界首个人工智能媒体实验室获亚洲创新奖提名，后创立James Law Cybertecture公司。

何志森：华南理工大学教师，艺术家，策展人，Mapping工作坊发起人。

刘鲁滨：IAxRA建筑事务所创始合伙人，IAxRA乡村研究院发起人，曾任非常建筑事务所设计合伙人，清华大学建筑设计研究院4A2建筑工作室主任，专注于当代文化视角下的中国本土实践。

MAD建筑事务所：由中国建筑师马岩松于2004年建立，是一所以东方自然体验为基础和出发点进行设计的国际建筑事务所，期望通过创新建筑创造社会、城市、环境和人类之间的平衡。

OPEN建筑事务所（OPEN Architecture）：2008年成立于北京，主持设计师为李虎、黄文菁。

众建筑事务所（People's Architecture Office，PAO）：由何哲、沈海恩（James Shen）、臧峰三位合伙人于2010年在北京创办的创新性设计事务所，分别对应建筑与产品两类设计对象，倡导以“设计为大众”的理念，在城市、建筑、产品等多个领域中通过设计产生影响力。

槃达建筑（Penda architect）：成立于2012年，在中国北京和奥地利维也纳分别设有事务所，主持建筑师为孙大勇和Chris Precht，分别毕业于中央美术学院及维也纳应用艺术大学。

野城：野城建筑事务所（Wild City Factory）创始人/主持建筑师，策展人，致力于打破建筑、展览、艺术、文学与设计的界限，并以跨学科、跨领域的设计比较学方法进行跨界创作与策展实践。

张之扬：中国当代建筑师。毕业于加拿大多伦多大学、美国哈佛大学，曾在荷兰大都会事务所（OMA）、美国AECOM等公司担任资深项目建筑师及城市设计师，分别以参展人和策展人的身份参与了2007年、2009年、2011年和2013年深港城市\建筑双城双年展，北京设计周，上海西岸双年展，并担任2017年深双学术委员会委员。

后　记
POSTSCRIPT

2011 年，东京的 UIA 建筑大会期间举办了新陈代谢学派纪念展。当时给笔者留下深刻印象的并非是代谢派所设计的那些先锋的建筑形式语汇，而是其看待城市与空间的一种动态思维观念。建筑原来不只是西方经典建筑学体系中长久以来所倡导的坚固、静止、永恒状态，其也可以在运动中、变化中实现动态平衡和可持续。这是多么契合东方文化的一种思维方式！这也许就是建筑未来的状态！顺着新陈代谢学派的线索，笔者逐渐了解到建筑电讯派、弗里德曼、富勒、克罗恩伯格等人的思想和作品，也在后来形成了博士求学期间所要研究的问题——移动建筑，也最终促成了本书的撰写。

移动建筑从何而来？事实上，在人类社会早期的游牧生活中，移动建筑就产生了，但其后来因数千年的定居状态而被边缘化。移动建筑将向何处？面对日益多元多变的流动社会，具有灵活适应性的移动建筑在社会现实和未来场景中将步入常态应用，例如居住（共享公寓、移动公寓、移动营地）、商业（快闪店、地摊商业）、医疗（移动方舱、移动病房、移动实验室）、救灾（应急救助、重建安置）、文旅（生态旅游、户外运动等）、城市服务（老旧社区改造、临时性文化活动、流动公共服务、闲置空间再利用、工程建设生活配套）等。移动建筑又是什么？移动建筑是可移动的建筑，但在社会交互的过程中，其内涵和价值又超越了本体范畴。从人类社会之初所形成和累积的一系列基于传统习俗与社会实践经验的“民间智慧”，到现代社会中百家争鸣般的“碎片化”探索实验与知识生产，长期被社会边缘化的移动建筑不但在历史进程中证明了其存在的合理性和必然性，也在日益多元多变的时代背景下，凸显了其作为一种先进设计理念及策略，对于建筑、城市乃至社会发展的重要性和必要性。本书试图通过对移动建筑历史、思想和实践的全景式立体扫描，去解析和思考这个对人类社会“既熟悉又陌生”的对象。事实上自 2020 年博士论文落笔后，世界也经历了新冠肺炎的深刻影响，同时又受到信息革命、人工智能技术的强烈冲击。移动建筑在其中体现了重要的社会价值，并面临新的发展机遇和革新动力。本书也对这些新议题开展了意犹未尽的探讨。鉴于史料、资料的获取难度以及笔者个人的才学与精力所限，书中难免存在一定的疏漏及主观见解，以期在今后的研究过程中进行持续性的补充和修正。

在书中，笔者提出了移动建筑的研究价值和焦点不仅在于“移”，而更在于“动”的观点。长期以来，建筑的静态永恒作为建筑学体系中的金科玉律，已深入人心，其与土地捆绑为房地产的固有意识形态，以及建筑移动所带来的资产价值受损风险，也使得建筑移动话题难入主流。事实上，当代城市的人居环境问题往往难以在单一的建筑层面进行化解，其背后的本质原因其实指向于人地矛盾，建筑与土地不是一种分离关系。那么建筑为何要移动？移动可视为社会中人的一种活动、物的一种状态，与建筑的结合赋予了其一种特性、属性，并在历史实践中形成了复杂的内涵与意义。移动建筑的本质在于灵活适应变化。移动既是人作为生物体在环境中的一种生存本能，也是人成为共同体在社会中的一种生活技能。为了生存，早期社会中的人类在迁徙中需要庇护之所。出于需求，现代社会中的人类营造流动中的生活空间。面对发展，当代社会中的人类探索灵活适应变化的可持续栖居。本书也因此倡议移动建筑研究不应局限于可移动的建筑本身。面对建筑的移动与社会的流动在历史长河、现实生活和未来场景中的不断交织、交互，以及新技术革命、新经济形态对于移动建筑嵌入社会新生活的持续催化，也许“移动建筑学”的议题大门将逐渐被推开。

尽管在我国当代社会中，大多数人对于移动建筑存有陌生和疑虑之感，但流动社会已成事实。我们研究与思考移动建筑的目的，是为了让建筑在移动中仍旧能够基于不同的时空环境，为使用者创造“家”的感觉。也许人与“家”之间无法割舍的关联，能够让移动建筑在将来获得大众的普遍接受和认可。近几年，在中国热播的电影《流浪地球》曾让西方文化无比疑惑，中国人为什么要花费如此大的代价去带着地球迁徙（而非基于宇宙飞船去寻找新世界），究其本质在于国人在传统文化观念中对于家园的深层心灵羁绊。地球都能带着走，移动建筑又何妨……

感谢我的家人们、老师们、同学们、朋友们！

欧雄全

癸卯年春于沪上